Aircraft Airframe
항공기 기체 Ⅱ

이형진 · 한용희 지음

(주)도서출판 성안당

■ 도서 A/S 안내

　국내 항공산업은 저비용항공사(LCC)의 등장, 제주 관광객 급증과 해외여행 수요 증가 등의 영향으로 지속적으로 성장하고 있다. 9개의 항공사가 운영하는 항공기 등록대수는 2016년 현재 343대로 증가였으며, 항공여객 운송실적도 2016년 상반기에 4,980만 명을 기록해 역대 최고치를 갱신하였다.

　또한, 항공기술은 매우 빠르게 발전하고 있다. 항공기 기체의 대부분을 구성하고 있던 알루미늄 계열 금속은 가볍고 강한 첨단 복합소재로 대체되고 있으며, 아날로그 방식의 기계적 장치로 작동되었던 항공기 시스템은 항공전자 기술의 발전과 함께 디지털 기술을 적용하면서 항공기가 다양한 기능을 가지고 안전하게 비행할 수 있게 되었다.

　국내 항공산업의 성장과 항공기술의 발전 및 항공종사자에 대한 수요 증가에 발맞추어 국내의 많은 대학교와 전문대학교 및 항공직업전문학교에서 항공종사자(조종사, 정비사, 관제사 등)를 양성하기 위한 교육과정을 설립하여 운영하고 있는 실정이다. 그에 따라 항공분야에 진출을 희망하는 사람들이 새로운 항공기술을 체계적으로 습득하기 위한 교재가 필요하게 되었다.

　따라서 본 교재는 국토교통부에서 발간한 항공정비사 표준교재 중 『항공기 기체』와 『항공정비 일반』의 내용을 충실하게 반영하였으며, 항공기 기체분야에 필수적으로 필요한 부분을 추가하였다.

　항공기에서 기체계통은 매우 큰 비중을 차지하고 있다. 공기 중을 3차원으로 비행하는 항공기는 기체의 형상에 따라 항공역학적 특성이 결정되며, 기체의 골격을 이루는 기체구조는 항공기가 안전하게 비행하기 위한 중요한 분야이다. 이렇게 중요하고 많은 부분을 담당하는 항공기 기체계통에 대하여 항공기 기체 제1권과 제2권으로 구분하여 항공기 기체의 전 계통에 대한 교육내용을 체계적으로 기술하였다.

항공기 기체 제1권에서는

제1편 항공기 구조(구조일반, 동체, 날개, 꼬리날개와 비행조종계통 및 착륙장치)

제2편 항공기 시스템(연료계통, 객실환경제어계통 및 제빙·제우계통)

제3편 기체구조의 강도(비행상태와 하중, 중량과 평형, 부재와 강도, 강도와 안정성 및 구조시험)

항공기 기체 제2권에서는

제1편 항공기 재료(금속재료, 비금속재료, 하드웨어 및 첨단 복합재료)

제2편 기체 기본 작업(유체라인과 피팅 및 용접 작업)

제3편 기체 정비(수리) 작업(항공기 취급과 점검, 기체수리 및 표면처리)

등에 대하여 수록하였다.

이 교재가 항공기술 분야에 입문하고자 하는 여러분에게 항공기 기체 관련지식의 습득과 항공종사자 자격 증명 취득에 좋은 지침서가 되기를 바란다.

끝으로 이 교재를 함께 집필하여 주신 한용희 교수님, 그리고 교재의 출간을 허락하여 주신 성안당 출판사 이종춘 회장님과 항상 최고의 교재를 출간하기 위하여 최선을 다하시는 직원 여러분에게 진심으로 감사를 드린다.

"본 저작물은 국토교통부에서 2016년 작성하여 공공누리 제1유형으로 개방한 항공정비사 표준교재 "항공정비일반", "항공기 기체"를 이용하였습니다."

C O N T E N T S

차례

PART 01 항공기 재료

CONTENTS

PART 02 기체 기본 작업

Chapter 1_유체 라인과 피팅 Fluid Line & Fitting

C O N T E N T S

PART 03 기체 정비(수리) 작업

CONTENTS

PART 01

항공기 재료

항공기 금속 재료
Aircraft Metallic Material

항공기 정비나 수리에 있어서, 설계 규격서에 맞지 않거나 부적당한 재료의 사용은 장비의 손실은 물론 인명손상을 초래할 수 있으므로 항공기의 요구되는 수리 작업에 적합한 재료를 선택하기 위해서는 각종 금속의 물리적 성질을 이해하여야 한다.

1-1 금속의 특성(Properties of Metal)

(1) 경도(Hardness)

경도는 마모, 침투, 절삭, 영구 변형 등에 저항할 수 있는 금속의 능력을 말한다. 금속은 냉간 가공함으로써 경도를 증가시킬 수 있다. 강과 일부 알루미늄합금의 경우는 열처리함으로써 경도를 증가시킬 수 있다.

(2) 강도(Strength)

강도는 변형에 저항하려는 재료의 능력이다. 즉, 강도는 외력에 대항하여 파괴되지 않고 응력(stress)에 견디는 재료의 성질이다. 재료에 작용하는 하중의 상태에 따라 강도는 다르게 나타난다.

(3) 밀도(Density)

재료의 밀도는 단위 체적당 질량을 의미한다. 밀도는 항공기의 재료를 선택할 때 고려해야 할 중요한 사항이다.

(4) 전성(Malleability)

균열이나 끊김(breaking) 없이 단조, 압연, 압출 등과 같은 가공법으로 판재처럼 넓게 펴는 것이 가능하다면 이 금속은 전성(가연성)이 좋다고 말한다.

(5) 연성(Ductility)

연성은 끊어지지 않고 영구적으로 잡아 늘리거나 굽히고, 또는 비틀어지게 하는 금속의 성질이다. 이것은 와이어나 튜브를 만드는 데 필요한 금속의 본질적인 성질이다.

(6) 탄성(Elasticity)

가해진 하중을 제거하였을 때, 물체가 원래 형태로 되돌아가게 하는 금속의 성질을 탄성이라고 한다. 각 금속은 영구 변형을 일으키지 않고 하중을 견딜 수 있는 탄성한계를 갖는다.

(7) 인성(Toughness)

인성이 큰 재료는 찢어짐이나 전단에 잘 견디고, 파괴됨 없이 늘리거나 변형시킬 수 있다.

(8) 취성(Brittleness)

취성은 변형이 생기면 쉽게 깨져버리는 금속의 성질이다. 구조용 금속은 가끔 충격하중을 받을 수 있기 때문에, 취성이 큰 것은 바람직하지 못하다. 주철, 주조알루미늄, 그리고 초경합금(hard steel)은 깨지기 쉬운 금속에 속한다.

(9) 가용성(Fusibility)

가용성은 열에 의해 고체에서 액체로 변하는 금속의 성질이다. 강은 약 2,600°F에서 녹고 알루미늄합금은 약 1,100°F에서 녹는다.

(10) 전도성(Conductivity)

전도성은 금속 열이나 전기를 전달하는 성질이다. 용접에서는 용융에 필요한 열을 적절히 조절해야 하기 때문에 금속의 열전도성이 매우 중요하다.

(11) 열팽창(Thermal Expansion)

열팽창은 가열 또는 냉각에 의해서 금속이 팽창하거나 수축하는 물리적인 크기의 변화를 의미한다. 금속에 가해진 열은 그 금속을 팽창시키거나 늘어나게 하는 원인이 된다.

1-2 항공기용 철금속 재료(Ferrous Aircraft Metal)

항공기에 사용되는 재료 중 하나가 철금속(ferrous)이다. 철금속은 주성분이 철(iron)인 금속을 말한다.

1 철(Iron)

철금속은 탄소의 함유량에 따라 순철, 강, 주철로 크게 분류하는데, 탄소의 함유량이 0.025% 이하인 것을 순철, 4.0% 이하인 것을 강, 4.0% 이상인 것을 주철이라 한다. 철금속 재료 중에서 탄소가 극히 적은 순철은 실제로 용도가 적으므로 철에 탄소, 규소, 망간, 인, 황이 함유된 합금을 사용하는데, 이 성분 중에서 탄소와 망간은 철금속의 성질에 중요한 영향을 준다.

❷ 강과 강 합금(Steel and Steel Alloy)

1) 강의 명명법(Steel Nomenclature)

미국의 자동차기술자협회(SAE, society of automotive engineers)와 철강협회(AISI, americaniron and steel institute)는 자동차 및 항공기 구조재로 사용되는 강을 분류하였다.

강에 대한 SAE 규격에서 4자리 계열은 일반적인 탄소강과 합금강에 대하여 분류하였으며, 5자리 계열은 특수 합금강에 대하여 분류하였다. 함유량이 소량인 원소는 그 양을 명시하지 않고 합금강으로서 제시된다. 이들 원소는 부수적인 것으로 간주되며, 구리(copper) 0.35%, 니켈(nickle) 0.25%, 크롬(chromium) 0.20%, 몰리브덴(molybdenum) 0.06% 등과 같이 최대함유량을 나타낸다.

예 SAE 2 3 3 0

① 첫째 자리 수: 합금의 종류(2, 니켈강)

② 둘째 자리 수: 합금 원소의 함유량(3, 니켈 3% 함유)

③ 나머지 두 자리 숫자: 탄소의 평균함유량(30, 탄소함유 0.3%)

표 1-1은 SAE 규격번호에 대한 내용이다.

[표 1-1] SAE 규격 번호

계열명칭	종 류
100xx	비유황 탄소강
11xx	재유황 탄소강(쾌삭강)
12xx	재인화 및 재유황 탄소강(쾌삭강)
13xx	망간 1.75%
*23xx	니켈 3.50%
*25xx	니켈 5.00%
31xx	니켈 1.25%, 크롬 0.65%
33xx	니켈 3.50%, 크롬 1.55%
40xx	몰리브덴 0.20 또는 0.25%
41xx	크롬 0.50% 또는 0.95%, 몰리브덴 0.12 또는 0.20%
43xx	니켈 1.80%, 크롬 0.5 또는 0.80%, 몰리브덴 0.25%
44xx	몰리브덴 0.40%
45xx	몰리브덴 0.52%
46xx	니켈 1.80%, 몰리브덴 0.25%
47xx	니켈 1.05%, 크롬 0.45%, 몰리브덴 0.20 또는 0.35%

[표 1-1] 계속

계열명칭	종류
48xx	니켈 3.50%, 몰리브덴 0.25%
50xx	크롬 0.25% 또는 0.40% 또는 0.50%
50xxx	탄소 1.00%, 크롬 0.50%
51xx	크롬 0.80, 0.90, 0.95 또는 1.00%
51xxx	탄소 1.00%, 크롬 1.05%
52xxx	탄소 1.00%, 크롬 1.45%
61xx	크롬 0.60, 0.80, 095%, 바나듐 0.12%, 0.10% 최소, 또는 0.15% 최소
81xx	니켈 0.30%, 크롬 0.40%, 몰리브덴 0.12%
86xx	니켈 0.55%, 크롬 0.50%, 몰리브덴 0.20%
87xx	니켈 0.55%, 크롬 0.05%, 몰리브덴 0.25%
88xx	니켈 0.55%, 크롬 0.05%, 몰리브덴 0.35%
92xx	마그네슘 0.85%, 실리콘 2.00%, 크롬 0 또는 0.35%
93xx	니켈 3.25%, 크롬 1.20%, 몰리브덴 0.12%
94xx	니켈 0.45%, 크롬 0.40%, 몰리브덴 0.12%
98xx	니켈 1.00%, 크롬 0.80%, 몰리브덴 0.25%

* 표준강의 현재 리스트에 포함되지 않음

2) 금속재료의 제조(Manufacture of Metallic Material)

금속재료는 판재, 봉, 튜브, 압출가공품, 단조품 그리고 주조품 등과 같은 여러 가지 형태의 부품으로 제조된다. 판재는 여러 종류의 두께와 크기로 만들어지며, 두께는 1/1,000 inch 단위로 명시한다. 튜브의 크기는 일반적으로 바깥지름과 두께로 명시한다. 판재는 보통 프레스, 절곡기, 롤러 등과 같은 기계로 냉간가공해서 만든다. 단조(forging)는 가열한 금속을 형틀 위에서 압착하거나 망치로 두드려서 형태를 성형하는 방법이다. 주조는 주형(mold) 안에 용융 금속을 부어서 형태를 만드는 방법이다. 주물은 기계가공을 통해서 마무리한다.

3 강 합금의 종류, 특성과 용도(Type, Characteristic, and Use of Alloyed Steel)

(1) 저탄소강(Low Carbon Steel)

탄소가 0.10~0.30% 함유된 강을 저탄소강으로 분류하고, SAE 규격번호로는 1010~1030이 여기에 해당한다. 이 탄소강은 안전결선, 너트, 케이블 부싱, 나사를 낸 봉 등과 같은 부품을 만들 때 사용한다. 이 탄소강으로 만든 판재는 2차 구조부에 사용하며, 튜브 형태는 중간 정도의 응력을 받는 구조부품에 사용한다.

(2) 중탄소강(Medium Carbon Steel)

탄소가 0.30~0.50% 함유된 강을 중탄소강으로 분류한다. 이 탄소강은 특히 기계가공 또는 단조가공용 재료로 사용하며, 표면경도를 요구하는 곳에 적합하다. 로드 엔드(rod end)와 경량 단조품 등은 SAE 1035 탄소강으로 만든다.

(3) 고탄소강(High Carbon Steel)

탄소를 0.50~1.05% 함유하고 있는 강을 고탄소강으로 분류한다. 이 탄소강에 추가로 다른 원소를 적당량 첨가시키면 경도가 증가한다. 이 탄소강은 적절히 열처리하면 매우 단단해지고, 큰 전단하중이나 마모에 잘 견디고, 변형이 감소한다. 이 탄소강은 항공기에 제한적으로 사용되는데, SAE 1095 탄소강은 판 형태로는 판스프링을 만들 때 사용하고, 철사 형태로는 코일스프링을 만들 때 사용한다.

(4) 니켈강(Nickel Steel)

여러 가지 니켈강은 탄소강에 니켈을 첨가시켜서 만든다. 3~3.75% 니켈을 함유하고 있는 강을 주로 사용한다. 니켈은 강의 연성을 감소시키지 않고 경도, 인장강도, 탄성한계 등을 증가시킨다. 또한, 열처리를 통해 경도를 증강시킨다. SAE 2330 강은 볼트, 터미널, 키, 클레비스, 핀 등과 같은 항공기 부품에 주로 사용한다.

(5) 크롬강(Chrome Steel)

크롬강(chrome-nickel steel)은 경도, 강도, 내식성이 우수하며, 일반적인 탄소강보다 더 큰 인성과 강도를 요구하는 열처리 단조품에 특히 적합하다. 이것은 마찰을 감소시키기 위한 베어링의 볼이나 롤러 등과 같은 부품을 만들 때 사용한다.

(6) 스테인리스강(Stainless Steel, 내식강)

스테인리스강 또는 크롬-니켈강은 내식성이 큰 금속이다. 이 강의 내식성은 합금원소의 혼합, 온도, 농도 등에 따라 결정되며, 금속의 표면 상태에 따라 다르게 나타난다. 스테인리스강의 주 합금원소는 크롬이다. 항공기 구조재로 자주 사용되는 내식강(CRES; corrosion-resistant steel)은 18% 크롬과 8% 니켈을 함유하고 있는 18-8 스테인리스강이다. 18-8 스테인리스강의 특징 중 하나는 냉간가공에 의해 강도가 증가한다는 것이다. 스테인리스강은 다양한 형상으로 압연, 인발, 굽힘성형하는 것이 가능하다. 이 스테인리스강은 연강보다 약 50% 더 팽창하며 약 40% 정도 열을 전도시키기 때문에, 용접하는 것이 매우 어렵다. 항공기의 많은 부품에 일반적으로 배기관 구조부품과 기계 가공부품, 스프링, 주조품(casting), 타이 로드(tie rod), 그리고 조종케이블 등의 제작에 사용한다.

(7) 크롬-바나듐강(Chrome-vanadium Steel)

크롬-바나듐강은 약 18% 바나듐과 약 1% 크롬으로 만든다. 열처리하면, 강도, 인성이 커지고 마모와 피로에 대한 저항이 우수해진다. 이 크롬-바나듐강에서 특수 등급은 판 형태로 된 복잡한 형상으로 냉간가공하는 것이 가능하다. 이것은 파괴나 파손 현상 없이 접거나 펼칠 수 있다. SAE 6150은 스프링을 만드는 데 사용되고, 탄소함유량이 많은 크롬-바나듐강인 SAE 6195는 볼베어링과 롤러베어링 제작에 사용한다.

(8) 몰리브덴강(Molybdenum Steel)

항공기에서는 크롬-바나듐강을 성형하기 위해 적은 양의 몰리브덴을 크롬에 첨가하여 다양하게 사용한다. 몰리브덴은 강한 합금원소로서, 연성이나 가공성에 영향을 주지 않고 강의 극한강도를 증가시킨다. 몰리브덴강은 단단하고 내마모성이 우수하며, 열처리되었을 때 완전히 경화된다. 이 강은 특히 용접에 적합하기 때문에 용접으로 제작하는 구조부나 조립품에 사용한다. 이 종류의 강은 탄소강을 대체해서 항공기 동체의 응력튜브, 엔진마운트, 착륙장치, 그리고 다른 구조부의 제작에 사용되고 있다. 예를 들어, 열처리된 SAE ×4130 튜브는 같은 중량과 크기로 만든 SAE 1025 튜브보다 약 4배 더 강하다.

(9) 크롬-몰리브덴강(Chrome-molybdenum Steel)

항공기 구조재로 가장 많이 사용되는 크롬·몰리브덴강은 탄소 0.25~0.55%, 몰리브덴 0.15~0.25%, 크롬 0.50~1.10%를 포함하는 계열이다. 이 강은 적절히 열처리하면 완전히 경화되며, 기계가공이 쉽고, 가스나 전기를 이용한 용접이 용이하며, 특히 고온 부분 사용에 적합하다.

(10) 인코넬(Inconel)

인코넬은 외형상 스테인리스강, 즉 내식강과 거의 유사한 니켈-크롬-철 합금이다. 이 두 합금은 매우 비슷하기 때문에 항공기 배기계통에서 이들을 서로 대체하여 사용하기도 한다. 특별한 시험을 통해서 구분하며 그 방법 중 한 가지는 전기화학 분석방법을 통하여 합금에서의 니켈 함유량을 확인하는 것이다. 인코넬은 니켈함유량이 50% 이상이므로, 전기화학시험을 하면 니켈이 다량 검출된다. 이 합금은 바닷물과 같은 염수에 대한 내식성이 우수하며 용접성이 좋고 내식강과 유사한 기계가공성을 갖는다.

④ 전기화학 시험(Electrochemical Test)

전기화학 시험을 통해서 인코넬과 스테인레스강을 구별한다. 전기화학 시험한 금속이 인코넬이라면, 밝고 뚜렷한 분홍색 점이 여과지에 잠깐 나타난다. 만약 시험금속이 스테인리스강이라면 갈색점이 나타난다. 일부의 스테인리스강 합금은 매우 엷은 분홍색점이 나타나기도 하지만 색의 명암과 농도가 인코넬에서 나타난 것보다 훨씬 엷게 나타난다. 이 시험은 용접물의 열 영향 구역 또는 니켈 피복표면에 사용해서는 안 된다.

1-3 항공기용 비철금속 재료(Nonferrous Aircraft Metal)

비철(nonferrous)이라는 말은 금속의 주성분인 철보다 다른 원소가 더 많이 함유되어 있는 금속을 비철금속 재료라 한다. 이들 금속은 비자성체이며, 모넬(monel, 니켈-구리 합금)과 배빗(babbit, 주석, 납, 아연, 안티몬 합금) 같은 합금은 물론 알루미늄, 티타늄, 구리, 마그네슘 등과 같은 금속들이 포함된다.

① 알루미늄과 알루미늄합금(Aluminum and Aluminum Alloy)

(1) 알루미늄과 알루미늄합금의 특성(Property of Aluminum and Aluminum Alloy)

공업용 순수 알루미늄은 전성이 두 번째, 연성은 여섯 번째 등급에 위치하며, 내식성도 우수한 흰색 광택을 띠는 금속이다. 여러 가지 다른 금속을 첨가한 알루미늄합금은 항공기 구조재로 많이 사용되고 있다.

주 합금성분으로는 망간, 크롬, 마그네슘, 규소 등이며, 이 알루미늄합금은 부식 환경에서도 잘 견딘다. 구리를 많이 첨가한 알루미늄합금은 부식이 잘 발생한다. 단조가공용 알루미늄합금은 합금원소의 총 함유량이 6% 또는 7%를 넘지 않는다.

알루미늄은 오늘날 항공기 제작에 가장 널리 사용되는 금속이다. 이 알루미늄은 중량에 대한 강도비가 높으며, 비교적 제작이 용이하기 때문에 항공 산업에서 매우 중요한 부분을 차지한다. 알루미늄의 두드러진 특성은 가볍다는 것이다. 알루미늄은 비교적 낮은 온도(1,250℉)에서 녹으며, 비자성체이고 전도성이 우수하다.

공업용 순수 알루미늄은 약 13,000psi의 인장강도를 갖지만, 그러나 이 강도는 압연이나 다른 냉간가공을 통해서 약 2배까지 증가시킬 수 있다. 다른 금속과 합금처리하거나, 또는 열처리함으로써 인장강도를 구조용 강에 준하는 65,000psi까지 올릴 수 있다.

알루미늄합금은 비록 강하지만, 전성과 연성이 있기 때문에 쉽게 가공할 수 있다. 이것은 압연으로 0.0017 inch만큼 얇은 두께의 판을 만들거나 또는 인발과정을 통해 0.004 inch 지름의 철사로 뽑아낼 수 있다. 항공기 구조부재에 사용되는 대부분 알루미늄 합금판의 두께는 0.016 ~0.096 inch 범위이지만, 더 큰 항공기의 일부에서는 0.356 inch 정도로 두꺼운 판을 사용하기도 한다.

(2) 주조용 알루미늄합금(Casting Aluminum Alloy)

알루미늄은 일반적으로 두 가지 부류로 구분하는데, (1) 주조용 알루미늄합금과 (2) 가공용 알루미늄합금이다.

주조합금은 합금번호 앞에 문자를 붙여서 구분하며, 문자가 번호 앞에 있으면, 그 문자는 원래 합금의 구성성분에 약간의 변화가 있음을 나타낸다. 구성성분에서의 이 변화는 단순히 어떤 개선된 품질을 부여하기 위한 것이다. 예를 들어, 주조합금 214에, 유동성을 향상시키기 위해 아연(zinc)을 첨가하였다면 숫자 앞에 문자 A를 붙여서 A214로 표기한다.

주물(casting)을 열처리하였을 때, 그 주물의 열처리와 구성성분은 합금번호 뒤에 문자 T를 붙여서 구분한다. 예를 들어 사형주조 합금인 355는 355-T6, 355-T51, 또는 C355-T51 등과 같이 명시하며, 서로 다른 구성성분과 열처리공정을 구분하고 있다.

알루미늄합금 주물은 (1) 사형(sand mold), (2) 영구주형(permanent mold), 그리고 (3) 다이캐스팅(die casting)으로 이 세 가지 기본 방법 중의 한 가지로 만든다.

(3) 가공용 알루미늄합금(Wrought Aluminum Alloy)

가공용 알루미늄합금은 스트링거, 벌크헤드, 외피, 리벳, 압출 가공된 부분 등에 사용하며, 항공기 구조부분에서 가장 폭넓게 사용한다.

가공용 알루미늄과 알루미늄합금은 일반적으로 열처리할 수 있는 합금과 열처리할 수 없는 합금 두 가지 종류로 구분된다. 열처리할 수 없는 합금은 최종 풀림처리(annealing) 후 실시한 냉간가공의 정도에 따라 기계적인 성질이 결정된다. 냉간가공에 의해 얻어진 기계적인 성질은 가열로 인해 변질될 수 있으며, 다시 냉간가공을 거치지 않고는 회복될 수 없다. 뜨임(tamper)의 완전경화는 공업용으로 실용성이 있는 최대의 냉간가공에 의해 발생한다.

제조 당시의 금속은 어떤 조치도 하지 않은 주괴(ingot)로부터 만들어진다. 단면 두께에 따라 가공경화(strain hardening)의 정도가 결정된다.

열처리할 수 있는 알루미늄합금의 기계적인 성질은 적당한 온도로 열처리함으로써 얻어진다. 이 열처리는 합금원소가 고용체(solid solution) 안으로 침투할 수 있도록 그 온도를 충분히 오랫동안 유지하고, 그다음 고용체 내에 그 화합물이 그대로 남아 있도록 급냉처리한다.

금속은 과포화된 상태, 즉, 불안정한 상태에 놓이게 되며 이후에 상온에서 자연시효경화 되거나 약간 가열된 상태에서 인공시효에 의해 경화된다.

❷ 가공용 알루미늄의 규격번호(Index System of Wrought Aluminum)

가공용 알루미늄 또는 가공용 알루미늄합금은 표 1-2에서와 같이, 4자리수로 규격을 표시한다. 이 규격은 크게 세 그룹으로 나눠지는데, $1 \times \times \times$ 그룹, $2 \times \times \times \sim 8 \times \times \times$ 그룹, 그리고 현재는 사용되지 않는 $9 \times \times \times$ 그룹이다.

$1 \times \times \times$ 그룹에서 끝의 두 자리는 금속의 순도가 99%를 초과한 정도를 1/100% 단위로 나타낼 때 사용된다. 예를 들어 끝의 두 자리가 30이라면, 순수 알루미늄 99%에 0.30%를 더해서 99.30% 순수 알루미늄이 된다. 이 그룹에 해당하는 합금의 예는 다음과 같다.

1100   99.00% 순수 알루미늄 1회 성능 개량하였음

1130   99.30% 순수 알루미늄 1회 성능 개량하였음

1275   99.75% 순수 알루미늄 2회 성능 개량하였음

$2 \times \times \times \sim 8 \times \times \times$ 그룹에서, 첫 번째 자리는 다음과 같다.

$2 \times \times \times$ 구리

$3 \times \times \times$ 망간

$4 \times \times \times$ 규소

$5 \times \times \times$ 마그네슘

$6 \times \times \times$ 마그네슘 규소

$7 \times \times \times$ 아연

$8 \times \times \times$ 그 밖의 원소 표 1-2를 참조한다.

$2 \times \times \times \sim 8 \times \times \times$

합금그룹에서, 합금 규격번호의 두 번째 자리 수는 합금의 개량 여부를 나타낸다. 만약 두 번째 자리 수가 0이면, 그것은 원래의 합금임을 의미하고, 반면에 1~9 사이의 숫자는 합금의 개량횟수를 나타낸다.

예 AA규격 2 0 2 4 - T3

① 첫째 자리 수: 주 합금의 종류(2, 구리)

② 둘째 자리 수: 개량부호(0, 개량처리하지 않았음)

③ 나머지 두 자리 숫자: Alcoa 숫자(24, 합금의 성분 표시)

④ 대시 문자 및 숫자: 질별기호(T3, 담금질한 후 냉간 가공한 것)

표 1-2에 나타난 것과 같이, 네 자리 중 끝의 두 자리는 그룹에서 다른 합금 성분을 표시한다.

[표 1-2] 가공용 알루미늄합금 성분 표시

합금	합금 성분의 백분율 (알루미늄과 일반적인 불순물이 잔유물로 구성된다.)								
	구리	실리콘	망간	마그네슘	아연	니켈	크롬	납	비스무트
1100	-	-	-	-	-	-	-	-	-
3003	-	-	1.2	-	-	-	-	-	-
2011	5.5	-	-	-	-	-	-	0.5	0.5
2014	4.4	0.8	0.8	0.4	-	-	-	-	-
2017	4.0	-	0.5	0.5	-	-	-	-	-
2117	2.5	-	-	0.3	-	-	-	-	-
2018	4.0	-	-	0.5	-	2.0	-	-	-
2024	4.5	-	0.6	1.5	-	-	-	-	-
2025	4.5	0.8	0.8	-	-	-	-	-	-
4032	0.9	12.5	-	1.0	-	0.9	-	-	-
6151	-	1.0	-	0.6	-	-	0.25	-	-
5052	-	-	-	2.5	-	-	0.25	-	-
6053	-	0.7	-	1.3	-	-	0.25	-	-
6061	0.25	0.6	-	1.0	-	-	0.25	-	-
7075	1.6	-	-	2.5	5.6	-	0.3	-	-

❸ 합금원소에 따른 영향(Effect of Alloying Element)

(1) 1000계열

99% 이상의 순수 알루미늄, 우수한 내식성, 높은 열전도율과 전기전도성, 낮은 기계적 성질, 우수한 가공성 등의 장점을 가진다.

(2) 2000계열

구리가 주 합금원소이다. 시효 경화되는 것이 특징인데 두랄루민, 초두랄루민으로 알려져 있다. 이 계열 중 가장 잘 알려진 합금은 2024이다.

(3) 3000계열

일반적으로 열처리하지 않는 망간이 주 합금원소이다. 가장 대표적인 것은 3003이고, 가공특성이 우수하다.

(4) 4000계열

규소가 이 그룹의 주 합금원소이며, 다른 알루미늄합금에 비해 더 낮은 용융온도를 갖는다. 주 사용처는 용접과 납땜이다.

(5) 5000계열

마그네슘이 주 합금원소이다. 이 계열은 용접성이 양호하고 내식성이 우수한 특성을 갖는다. 150℉ 이상의 고온 또는 과도한 냉간가공은 부식에 대한 저항을 감소시킨다.

(6) 6000계열

규소와 마그네슘이 주 합금원소이며, 열처리할 수 있는 합금인 마그네슘-규소 화합물을 형성한다. 이 계열의 대표적인 합금은 6061이다. 중간 정도의 강도, 우수한 성형가공성, 내식성 등의 특성을 갖는다.

(7) 7000계열

주 합금원소는 아연이다. 마그네슘을 함께 첨가하면 열처리할 수 있는 아주 높은 강도의 합금이 만들어진다. 이 합금에는 보통 구리와 크롬이 첨가된다. 대표적인 합금은 7075이다.

❹ 열처리 기호(Index System of Wrought Aluminum)

열처리 기호는 7075-T6, 7075-T4 등과 같이 합금 규격번호 뒤에 대시를 써서 분리해서 표기한다.

열처리 기호는 기본적인 열처리를 나타내는 문자에 하나 또는 그 이상의 숫자를 추가함으로써 더욱 구체적으로 명시할 수 있다. 이에 대한 예는 다음과 같다.

F: 제조된 그대로의 상태

O: 풀림처리한 상태

H: 가공경화된 상태

H1: 가공경화만 한 상태

H2: 가공경화 후 부분적으로 풀림 처리한 상태

H3: 가공경화 및 안정경화 처리한 상태

❺ 마그네슘과 마그네슘합금(Magnesium and Magnesium Alloy)

마그네슘은 세상에서 가장 가벼운 구조금속이다. 알루미늄의 2/3에 해당하는 무게를 가지며 은(silver)과 같이 흰색을 띤다. 마그네슘은 순수한 상태에서는 구조재로서의 충분한 강도를 가지지 못하지만 아연, 알루미늄, 망간 등을 첨가하여 합금으로 만들면 일반적인 금속 중 중량에 대비하여 가장 높은 강도를 가지는 합금이다.

오늘날 항공기 중 일부 날개 외피는 표준알루미늄 외피보다 18%나 가벼운 마그네슘합금으로 제조되며, 만족할 만한 많은 시간을 안전하게 비행할 수 있다. 무게를 감소시키기 위하여 마그네슘으로 만든 항공기부품으로는 앞바퀴도어(door), 플랩 외피, 도움날개 외피, 오일탱크, 동체 마루바닥, 동체부품, 날개 끝(tip), 엔진 나셀(nacelle), 계기판, 전파안테나(radio antenna), 유압유 탱크, 산소통 케이스, 덕트(duct), 좌석(seat) 등이다.

마그네슘합금은 좋은 주조 특성을 가지고 있으며, 이는 주조알루미늄의 성질보다도 우수하다.

마그네슘은 예측할 수 없는 갑작스런 화재 위험성을 가지고 있다. 마그네슘 분말이나 미세한 조각들은 쉽게 점화되므로, 필요하다면 사전에 이것을 예방하기 위한 조치를 취해야 한다. 만약 화재가 발생한다면, 소화용 분말을 이용해서 소화시킬 수 있다. 물소화기 또는 다른 액체나 거품소화기는 마그네슘을 더욱 급격히 연소하게 하는 원인이 되어 폭발을 일으킬 수 있다.

❻ 티타늄과 티타늄합금(Titanium and Titanium Alloy)

(1) 특성(Characteristic)

티타늄은 외관상으로 스테인리스와 유사하며, 이 티타늄을 판정하기 위한 빠른 방법이 불꽃시험 방법이다. 티타늄은 밝게 빛나는 흰색 파열의 불꽃 줄기를 발생시킨다. 또 다른 식별 방법으로는 티타늄을 액체에 적신 상태에서 유리판 위에 선을 그어보면, 연필자국과 유사한 검은 선을 남기게 된다.

티타늄은 탄성, 밀도, 고온강도에서 알루미늄과 스테인리스강의 중간 정도에 해당한다. 티타늄은 $2,730°F \sim 3,155°F$의 용융점과 낮은 열전도율, 낮은 팽창계수를 갖는다. 티타늄은 가볍고, 강하며, 그리고 응력부식(stress corrosion)으로 인한 균열에 저항력을 갖는다. 티타늄은 알루미늄보다 약 60% 정도가 더 무겁고 스테인리스강보다는 약 50%로 가볍다.

티타늄은 용융점이 높으며, 고온 성질은 좋지 않다. 티타늄의 극한강도는 $800°F$ 이상에서 급격히 낮아진다. $1,000°F$ 이상의 온도에서는 공기 중의 산소와 질소를 흡수하게 되므로, 높은 온도 환경에 오랜 시간 동안 노출되면 취성이 증가하여 기계적인 성질이 나빠진다. 그러나 티타늄은 강도가 중요하지 않은 경우에는 $3,000°F$ 정도의 온도에 단기간 노출되더라도 견딜 수 있는 장점을 갖는다. 따라서 이런 성질을 필요로 하는 항공기 방화벽을 티타늄으로 만들기도 한다.

티타늄은 비자성체이며 스테인리스강과 비슷한 전기저항을 갖는다. 티타늄의 기본합금은 매우 단단하다. 합금강은 어떤 열처리나 합금 처리하더라도 티타늄의 경도만큼을 가지지는 못한다. 최근 열처리할 수 있는 티타늄합금이 개발되었다. 이 합금을 개발하기 전에는, 가열

후 압연하는 것이 성형할 수 있는 유일한 방법이었으나, 개발 후에는 연질의 새로운 합금을 성형하고 경도를 높이기 위해 열처리하는 것이 가능해졌다.

티타늄은 순도가 증가할수록 더 부드러워진다. 공업용에서 화학분석으로 순수티타늄 또는 합금이 아닌 티타늄의 등급을 구별하려는 것은 실질적으로 의미가 없다. 따라서 등급은 기계적인 성질에 의해서만 구분한다.

(2) 사용처(Used Location)

항공기 기체의 동체 외피, 엔진 슈라우드(shroud), 방화벽, 세로대(longeron), 프레임(frame), 피팅(fitting), 공기 덕트, 파스너(fastener) 등에 사용한다. 또한 가스터빈 엔진의 압축기디스크(disc), 스페이서 링(spacer ring), 압축기 블레이드(blade)와 베인(vane), 관통볼트, 터빈 하우징(turbine housing)과 라이너(liner) 등과 같은 여러 가지 하드웨어(hardware)를 만드는 데 사용한다.

(3) 티타늄의 명명(Titanium. Designation)

티타늄합금의 A-B-C 분류는 모든 티타늄합금을 편리하게 식별하기 위한 수단으로 마련되었다.

① A(Alpha): 모든 작업

우수한 용접성, 냉간 또는 열간에서 모두 인성과 강도가 크며, 산화에 대한 안정성이 좋다.

② B(Beta): 우수한 굽힘 연성

냉간 또는 열간에서 강하지만 오염에는 취약한 단점이 있다.

③ C(Alpha와 Beta를 결합한 중간 성능)

저온 또는 중간 정도의 온도에서는 강하지만, 고온에서는 약해지며, 우수한 굽힘성, 오염에 대한 양호한 저항력, 우수한 단조성능 등을 가진다.

티타늄은 상용용 목적에서 두 가지 종류로 제조하는데, 공업용 순수티타늄과 합금처리한 티타늄이다.

A-55 티타늄은 공업용 순수티타늄의 한 예이다.

A-110AT는 5%의 알루미늄과 4.5%의 주석(tin)을 첨가한 티타늄합금이며, A-형 티타늄합금으로서 고유의 우수한 용접특성과 고온에서 높은 최소항복강도를 갖는다.

(4) 부식 특성(Corrosion Characteristic)

티타늄의 내식성은 특별히 주의해야만 한다. 금속의 부식에 대한 저항력은 잘 떨어지지 않는 산화물이나 산화보호피막을 형성함으로써 발생하게 된다.

이 피막은 산소나 산화제에 의해서 만들어진다. 티타늄의 부식은 균일하게 발생하며, 움푹 파인 흔적이나 일부에 국한된 심한 형태의 흔적은 거의 없다. 티타늄은 정상적인 상태에서 응력부식(stress corrosion), 피로부식(corrosion fatigue), 입자간부식(inter-granular corrosion), 이질금속 간의 부식(동전기 부식, galvanic corrosion) 등이 발생하지 않는다. 이 내식성은 18-8 스테인리스강과 같거나 그보다 더 높다.

❼ 구리와 구리합금(Copper and Copper Alloy)

(1) 구리의 특성과 사용처(Copper Characteristic and Used Location)

구리는 가장 널리 분포되어 있는 금속 중의 하나이다. 구리는 붉은 갈색을 띤 금속으로서 은(Ag) 다음으로 우수한 전기전도도를 갖는다. 구조재로 사용기에는 너무 무겁기 때문에 제한되지만, 그러나 높은 전기전도도와 열전도성 같은 뛰어난 장점이 있기 때문에 관련분야에서는 우선적으로 사용하고 있다. 구리는 매우 큰 전성과 연성을 가지기 때문에, 전선을 만드는 데 이상적이다. 이것은 소금물에는 부식되지만 순수한 물에는 영향을 받지 않는다. 항공기에서 구리는 버스 바(bus bar), 접지선, 전기계통의 안전결선 등에 주로 사용된다.

(2) 베릴륨구리(Beryllium Copper)

구리계열합금 중에서 최근에 개발된 가장 성공적인 하나는 베릴륨구리이다. 이 합금은 구리 97%, 베릴륨(Be) 2%, 그리고 연신율을 증가시키기 위해 충분한 니켈을 첨가한 합금이다. 이 금속의 가장 뛰어난 특징은 물리적인 성질을 열처리를 통해 향상시킬 수 있다는 것이다. 베릴륨구리의 내피로성과 내마모성은 다이아프램(diaphragm), 정밀베어링과 부싱(bushing), 볼 케이지(ball cage), 스프링와셔(spring washer) 등의 제작에 적합하다.

(3) 황동(Brass)

황동은 아연과 소량의 알루미늄, 철, 납(Pb), 망간, 니켈, 인(P), 주석을 첨가한 구리합금이다. 아연 함유량이 30~35%인 황동은 연성이 매우 크지만, 아연 함유량이 45%인 황동은 비교적 높은 강도를 갖는다.

(4) 먼츠메탈(Muntz Metal)

먼츠메탈은 구리 60%와 아연 40%로 구성된 황동으로 소금물에서도 우수한 내식성이 있어 소금물과 접촉되는 부품은 물론 볼트와 너트를 제작하는 데도 이용한다. 이 합금의 강도는 열처리를 통해 증가시킬 수 있다.

(5) 청동(Bronze)

주석 함유량 때문에 청동이라 불리는 적색황동(red brass)은 연료나 윤활유 라인의 피팅을 제작할 때 사용한다. 이 금속은 양호한 주조성과 다듬질 성능을 가지고 있으며 손쉽게 기계가공 할 수 있다. 청동은 주석을 첨가한 구리합금이다. 순청동은 주석을 25% 정도 첨가하지만, 특히 11% 이하로 첨가한 청동은 항공기 튜브 피팅과 같은 부품에 매우 유용하게 사용한다.

(6) 구리알루미늄합금(Copper-Aluminum Alloy)

구리합금 중 구리알루미늄합금은 항공기에 사용되는 금속 중 매우 큰 비중을 차지한다. 가공용 알루미늄청동은 거의 중탄소강만큼 강하고 연성이 있으며, 공기, 소금물, 화학제품으로 인한 부식에 대하여 높은 저항력을 가지고 있다. 이 합금은 쉽게 단조, 열간압연 또는 냉간압연 가공이 가능하며, 열처리에 따라 다양한 결과를 얻을 수 있다.

알루미늄청동은 큰 강도와 경도, 그리고 충격과 피로에 대한 저항력을 갖는다. 이 성질 때문에, 다이아프램, 기어(gear), 펌프 등에 사용한다. 알루미늄청동은 봉, 바, 판, 판재, 그리고 단조품을 제작하는 데 이용할 수 있다. 주조 알루미늄청동은 연성과 함께 고강도를 가지며, 부식, 충격, 피로에 잘 견디는 성질이 있다. 이 성질 때문에, 주조 알루미늄청동은 베어링과 펌프의 주요부분에 사용한다. 이 합금은 소금물이나 부식성 기체에 노출된 곳에서도 유용하다.

(7) 망간청동(Manganese Bronze)

망간청동은 특히 높은 강도와 인성을 가지고 있으며, 알루미늄, 망간, 철 그리고 경우에 따라서 니켈이나 주석을 첨가한 내식성의 구리·아연합금이다. 이 금속은 원하는 모양으로 성형, 압출, 인발, 또는 압연이 가능하며, 일반적으로 봉 형태의 기계 가공 부품, 항공기 착륙장치부품, 브라켓 등에 사용한다.

(8) 규소청동(Silicon Bronze)

가장 최근에 개발된 규소청동은 구리 약 95%, 규소 3%, 망간 2%와 약간의 아연, 철, 주석, 알루미늄 등으로 이루어진다. 비록 이 합금이 적은 주석 함유량 때문에 진정한 의미로서의 청동이 아니라 할지라도, 규소청동은 고강도와 큰 내식성을 갖는다.

(9) 모넬(Monel)

기본적으로 항공기에서 사용하는 니켈합금은 모넬과 인코넬 두 가지가 있다. 니켈합금의 대표적인 모넬은 높은 강도와 우수한 내식성을 함께 가지고 있다. 이 금속은 니켈 68%, 구리 29%, 철 0.2%, 망간 1%, 기타 1.8%로 구성되며, 일반적으로 열처리에 의해 경화되지 않는다. 모넬은 주조, 열간가공 또는 냉간가공이 가능하며 용접성도 양호하다. 이 금속은 강과 비슷한 가공성을 갖는다. 모넬은 항공기에서 접이식 착륙장치를 작동시키는 기어와 체인, 부식이 발생하기 쉬운 구조부 등에 사용하며, 배기 매니폴드, 기화기 니들 밸브, 슬리브 등과 같이 높은 강도와 내식성을 모두 필요로 하는 부품제작에 사용된다.

(10) K-모넬(K-Monel)

K-모넬은 주로 니켈, 구리, 알루미늄을 첨가한 비철합금이며, 모넬 제조방법에 소량의 알루미늄을 첨가하여 만든다. K-모넬은 착륙장치, 항공기 구조부재 중에 부식이 발생할 수 있는 곳에 사용한다. 이 합금은 모든 온도에서 비자성이며, 내식성이 있고 열처리를 하면 경화된다. K-모넬 판재는 산소 · 아세틸렌용접이나 전기아크용접으로 접합이 가능하다.

8 항공기용 금속 재료의 대체(Substitution of Aircraft Metal)

항공기 금속 재료의 수리와 정비를 수행하기 위해서는 구조수리교범(structure repair manual)을 참조하는 것이 매우 중요하다.

대체 금속을 선정할 때, 중요한 네 가지 필요조건은 다음과 같다.

(1) 가장 중요한 것으로 구조물의 원래 강도를 유지하는 것

(2) 외형 또는 공기역학적인 매끄러움을 유지하는 것

(3) 원래의 무게를 유지할 것, 또는 가능한 추가되는 무게를 최소로 할 것

(4) 금속 원래의 내식성을 유지하는 것

1-4 금속가공 절차(Metalworking Process)

대표적인 금속가공 방법은 (1) 열간가공(hot-working), (2) 냉간가공(cold-working), (3) 압출(extruding) 등이다.

1 열간가공(Hot-working)

열간가공은 금속의 재결정온도 이상에서 하는 가공을 말하며, 고온가공이라고도 한다. 재결정온도 이상에서는 변형과 재결정이 동시에 생기며 가공이 진행되어도 가공성을 상실하지 않는다. 재결정에 의한 연화 속도는 가공경화 속도보다 더욱 커, 재료의 가소성이 떨어지지 않아 열간가공은 냉간가공과는 달리 짧은 시간에 강력한 가공을 할 수 있다. 따라서 동력손실이 적게 된다.

열간가공을 할 때에는 재료를 균일하게 가열하고 또한 소성변형은 가공이 용이하고 안전한 온도 범위에서 진행되어야 한다. 열간가공 제품은 냉간가공 제품에 비해 조직 및 각종 성질의 균일성이 적다. 한편 열간가공된 제품은 표면이 산화되어 별질되기 쉽고 또한 온도 분포가 불균일하게 되어 냉각할 때 치수 변화가 많아진다. 따라서 치수, 형상, 조직, 기계적 성질 등을 좋게 하려면 열간가공 후에 충분한 냉간가공을 하거나 풀림처리하여야 한다.

2 냉간가공(Cold-working)

냉간가공은 금속의 재결정온도 이하에서 가공하는 것으로 상온가공이라고도 한다. 철, 구리, 황동 등은 상온에서 소성변형을 받으면 가공경화를 일으킨다. 이는 상온이 이들 금속에 대하여는 재결정 온도 이하 온도가 되어 냉간가공이 이루어지기 때문이다.

정비와 수리에서 고려해야 하는 중요한 요소는 요구되는 모양으로 성형하고, 기계로 가공할 수 있는 재료의 가공성이다. 냉간가공 또는 성형에 의해 금속이 딱딱해지는 것을 가공경화(work hardening)라 한다. 금속의 재결정 온도 이하(강철의 경우 720℃ 이하)로 굽히거나 성형한다면, 냉간가공했다고 말한다. 실제로 항공정비사가 수행하는 대부분의 금속 가공작업은 냉간가공에 해당한다. 이런 냉간가공은 편리한 반면에, 금속의 경도와 취성이 과도하게 증가하는 단점도 있다. 예를 들어 금속을 앞뒤로 굽혔다 폈다 한다거나 같은 곳을 계속 망치로 때리는 등으로 지나치게 냉간가공(cold-working)한다면, 금속은 끊어지거나 부서지게 될 것이다. 보통 연성이 큰 금속은 더 많이 늘리기 위해 많은 냉간가공을 하더라도 견딜 수 있다.

3 피로파괴(Fatigue Failure)

항공기 금속은 충격과 진동 등에 의한 피로응력(fatigue stress)을 모두 받는다. 피로는 재료가 피로한도 이상으로, 빈번한 하중의 반전이나 반복하중을 받았을 때 발생한다. 반복되는 진동이나 굽힘은 가장 약한 지점에서 작은 균열을 발생시킨다. 진동이나 굽힘이 지속되면, 균열은 부품이 완전히 고장 날 때까지 성장한다. 이것을 충격파괴와 피로파괴라고 하며, 이런 상황에 대한 저항력을 내충격성(shock resistance)과 내피로성(fatigue resistance)이라 한다. 중요한 부분에 사용되는 재료는 이런 응력에 견딜 수 있도록 하는 것이 필수적이다. 그림 1-1에서는 피로파괴 금속의 비치마크(beach mark)를 보여준다. 그림 1-1은 피로파괴가 진행되는 과정에서 생기는 비치 마크(beach mark)를 보여주고 있다.

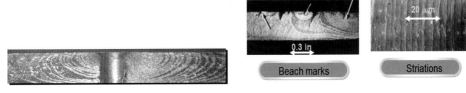

▲ 그림 1-1 피로파괴 단면의 비치 마크

4 열처리(Heat-treating)

금속을 가열하거나 냉각시키는 과정을 조절해서 경도, 연화, 연성, 인장강도, 또는 정밀한 결정구조와 같은 특성을 갖도록 하는 것을 열처리라고 한다. 강의 "열처리"라는 말은 넓은 의미를 가지며, 풀림(annealing), 불림(normalizing), 경화(hardening), 그리고 뜨임(tempering)과 같은 과정을 포함한다.

알루미늄합금의 열처리는 단지 두 가지 과정만이 포함되는데, (1) 경화(hardening)와 강인화(toughening) 과정, 그리고 (2) 연화(softening)과정이다. 경화와 강인화 과정은 열처리라고 부르고, 연화 과정은 풀림이라고 부른다.

열처리 성질의 주요 요인은 (1) 강재의 조성, 형상, 두께 그리고 (2) 열처리 용액의 종류이다.

5 담금질 처리(Quenching Treatment)

담금질은 금속을 고온의 상태에서 급랭함으로써 금속이나 합금의 내부에서 일어나는 변화를 저지하여, 고온에서의 안정상태 또는 중간상태를 저온·온실에서 유지하는 열처리 작업이다.

(1) 담금질 용액(Quenching Media)

담금실 용액은 강을 냉각시키는 작용을 하며, 담금질한 강에 어떤 화학작용을 일으키지는 않는다. 물, 소금물 또는 기름종류 중 일부를 적용한다. 냉각속도는 소금물로 담금질할 때 비교적 빠르고, 물로 하면 중간 정도이며 기름일 경우는 느리게 냉각된다. 소금물은 보통 물에 5~10% 소금, 즉 염화나트륨을 용해시켜서 만든다. 소금물은 큰 냉각속도와 더불어, 담금질하는 동안 강으로부터 산화물이 떨어지게 하는 청정능력도 가지고 있다. 물과 소금물의 냉각능력은 그 온도에 따라 상당한 영향을 받는다. 물과 소금물은 60°F 이하로 차게 유지되어야 한다. 만약 담금질하는 강의 양이 많아 욕조의 온도가 상승한다면, 담금질욕조를 냉각시키기 위해 얼음을 넣거나 냉각장치를 사용해야 한다.

일반적으로 100°F에서 약 100 정도의 세이-볼트(say bolt) 점성도(viscosity)를 가지는 광물성기름을 많이 사용한다. 소금물이나 물과는 달리, 기름은 온도가 상승하면 점성이 서서히 감소하기 때문에, 약 100~140°F의 온도에서 가장 빠른 냉각속도를 갖는다.

(2) 균열, 뒤틀림 성향을 줄일 수 있는 방법(Measures for Crack and Distortion)

① 담금질 욕조 안으로 부품을 던지지 말아야 하며, 욕조 바닥에 닿으면 바닥 쪽보다 위쪽에서 더 빨리 냉각되기 때문에, 뒤틀리거나 균열이 생기는 원인이 된다.

② 균일하고 급격한 냉각을 위해 부품을 감싸고 있는 기포막이 제거되도록 부품을 약하게 흔들어 준다. 이렇게 하면 담금질 욕조로부터 공기 중으로 열이 잘 방출된다.

③ 형상이 불규칙한 부품은 무거운 쪽이 먼저 담금질 욕조(bath)에 들어가도록 한다.

1-5 철강 재료의 열처리(Heat-Treatment of Ferrous Metal)

강부품의 열처리에서 가장 주의해야 할 사항은 강의 화학조성을 아는 것이다. 다시 말해, 이 화학적 조성에 따라 강의 상임계점(upper critical point)이 결정되기 때문이다. 상임계점을 알고 난 다음 검토해야 할 사항은 적용하게 될 가열속도와 냉각속도이다. 이때 작업을 수행하는 데 적합한 가열로, 적당한 온도조절방법, 그리고 적합한 담금질 용액 등을 결정한다.

■ 경화(Hardening)

순철, 연철, 그리고 탄소 함유량이 아주 적은 저탄소강은 경화 원소를 포함하고 있지 않기 때문에, 열처리에 의해 뚜렷한 정도로 경화되지 않는다.

주철은 경화될 수는 있지만, 열처리를 제한한다. 주철을 빠르게 냉각하면 단단하고 부서지기 쉬운 백주철이 되며, 서서히 냉각하면 연하지만 충격에 잘 깨지는 회주철이 된다.

보통 탄소강에서, 최대경도는 강의 탄소함유량에 의해 좌우되며, 탄소함유량이 증가하면, 강은 경도가 증가한다. 그러나 탄소함유량의 증가에 따른 경도 증가는 단지 어느 정도까지만 지속된다. 실제로 그 정도는 탄소함유량이 0.85%까지이다. 탄소함유량이 0.85% 이상으로 증가되면, 내마모성의 증가는 일어나지 않는다.

대부분의 강에서, 경화처리는 상임계점 바로 위의 온도까지 강을 가열하고, 요구되는 시간 동안 유지한 다음, 고온의 강을 기름, 물, 또는 소금물 안에 빠르게 담가서 냉각시키는 과정이다. 비록 대부분 강은 경화처리를 위해 빠르게 냉각시켜야 하지만, 약간은 정지공기 중에서 냉각시키는 것도 있다. 경화는 강의 경도와 강도를 증가시키지만, 연성은 감소시킨다.

표 1-3에 강의 경화 온도와 담금질 매질에 대한 종류를 나타내었다.

[표 1-3] 강의 열처리 절차

철강 No.	온도 공랭불림	온도 풀림	온도 경화	담금질 매체	인장력(psi)을 위한 뜨임(인발) 온도 100,000 (°F)	125,000 (°F)	150,000 (°F)	180,000 (°F)	200,000 (°F)
1020	1,650-1,750	1,600-1,700	1,575-1,675	Water	-	-	-	-	-
1022(x1020)	1,650-1,750	1,600-1,700	1,575-1,675	Water	-	-	-	-	-
1025	1,600-1,700	1,575-1,650	1,575-1,675	Water	(a)	-	-	-	-
1035	1,575-1,650	1,575-1,625	1,525-1,600	Water	875	-	-	-	-
1045	1,550-1,600	1,550-1,600	1,475-1,550	Oil or Water	1,150	-	-	(n)	-
1095	1,475-1,550	1,450-1,500	1,425-1,500	Water	(b)	-	1,100	850	750
2330	1,475-1,525	1,425-1,475	1,450-1,500	Oil or Water	1,100	950	800	-	-
3135	1,600-1,650	1,500-1,550	1,475-1,525	Oil	1,250	1,050	900	750	650
3140	1,600-1,650	1,500-1,550	1,475-1,525	Oil	1,325	1,075	925	775	700
4037	1,600	1,525-1,575	1,525-1,575	Oil or Water	1,225	1,100	975	-	-
4130(x4130)	1,600-1,700	1,525-1,575	1,525-1,625	Oil(c)	(d)	1,050	900	700	575
4140	1,600-1,650	1,525-1,575	1,525-1,575	Oil	1,350	1,100	1,025	825	675
4150	1,550-1,600	1,475-1,525	1,550-1,550	Oil	-	1,275	1,175	1,050	950
4340(x4340)	1,550-1,625	1,525-1,575	1,475-1,550	Oil	-	1,200	1,050	950	850
4640	1,675-1,700	1,525-1,575	1,500-1,550	Oil	-	1,200	1,050	750	625
6135	1,600-1,700	1,550-1,600	1,575-1,625	Oil	1,300	1,075	925	800	750
6150	1,600-1,650	1,525-1,575	1,550-1,625	Oil	(d)(e)	1,200	1,000	900	800
6195	1,600-1,650	1,525-1,575	1,500-1,550	Oil	(f)	-	-	-	-
NE8620	-	-	1,525-1,575	Oil	-	1,000	-	-	-
NE8630	1,650	1,525-1,575	1,525-1,575	Oil	-	1,125	975	775	675
NE8735	1,650	1,525-1,575	1,525-1,575	Oil	-	1,175	1,025	875	775
NE8740	1,625	1,500-1,550	1,500-1,550	Oil	-	1,200	1,075	925	850
30905	-	(g)(h)	(i)	-	-	-	-	-	-
51210	1,525-1,575	1,525-1,575	1,775-1,825(j)	Oil	1,200	1,100	(k)	750	-
51335	-	1,525-1,575	1,775-1,850	Oil	-	-	-	-	-
52100	1,625-1,700	1,400-1,450	1,525-1,550	Oil	(f)	-	-	-	-
내식강 (16-2)(1)	-	-	-	-	(m)	-	-	-	-
실리콘 크롬강 (스프링강)	-	-	1,700-1,725	Oil	-	-	-	-	-

참고:

(1) 70,000psi의 인장력을 위해 1,150°F의 온도에서 열처리하라.

(2) Rockwell C 스케일 경도 40∼45의 스프링 장력을 위해 800∼900°F의 온도에서 열처리하라.

(3) 봉재 또는 단조물은 1,500∼1,600°F의 물에 담금질할 수 있다.

(4) 불림온도에서 공랭은 약 90,000psi의 인장력을 생성한다.

(5) Rockwell C 스케일 경도 40∼45의 스프링 장력을 위해 850∼950°F의 온도에서 열처리하라.

(6) 담금질 변형을 제거하기 위해 350∼450°F의 온도에서 열처리하라. Rockwell C 스케일 경도 60∼65

(7) 용접 또는 냉간가공으로 인한 잔류응력 제거를 위해 1,600∼1,700°F의 온도에서 풀림처리하라. 콜룸븀 또는 티타늄 함유 금속에만 적용가능

(8) 최대연성과 내식성 생성을 위해 1,900∼2,100°F의 온도에서 풀림 처리하라. 공랭 또는 수냉하라.

(9) 냉간가공에 의해서만 경화됨

(10) 0.06 이하 박판은 하부범주. 0.125 inch wire와 판은 중간 범주. 단조물은 상부범주

(11) 저충격으로 인해 중인장력에는 사용하지 마라.

(12) AN-QQ-S-770표준 − 내식강(16 Cr-2 Ni)은 뜨임을 실시하기 전에 1,875∼1,900°F 온도의 유체에서 30분간 침수 후 담금질하는 것이 요구된다. 115,000psi의 인장력을 얻기 위해 뜨임온도는 약 525°F이어야 한다. 이 온도에서 약 2시간 동안 유지하는 것이 요구된다. 700∼1,100°F의 온도에서 뜨임하는 것은 허용되지 않는다.

(13) Rockwell C 스케일 경도 50이 되도록 약 800°F의 온도에서 열처리하고 공랭을 수행하라.

(14) 담금질에 사용되는 물의 온도는 80∼150°F 범위 이내이어야 한다.

※ 경화 시 주의사항(Hardening Precautions)

뜨거운 강을 취급하기 위해 다양한 모양과 크기의 집게를 준비해야 한다. 집게가 접촉되는 부분은 냉각이 지연될 수 있으며, 특히 만약 강이 표면 경화하는 제품이라면 그 부분은 경화되지 않을 것이라는 것을 명심해야 한다. 작은 부품은 함께 묶어서 하거나 철망으로 만든 바구니에 넣어서 담금질한다. 부품의 비틀림을 방지하기 위해 담금질하는 동안 강을 고정시키는 특별한 담금질 지그(jig)나 장착대(fixture)를 사용하는 것이 좋다.

부분경화가 요구될 때는, 강의 나머지 부분을 알런덤(alundum) 시멘트나 다른 절연물질로 덮어서 보호한다. 부분경화는 또한 경화시키고자 하는 부분에만 담금질매질을 분사함으로써 이루어진다. 또한, 대형제품에 대한 작업은 유도전기를 이용하거나 불꽃경화 방법을 이용한다.

일반 탄소강이나 특정 종류의 합금강과 같은 표면경화강을 경화하기 위해서는 높은 임계냉각속도를 갖는 물이나 소금물로 담금질해야 한다. 일반적으로 복잡한 단면 모양을 가진 부품은 경화하

는 동안 뒤틀리거나 균열이 발생하려는 성향 때문에 표면 경화강으로 만들지 말아야 한다. 그런 부품은 기름 또는 공기로 담금질해서 경화될 수 있는 심층 경화강으로 만들어야 한다.

② 뜨임(Tempering)

뜨임은 경화로 인해 발생하는 취성을 감소시키고 강 내부에 일정한 물리적 성질을 부여하기 위한 처리과정이다. 뜨임처리는 항상 경화 후에 실시한다.

뜨임은 취성을 감소시키는 것 이외에도 강을 연하게 한다.

뜨임은 항상 강의 하임계점 이하의 온도에서 이루어진다. 뜨임은 이런 관점에서 볼 때 상임계점 이상의 온도에서 실시되는 풀림, 불림, 경화와는 다르다. 경화된 강을 재가열할 때, 뜨임은 212°F에서 시작되고 온도가 하임계점까지 증가하는 동안 지속된다. 일정한 뜨임 온도를 선정함으로써, 최종적인 경도와 강도를 미리 결정할 수 있다. 표 1–3에 여러 인장강도에 대한 적합한 온도를 나타내었다. 뜨임온도에서 최소 처리시간은 1시간이며, 부품의 두께가 1인치 이상일 때는 두께가 1인치 증가할 때마다 1시간씩 증가시켜야 한다. 항공기에서 사용하는 뜨임처리 한 강은 125,000〜200,000psi의 최대인장강도를 갖는다.

일반적으로 뜨임 온도로부터의 냉각 속도는 강의 조직에 영향을 주지 않으므로 보통 노에서 꺼낸 후 공기 중에서 냉각시킨다.

③ 풀림(Annealing)

풀림처리는 강을 내부응력이나 잔류변형을 제거하고 미세한 입자구조, 연화, 연성 금속으로 만들어준다. 풀림 상태일 때, 강은 가장 낮은 강도를 갖는다.

일반적으로 풀림처리는 경화와는 반대이다.

강의 풀림처리는 금속을 상임계점 바로 위까지 가열하고, 그 온도에서 균열처리한 후, 노 안에서 아주 서서히 냉각시킴으로써 이루어진다. 적합한 온도는 표 1–3을 참조한다. 균열처리 시간은 재료의 두께 1인치당 약 1시간씩으로 한다. 강에 최대 연성을 부여하기 위해, 금속을 아주 서서히 냉각해야만 한다.

서냉방법으로 열을 차단하고, 노속에 금속을 넣어놓고 900°F 이하까지 냉각한 다음, 노에서 꺼내 공기 중에서 냉각시킨다. 또 다른 방법으로는 가열된 강을 재, 모래 등과 같이 열을 쉽게 전달하지 않는 물질로 덮어 놓는 것이다.

④ 불림(Normalizing)

강의 불림은 열처리, 용접, 주조, 성형, 또는 기계로 가공 등에 의해 발생한 내부응력을 제거하기 위한 처리과정이다. 만약 이 응력을 제거하지 않는다면 강은 손상될 수 있다. 항공기에는 좋은 물리적 성질 때문에, 불림처리 상태의 강은 자주 사용하지만, 풀림처리 상태의 강은 거의 사용하지 않는다.

항공기 제작에서 용접된 부품의 불림처리는 매우 중요하며 꼭 필요하다. 용접은 인접한 재료에 변형을 일으키기 때문이다. 부가적으로, 용접된 부분은 나머지 다른 부분의 연조직과는 대조적인 주조조직을 갖는다. 이 두 가지 종류의 조직은 서로 다른 입자크기를 가진다. 모든 용접 부품들은 내부응력을 감소시키고 결정입자를 정련시키기 위해 제조 후에는 반드시 불림처리를 해야 한다.

불림은 강을 상임계점 이상으로 가열한 다음 정지 공기 중에서 냉각시키는 처리과정이다. 노 냉각과 비교할 때, 공기 중에서 더 빨리 냉각되기 때문에, 풀림으로 얻어진 것보다 더 단단하고 더 강한 재료를 만든다.

⑤ 표면경화(Case Hardening)

표면경화는 내마모성 표면과 동시에 내부는 가해지는 하중에 견딜 만큼 충분한 인성을 가져야 하는 제품을 만들고자 할 때 이상적이다. 표면경화에 적합한 강은 저탄소강과 저합금강이다. 만약 고탄소강을 표면경화 처리하면, 경도가 내부까지 스며들어 취성이 증가된다. 표면경화하면, 금속표면은 침투한 탄소나 질소 함유량에 의해 화학적으로 변하지만, 내부는 화학적으로 아무런 영향을 받지 않는다. 열처리하였을 때, 표면은 경화되지만, 내부는 강인한 상태가 유지된다.

표면경화의 일반적인 방법은 침탄법(carburizing), 질화법(nitriding), 시안화법(cyaniding) 등이 있다.

(1) 침탄법(Carburizing)

침탄법은 저탄소강 표면에 탄소를 침투시켜서 표면을 경화시키는 방법이다. 그러므로 침탄된 강의 표면은 고탄소강이 되고 내부는 저탄소강 상태를 유지한다. 침탄처리한 강을 열처리하면 표면은 단단해지지만 심층은 유연하면서도 강인한 상태로 남아 있게 된다.

침탄법의 일반적인 방법은 고체침탄법이다. 고체침탄법은 강을 석탄과 같이 탄소가 풍부한 재료와 함께 용기에 채워 넣는다. 그다음 용기를 내화점토로 밀폐시켜서 노 속에 넣고, 약 1,700℉로 가열한다. 그리고 몇 시간 동안 그 온도에서 탄소를 흡수시킨다. 탄소가 침투되는 깊이는 균열시간에 따라서 좌우된다. 예를 들어, 탄소강을 8시간 동안 침투시키면, 약

0.062 inch 깊이까지 침투한다.

침탄법의 또 다른 방법은 탄소가 풍부한 가스를 노안으로 주입하는 가스침탄법이 있다. 가스침탄법은 기름, 나무, 또는 다른 재료를 연소시킬 때 발생하는 가스를 사용한다.

침탄법의 세 번째 방법은 액체침탄법이다. 표면경화시키는 데 필요한 화학성분(탄소 등)을 가지고 있는 용융염욕 속에 강을 넣고 가열하는 처리과정이다.

(2) 질화법(Nitriding)

질화법은 질화되기 전에, 일정한 물리적 성질을 얻기 위해 열처리한다는 점에서 다른 표면경화법과 다르다. 즉, 부품은 질화되기 전에 경화되고 뜨임처리된다. 대부분의 강은 질화될 수 있지만, 특수 합금일 때 더 좋은 결과가 나타난다. 이 특수 합금 중 하나가 알루미늄(aluminum)을 합금원소로 함유하고 있는 질화강이다.

질화법에서, 부품을 특수한 질화로에 넣고 약 1,000°F의 온도까지 가열한다. 이 온도에서 특수하게 제작한 노 안으로 암모니아가스(ammonia gas)를 순환시킨다. 고온상태에서 암모니아가스는 질소(nitrogen)와 수소(hydrogen)로 분해되며, 분해되지 않은 암모니아 가스는 아래쪽에 있는 물에 녹아들어 배출장치를 통해 배출된다. 질소는 철과 반응하여 질화물을 형성한다. 표면에서부터 부품 안쪽으로 미소한 미립자형태의 질화철이 형성된다. 침투깊이는 처리 시간에 따라서 좌우된다. 질화법에서, 원하는 표면경화 두께를 얻기 위해서는 약 72시간 정도의 긴 균열시간이 필요하다.

질화법은 비교적 낮은 온도에서 표면경화가 이루어지기 때문에, 그리고 암모니아가스에 노출시킨 후 담금질처리가 필요치 않기 때문에 변형을 최소화시킬 수 있다.

1-6 비철금속 열처리(Heat-Treatment of Nonferrous Metal)

1 알루미늄합금(Aluminum Alloy)

1100은 매우 연한 순수 알루미늄으로 내식성이 크며, 복잡한 모양이라도 쉽게 성형할 수 있다. 그러나 이 순수 알루미늄은 비교적 강도가 낮기 때문에, 항공기 구조용 부품의 제작에 사용하기는 어렵다. 일반적으로 고강도 재료는 합금처리해서 만들며, 이렇게 만든 합금은 성형하기 어렵고, 약간의 예외는 있으나, 1100 알루미늄보다 내식성이 떨어진다.

합금처리하는 것이 알루미늄의 강도를 증가시킬 수 있는 유일한 방법은 아니다. 다른 금속처럼, 알루미늄도 압연이나 성형할 때, 또는 냉간가공할 때 더 강해지고 단단해진다. 경도는 냉간가공 정도에 따라 좌우되기 때문에, 1100이나 일부 연질 알루미늄합금은 여러 가공경화한 후 뜨임을 적용할 수 있다.

만약 재료를 연화 또는 풀림처리하였다면 O로 표시하고, 가공경화하였다면 H로 표시한다.

W: 용체화처리(Solution heat treated), 불안정한 열처리(unstable temper)

T: F, O, 또는 H보다 안정화 처리한 것

T2: 풀림처리한 것(단 주조품)

T3: 용체화처리 후 냉간가공한 것

T4: 용체화처리한 것

T5: 인공시효 처리한 것

T6: 용체화처리 후 인공시효처리한 것

T7: 용체화처리 후 안정화처리한 것

T8: 용체화처리 후 냉간가공하고 인공시효처리한 것

T9: 용체화처리 후 인공시효처리하고 냉간가공한 것

T10: 인공시효처리 후 냉간가공한 것

항공기 구조에서 널리 사용되는 합금은 냉간가공에 의한 것보다는 열처리에 의해 경화된다. 이 합금은 서로 다른 부호를 붙여 표시하는데, T4와 W는 용체화처리하였으나 시효처리하지 않았음을 표시하고, T6는 용체화처리 후 인공시효경화 처리한 합금임을 나타낸다.

문자 뒤에 추가된 숫자는 재료의 특성을 크게 변화시킨 처리과정을 표시하기 위해 T1~T10까지 추가한다.

알루미늄합금판재에는 매 ft^2 간격마다 규격번호를 표시한다. 만약 이 식별표시가 없다면 10% 가성소다(caustic soda, 수산화나트륨 용액)에 재료 샘플을 담가서 열처리할 수 없는 합금과 열처리할 수 있는 합금을 식별할 수 있다. 열처리할 수 있는 합금은 구리를 함유하고 있기 때문에 검은색으로 변하게 되고, 열처리할 수 없는 합금은 표면이 밝게 빛나게 될 것이다. 알크래드 판의 경우, 중앙은 밝게 빛나지만 모서리 부분은 검게 변할 것이다.

2 알크래드 알루미늄(Alclad Aluminum)

알크래드와 퓨어크래드(pureclad)란 용어는 알루미늄합금 판재 양면에 약 5.5% 정도 두께로 순수한 알루미늄 층을 코팅한 판재를 가리키는 말이다. 순수한 알루미늄 코팅은 부식을 방지하고 긁힘이나 또 다른 마모의 원인으로부터 코어 금속을 보호하는 역할을 한다. 알루미늄합금 열처리에는 두 가지 방법이 적용된다. 한 가지는 용체화처리(solution heattreatment)라 부르고, 다른 한 가지는 석출열처리(precipitation heat-treatment)라고 부른다. 2017과 2024 같은 일부 합금은 용체화처리 후 상온에서 약 4일의 시효경화를 거쳐야만 완전한 특성을 갖추게 된다. 2014와 7075 같은 합금은 두 가지 열처리 모두 실시해야 한다.

석출열처리, 즉 인공시효처리(artificial aging)를 해야 하는 합금은 상온에서 시간이 지남에 따라 서서히 경화되어 완전한 강도를 갖추게 되며, 강도와 진행시간은 합금의 성분에 따라 좌우된다. 어떤 합금은 수일 동안 자연시효 또는 상온시효처리를 해야만 그 금속의 최대강도에 도달한다. 이 경우 규격번호 뒤에 -T4 또는 .T3을 붙여 표시한다. 어떤 합금은 상당히 오랜 기간에 걸쳐 경화가 진행되는 경우도 있다.

자연시효경화에서, -W 표시는 7057-W(0.5시간)와 같이, 시효처리 기간이 명시될 때만 기입한다. 그러므로 새롭게 담금질처리한 -W 재료는 -T3나 -T4 재료와 기계적, 물리적 성질에서 중요한 차이가 있다.

열처리에 의한 알루미늄합금의 경화는 네 가지 단계로 구성된다.

(1) 명시된 온도까지 가열(heating)

(2) 명시된 온도에서 정해진 시간 동안 균열처리(soaking)

(3) 비교적 저온까지 신속하게 담금질처리(quenching)

(4) 상온에서 자연시효처리나 인공시효처리 또는 석출경화(precipitation hardening)

위에서 앞의 세 가지 단계는 용체화처리라고 알려져 있긴 하지만, 짧게 열처리라고 부르기도 한다. 상온에서 하는 시효경화를 자연시효라 하고 반면에 지정된 온도로 조절하고 수행하는 시효경화를 인공시효 또는 석출경화라고 한다.

❸ 용체화처리(Solution Heat-treatment)

(1) 온도(Temperature)

용체화처리는 고용체 열처리라고 하는데, 합금원소를 고용체로 용해하는 온도 이상으로 가열하여 충분한 시간 동안 유지하고 급랭하여 과포화 고용체로 만들어 합금원소의 석출을 지지하는 조작을 말한다.

용체화처리에 적용하는 온도는 각종 합금성분에 따라 다르며 825℉~980℉까지의 범위이다. 일반적으로 각종 합금은 원하는 성질을 얻기 위해 매우 좁은 온도범위(±10℉)까지 제어한다.

만약 온도가 너무 낮으면, 최대강도는 얻어지지 않을 것이다. 온도가 너무 높으면, 합금의 물리적 성질이 떨어지고, 일부 낮은 용융점을 가진 합금 성분은 융해될 수 있는 위험도 있다.

만약 융해가 일어나지 않더라도, 지정된 온도보다 높은 온도의 적용은 변색을 일으키고 변형을 증가시킬 수 있다.

(2) 온도 유지시간(Time at Temperature)

표 1-4에 나타난 것과 같이, 균열시간(soaking time)으로 언급되는 온도유지시간은 금속이 요구되는 온도범위에서 가장 낮은 최저한도에 도달하는 데 걸리는 시간을 의미한다. 균열시간은 합금성분과 두께에 따라 다르며, 얇은 판재의 경우 10분에서부터, 두꺼운 단조품의 경우 약 12시간 정도까지 되는 것도 있다. 큰 두께의 경우, 대략적인 균열시간은 단면두께 1인치당 약 1시간 정도이다.

균열시간은 요구되는 물리적 성질을 부여하기 위해 필요한 최소시간을 선택한다. 단축된 균열시간의 효과는 확실하게 나타나며, 과도한 균열기간은 고온산화를 촉진시킨다. 크래드 판재의 경우, 오랜 시간 가열은 구리나 다른 용해될 수 있는 합금성분들이 보호피막으로 과도하게 확산될 수 있으며, 크래드의 기본 목적인 내식성에 좋지 않은 영향을 끼치게 된다.

[표 1-4] 열처리 과정의 대표적인 균열시간

두께(inch)	시간(분)
Up to .032	30
.032 to $1/8$	30
$1/8$ to $1/4$	40
Over $1/4$	60

Note : 담금시간은 금속(또는 용해조)의 온도가 특정 범위 이상 도달했을 때부터 시작된다.

(3) 담금질(Quenching)

녹기 쉬운 합금성분들이 고용체가 된 후, 그 재료의 즉각적인 재석출을 방지하거나 지연시키기 위해 담금질한다. 담금질 방법으로는 ① 냉수 담금질(Cold Water Quenching), ② 온수 담금질(Hot Water Quenching), ③ 분무 담금질(Spray Quenching) 등 세 가지가 있다. 사용되는 방법은 부품, 합금, 그리고 요구되는 성질을 고려하여 선택한다.

어떤 합금에서는 노로부터 재료를 꺼내서 담금질하기까지 걸리는 시간, 즉 균열열처리와 담금질 사이의 시간지연이 매우 중요하기 때문에 최소로 해야 하는 경우도 있다. 2017 또는 2024 판재 부품을 용체화처리할 때, 이 지연 시간은 10초를 초과하지 않아야 한다. 주물의 두께가 두꺼운 부분에서는 허용시간이 약간 더 길어야 한다.

담금질 전에 금속이 약간이라도 냉각된다면 고용체로부터 재석출이 일어난다. 석출은 결정입계를 따라 발생하고, 따라서 이 결정단면에서 더 약한 성형성을 가진다. 이것은 입자간 부식(inter-granular corrosion)에 대한 저항력에 악영향을 준다.

(4) 재열처리(Reheat-treatment)

한번 열처리한 재료를 재열처리할 때는 신중하게 검토해야 한다. 다른 금속을 입히지 않은 순수 열처리가능 합금은 해로운 영향을 일으키지 않으면서 반복적으로 용체화처리 할 수 있다.

다른 금속을 입힌 크래드 판재는 매번 재가열할 때마다 코어의 합금원소가 피막으로 확산되기 때문에 허용되는 용체화처리 횟수를 제한한다. 현행 규정에서는 다른 금속을 입힌 크래드 판재의 경우 크래드 피막 두께를 고려하여 재열처리 가능횟수를 3번까지 허용하고 있다.

④ 용체화처리 후 교정(Straightening after Solution Heat-treatment)

용체화처리를 하는 동안 약간의 꼬임(kink), 굽힘(buckle), 물결모양의 주름(wave), 비틀림(twist) 등이 발생한다. 이런 원하지 않는 변형은 일반적으로 교정 작업이나 평탄화 작업(flattening operation)을 통해 제거한다.

변형 교정작업에서 인장강도와 항복강도는 어느 정도 증가하지만 신장률은 약간 감소된다. 이런 재료는 -T3으로 표시하며, 앞의 값들이 현저하게 영향을 받지 않은 재료라면 -T4로 표시한다.

⑤ 석출 열처리(Precipitation Heat Treating)

알루미늄합금은 용체화처리 온도에서 담금질한 직후에는 비교적 연질의 상태이다. 따라서 최대 강도를 얻기 위해서는, 자연시효경화처리 하거나 인공시효(석출)경화처리를 해야 한다. 이와 같이 고용체로부터 과포화된 성분이 석출되는 동안 경도와 강도를 증가한다. 석출이 진행함에 따라 재료의 강도는 최대에 도달할 때까지 증가하여 일련의 최고점에 도달한다. 또한, 시효(과잉시효)처리는 어느 정도 안정된 상태가 될 때까지 강도를 꾸준히 증가시키는 원인이 된다. 석출된 극소 미립자는 입자구조 내에서 어떤 종류의 하중이 작용했을 때 미립자 사이에서 내부손실과 변형에 저항하는 해결책이 마련된다. 이와 같은 방법으로, 합금의 강도와 경도가 증가한다.

석출경화는 재료의 연성은 감소시키지만 강도와 경도를 크게 증가시킨다. 강도를 요구하는 만큼 증가시키기 위해 사용되는 이 과정을 시효처리 또는 석출경화라 부르고 있다.

인공시효 처리한 많은 합금은 며칠 후 최대자연시효 강도 또는 상온시효 강도에 도달한다. 이것은 제조를 위해 −T4 또는 −T3 상태로 제조를 위해 저장할 수 있다. 7075와 같이 아연(zinc) 함유량이 많은 합금은 상당히 오랜 시간에 걸친 시효과정을 통해 성형성(formability)을 감소시키기에 충분한 기계적 성질 변화가 지속된다.

−W 상태에서 성형성의 장점은, 즉 용체화처리 후 곧바로 가공하든지 또는 냉동보관해서 성형성을 유지하는 방법은, 자연시효처리와 같은 방법으로 활용할 수 있다.

냉동은 자연시효의 속도를 지연시킨다. 32°F에서는 시효 작용의 시작이 몇 시간 동안 지연되지만, 드라이아이스(Dry Ice, −50°F에서 −100°F)는 저장하는 시간 동안은 시효 작용을 지연시킬 수 있다.

[표 1−5] 알루미늄합금 열처리 조건

합금	용체화 열가공			석출 열가공		
	온도(°F)	담금	온도표기	온도(°F)	숙성시간	온도표기
2017	930-950	차가운 물	T4			T
2117	930-950	차가운 물	T4			T
2024	910-930	차가운 물	T4			T
6053	960-980	물	T4	445-455	1-2 hours	T5
					or	
				345-355	8 hours	T6
6061	960-980	물	T4	315-325	18 hours	T6
					or	
				345-355	8 hours	T6
7075	870	물		250	24 hours	T6

1) 석출 작업(Precipitation Practice)

표 1−5에 나타난 것과 같이, 석출 경화를 위해 적용되는 온도는 요구되는 합금과 성질에 따라 결정하며, 250°F∼375°F 범위를 사용한다. 이온도는 더 좋은 결과를 얻기 위해서는 ±5°F 편차 이내로 매우 정밀한 제어가 이루어져야 한다.

온도에 대응하는 시간은 사용 온도, 요구되는 성질과 합금 성분에 관계된다. 그 시간은 8∼96시간까지의 범위이다. 시효 온도를 적절히 증가시키면 시효에 필요한 균열 시간이 감소된다. 그러나 고온을 사용할수록 시간과 온도 모두를 더욱 정밀하게 제어해야만 한다.

열석출 처리(thermal precipitation treatment)를 한 재료는 상온에서 공랭시켜야 한다. 반면에 필요한 것은 아니지만 물 담금질도 나쁜 영향을 주지는 않는다. 노 냉각은 과시효처리될 우려가 있다.

2) 알루미늄합금의 풀림처리(Annealing of Aluminum Alloy)

알루미늄합금의 풀림 절차는 ① 합금의 온도상승을 위한 가열, ② 금속의 크기에 따라 결정되는 시간에서 균열처리하고, 그다음 ③ 정지공기 안에서 냉각 등으로 이루어진다. 풀림처리는 금속을 냉간가공하기에 가장 좋은 상태로 만들어 준다.

성형 작업이 이루어지면, 금속은 가공경화가 일어나서 가공하는 것이 점점 더 어려워진다. 그래서 균열을 방지하기 위해서는 성형하는 동안 여러 번 부품을 풀림처리하는 것이 필요하다. 알루미늄합금 부품 또는 조립품은 풀림처리 상태로 사용해서는 안 된다.

다른 금속을 입힌(clad) 부품은 오랜 시간 열에 노출시키면 코어(core) 성분 중 일부가 피막(cladding) 안으로 확산하는 경향이 있고, 이렇게 되면 피막의 내식성이 감소되기 때문에 가능한 빠르고 조심스럽게 가열해야 한다.

⑥ 알루미늄합금 리벳의 열처리(Heat-treatment of Aluminum Alloy Rivet)

(1) 1100 리벳

낮은 강도 리벳이 적합한 곳에 리벳으로 알루미늄합금 판재를 체결하기 위하여 제조된 상태 그대로 사용된다. 5056 리벳은 마그네슘합금 판재를 리벳 체결할 때 처음 제조된 상태 그대로 사용된다.

(2) 2117 리벳

조금 높은 강도를 가지며, 알루미늄합금 판재를 리벳 체결할 때 적합하다. 이 리벳은 제작사에서 단 한 번 열처리를 수행하고, 열처리한 후 양극산화 처리한다. 이 리벳을 사용되기 전에 더 이상의 열처리할 필요는 없다. 2117 리벳은 열처리 후 그 특성이 그대로 유지되며 언제든지 사용할 수 있다. 이 합금으로 만든 리벳은 항공기 구조물 체결에 가장 널리 사용된다.

(3) 2017과 2024 리벳

2017과 2024 리벳은 고강도 리벳으로서 높은 하중을 받는 알루미늄합금 구조물을 체결할 때 적합하다. 이 리벳은 제작사로부터 열처리된 상태로 구입하며, 상온에서는 시효경화 특성이 있기 때문에 리벳 작업에는 부적당하다. 따라서 사용하기 전에 재열처리를 해야 한다. 2017 리벳은 담금질 후 약 1시간이면 매우 단단해져서 리벳 작업하기 어렵다.

2024 리벳은 담금질 후 약 10분이면 경화된다. 이들 합금을 사용하기 위해서는 가끔 재열처리를 해야 하지만, 재료의 입자간 부식을 방지하기 위해 재열처리하기 전에 먼저 양극산

화처리를 해야 한다. 만약 이 리벳을 담금질 후 즉시 32°F 이하의 온도로 냉장고에 보관한다면, 보관하는 동안은 며칠간 작업할 수 있을 정도로 충분한 연질이 유지된다.

열처리를 필요로 하는 리벳은 관모양의 용기에 넣고 소금욕조(salt bath) 안에서 가열하거나, 또는 작은 철망용기에 넣고 공기 로(air furnace)에서 가열한다. 2017 리벳의 열처리는 930°F~950°F 사이의 온도에서 약 30분 동안 리벳에 열을 가하고, 곧바로 냉수로 담금질함으로써 이루어진다. 이 리벳은 체결작업하고 난 후 9일 정도 지나면 최대강도에 도달한다. 2024 리벳은 910°F~930°F의 온도로 가열하고 곧바로 냉수로 담금질한다. 이 리벳은 2017보다 더 큰 전단강도를 가지게 되고, 특히 높은 강도가 요구되는 장소에 사용한다. 2024 리벳은 체결작업 후 하루만 지나면 최대전단강도를 가지게 된다.

열처리 후 또는 냉장고에서 꺼낸 후, 2017 리벳은 약 1시간 이내에 체결작업을 마쳐야 하고, 2024리벳은 10~20분 이내에 체결작업을 완료해야 한다. 만약 이 시간 내에 사용하지 못했다면, 리벳을 재열처리한 후 냉동보관을 해야 한다.

▼ 마그네슘합금 열처리(Heat-treatment of Magnesium Alloy)

항공기 제작에 사용되는 마그네슘(magnesium)의 약 95%는 주조 형태이며, 이 마그네슘합금 주물은 열처리에 의해 쉽게 반응한다. 마그네슘합금 주물의 열처리는 알루미늄합금 열처리와 비슷하며 (1) 용체화처리, (2) 석출경화 또는 시효경화 두 가지 방법으로 나누어진다. 그러나 마그네슘은 상온에서 자연시효처리할 때 그 성질 변화는 거의 일어나지 않는다.

⑧ 티타늄의 열처리(Heat-treatment of Titanium)

티타늄(titanium)은 다음과 같은 목적에서 열처리된다.

① 냉간성형 또는 기계 가공에 의해 발생한 응력을 제거하기 위해

② 열간가공 또는 냉간가공 후 풀림, 또는 다음 냉간가공을 위한 최대연성(maximum ductility)을 부여하기 위해

③ 강도를 증가시키기 위해

1-7 경도시험(Hardness Testing)

경도시험은 열처리 이전에 금속 상태뿐만 아니라 열처리 결과를 알아보는 측정방법이다. 경도지수는 인장강도 및 부분적인 내마모성과 밀접한 관계를 가지고 있기 때문에, 경도시험은 열처리 제어와 재질의 특성을 알기 위한 중요한 점검항목이다.

실제로 모든 경도시험 장비는 경도 측정에 있어 압축하중에 대한 저항력을 이용한다. 경도계의 종류에는 브리넬경도 시험기(brinell hardness tester), 로크웰경도 시험기(rockwell hardness tester) 등과 함께 휴대용 바콜 시험기(barcol tester)가 있다.

1-8 단조(Forging)

단조는 망치로 두드리거나 프레스(press)로 압착해서 제품을 성형하는 과정이다. 재료를 재결정온도 이하에서 단조하면 냉간 단조라 부르고 재결정온도 이상에서 작업하면, 열간 단조라고 부른다. 낙하단조(drop forging)는 기계장치에서 한 쌍의 성형형틀 사이에 뜨거운 주괴(ingot)를 놓고 낙하해머(drop hammer)라고 부르는 수 톤에 달하는 상부형틀을 떨어뜨려서 망치질하는 과정이다. 이 결과 뜨거운 금속에 형틀 모양을 따라서 힘이 작용한다. 이 과정은 매우 빠르게 진행되기 때문에, 완성 제품의 결정구조가 바뀌고, 그 결과 강도를 상당히 증가시킨다.

1-9 주조(Casting)

주조는 금속을 융해시키고 원하는 모양의 주형(mold) 안에 녹인 쇳물을 부어서 만드는 과정이다. 금속은 소성변형(plastic deformation)되지 않기 때문에, 입자 조직이나 본질의 변화 없이 제작이 가능하다. 금속의 결정크기는 냉각속도, 금속의 합금성분, 그리고 열처리에 의해 조절할 수 있다. 주조제품은 보통 같은 재료의 가공제품보다 강도는 낮고, 취성은 높다. 터빈 블레이드(turbine blade)와 같이 내부가 복잡한 모양이나 항목에는 주조가 가장 경제적인 방법이 될 수 있다. 항공기에는 엔진부품(engine part)을 제외하고, 대부분의 금속 부품들은 주조 대신에 가공한(wrought) 것이 많다.

모든 금속 제품(metal products)은 주조 형태에서 시작된다. 가공금속은 주조로 만든 주괴를 변환해서 만든다. 고강도 알루미늄합금에서, 재료 두께의 80~90%에 달하는 치수변화는 완전한 가공 조직의 높은 기계적 성질을 얻기 위해 필요하다.

항공기에 사용하기 위한 철과 알루미늄합금 원재료는 제일 먼저 주조로 만든다. 주철은 2~8% 탄소(carbon)와 규소(Silicon)를 함유한다. 주철은 주형 안으로 용융시킨 쇳물을 부어서 만든, 전성이 없는 단단한 선철(pig iron)이다. 주조알루미늄합금은 용융상태까지 가열해서 녹인 용용금속을 주형 안에 부어서 원하는 모양을 만든다.

1-10 압출(Extruding)

압출 과정은 형틀에 있는 구멍을 통해 금속을 밀어넣고, 형틀 구멍의 모양과 같은 단면모양을 갖는 긴 제품을 만드는 과정이다. 형틀의 구멍 모양은 앵글(angle), 채널(channel), 관(tube), 기타 다양한 모양의 단면을 가진다. 납(lead), 주석(tin), 알루미늄 등과 같은 금속은 상온에서 열을 가하지 않고도 압출가공이 되지만, 대부분 금속은 압출가공을 위해서 가열해야만 한다. 압출가공 과정의 장점은 가연성이다. 예를 들어, 알루미늄은 가연성이 우수하기 때문에, 압출가공으로 더 복잡한 모양이나 더 큰 크기를 제작하는 것이 가능하며, 실제적인 측면에서 더욱 경제적이고, 다른 금속들보다 실용적이다.

압출 가공한 모양은 아주 간단한 형태에서부터 대단히 복잡한 단면에 이르기까지도 만들 수 있다. 예를 들어, 이 과정에서 알루미늄 실린더(cylinder)를 750~850°F로 가열한 다음 유압펌프(hydraulic ram)를 이용하여 형틀 구멍으로 밀어 넣는다. 구멍모양은 완성된 압출가공제품의 단면모양이 된다.

채널, 앵글, T-형, Z-형 등과 같은 많은 구조부재가 압출가공에 의해 만들어진다.

항공기에 사용되는 압출가공 금속은 대부분 알루미늄이다. 알루미늄은 700~900°F(371~482℃) 온도에서 80,000psi(553MPa)의 압력으로 압출가공한다. 압출가공 후, 생산품은 때에 따라 요구되는 성질을 얻기 위해 열처리나 기계가공하기도 한다. 압출가공은 연성이 있는 재료로 한정한다.

1-11 냉간가공/경화(Cold-Working/Hardening)

냉간가공은 임계온도 이하의 온도에서 이루어지는 기계가공을 의미한다. 이것은 금속의 가공경화를 초래한다. 사실상 금속은 가끔 풀림처리해서 연화시키지 않으면 너무 단단해져서 지속적으로 가공하는 것이 어려워진다.

냉간가공에서 수축으로 인한 오차는 고려하지 않아도 되기 때문에, 더 정밀하고 우수한 제품을 만들 수 있다. 냉간가공하면 탄성 한계뿐만 아니라 강도와 경도는 증가되지만, 연성은 감소한다. 이것은 더 쉽게 부서지는 금속이 되는 것이기 때문에, 어떤 작업에서는 가공에 의한 좋지 않은 영향을 제거하기 위하여 이따금씩 가열해야 한다.

몇 가지 냉간가공 방법이 있지만, 항공정비사와 주로 관련된 것은 냉간압연(cold-rolling)과 냉간인발(cold drawing), 두 가지가 대표적이다. 이들의 과정은 열간가공에서는 얻을 수 없는 우수한 품질을 제공한다.

냉간압연은 보통 상온에서 금속을 압연가공하는 것을 말한다. 이 작업에서, 적당한 크기의 재료는 냉각시킨 롤러(roller) 사이를 통과하고 나서 산화물을 제거하기 위해 묽은 산 용액으로 세척한다. 이렇게 하면 매끈한 표면이 만들어지고, 또한 정확한 치수로 만들 수 있다. 단조 금속을 냉간압연으로 만든 재료는 판재, 봉(bar), 그리고 로드(rod) 등이다.

냉간인발은 이음매 없는 배관, 와이어(wire), 유선형 타이로드(tie rod), 다른 모양의 지지대를 만들 때 사용한다. 열간압연으로 제작한 로드를 원료로 해서 다양한 지름의 와이어를 만든다. 이 로드는 산화물을 제거하기 위해 묽은 산 용액으로 세척하고, 석회수에 담근 다음 증기실(vapor room)에서 건조시킨다. 금속에 증착된 석회성분은 인발작업 시에 윤활제 역할을 하게 된다.

인발에 사용된 로드의 크기는 원하는 와이어의 지름에 좌우된다. 로드는 요구되는 크기로 줄이기 위해서, 열을 가하지 않은 상온에서 형틀 구멍을 통과시켜 잡아 늘인다. 로드의 한쪽 끝은 망치로 두드리거나 줄지어 미끄러지게 하고 다른 한쪽 끝은 형틀 구멍을 통해 인발블록(drawing block)의 조(jaw)로 꽉 잡아 끌어당긴다. 이 일련의 작업은 드로 벤치(draw-bench)라고 하는 기계장치에 의해 이루어진다.

로드를 요구하는 크기로 점차 줄이기 위해서는, 와이어를 점점 더 작은 형틀 구멍으로 연속해서 통과시켜 잡아 늘리는 것이 필요하다. 이들 각각의 인발은 와이어의 연성을 감소시키기 때문에, 인발을 계속해서 늘리고자 할 때는 가끔씩 풀림처리해야 한다. 비록 냉간가공이 와이어의 연성은 감소시킬지라도, 인장강도는 증가시킨다.

항공기용 이음매 없는 강관을 인발작업으로 만들 때는 열을 가하지 않은 상온에서, 관 안쪽을 금속 막대(mandrel)로 지탱하면서 고리모양의 형틀을 통과시켜 관을 잡아 늘인다. 이때 금속을 형틀과 금속막대 사이로 지나가도록 밀어 넣는다. 관의 두께, 안지름과 바깥지름은 형틀과 금속 막대 크기를 통해 조절할 수 있다.

CHAPTER 2

항공기 비금속 재료
Aircraft Nonmetallic Material

항공기 구조에서 마그네슘(magnesium), 플라스틱(plastic), 천(Fabric), 목재의 사용은 1950년대 중반 이후에 거의 자취를 감추었다. 알루미늄 또한 1950년대에는 기체의 80% 정도 차지하였으나, 오늘날에는 알루미늄 또는 알루미늄 합금이 기체 구조의 15% 정도로 사용이 크게 줄어들었다. 이런 재료들은 강화 플라스틱이나 개량된 복합소재(Composite) 등과 같은 비금속 재료로 교체되고 있다.

2-1 목재(Wood)

초기의 항공기는 목재와 천으로 조립되었다. 오늘날 복원되는 항공기와 일부 자작 항공기를 제외하고, 목재는 항공기 구조물로 사용하지 않는다.

2-2 플라스틱(Plastic)

플라스틱은 현대항공기의 많은 곳에 사용된다. 사용범위는 유리섬유(fiberglass)로 보강된 열경화성 플라스틱 구조부분품에서부터 창문(window) 등과 같은 열가소성 플라스틱 내장용 재료에 이르기까지 다양하게 사용되고 있다.

2-3 투명 플라스틱(Transparent Plastic)

항공기의 조종실 캐노피(canopy), 윈드쉴드(windshield), 창문, 기타 투명한 곳에는 투명플라스틱 재료가 사용되며, 열에 대한 반응에 따라 열가소성 수지(thermoplastic)와 열경화성 수지(thermosetting)로 분류한다.

(1) 열가소성 수지(Thermoplastic)

열가소성 수지는 가열하면 연해지고 냉각시키면 딱딱해진다. 이 재료는 유연해질 때까지 가열시킨 다음 원하는 모양으로 성형하고, 다시 냉각시키면 그 모양이 유지된다. 같은 플라스틱 재료를 가지고 재료의 화학적 손상을 일으키지 않고도 여러 차례 성형하는 것이 가능하다. 폴리에틸렌, 폴리스티렌, 폴리염화비닐 등이 여기에 속한다.

(2) 열경화성 수지(Thermosetting)

열경화성 수지는 열을 가하면 연화되지 않고 경화된다. 이 플라스틱은 완전히 경화된 상태에서 다시 열을 가하더라도 다시 다른 모양으로 성형할 수 없다. 에폭시(epoxy) 수지, 폴리아미드 수지(polyimid resin), 페놀 수지(phenolic resin), 폴리에스테르 수지(polyester resin) 등이 열경화성 수지에 속한다.

(3) 투명플라스틱 제조(Manufacture of Transparent Plastic)

항공에 사용되는 대부분 투명판재는 여러 가지의 군용규격(military specification)에 따라 제조된다. 투명플라스틱으로 새로 개발된 재질은 신축성이 있는 아크릴(acrylic) 수지이다. 신축성이 있는 아크릴은 성형하기 전에 분자구조(molecular structure)의 재배열을 위하여 양방향으로 잡아 당겨서 제조한 플라스틱의 일종이다.

(4) 투명플라스틱 취급 및 보관(Handling and Storage of Transparent Plastic)

신축성 아크릴 패널(acrylic panel)은 충격과 파손에 대해 큰 저항력을 가지며, 내화학 특성이 있다. 가장자리는 단순하며 잔금(crazing)이나 스크래치(scratch)가 적게 발생한다.

각각의 플라스틱 판재는 접착제가 첨가된 두터운 보호용 필름(masking film)으로 덮여 있다. 이 필름은 저장과 취급 시 우연한 긁힘을 방지하는 데 도움을 준다. 취급 시 서로 비벼서 긁히거나 파손이 생기지 않도록 주의해야 하며, 거칠거나 더러운 작업대 위에서 작업하는 것은 피해야 한다. 만약 가능하다면, 판재를 수직면으로부터 약 10° 정도 경사진 선반에 보관한다. 만약 수평으로 보관해야 한다면, 쌓아올린 높이는 18인치 이상 되지 않아야 하고, 큰 판재가 받쳐져서 걸치는 것을 피하기 위해 작은 판재를 큰 판재 위에 쌓아야 한다. 플라스틱은 솔벤트, 증기(fume), 가열코일(heating coil), 방열기(radiator), 증기 파이프(steam-pipe) 등으로부터 떨어진, 차고 건조한 곳에 보관해야 한다. 보관장소의 온도는 120℉를 초과해서는 안 된다.

태양 직사광선은 아크릴플라스틱(acrylic plastic)을 손상시키지는 않지만, 보호용 필름의 접착제를 건조시키고 경화시키기 때문에 필름 제거하는 것을 어렵게 한다. 만약 필름이 쉽게 제거되지 않는다면, 판재를 250℉ 정도 되는 오븐(oven)에 약 1분 정도 넣어 놓으면, 필름이 떨어지기 쉽게 열에 의해 보호용 접착제가 부드러워진다. 만약 오븐이 없다면, 지방족나프타(aliphatic naphtha)로 접착제를 연화시켜서 경화된 보호용 필름을 제거한다. 나프타로 흠

뻑 적신 천으로 보호용 필름을 문지르면, 접착제가 연화되고 플라스틱으로부터 필름을 손쉽게 제거할 수 있다. 필름을 제거한 플라스틱 판재는 즉시 깨끗한 물로 씻고 표면이 긁히지 않도록 주의해야 한다.

지방족나프타는 플라스틱에 악영향을 미치는 방향족 나프타나 기타 드라이클리닝용제(dry cleaning solvent)와 혼합해서는 안 된다. 또한 지방족나프타는 가연성이므로 가연성 액체 사용에 따른 주의사항을 준수해야 한다.

2-4 복합재료(Composite Material)

1940년대부터 항공 산업은 전체적인 항공기 성능을 향상시킬 수 있는 합성섬유(synthetic fiber)를 개발에 집중하기 시작했다.

복합재료(composite)는 서로 다른 재료나 물질을 인위적으로 혼합한 혼합물로 정의한다.

1 복합재료의 장점(Advantage of Composite)

복합재료는 아주 많은 장점을 가지고 있으며 다음은 그중 일부이다.

(1) 중량비에 대하여 강도비가 높다.

(2) 화학적 결합에 의해 응력이 천에서 천으로 전달된다.

(3) 강성 대 밀도비가 강 또는 알루미늄의 3.5~5배이다.

(4) 금속보다 수명이 길다.

(5) 내식성이 매우 크다.

(6) 인장강도는 강 또는 알루미늄의 4~6배이다.

(7) 유연성이 커서 복잡한 형태의 제작이 가능하다.

(8) 결합용 부품의 사용이 아닌 접합(bonded)으로 제작이 쉽고 구조가 단순하다.

(9) 손쉽게 수리할 수 있다.

2 복합재료의 단점(Disadvantages of Composite)

복합재료의 단점은 다음과 같다.

(1) 박리(Delamination, 들뜸 현상)에 대한 탐지와 검사방법이 어렵다.

(2) 새로운 제작 방법에 대한 축적된 설계 자료(design database)가 부족하다.

(3) 비용(cost)이 비싸다.

(4) 공정 설비 구축에 많은 예산이 든다.

(5) 제작방법의 표준화된 시스템이 부족하다.

(6) 재료, 과정 및 기술이 다양하다.

(7) 수리 지식과 경험에 대한 정보가 부족하다.

(8) 생산품이 종종 독성(toxic)과 위험성을 가지기도 한다.

(9) 제작과 수리에 대한 표준화된 방법이 부족하다.

오늘날 항공기에 사용되는 구조재료는 강도 대 무게비율을 고려할 때, 복합재료가 더 유리할 것이다.

❸ 복합재료 취급 시 안전(Composite Safety)

복합재료 제품은 피부, 눈, 폐 등에 매우 해로울 수 있다. 인체 건강에 단기 또는 장기적으로, 심각한 자극과 해를 입을 수 있다. 개인 보호용구착용이 때에 따라 덥고 불편하며, 착용에 어려움이 있을 수 있지만, 그러나 복합재료 작업에서 이 약간의 불편함이 건강 문제, 심지어 죽음까지도 막아줄 수 있다.

작은 유리 기포(glass bubble)나 섬유 조각으로 인한 폐의 영구적인 손상으로부터 신체를 보호하기 위해 방독면(respirator)을 착용하는 것은 매우 중요하다. 먼지마스크(dust mask)는 유리섬유 작업에 인가된 최소한의 필수품이며, 최선의 보호 방법은 먼지필터(dust filter)를 갖춘 방독면을 착용하는 것이다. 만약 주위의 공기가 그대로 흡입된다면, 마스크는 착용한 사람의 폐를 보호할 수 없기 때문에, 방독면이나 먼지마스크의 정확한 착용이 매우 중요하다. 수지 작업을 할 때, 발생하는 증기에 대한 보호를 위해 방독면을 착용하는 것은 매우 중요하다.

방독면에 있는 숯 여과기는 한동안 증기를 제거해준다. 만약 마스크를 뒤집어 놓고 휴식을 취한 다음 다시 착용하였을 때 수지 증기 냄새를 느낄 수 있다면, 곧바로 여과기를 교체해야 한다. 숯 여과기의 사용시간은 일반적으로 4시간 이하이다. 사용하지 않을 때는 밀폐된 가방에 방독면을 보관해야 한다. 만약 오랜 시간 동안 유독성물질로 작업을 해야 한다면, 두건(hood) 딸린 송풍식 마스크(supplied−air mask)를 사용하는 것이 좋다.

긴 바지와 장갑까지 내려오는 긴 소매를 입거나 보호크림(barrier cream)을 발라주면 섬유나 다른 미립자가 피부에 접촉되는 것을 방지할 수 있다. 보통 눈의 화학적인 손상은 회복될 수 없기 때문에 수지나 용제로 작업할 때는 통기구멍이 없는 누설방지 고글(goggle)을 착용하여 눈을 보호해야 한다.

❹ 샌드위치 구조(Sandwich Structure)

복합재료를 만들 때는 재료의 중심 코어가 있을 수도 있고 없을 수도 있다. 중심 코어가 있는 박판 구조(laminated structure)를 샌드위치 구조라고 부른다. 박판 구조는 강하고 딱딱하지만 무겁다. 샌드위치 구조는 같은 강도라도 무게는 훨씬 가볍다. 항공용 제품으로서 무게가 가볍다는 것은 매우 중요하다.

박판의 코어는 거의 모든 재질로 만들 수 있으며, 그에 대한 결정은 보통 용도, 강도 그리고 적용하고자 하는 제조 방법에 따른다. 박판 구조에 대한 코어의 종류는 단단한 폼(foam), 목재, 금속, 또는 항공우주산업에서 많이 사용되는 종이, 노멕스(Nomex), 탄소, 유리섬유 또는 금속으로 만든 허니콤(Honeycomb) 등을 포함한다. 그림 2-1에서는 일반적인 샌드위치 구조를 보여준다.

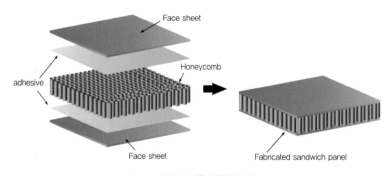

▲ 그림 2-1 샌드위치 구조

❺ 강화 플라스틱(Reinforced Plastic)

강화 플라스틱은 레이돔(radome), 안테나 덮개(antenna cover), 날개 끝(wing tip) 등의 제작, 전기장치와 연료 셀(fuel cell), 다양한 부분품에 대한 절연물(insulation)로 사용되는 열경화성 재료이다. 그것은 우수한 절연 특성을 갖고 있어 레이돔을 만드는 데 이상적이며, 또한 강도 대 무게 비가 크고, 곰팡이, 녹, 부식에 대한 저항력과 제작의 용이성 때문에 항공기의 다른 부분에도 널리 사용한다.

2-5 고무(Rubber)

고무는 먼지나 습기 혹은 공기가 들어오는 것을 방지하고 액체, 가스 혹은 공기의 손실을 방지할 목적으로 사용한다. 또한, 진동을 흡수하고, 잡음을 감소시키며 충격 하중을 감소시키는 데도 사용된다. 고무라는 용어는 금속이라는 용어와 같이 포괄적인 의미를 가진다. 그러나 여기서의 고무는 천연고무뿐만 아니라 합성고무(synthetic rubber), 또는 실리콘고무(silicone rubber)까지 포함한다.

❶ 천연고무(Natural Rubber)

천연고무는 합성고무 또는 실리콘고무보다 더 좋은 가공성과 물리적 성질을 갖는다. 이들 성질은 신축성, 탄성, 인장강도, 전단강도, 유연성으로 인한 저온 가공성 등을 포함한다. 천연고무는 용도가 다양한 제품이다. 그러나 쉽게 변질되고 모든 영향에 대하여 저항성이 부족하기 때문에 항공용으로는 부적합하다. 비록 우수한 밀폐능력을 가지지만, 모든 항공기 연료나 나프타 등과 같은 용제에 의해 부풀거나 유연해지는 단점이 있다. 천연고무는 합성고무보다 훨씬 잘 변질된다. 이 고무는 물-메탄올 계통(water-Methanol System)에서의 밀봉재(sealing material)로 사용하고 있다.

❷ 합성고무(Synthetic Rubber)

합성고무는 여러 종류로 만들어지고 있으며, 각각 요구되는 성질을 부여하기 위하여 여러 가지 재료를 합성해서 만든다. 가장 널리 사용되는 것으로는 부틸(butyl), 부나(buna), 네오프렌(neo-prene) 등이 있다.

(1) 부틸(Butyl)

부틸은 가스 침투에 높은 저항력을 갖는 탄화수소 고무이다. 이 고무는 또한 노화에 대한 저항성도 있지만 물리적인 특성은 천연고무보다 상당히 적다. 부틸은 산소, 식물성 기름, 동물성지방, 알카리, 오존 및 풍화작용에 견딜 수 있다. 부틸은 천연고무와 마찬가지로 석유나 콜타르용제(coal tar solvent)에 부풀어 오르며, 습기 흡입성은 낮으나 고온과 저온에는 좋은 저항력을 가지고 있다. 등급에 따라 -65°F에서 300°F의 온도 범위에서 사용이 가능하다. 부틸은 에스테르 유압유(skydrol), 실리콘 유체, 가스 케톤(ketone), 아세톤 등과 같은 곳에 사용한다.

(2) 부나(Buna)-S

부나-S는 처리나 성능특성에 있어서 천연고무와 비슷하다. 천연고무와 같이 방수특성을 가지며, 어느 정도 우수한 시효특성을 가지고 있다. 열에 대한 저항성은 강하나 유연성은 부족하다. 일반적으로 가솔린, 오일, 농축된 산(Acid), 솔벤트 등에는 취약한 저항성을 갖는다. 천연고무의 대용품으로 타이어나 튜브에 일반적으로 사용한다.

(3) 부나(Buna)-N

부나-N은 탄화수소나 다른 솔벤트에 대한 저항력은 우수하지만 낮은 온도의 솔벤트에는 저항력이 약하다. 합성고무는 300℉ 이상의 온도에서 좋은 저항성을 가지고 있으며 -75℉ 까지 온도에 적용되는 저온용도 있다. 균열이나 태양광, 오존에 대해 좋은 저항성을 가지고 있다. 또한, 금속과 접촉해서 사용될 때 내마모성과 절단특성이 우수하다. 유압피스톤의 밀폐시일(seal)로 사용될 때에도 실린더 벽(에 고착되지 않는다. 오일 호스나 가솔린 호스, 탱크내 벽의 개스킷(gasket) 및 시일에 사용된다.

(4) 네오프렌(Neoprene, 합성고무의 일종)

네오프렌은 천연고무보다 더 거칠게 취급할 수 있고 더 우수한 저온 특성을 가지고 있다. 또한, 오존, 햇빛, 시효에 대한 특별한 저항성을 가지고 있다. 고무처럼 보이고 그렇게 느껴진다. 그러나 네오프렌은 부틸이나 부나보다 몇 가지 특성에서 고무와 같은 특성이 좀 부족하다. 인장강도, 신장력 등과 같은 네오프렌의 물리적 특성은 천연고무와 같지 않고 한정된 범위에서만 유사성을 가진다. 마모저항과 마찬가지로 균열저항도 천연고무보다는 조금 부족하다. 비록 변형에 대한 회복은 완전하게 이루어지나 천연고무처럼 신속하지 못하다.

네오프렌은 오일(oil)에 대해 우수한 저항성을 갖는다. 주로 기밀용 실, 창문틀, 완충패드, 오일 호스, 기화기 다이아프램에 주로 사용한다. 이것은 또한 프레온이나 규산염 에스테르(silicate ester) 윤활제와 함께 사용하기도 한다.

(5) 폴리황화고무(Poly-sulfide Rubber)

폴리황화고무로도 알려진 티오콜(thiokol, 인조고무의 일종, 상표명)은 노화에 가장 높은 저항력을 갖지만, 그러나 물리적 성질에 있어서는 최하위를 차지한다. 일반적으로 티오콜은 석유, 탄화수소, 에스테르(ester), 알코올, 가솔린, 또는 물에 대하여 심각한 영향을 받지 않는다. 티오콜은 압축 방향, 인장강도, 탄성, 그리고 인열마멸저항과 같은 그런 물리적 성질에서 낮은 등급을 차지한다. 티오콜은 오일 호스, 탱크 내벽의 개스킷, 그리고 시일 등에 사용한다.

(6) 실리콘 고무(Silicone Rubber)

실리콘 고무는 규소(Silicon), 수소, 그리고 탄소로 만들어진 플라스틱 고무 재질에 속한다. 실리콘 고무는 우수한 열안정성과 저온에서의 유연성을 갖는다. 이 고무는 개스킷, 시일 또는 600℉까지의 고온이 작용하는 곳에 사용하기 적합하다. 실리콘 고무는 또한 -150℉ 에 이르는 저온에 대한 저항력을 갖는다. 실리콘 고무는 이 온도범위에 걸쳐 경화되거나 끈

끈하게 달라붙지 않으며, 유연성과 유용성이 유지된다. 비록 이 재료가 오일에는 우수한 저항력을 갖지만, 가솔린에는 좋지 못한 반응을 보인다. 가장 잘 알려진 실리콘 고무 중 한 가지인 실라스틱(silastic)은 전기계통과 전자장비의 절연에 사용된다. 폭넓은 온도범위에 걸쳐 유연하고 잔금이 생기지 않기 때문에 절연특성이 우수하다. 또한, 실라스틱은 특정 오일계통의 개스킷이나 시일로 사용하기도 한다.

❸ 완충 코드(Shock Absorber Cord)

완충 코드는 천연고무 가닥을 산화와 마모에 잘 견디도록 처리한 무명실로 짠 외피를 씌워서 만든다. 고무줄 다발을 원래 길이의 약 3배 정도 늘리고, 이 고무줄에 무명실로 짠 외피를 직조해 넣으면, 큰 장력과 신장을 얻을 수 있다.

탄성식(elastic) 완충 코드는 두 가지 종류가 있는데, 제1형은 직선코드(straight cord)이고, 제2형은 "번지(bungee)"라고 알려진 연결고리형태이다. 제2형 코드의 장점은 쉽고 신속하게 교환할 수 있으며, 신장이나 꼬임에 대한 안정성이 크다는 것이다. 완충 코드는 표준 지름이 1/4에서 13/16inch까지 이용된다.

코드의 전체 길이에 걸쳐 세 가지 색으로 채색된 가는 무명실을 외피에 꼬아 넣었다. 이 가는 실들 중 2개는 같은 색상이며 제작년도를 표시한다. 다른 색상인 세 번째 가는 실은 코드가 제작된 시기를 1/4년 단위로 구분하여 표시한다. 코드 표시는 5년을 단위로 구분하고 그 기간이 지나면 처음부터 다시 반복한다. 표 2-1에는 연도별 구분색상을 나타냈다.

[표 2-1] 완충 코드 색 표시

연도	가닥	색채
2000	2	black
2001	2	green
2002	2	red
2003	2	blue
2004	2	yellow
2005	2	black
2006	2	green
2007	2	red
2008	2	blue
2009	2	yellow
2010	2	black

4분기 표시		
4분기	가닥	색채
Jan., Feb., Mar.	1	red
Apr., May., June.	1	blue
July., Aug., Sept.	1	green
Oct., Nov., Dec.	1	yellow

4 시일(Seal)

시일은 그것이 사용되는 계통에서 공기, 오물(dirt) 등과 같은 유체의 흐름을 차단하거나, 누설을 방지하기 위해 사용한다. 항공기 시스템에서 유압과 공압의 사용빈도 증가로 인해 패킹(packing)과 개스킷(gasket)의 필요성도 증가하였고, 해당하는 운영속도와 온도에 알맞게 여러 가지 모양으로 설계된다. 같은 형상이나 종류의 시일로 모든 장치를 만족시킬 수는 없다. 이에 대한 몇 가지 이유로는 (1) 시스템의 작동 압력, (2) 시스템에 사용되는 유체 종류, (3) 인접한 부품 사이에 있는 금속의 거친 정도와 유격, 그리고 (4) 회전운동 또는 왕복운동과 같은 운동형태 등이다. 시일은 세 가지 종류인 패킹, 개스킷, 와이퍼(wiper)로 분류한다.

1) 패킹(Packing)

그림 4-3에 나타난 것과 같이, 패킹(packing)은 합성고무나 천연고무로 만들어진다. 패킹은 보통 "작동 시일"로서 작동실린더, 펌프, 선택밸브 등과 같이 움직이고 있는 부분의 기밀을 위해 사용된다. 패킹은 특수목적을 위해 설계한 O-링, V-링, 그리고 U-링 형태로 만든다.

(1) 기능(Role)

O-링 패킹은 내부와 외부누설을 방지하기 위해 사용한다. 이 형태의 링을 가장 일반적으로 사용하고 있으며, 양쪽 방향 모두에 대한 기밀작용이 효과적이다. 1,500psi 이상의 압력으로 작동하는 장비에서, O-링이 밀려 나오는 것을 방지하기 위해 백업 링(backup ring)을 함께 사용된다. 작동실린더에서 O-링 양쪽에서 압력의 영향을 받을 때는 O-링의 양쪽에 각각 1개씩의 백업 링을 사용한다. 일반적으로 O-링의 한쪽에서만 압력이 작용할 때는 하나의 백업 링을 사용한다. 이런 경우, 백업 링의 위치는 항상 압력이 작용하는 O-링의 뒤쪽에 배치해야 한다.

(2) 종류(Type)

O-링의 재질은 작동조건, 온도, 그리고 유체의 종류 등을 고려해서 여러 가지로 제작한다. 그러므로 O-링이 작동유체와 작동온도에 적합한 것이 아니라면 사용해서는 안 된다. 또한 움직이지 않는 정적인 시일로 설계된 O-링을 유압피스톤과 같이 움직이는 부분에 사용을 금지한다.

MIL-H-5606 유압계통에 적용하는 O-링은 다음과 같다.

① AN6227, AN6230, 그리고 AN6290: −65°F에서 +160°F까지의 온도범위 사용

② MS28775 계열: −65°F에서 +275°F까지의 온도범위 사용

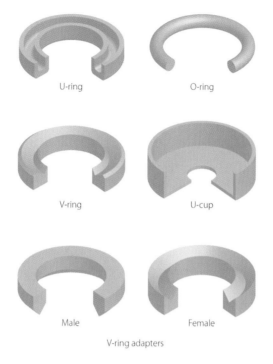

U-ring O-ring

V-ring U-cup

Male Female

V-ring adapters

▲ 그림 2-2 패킹 링

(3) 컬러코드(Color Coding)

제작사는 일부 O-링에 컬러코드를 하지만, 이것만으로는 완벽한 식별이 불가능하다. 컬러코드로는 크기를 나타내지 못하지만, 계통에 사용되는 유체에 대한 적합성을, 그리고 어떤 경우는 제작사를 표시하기도 한다. MIL-H-5606 유체에 적합한 O-링의 컬러코드는 푸른색이지만, 적색이나 다른 색으로 표시할 수도 있다. 스카이드롤(Skydrol®) 유체에 적합한 패킹과 개스킷에는 항상 녹색줄무늬로 표시하도록 하고 있지만, 컬러코드 방법으로 청색, 적색, 녹색 또는 노란색 점을 찍어 표시하기도 한다. 탄화수소 유체에 적합한 O-링의 컬러코드는 항상 적색이며, 절대 청색으로 표시해서는 안 된다. 링의 주위에 둘러서 부호화된 줄무늬(stripe)는 O-링이 속이 비어 있는 개스킷이란 것을 의미한다. 이 컬러코드 색상은 유체에 대한 적합성을 나타내는데, 연료에는 적색, 유압유에 청색이 적용된다.

일부 링에서는 표시가 영구적인 것이 아닐 수 있으며, 제작상 어려움 또는 작동에 대한 간섭으로 인하여 생략되기도 한다. 더구나 컬러코드 방법으로는 O-링의 사용수명이나 사용온도 한계를 입증하기 위한수단이 마련되어 있지 않다. 컬러코드의 어려움 때문에, O-링은 밀봉한 봉투에 개별로 넣은 다음 관련된 모든 자료를 라벨(label)로 해서 붙인다. 장착을 위해 O-링을 선택할 때, 밀봉한 봉투에 쓰인 부품번호를 보면 대부분 식별할 수 있도록 되어 있다.

(4) 검사(Inspection)

처음 겉보기에는 O-링이 완전한 것처럼 보일 수 있지만, 표면에 약간의 흠집이 존재할 수 있다. 가끔 이런 흠집이 항공기 계통의 다양한 작동압력하에서 O-링의 기능을 만족스럽게 발휘하지 못하도록 방해한다. 그러므로 O-링은 그 성능에 영향을 줄 수 있는 흠집이 있을 경우에는 제거하여야 한다. 그런 흠집을 발견하기란 매우 어렵기 때문에 항공기제작사에서는 O-링을 장착하기 전에 적당한 불빛 아래에서 ×4배율 정도의 확대경을 사용해서 검사할 것을 권장하고 있다.

검사용 콘(cone)이나 다우엘(dowel)에 링을 끼우고 회전시키면서 내경 표면에 균열이 있는지 여부를 검사한다. 또한, 누설이나 O-링의 수명을 단축시키는 원인이 될 수 있는 작은 흠집, 외부 이물질의 유무 등 다른 어떤 이상에 대하여 점검한다. 링을 뒤집어 비틀어 보면 링이 약간 늘어남으로 인해 드러나지 않았던 작은 흠집을 발견하는 데 도움이 될 것이다.

2) 백업 링(Backup Ring)

백업 링(MS28782)은 시간이 지나도 노화되지 않는 테프론(Teflon™)으로 만든다. 어떤 계통 유체나 증기에도 영향을 받지 않으며, 고압의 유압계통에 나타나는 높은 온도에 대해서도 잘 견딜 수 있다. 백업 링의 대시번호는 그 크기뿐만 아니라 치수상으로 적합한 O-링의 대시번호와 직접적인 관계를 나타낸다. 백업 링은 기본 부품 번호의 숫자로 찾을 수 있지만 그것이 적용되는 O-링을 지원하기 위해 적합한 치수인 경우 상호교환이 가능하다. 즉, 테프론 백업 링은 사용할 부분에 치수만 맞는다면 다른 테프론 백업 링으로 교환이 가능하다.

백업 링에는 칼라코드나 다른 표식이 되어 있지 않으면 포장에 있는 표시로 식별할 수 있다.

백업 링의 검사는 표면이 불규칙한 곳은 없는지, 모서리 윤곽이 깨끗하게 잘려서 예리한 상태인지, 그리고 끼워 맞추는(scarf) 부분의 절단면은 평행한지 등을 확인해야 한다. 나선형 테프론 백업 링(spiral backup ring)을 검사할 때는 자유로운 상태에서 코일의 1/4인치 이상 분리되지 않았는가를 확인해야 한다.

3) V-링 패킹(V-ring Packing)

V형 링 패킹(AN6225)은 한쪽 방향 밀폐용 시일이며 항상 압력작용 방향을 향해서 "V"의 벌어진 부분이 향하도록 장착해야 한다. V형 링 패킹을 장착한 후 적당한 위치에 자리 잡아주는 한 쌍의 어댑터(adapter)가 있어야 한다. 또한, 해당 부품의 시일 리테이너(seal retainer)에 제작자가 제시한 규정 값으로 토크작업하는 것이 필요하다. 그렇지 않으면 시일은 만족스러운 역할을 못하게 된다. V-링을 장착한 상태는 그림 2-3에서 볼 수 있다.

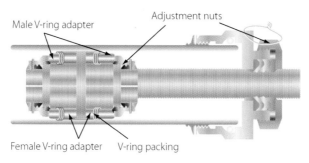

▲ 그림 2-3 V-링 장착 상태

4) U-링 패킹(U-ring Packing)

U-링 패킹(AN6226)과 U-캡 패킹은 브레이크 장치와 브레이크 마스터실린더에 사용된다. U-링과 U-캡은 오직 작용하는 압력에 대하여 한쪽 방향만을 밀폐시키며, 그렇기 때문에 패킹의 열린 부분이 압력이 작용하는 방향을 향하도록 장착해야 한다. U-링은 원래 1,000psi 이하의 압력에 사용하는 저압용 패킹이다.

5 개스킷(Gasket)

개스킷은 고정된 또는 움직이지 않는 2개의 납작한 부품 사이를 밀폐시키기 위하여 사용된다.

개스킷 재질은 일반적으로 석면, 구리, 코르크(cork), 고무 등이다. 판형태의 석면 개스킷은 내열성을 필요로 하는 곳이면 어디든지 사용할 수 있으며, 배기계통의 개스킷으로 광범위하게 사용하고 있다. 대부분 배기계통 석면 개스킷(asbestos exhaust gasket)은 수명을 연장시키기 위해 얇은 판에 구리 테두리를 입힌다.

점화플러그 개스킷으로는 연소실의 밀폐를 위해 약간 연질인 구리와셔를 사용하고 있다.

코르크 개스킷은 엔진 크랭크케이스와 액세서리 사이의 오일 시일로 사용하고 있으며, 개스킷이 굴곡표면이나 울퉁불퉁하게 생긴 불규칙한 공간을 메꿔서 밀폐시켜야 하는 곳에 사용한다.

고무판 형태의 개스킷은 압축성 개스킷이 필요한 곳에 사용한다. 가솔린이나 오일이 접촉하는 부분에서 고무가 이 물질들과 접촉하면, 아주 빠르게 변질될 수 있기 때문에, 고무 개스킷을 사용해서는 안 된다. 개스킷은 작동실린더, 밸브, 기타 구성부품 끝 덮개부분의 유체밀폐용으로도 사용한다. 이런 목적으로 사용하는 개스킷은 대체로 O-링 패킹과 비슷한 모양을 가지고 있다.

6 기밀용 실란트(Sealing Compound)

모든 항공기는 여압을 위하여 공기 누설을 방지하고, 연료의 누설이나 가스의 유입을 막기 위해,

또는 기후를 차단시키고 부식을 방지하기 위하여 해당 부분을 밀폐시킨다. 대부분 실란트(밀폐제, sealant)는 최상의 결과를 얻기 위해 2가지 이상의 성분을 적절한 비율로 혼합하여 사용한다. 어떤 재료는 포장된 상태의 것을 그대로 사용하는 것도 있고, 다른 것은 사용하기 전에 적절히 혼합해야 하는 것도 있다.

1) 단일 실란트(One-part Sealant)

단일 실란트는 바로 사용할 수 있도록 제조사에서 조제하여 포장한 것이다. 그러나 이 화합물 중 일부는 특별한 방법으로 사용할 수 있도록 농도를 조절하기도 한다. 만약 희석이 요구된다면, 희석제(thinner)는 실란트 제조사에서 권고하는 것을 사용해야 한다.

2) 혼합 실란트(Two-part Sealant)

혼합 실란트는 기제(base compound)와 촉진제로 구분되며, 사용하기 전에는 경화되지 않도록 따로따로 포장한다. 이 실란트는 적절한 비율로 혼합하여 사용하며, 규정된 비율을 변경시키면 재료의 품질이 저하될 수 있다. 일반적으로 2부분 실란트는 기제와 촉진제의 무게비로 규정된 혼합비율에 맞춘다. 모든 실란트의 재료는 실란트 제조사의 권고에 따라 정확하게 무게를 측정해야 한다.

(1) 실란트 혼합(Compounds Mixing)

실란트 재료의 무게를 측정하기 전에, 기제와 촉진제는 충분히 저어서 섞어줘야 한다. 건조되었거나, 덩어리 진, 또는 조각이 된 촉진제를 사용해서는 안 된다. 무게를 측정해서 포장한 실란트 키트 전체를 혼합하고자 할 때는 실란트와 촉진제의 무게를 다시 측정하지 않아도 된다.

기제 화합물과 촉진제의 적당한 양을 결정하고 난 다음에, 기제 화합물에 촉진제를 첨가해야 한다. 촉진제를 첨가한 후 즉시, 휘젓거나 아래위로 흔들어서 그 재료의 농도에 맞게 섞음으로써 2개 화합물이 충분히 섞이도록 해야 한다. 혼합물에 공기침투를 방지하기 위해 재료를 조심스럽게 섞어야 한다. 지나치게 과격하게 또는 오래 동안 섞는 것은 혼합물에 열을 발생시키고 혼합된 실란트의 정상적인 경화시간과 작업가능 시간을 단축시키게 된다.

화합물이 잘 혼합되었는지 확인하기 위해, 평평한 금속 또는 유리판 위의 깨끗한 부분에 문질러서 검사한다. 만약 작은 부스러기나 덩어리가 발견된다면, 계속해서 혼합한다. 만약 작은 부스러기나 덩어리가 제거되지 않는다면, 그것은 버려야 한다.

(2) 실란트 작업(Compounds Application)

혼합된 실란트의 작업가능 시간은 30분부터 4시간까지인데, 이것은 실란트의 종류에 따라 다르다. 그러므로 혼합된 실란트는 가능한 빨리 사용해야 하며, 그렇지 않으면 냉동고에 보관한다. 표 2-2에는 여러 가지 실란트에 대한 일반적인 자료를 소개하였다.

혼합된 실란트의 양생률(curing rate)은 온도와 습도에 따라 변한다. 실란트의 양생(curing)은 온도가 60°F 이하일 때 가장 늦다. 대부분 실란트 양생을 위한 가장 이상적인 조건은 상대습도가 50%이고 온도는 77°F일 때이다.

양생은 온도를 증가시키면 촉진되지만, 그러나 양생하는 동안 언제라도 온도가 120°F을 초과해서는 안 된다. 열은 적외선램프나 가열한 공기를 이용해서 가한다. 만약 가열한 공기를 사용한다면, 공기로부터 습기와 불순물을 여과해서 적절히 제거시켜야 한다.

모든 작업준비가 끝날 때까지 어떠한 실란트 접합면에라도 열을 가해서는 안 된다. 접합면에 영구적이거나 임시로 부착하는 모든 구조물들은 실란트의 사용제한시간 안에 결합시켜야 한다. 실란트는 점성이 없는 이형층으로 마무리 하고 나서 경화시켜야 한다. 실란트 위에 셀로판지(cellophane) 한 장을 덮어 마무리하면 달라붙지 않기 때문에 외형 필름을 쉽게 분리할 수 있다.

[표 2-2] 일반적인 실란트 자료

실란트 기제	촉진제 (촉매)	혼합비 (무게)	적용 시간(작업)	혼합 후 보관 수명 (유통)	비혼합 보관 수명 (유통)	온도 범위	적용 및 제한사항
EC-801(black) MIL-S-7502A Class B-2	EC-807	EC-801 100당 EC-807 12의 비율	2-4시간	-65°F에서 급랭 후 -20°F에서 5일간	6개월	-65°F에서 200°F	접합면, 필렛실 그리고 밀봉
EC-800 (red)	없음	현 상태 사용	8-12시간	해당사항 없음	6-9개월	-65°F에서 200°F	리벳 코팅
EC-612 P (pink) MIL-P-20628	없음	현 상태 사용	무기한 불경화	해당사항 없음	6-9개월	-40°F에서 200°F	최대 1/4 inch의 공동 메우기
PR-1302HT (red) MIL-S-8784	PR-1302HT-A	PR-1302HT 100당 PR-1302HT-A 10의 비율	2-4시간	-65°F에서 급랭 후 -20°F에서 5일간	6개월	-65°F에서 200°F	점검창 개스킷 실링
PR-727 potting 컴파운드 MIL-S-8516B	PR-727A	PR-727 100당 PR-727A 12의 비율	최소 1 1/2시간	-65°F에서 급랭 후 -20°F에서 5일간	6개월	-65°F에서 200°F	전기연결과 벌크헤드 Seal 채움
HT-3 (잿빛 녹색)	없음	현상태 사용	솔벤트 용해, 2-4시간 내 고착	해당사항 없음	6-9개월	-60°F에서 850°F	벌크헤드를 지나는 hot air duct의 실링
EC-776 (밝은 황색) MIL-S-4383B	없음	현상태 사용	8-12시간	해당사항 없음	Indefinite an airtight containers	-65°F에서 250°F	상부코팅

CHAPTER 3

항공기 하드웨어
Aircraft Hardware

항공기 하드웨어는 항공기의 제작과 수리에 사용되는 여러 가지 종류의 고정 기구(fastener)와 기타 작은 부품을 포괄적으로 지칭한다. 항공기 하드웨어의 중요성은 그 크기가 작기 때문에 가끔 경시하는 경향이 있지만, 그러나 항공기 하드웨어의 올바른 선택과 사용은 항공기의 안전과 효율적인 운영에 매우 큰 영향을 준다.

항공기를 최고의 재료와 강한 부품으로 만들었더라도 만약 이 부품들이 서로가 단단하게 지탱하지 않는다면 안전하게 비행할 수 없다. 금속부품들을 서로 결합하기 위한 방법으로는 리벳체결(riveting), 볼트체결(bolting), 납땜(brazing), 용접(welding) 등이 있다.

3-1 개요(Identification)

항공기 하드웨어의 대부분은 그것의 규격번호나 상품명에 의해서 식별한다. 나사식 파스너(threaded fastener)와 리벳(rivet)은 보통 AN(air force-navy)규격, NAS(national aircraft standard)규격, 또는 MS(military standard)규격 번호에 의해서 식별한다.

신속분리파스너(quick-release fastener)는 보통 제조회사의 상품명과 지정크기에 따라 식별한다.

1 나사식 체결부품(Threaded Fastener)

여러 종류의 나사식 체결부품들이 항공기 부품을 빈번하고 신속하게 분해, 조립, 교환이 가능하도록 해준다. 만약 정비할 때마다 이 부품들을 리벳체결이나 용접접합한다면 그 연결부위는 약해지거나 파손될 것이다. 또한, 어떤 결합부분에서는 리벳보다 더 큰 인장강도와 강성이 필요하기도 한다. 볼트와 스크루는 결합에 요구되는 안전성과 강성을 줄 수 있는 체결장치의 대표적인 종류이다. 일반적으로, 볼트는 큰 강도가 요구되는 곳에 사용하고, 스크루는 강도가 그다지 중요시 취급되지 않는 곳에 사용한다. 볼트와 스크루는 여러 가지 측면에서 비슷하다. 그것은 모두 체결을 위해 사용하며, 한쪽 끝에는 머리를 가지고 있으며 다른 쪽 끝에는 나사산(screw thread)을 가지고 있다. 이와 같이 비슷한 점도 있는 반면에 몇 가지 뚜렷한 차이점을 가지기도 한다. 볼트에 나사산이 난 끝단은 항상 뭉툭한 반면에 스크루의 끝은 뭉툭하거나 뾰족한 것도 있다.

보통 결합을 완성하기 위해서는 볼트의 나사산이 난 끝단 부분에 같은 부류의 나사산을 가진 너트를 체결한다. 스크루에 나사산이 나있는 끝은 암나사를 가진 리셉터클(receptacle)에 끼워지거나 접합할 재료에 직접 끼워지게 된다. 볼트는 짧은 나사산 부분과 비교적 긴 그립(grip)을 갖는 데 반하여, 스크루는 나사산을 낸 부분이 길고 명확한 그립의 경계가 정해지지 않은 것이 특징이다. 일반적으로 볼트조립은 볼트에 너트를 끼워 넣고 돌려줌으로써 결합된다. 볼트를 회전시키기 위해 머리가 만들어져 있지만, 머리가 없는 것도 있다. 스크루는 항상 머리를 돌려 조인다.

항공기 체결부품을 교체해야 하는 경우, 가능하면 원래 사용했던 체결부품과 같은 것을 사용해야 한다. 만약 같은 규격의 체결부품이 없어서 대체품을 사용해야 한다면, 세심한 주의를 기울여서 대체품을 선택해야 한다.

② 나사의 구분(Classification of Thread)

(1) 아메리카 나사 계열: 1inch 길이당 14개 나사산(1-14NF)

　① NC(american national coarse): 아메리카 거친 나사

　② NF(american national fine): 아메리카 가는 나사

(2) 유니파이 나사계열: 1inch 길이당 12개 나사산(1-12 UNF)

　① UNC(american standard unified coarse): 유니파이 거친 나사

　② UNF(american standard unified fine): 유니파이 가는 나사

　이들 계열의 나사는 주어진 지름의 볼트(bolt)나 스크루(screw)의 1inch 길이당 나사산의 수로 표시한다. 예를 들어, 4-28 나사는 볼트 지름이 4/16inch이고 1inch당 28개의 나사산을 갖는다는 것을 의미한다.

(3) 나사의 등급: 끼워 맞춤의 등급으로도 구분

　① class 1(헐거운 끼워 맞춤, loose fit): 손으로 쉽게 장착

　② class 2(느슨한 끼워 맞춤, free fit): 항공기용 스크루 나사

　③ class 3(중간 끼워 맞춤, medium fit): 항공기용 볼트 나사

　④ class 4(밀착 끼워 맞춤, close fit): 너트 장착 시 렌치(wrench) 공구 사용

　볼트와 너트는 또한 오른 나사와 왼 나사로도 구분한다. 일반적인 나사 방향인 오른 나사는 시계방향으로 돌리면 조여지고, 왼 나사는 반시계방향으로 돌려야 조여진다.

3-2 항공기용 볼트(Aircraft Bolt)

항공기용 볼트는 카드뮴도금(cadmium-plated)이나 아연도금(zinc-plated) 처리한 내식강, 도금하지 않은 내식강, 또는 양극산화(anodized) 처리한 알루미늄합금 등으로 제작한다.

1 볼트 분류(Bolt Classification)

항공기 구조부에 사용되는 대부분의 볼트는 일반용 AN 볼트, NAS 내부 렌치 볼트(internal wrenching bolt), 또는 정밀공차 볼트, MS 볼트 등이다. 일부 항공기제작사는 표준 규격과 다른 치수 또는 더 큰 강도의 볼트를 만들기도 한다. 이런 볼트는 특수 목적을 위해 만들기 때문에, 이것을 교환할 때는 같은 볼트를 사용하도록 각별히 주의해야 한다.

특수 볼트는 보통 머리에 문자 "S"를 새겨 넣어 구분하고 있다.

그림 3-1에서 AN 볼트는 세 가지 머리모양을 가지는데 육각머리 볼트, 클레비스 볼트(clevis bolt), 그리고 아이 볼트(eye bolt) 등이다. NAS 볼트는 육각머리, 내부 렌치 볼트, 접시머리 모양(countersunk head style) 등이 있다. MS 볼트는 육각머리와 내부 렌치 볼트로 되어 있다.

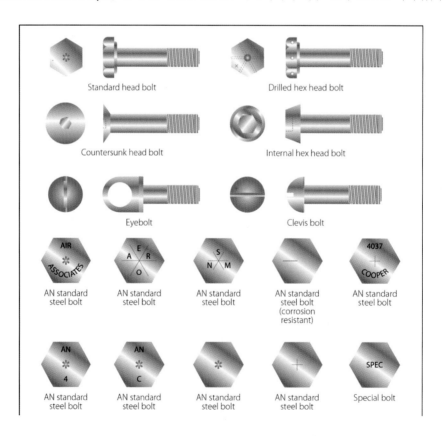

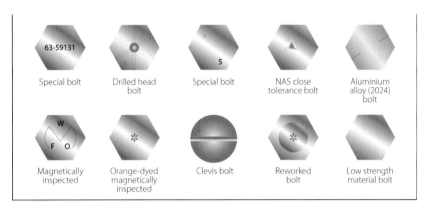

▲ 그림 3-1 항공기 볼트 분류

(1) 일반목적용 볼트(General-purpose Bolt)

항공용 육각머리 볼트(AN-3에서 AN-20까지)는 다목적 구조용 볼트로서 인장하중 또는 전단하중이 작용하는 곳에 사용한다.

No.10-32보다 작은 합금강 볼트와 지름이 1/4인치 이하인 알루미늄합금 볼트는 1차구조물에 사용해서는 안 된다. 알루미늄합금 볼트와 너트는 정비와 검사 목적으로 자주 장탈 또는 장착하는 곳에는 사용하지 않는다. 알루미늄합금 너트는 육상비행기에서 전단하중을 받는 카드뮴도금 강철볼트와 함께 사용하기도 하지만, 수상비행기에서는 이질금속 간의 부식이 발생할 수 있기 때문에 함께 사용되지 않는다.

AN-73 드릴헤드(drilled-head) 볼트는 표준육각 볼트와 비슷하지만, 안전결선용 구멍을 뚫기 위해 조금 더 두꺼운 머리로 되어 있다. 실제로 AN-3과 AN-73 계열 볼트는 인장강도와 전단강도 측면에서 보면, 상호 호환해서 사용이 가능하다.

(2) 정밀공차 볼트(Close-tolerance Bolt)

이 종류의 볼트는 일반용 볼트보다 더 정밀하게 가공한다. 정밀공차 볼트는 육각머리(AN-173에서 AN-186까지), 또는 100° 접시머리(NAS-80에서 NAS-86까지)로 되어 있다. 이 볼트는 정밀하게 끼워 맞춰야 하는 곳에 사용한다. 이 볼트는 12~14온스[ounce] 정도의 해머(hammer)로 쳐야 원하는 위치에 장착할 수 있다.

(3) 내부렌치 볼트(Internal-wrenching Bolt)

이 볼트(MS-20004에서 MS-20024까지, 또는 NAS-495)는 고강도강으로 만들며, 인장하중과 전단하중 모두가 작용하는 곳에 적합하다. 이 볼트를 강철부품에 사용할 때는, 볼트

구멍 입구를 약간 접시모양으로 넓혀서 머리와 생크(shank) 사이의 완곡된 부분이 안착될 수 있도록 해야 한다. 두랄루민(duralumin) 재질에서는 머리에 작용하는 하중을 분산시키고 부품을 보호하기 위해 열처리된 특수 와셔(washer)를 사용해야 한다. 내부 렌치 볼트의 머리는 볼트를 장탈 또는 장착하고자 할 때, 렌치를 결합시킬 수 있도록 적절한 홈이 파져 있다. 이 볼트에는 특수 고강도 너트가 사용된다. 내부렌치 볼트를 교환하고자 할 때는 같은 규격의 내부렌치 볼트로 해야만 한다. AN 표준육각머리볼트와 와셔로는 요구되는 강도를 충족시키지 못하기 때문에 대체하여 사용해서는 안 된다.

❷ 볼트의 식별과 기호(Identification and Coding)

볼트는 여러 가지 모양과 다양한 방법으로 제작하고 그 종류도 다양해서 명확하게 분류하는 것은 쉽지 않다. 일반적으로 볼트는 머리 모양, 안전고정 방법, 재질, 용도 등에 따라 분류한다.

(1) AN 볼트(AN Bolt)

AN-형식의 항공기용 볼트는 볼트머리에 있는 식별기호로 구별할 수 있다. 이 기호는 일반적으로 볼트 제조회사, 재질, 볼트가 AN-표준 형식의 볼트인지 또는 특수용 볼트인지 등을 나타낸다. AN 표준강철 볼트는 돌출된(raised) "–" 또는 별표가 표시되고, 내식강은 단 하나의 돌출된 "–"로 나타낸다. AN 알루미늄합금 볼트는 2개의 돌출된 "–"로 표시한다.

볼트 지름, 볼트 길이, 그립 길이 등은 볼트의 코드번호로 확인할 수 있다.

예) 코드번호 AN 3 DD 5 A

① AN = 미공군-해군 규격 표준볼트

② 3 = 지름(1/16inch 단위로 나눈 값), 즉 3/16inch 지름

③ DD = 재질이 2024 알루미늄합금("DD" 대신에 문자 "C"를 쓰면 내식강임을 나타내고, 그리고 문자가 쓰여 있지 않으면 카드뮴도금 강철 볼트임을 의미)

⑤ 숫자 5 = 볼트 길이(1/8inch 단위로 나눈 값), 즉 5/8inch 길이

⑥ A = 생크에 구멍을 뚫지 않았다는 것을 의미(만약 문자 "H"가 "5" 앞쪽에 오고 뒤쪽에 "A"가 추가된다면, 볼트머리에 안전결선을 위해 구멍이 뚫려있음을 의미)

(2) NAS 정밀공차 볼트(NAS Bolt)

NAS 정밀공차 볼트는 돌출되거나 움푹 들어간 삼각형을 머리에 표시한다. NAS 볼트에 대한 재질 기호는 돌출되거나 움푹 들어간 삼각형이 있는 것만 다를 뿐, AN 볼트와 같다. 자력검사나 형광침투검사를 받은 볼트는 채색을 하거나 특수한 기호를 머리에 표시한다.

❸ 특수목적 볼트(Special-purpose Bolt)

특별한 목적을 위해 설계된 특수 목적용 볼트는 특수 볼트로 분류하며, 클레비스 볼트(clevis bolt), 아이 볼트(eye-bolt), 조-볼트(jo-bolt), 고정 볼트(lock-bolt) 등이 이에 해당한다.

(1) 클레비스 볼트(Clevis Bolt)

그림 3-2에 나타난 것과 같이, 클레비스 볼트의 머리는 둥글고 일반적인 스크루 드라이버를 사용해서 풀거나 잠글 수 있도록 홈이 파져 있다. 이 종류의 볼트는 인장하중은 작용하지 않고 오직 전단하중만이 작용하는 곳에 사용된다. 이것은 종종 조종계통에서 기계적인 핀처럼 사용하기도 한다.

> 예 코드번호 AN24-14A
>
> ① 2 = 클레비스 볼트   ② 4 = 지름 4/16inch
>
> ③ 14 = 길이 14/16inch   ④ A = 생크에 코터핀 구멍 없음

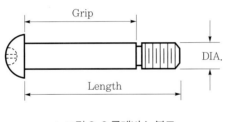

▲ 그림 3-2 클레비스 볼트

(2) 아이 볼트(Eye Bolt)

이 종류의 특수 볼트는 외부에서 인장하중이 작용하는 곳에 사용된다. 아이 볼트의 머리에는 고리가 있어서 턴버클의 클레비스, 케이블 샤클(shackle)과 같은 장치를 부착할 수 있도록 설계되었다. 나사산의 끝에 구멍이 뚫린 것은 안전고정을 위한 것이다.

(3) 조-볼트(Jo-bolt)

조-볼트(jo-bolt)는 상표명으로서 내부에 나사산이 있으며, 세 부분으로 구성된 리벳의 일종이다. 조-볼트는 나사산 형의 합금강 볼트, 나사산 형의 강철너트, 그리고 확장형의 스테인리스강 슬리브(sleeve) 세 부분으로 구성된다.

이 부품들은 제조사에서 조립하여 제작한다. 조-볼트를 장착할 때, 볼트와 맞물린 너트는 고정시키고 볼트를 회전시킨다. 이렇게 하면 슬리브가 너트 끝의 위에서 팽창하여 블라인드

머리(blind head)를 형성함으로써 부품을 고정시키게 된다. 회전이 종료되면, 볼트의 끝부분이 절단되어 분리된다. 조-볼트는 높은 전단강도와 인장강도를 가지기 때문에 다른 블라인드 리벳을 사용할 수 없는 고응력 부분에 적합하다. 조-볼트는 현대 항공기 구조물을 영구적으로 고정하기 위해 사용하기도 하며, 교환 또는 수리를 자주 하지 않는 곳에 사용한다. 이것은 세 부분으로 구성된 체결부품이기 때문에, 부품이 풀려서 엔진 흡입구 안으로 끌려 들어갈 수 있는 곳에 사용해서는 안 된다. 조-볼트를 사용하는 또 다른 이유는 진동에 탁월한 저항력이 있고, 무게가 가벼우며, 혼자서도 빠르게 장착할 수 있다는 장점이 있기 때문이다.

현재 사용되고 있는 조-볼트는 4종류의 지름으로 분류한다.

① 200 계열(Series): 약 3/16inch 지름

② 260 계열: 약 1/4inch 지름

③ 312 계열: 약 5/16inch 지름

④ 375 계열: 약 3/8inch 지름

조-볼트의 머리모양에 따라서 3가지로 분류한다.

① F(flush)

② P(hex-head)

③ FA(flush millable)

(4) 고정 볼트(Lock-bolt)

고정 볼트는 2개의 부품을 영구적으로 체결할 때 사용하며, 경량이고 표준 볼트에 준하는 강도를 가진다. 고정 볼트는 MS규격(military standard)에 따라 몇몇 회사에서 제작하고 있

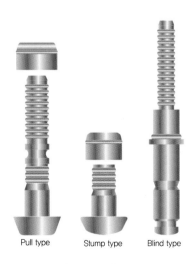

Pull type   Stump type   Blind type

▲ 그림 3-3 고정 볼트 종류

다. MS규격에서는 생크(shank)의 지름과 연계된 고정 볼트의 머리 크기, 재질에 대하여 명시하고 있다. 볼트-너트 체결과 비교해서 고정 볼트로 장착하는 것의 유일한 단점은 쉽게 제거할 수 없다는 것이다.

그림 3-3에 나타난 것과 같이, 고정 볼트는 고강도 볼트와 리벳의 특징을 결합시킨 것처럼 보이지만, 양쪽을 능가하는 장점을 가지고 있다. 고정 볼트는 일반적으로 날개 연결부(wing-splice fitting), 착륙장치 연결부, 연료 탱크, 동체의 세로대, 빔(beam), 외피, 기타 주구조부의 접합에 사용된다. 전통적인 리벳이나 볼트보다 더 쉽고 빠르게 장착할 수 있으며, 고정 와셔, 코터핀, 특수너트 등으로 안전장치를 하지 않는다.

리벳과 같이, 고정 볼트를 장착하기 위해 공기압해머(pneumatic hammer) 또는 "풀건(pull gun)"이 필요하며, 한번 장착하면 제자리에 단단하게 영구적으로 고정된다. 고정 볼트는 보통 풀(Pull)형, 스텀프(stump)형, 블라인드(blind)형으로 세 가지 종류가 사용된다.

① 풀형(Pull-type)

풀형 고정 볼트는 항공기의 1차 구조부재와 2차 구조부재에 주로 사용한다. 이 고정 볼트는 매우 신속하게 장착할 수 있고 동등한 AN 강철볼트-너트 무게의 약 50% 정도밖에 안 된다. 이 종류의 고정 볼트는 특수한 공기압 풀건을 이용하여 장착한다. 장착과정에서 압착할 필요가 없기 때문에 혼자서도 완성할 수 있다.

② 스텀프형(Stump-type)

스텀프형 고정 볼트는 잡아당기기 위해 홈이 파인 연장 스템(stem)은 없지만, 풀형 고정 볼트와 짝을 이루는 체결부품이다. 이 종류는 풀형 고정 볼트를 장착할 만큼의 여유 공간이 없는 곳에 사용한다. 핀 고정을 위한 홈 안으로 칼라(collar)를 압착시키기 위한 장착작업을 위해 공기압 리벳 해머와 버클링 바 세트(buckling bar set)가 필요하다.

③ 블라인드형(Blind-type)

블라인드형 고정 볼트는 완제품 또는 완전조립품으로 생산된다. 독특한 강도를 가지고 있으며, 결합하고자 하는 판재를 밀착시키는 특성을 가지고 있다. 블라인드형 고정 볼트는 일반적으로 작업공간이 한쪽에서만 접근이 가능하기 때문에 전통적인 리벳 작업을 할 수 없는 곳에 사용한다. 이 종류의 고정 볼트는 풀형 고정 볼트와 같은 방법으로 장착한다.

④ 공통된 특징(Common Features)

3가지 종류의 고정 볼트의 공통적인 특징은 핀에 원주방향으로 고정 홈이 나 있고 인장 또는 압축 하중을 가하여 고정 홈 안으로 고정 칼라를 압착시켜서 핀을 고정시킨다는 점이다. 풀형과 블라인드형 고정 볼트의 핀은 풀 공구를 장착할 수 있도록 길게 연장되어 있다. 연장된 핀 부분은 체결작업이 마무리되면 잡아당기는 인장력에 의해 절단되면서 분리된다.

⑤ 구성(Composition)

풀형과 스텀프형 고정 볼트의 핀은 열처리된 합금강 또는 고강도 알루미늄합금으로 되어 있다. 함께 사용되는 칼라(Collar)는 알루미늄합금 또는 연강으로 만든다. 블라인드형 고정 볼트는 열처리된 합금강 핀, 블라인드 슬리브와 필러 슬리브, 연강칼라, 그리고 탄소강와셔로 구성된다.

⑥ 대체(Substitution)

합금강 고정 볼트는 강철 고전단 리벳, 강철 솔리드생크 리벳(solid shank rivet), 또는 같은 지름과 머리모양의 AN 볼트로 교체하여 사용할 수 있다.

알루미늄합금 고정 볼트는 같은 지름과 머리모양의 솔리드생크 알루미늄합금 리벳으로 교체하여 사용할 수 있다. 강과 알루미늄합금 고정 볼트는 또한 각각 같은 지름의 강과 2024T 알루미늄합금 볼트로 교체하여 사용할 수 있다. 블라인드형 고정 볼트는 솔리드생크 알루미늄합금 리벳, 스테인리스강 리벳, 또는 같은 지름의 모든 블라인드 리벳을 대체하여 사용할 수 있다.

⑦ 규격번호 표시 방법(Numbering System)

표 3-1에서는 여러 가지 종류의 고정 볼트에 대하여 상세하게 설명하고 있다.

[표 3-1] 고정 볼트 규격번호 표시

Pull-type 락볼트

ALPP H T 8

ALPP | 머리 종류
  ACT509=정밀공차 AN-509 C- 접시 머리
  ALPP=수평머리
  ALP8=브레이저 머리
  ALP509=표준 AN-509 C-접시 머리
  ALP426=표준 AN-426 C-접시 머리

H | 맞춤 등급
  H=홀메움(끼워 맞춤)
  N=홀메움 아님(헐거움 맞춤)

T | PIN 재질
  E=75S-T6 알루미늄 합금
  T=열처리 합금강

8 | 몸체 직경(1 inch의 32분수로 표기)

8 | 그립 길이(1 inch의 16분수로 표기)

Blind-type 락볼트

BL 84

BL | 블라인드 락볼트

8 | 직경(1 inch의 32분수로 표기)

4 | 그립 길이(1 inch의 16분수로 표기 ±1/32inch)

락볼트 collar

LC C C

LC | 락볼트 collar

C | 재질
  C=24ST 알루미늄 합금(그린색). 열처리 합금 락볼트만을 사용하라.
  F=61ST 알루미늄 합금(원색). 75ST 알루미늄 합금 락볼트만을 사용하라.
  R=연강(카드뮴 도금). 고온사용을 위한 열처리 합금 락볼트만을 사용하라.

C | 핀직경(1 inch의 32분수로 표기)

Stump-type 락볼트

ALSF E 8 8

ALSF | 머리 종류
  ASCT509=정밀공차 AN-509 C-접시 머리
  ALSF=평두 TYPE
  ALP509=표준 AN-509 C-접시 머리
  ALP426=표준 AN-426 C-접시 머리

E | PIN 재질
  E=75S-T6 알루미늄 합금
  T=열처리 합금강

8 | 몸체 직경(1 inch의 32분수로 표기)

8 | 그립 길이(1 inch의 16분수로 표기)

⑧ 그립 범위(Grip Range)

체결을 위해 요구되는 볼트 그립 범위를 결정하기 위해, 먼저 구멍에 삽입하여 깊이를 측정하는 자(Scale)를 이용하여 체결하고자 하는 부품의 두께를 측정한다. 측정한 치수를 기준으로 리벳제조사에서 제시한 도표를 참조하여 정확한 그립 범위를 선택한다. 표 3-2와 표 3-3에서는 그립 범위 도표의 예를 보여준다.

장착했을 때, 고정 볼트 칼라는 칼라의 전체 길이가 모두가 완전히 압착되어야 한다. 표 3-4에 나타난 것과 같이, 칼라 상부에서부터 절단된 핀 끝까지의 거리에 대한 허용 오차는 다음 치수 이내에 있어야 한다.

고정 볼트를 제거하고자 할 때는, 예리한 금속용 정(cold chisel)을 이용하여 칼라를 축 방향으로 쪼갬으로써 칼라를 제거할 수 있다. 구멍에 균열이 생기거나 변형되지 않도록 주의해야 하며, 쪼개는 칼라의 뒤쪽에 받침대를 대주면 이를 방지할 수 있다. 나머지 핀은 핀 펀치(pin punch)를 사용해서 제거한다.

[표 3-2] 풀형 및 스텀프형 고정 볼트 그립 범위

그립 번호	그립 범위		그립 번호	그립 범위	
	최소	최대		최소	최대
1	.031	.094	17	1.031	1.094
2	.094	.156	18	1.094	1.156
3	.156	.219	19	1.156	1.219
4	.219	.281	20	1.219	1.281
5	.281	.344	21	1.281	1.344
6	.344	.406	22	1.344	1.406
7	.406	.469	23	1.406	1.469
8	.469	.531	24	1.469	1.531
9	.531	.594	25	1.531	1.594
10	.594	.656	26	1.594	1.656
11	.656	.718	27	1.656	1.718
12	.718	.781	28	1.718	1.781
13	.781	.843	29	1.781	1.843
14	.843	.906	30	1.843	1.906
15	.906	.968	31	1.906	1.968
16	.968	1.031	32	1.968	2.031
			33	2.031	2.094

[표 3-3] 블라인드형 고정 볼트 그립 범위

그립 번호	1/4-inch 직경 그립 범위 최소	1/4-inch 직경 그립 범위 최대	그립 번호	5/16-inch 직경 그립 범위 최소	5/16-inch 직경 그립 범위 최대
1	.031	.094	2	.094	.156
2	.094	.156	3	.156	.219
3	.156	.219	4	.219	.281
4	.219	.281	5	.281	.344
5	.281	.344	6	.344	.406
6	.344	.406	7	.406	.469
7	.406	.469	8	.469	.531
8	.469	.531	9	.531	.594
9	.531	.594	10	.594	.656
10	.594	.656	11	.656	.718
11	.656	.718	12	.718	.781
12	.718	.781	13	.781	.843
13	.781	.843	14	.843	.906
14	.843	.906	15	.906	.968
15	.906	.968	16	.968	1.031
16	.968	1.031	17	1.031	1.094
17	1.031	1.094	18	1.094	1.156
18	1.094	1.156	19	1.156	1.219
19	1.156	1.219	20	1.219	1.281
20	1.219	1.281	21	1.281	1.343
21	1.281	1.344	22	1.343	1.406
22	1.344	1.406	23	1.406	1.469
23	1.406	1.469	24	1.469	1.531
24	1.469	1.531			
25	1.531	1.594			

[표 3-4] 핀 허용 오차

핀 직경	허용오차 이하		허용오차 이상
$3/16$	0.079	to	0.032
$1/4$	0.079	to	0.050
$5/16$	0.079	to	0.050
$3/8$	0.079	to	0.060

3-3 항공기용 너트(Aircraft Nut)

항공기용 너트의 모양과 크기는 다양하다. 너트는 카드뮴도금 탄소강, 스테인리스강, 또는 양극산화 처리한 2024T 알루미늄합금 등으로 만들며, 왼 나사산 또는 오른 나사산으로 만들어진다. 너트에는 식별을 위한 표시나 문자가 없다. 단지 알루미늄, 황동 등 고유의 광택이나 색상으로 구분할 수 있다. 너트가 자동 고정식일 때는 내부의 특징에 따라 구분할 수 있다. 또한 너트는 그 자체의 모양에 따라 쉽게 식별할 수 있다.

일반적으로 항공기용 너트는 두 가지 그룹으로 분류할 수 있는데, 비자동고정너트(nonself-locking nut)와 자동고정너트(self-locking nut)이다. 비자동고정너트는 코터핀, 안전결선, 또 다른 고정너트와 같은 별도의 안전장치를 이용해서 풀림방지를 해야 한다. 자동고정너트는 중요한 부분을 고정시키는 기능을 가지고 있다.

1 비자동고정너트(Nonself-locking Nut)

그림 3-4에서 보는 바와 같이, 평 너트(plain nut), 캐슬 너트(castle nut), 전단 캐슬 너트(castellated shear nut), 평육각 너트, 얇은 육각 너트(light hex nut), 체크 너트(check nut) 등은 대표적인 비자동고정너트이다.

AN310 캐슬 너트는 생크에 구멍이 뚫린 AN 육각머리 볼트, 클레비스 볼트, 아이 볼트, 드릴헤드 볼트(drilled head bolt), 스터드(stud) 등과 함께 사용한다. 성곽처럼 요철 모양으로 만들어져 있

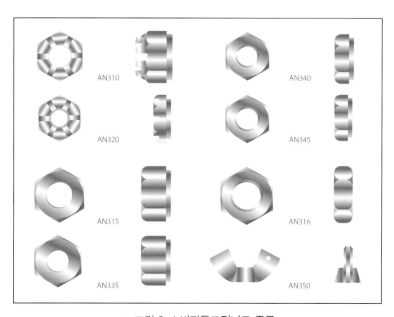

▲ 그림 3-4 비자동고정너트 종류

고, 큰 인장하중에 견딜 수 있다. 너트의 윗부분에 있는 요철 틈새(Slot)는 풀림 방지를 위한 코터핀 (cotter pin) 작업이나 안전결선(lock-wire) 작업을 할 수 있도록 설계되었다.

AN 320 전단 캐슬 너트는 일반적으로 전단응력만이 작용하는 곳에서 생크에 구멍이 뚫린 클레비스 볼트나 나사산이 있는 테이퍼 핀 등과 같은 장치의 체결을 위해 사용한다. 캐슬 너트와 같이, 이 전단 캐슬 너트도 안전 고정 작업을 위한 구조로 만들어져 있다. 그러나 이 너트는 캐슬 너트보다 두께가 얇고, 강도가 강하지 않으며, 요철부분도 깊지 않다는 것에 주의해야 한다.

AN315(고운 나사산)와 AN335(거친 나사산) 평육각 너트는 투박한 구조로 만들어지며, 큰 인장하중이 작용하는 부품의 고정용으로 적합하다. 그러나 이 너트는 체크 너트나 고정 와셔와 같은 보조 풀림 방지장치를 필요하기 때문에, 항공기 구조물에 이 너트를 단독으로 사용하는 것은 어느 정도 제한하고 있다.

AN340(고운 나사산)과 AN 345(거친 나사산) 얇은 육각 너트는 평육각 너트보다 가벼우며 반드시 보조장치로 풀리지 않도록 고정해야 한다. 이 너트는 작은 인장하중이 작용하는 곳에 폭넓게 사용한다.

AN316 평 체크너트는 평 너트, 세트 스크루(set screw), 나사산을 낸 로드엔드(rod end), 기타 장치에서 풀림 방지를 위한 고정장치로 사용한다.

AN350 나비 너트(wing nut)는 조이고 푸는 작업을 손가락으로 할 수 있는 정도의 토크가 요구되는 곳에, 그리고 부품을 자주 장탈/장착하는 곳에 사용한다.

② 자동고정너트(Self-locking Nut)

자동고정너트는 풀림방지를 위한 보조방법이 필요 없고, 구조적으로 고정역할을 하는 부분이 포함되어 있다. 일반적으로 사용되는 곳은 (1) 마찰 방지 베어링(antifriction bearing)과 조종 풀리 (control pulley)의 부착, (2) 보기품(accessory)의 장착, 점검패널 주변의 앵커 너트(anchor nut) 부착과 작은 탱크(tank) 장착 개구(opening)의 부착 그리고 (3) 로커 박스 덮개(rocker box cover) 와 배기관(exhaust stack)의 장착 등이다.

자동고정너트를 항공기에 사용할 때는 제작사에서 제시하는 지침을 준수해야만 한다. 자동고정 너트는 격심한 진동상태에서 흔들려 볼트가 느슨하게 풀리지 않도록 단단히 고정하기 위해 항공기에 사용한다. 볼트 또는 너트가 회전력을 받는 연결부분에 자동고정너트를 사용해서는 안 된다. 이 너트는 마찰 방지 베어링과 조종풀리(control pulley)를 고정하기 위해 사용하는데, 이 경우에는 볼트와 너트에 의해 베어링의 안쪽 레이스(inner race)가 지지구조물에 고정되도록 체결해야 한다. 판은 볼트나 스크루를 조일 때 회전하거나 잘 맞지 않는 것을 방지하기 위해 적합한 방법으로 구조물에 고정시켜야 한다.

현재 사용되고 있는 자동고정너트의 일반적인 종류는 전금속형(all-metal type)과 화이버형(fiber-insert type) 고정너트이다. 여기서는 전형적인 세 가지 자동고정너트 종류에 대해서만 설명하기로 한다. 전금속형을 대표하는 부츠(boots) 자동고정너트와 스테인리스강 자동고정너트, 그리고 화이버형을 대표하는 탄성스톱너트(elastic stop Nut)이다.

(1) 부츠 자동고정너트(Boots Self-locking Nut)

부츠 자동고정너트는 전체가 금속으로 만들어지며, 격심한 진동에도 불구하고 단단히 고정시킬 수 있도록 설계하였다. 그림 3-5에서 보는 바와 같이, 고정용 너트 부분과 하중담당 너트 부분으로 구성되어 있지만, 본질적으로는 2개의 너트가 하나로 결합된 형태이다. 너트의 2부분은 스프링에 의해 하나로 연결된다.

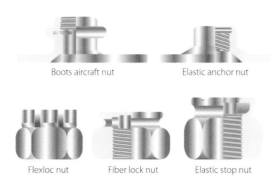

Boots aircraft nut Elastic anchor nut

Flexloc nut Fiber lock nut Elastic stop nut

▲ 그림 3-5 자동고정너트 종류

스프링(spring)은 고정부분과 하중담당부분의 간격을 일정하게 유지하며, 2부분 나사산의 피치가 위상차를 가지도록 한다. 즉, 이 위상차로 인하여 하중담당부분에 조여진 볼트가 고정부분의 나사산에 맞물릴 때 고정부분을 바깥쪽으로 밀어내려는 힘이 발생하며 이 힘은 스프링에 의해 적절한 간격으로 고정된다.

그러므로 고정부분에는 중간의 스프링에 의해 너트가 조여지는 방향과 같은 방향으로 볼트를 고정시키려는 일정한 힘이 작용한다. 이 너트에서, 하중담당부분은 표준 너트와 동등한 크기의 나사강도를 갖지만, 반면에 고정부분은 볼트의 나사산에 압력을 가해서 너트를 단단히 고정시킨다. 렌치를 사용해야만 너트를 풀 수 있다. 너트는 한 번 사용했더라도 그 기능이 떨어지지 않았다면 재사용할 수 있다.

부츠 자동고정너트는 서로 다른 세 가지 종류의 스프링이 있고 여러 가지 모양과 크기로 만들어진다. 크기의 범위는 가장 흔한 나비 형은 No.6부터 1/4인치까지이며, 롤 탑(rol-top)은 1/4인치에서 3/8인치까지의 범위이고, 그리고 벨로우즈형(bellows-type)은 No.8

부터 3/8인치까지의 범위로 정한다. 나비형(wing-type) 너트는 양극산화 처리된 알루미늄 합금, 카드뮴 도금한 탄소강, 또는 스테인리스강으로 만든다. 롤 탑(rol-top) 너트는 카드뮴 도금한 강으로 만들고, 그리고 벨로우즈형(bellows-type)은 알루미늄합금으로만 만든다.

(2) 스테인리스강 자동고정너트(Stainless Steel Self-locking Nut)

스테인리스강 자동고정너트는 손으로 돌려서 조이거나 풀 수 있으며, 고정력은 너트가 단단한 표면에 안착하면서부터 발생한다. 너트는 2개 부품, 즉 경사진 고정용 숄더(shoulder)와 키(key)가 들어가는 케이스(case), 그리고 고정용 숄더와 키홈이 있고, 나사산을 낸 너트 코어로 되어 있다. 너트를 돌리면, 적절한 크기의 나사산을 낸 너트 코어가 쉽게 볼트에 체결된다. 그러나 너트가 단단한 표면에 안착되어 조여질 때, 너트 코어의 고정용 숄더는 아래쪽으로 계속 조여지고 케이스의 고정용 숄더와 밀착하게 된다. 이 작용은 나사산을 낸 너트 코어를 압착시키려 하며, 상대적으로 볼트가 풀리지 않도록 잡아주는 원인이 된다. 그림 3-6에 나타난 단면도는 케이스의 키와 너트 코어의 키홈이 어떻게 고정되는지를 보여준다. 키홈은 키보다 조금 넓게 제작한다. 이것은 너트가 조여질 때 너트 코어가 압착되어 키홈이 좁혀지는 것이 가능케 한다.

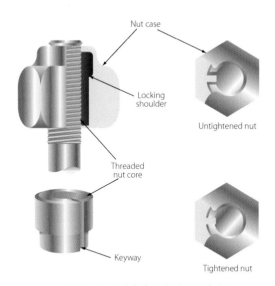

▲ 그림 3-6 스테인리스강 자동고정너트

(3) 탄성스톱 너트(Elastic Stop Nut)

탄성스톱 너트는 화이버 고정(fiber-locking) 칼라(collar)를 수용할 수 있도록 높이를 증가시킨 표준너트이다. 이 화이버 칼라는 아주 단단하고 내구성이 있으며, 온수나 냉수 또는 에테르기(ether), 사염화탄소(carbon tetrachloride), 윤활유, 그리고 항공유와 같은 일반적인 용제(solvent)에는 영향을 받지 않으며, 볼트의 나사산이나 도금(plating)을 손상시키지 않는다.

그림 3-7에 나타난 것과 같이, 화이버 고정 칼라에는 나사산을 내지 않았으며, 안지름은 너트나사산 부분의 가장 작은 안지름 또는 체결되는 볼트의 바깥지름보다 더 작다. 너트를 볼트에 체결할 때, 볼트가 화이버 칼라에 도달될 때까지 너트는 일반적인 너트처럼 작용한다. 그러나 볼트가 화이버 칼라 안으로 조여질 때, 화이버 칼라와의 마찰 저항은 화이버 칼라를 위쪽방향으로 밀어 올리려는 원인이 된다. 이 원인으로 인하여 아래쪽 방향 하중담당 부분으로 큰 압력이 작용하며, 상대적으로 너트와 볼트의 풀림을 방지하는 고정력이 발생한다. 이 압력은 격심한 진동상태에서도 너트를 단단히 고정시켜 제자리에 위치시킨다.

▲ 그림 3-7 탄성스톱 너트

거의 모든 탄성스톱 너트는 강이나 알루미늄합금으로 만들어지지만 어떤 종류의 금속이라도 이용할 수 있다. 알루미늄합금 탄성스톱 너트는 양극산화 처리한 상태에서 공급된다. 강너트는 카드뮴도금을 한다.

일반적으로, 탄성스톱 너트는 효율적인 안전고정장치로서 고정 능력이 감소되지 않았으면 여러 번 사용할 수 있다. 탄성스톱 너트를 재사용할 때는 화이버가 고정 마찰 저항을 잃지 않았는지, 또는 부서지기 쉽게 경화되었는지를 확인해야 한다. 만약 너트가 손으로도 돌아간다면, 그것은 폐기해야 한다.

너트가 조여진 후, 볼트, 스터드, 또는 스크루의 나사산이 너트 밖으로 최소한 한 바퀴 이상 나와야 하며, 끝이 평평한 볼트, 스터드, 또는 스크루 등은 너트 밖으로 최소한 1/32inch 이상 나와야 한다. 지름이 5/16inch이고 끝에 코터핀 구멍이 있는 볼트에서 코터핀 구멍 주위가 거칠지만 않다면 자동고정너트를 사용해도 되지만, 나사산이 손상되었거나 끝이 거칠어진 볼트에는 사용할 수 없다. 그리고 화이버 고정 칼라 부분을 두드려서는 안 된다. 탄성스톱너트의 자동고정 작용은 나사산이 나있지 않은 화이버 속으로 볼트가 파고들면서 나사산을 만들기 때문에 발생한다.

온도가 250℉ 이상인 곳에서는 자동고정 작용이 감소되기 때문에 탄성스톱 너트를 사용하지 않는다.

자동고정너트는 엔진제작사에 의해 사용이 명시된 것을 엔진이나 보기품 등에 사용할 수 있다.

그림 3-8에 나타난 것과 같이, 자동고정너트 베이스(base)는 다양한 모양과 재질로서 항공기 구조물 또는 부품에 리벳이나 용접으로 부착시킨다. 채널에 여러 개의 너트를 장착해야 하는 경우에 단 몇 개의 리벳으로 많은 자동고정너트를 장착시키는 것이 가능하다. 이 채널

Boots aircraft channel assembly

Elastic stopnut channel assembly

▲ 그림 3-8 자동고정너트 베이스

(channel)은 트랙(track)처럼 생겼으며, 너트를 분리할 수 있는 것과 분리할 수 없는 것으로 구분된다. 분리할 수 있는 종류는 채널의 안쪽과 바깥쪽에 움직일 수 있는 유동적인 너트를 가지고 있어서 손상된 너트를 손쉽게 교환할 수 있다. 너트 고정이 마찰에 의해 고정되는 클린치형(clinch-type) 또는 스플라인형(spline-type)과 같은 너트는 항공기 구조물에 사용해서는 안 된다.

❸ 판스프링 너트(Sheet Spring Nut)

스피드 너트(speed nut)와 같은 판스프링 너트(sheet spring nut)는 표준 판금 셀프 탭핑(self tapping) 스크루와 함께 비구조부에 사용한다. 그들은 전선 클램프(clamp), 도관 클램프, 전기 장비, 점검창(access door), 또는 이와 유사한 것을 지지하기 위해 사용하며 몇 가지 종류가 사용되고 있다. 스피드 너트는 스프링 강으로 만들며 조여주기 전에는 활처럼 휜 모양으로 되어 있다. 이 활 모양으로 된 스프링 고정너트는 스크루가 느슨하게 풀리는 것을 방지한다. 이 너트는 항공기 조립에서 원래 사용했던 곳에만 다시 사용할 수 있다.

❹ 내부와 외부 렌치 너트(Internal and External Wrenching Nut)

고강도 내부 또는 외부 렌치 너트에는, 내부와 외부 렌치 탄성스톱 너트와 언브라코(unbrako) 내부와 외부 렌치 너트 등 2종류가 이용되고 있다. 자동고정식인 이것은 열처리하였고 고강도 볼트의 인장하중에 견디는 능력이 있다.

❺ 너트의 식별과 기호(Identification and Coding)

너트의 종류는 부품번호로 표시하는데, 일반적으로 평너트는 AN315와 AN335, 캐슬 너트는 AN310, 평체크 너트는 AN316, 얇은 육각 너트는 AN340과 AN345, 전단캐슬 너트는 AN320 등이다. 특허를 받은 자동고정 형태는 MS20363에서 MS20367의 범위에 걸쳐 부품번호를 부여하였다. 부츠 너트, 플랙스 락(flex loc), 화이버 고정너트, 탄성스톱 너트, 그리고 자동고정너트가 이 그룹에 속한다.

부품번호 AN350은 나비 너트(wing nut)이다. 부품번호에 이어 문자나 숫자는 재질, 크기, 1인치당 나사산의 수, 그리고 나사산의 방향이 오른 나사산인지 아니면 왼 나사산인지를 나타낸다. 부품번호에 이어 문자 "B"는 황동(brass) 재질을 나타내며, 문자 "D"는 2017-T 알루미늄합금을 나타낸다. 그리고 문자 "DD"는 2024-T 알루미늄합금을 나타내며, 문자 "C"는 스테인리스강을 나타내고, 그리고 문자 대신 "-"는 카드뮴 도금한 탄소강을 의미한다.

"−" 다음에 오는 숫자(보통 2자리), 재질 부호 문자 다음에 오는 숫자는 생크의 크기와 너트가 장착될 볼트의 inch당 나사산 수를 나타낸다. 대시번호는 일반용 볼트의 부품번호에 나타나는 첫 번째 숫자에 해당한다. 예를 들어, 대시와 3번은 AN3볼트(10−32)에 맞는 너트라는 것을 나타내고, 대시와 4번은 AN4 볼트(1/4−28)에 맞는 너트라는 것을 의미하며, 대시와 5번은 AN5 볼트(5/16−24)에 맞는 너트라는 것을 나타낸다.

자동고정너트에 대한 코드 번호는 3자리 또는 4자리이며 마지막 2자리는 inch당 나사산 수를 나타낸다. 그리고 앞쪽의 첫 자리 또는 2자리는 1/16inch 단위로 표시한 너트의 크기를 나타낸다. 다음은 일반적인 너트와 그것의 코드 번호에 대한 예이다.

코드번호 AN310D5R

① AN310 = 항공기용 캐슬 너트

② D = 2024−T 알루미늄합금

③ 5 = 5/16inch 지름

④ R = 오른나사(1inch당 24 나사산)

코드번호 AN320−10

① AN320 = 항공기용 캐슬전단 너트

② −(문자 없음) = 카드뮴도금 탄소강

③ 10 = 5/8inch 지름, 1inch당 18 나사산(일반적으로 오른나사)

코드번호 AN350B1032

① AN350 = 항공기용 나비 너트

② B = 황동

③ 10 = 10번 볼트에 사용

④ 32 = 1inch당 32 나사산

3-4 항공기용 와셔(Aircraft Washer)

항공기 기체수리에 사용되는 와셔는 평 와셔, 고정와셔, 특수 와셔 등이다.

■ 평 와셔(Plain Washer)

그림 3−9에 나타난 것과 같이, AN960과 AN970 평 와셔 모두는 육각 너트 아래에 사용한다. 이

너트는 매끄러운 접촉면을 제공하고 볼트와 너트조립을 위해 정확한 그립 길이를 맞추기 위해 심(shim)처럼 사용한다. 이 와셔는 코터핀을 위한 드릴헤드 볼트에 캐슬 너트의 정확한 위치를 조정하기 위해 사용하기도 한다. 평 와셔는 부품 표면의 손상을 방지하기 위해 고정와셔 아래에 사용한다.

알루미늄과 알루미늄합금 와셔는 이질금속에 의한 부식을 방지하기 위해 알루미늄합금 또는 마그네슘합금으로 된 구조물에 체결되는 볼트 또는 너트의 아래에 사용한다. 이 방법으로 사용할 때, 와셔와 강철 볼트 사이에는 약간의 전위차가 생길 수 있다. 그러나 카드뮴 도금한 강철 와셔가 알루미늄합금 와셔보다 이 전위차가 적게 발생하고, 이로 인한 부식에 잘 저항할 것이기 때문에 구조물에 접촉되는 와셔는 너트 아래에 카드뮴 도금한 강철 와셔를 사용하는 것이 일반적이다.

AN970 강철 와셔는 AN960 와셔보다 더 큰 접촉면적을 가지며, 특히 목재와 같은 연질의 구조물에서 부품 표면이 눌려 손상되는 것을 방지하기 위해 볼트의 머리와 너트 양쪽 모두 이 와셔를 사용한다.

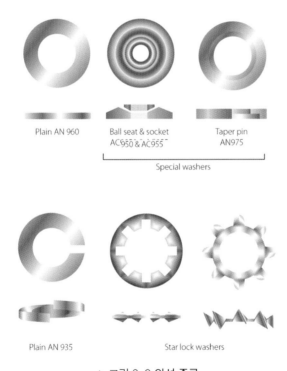

▲ 그림 3-9 와셔 종류

❷ 고정와셔(Lock-washer)

그림 3-9에 나타난 것과 같이, AN935와 AN936 고정와셔 모두는 자동고정너트 또는 캐슬형 너트가 적합하지 않은 곳에 기계용 스크루나 작은 볼트와 함께 사용된다. AN935 와셔의 스프링 작용

은 진동으로 인하여 너트가 풀리는 것을 방지할 수 있는 만큼의 충분한 마찰을 발생시킨다.

고정와셔는 다음과 같은 상태에서는 사용하지 말아야 한다.

① 1차구조물 또는 2차구조물에 체결부품과 함께 사용될 때

② 파손되었을 때 항공기 또는 인명 피해나 위험을 초래하게 되는 부품에 체결부품과 함께 사용될 때

③ 파손되었을 때 공기흐름에 접합부분이 노출될 수 있는 곳

④ 스크루를 자주 장탈/장착하는 곳

⑤ 와셔가 공기흐름에 노출되는 곳

⑥ 와셔에 부식이 발생할 수 있는 환경인 곳

⑦ 표면을 손상시키지 않기 위해 평 와셔를 고정와셔 아래에 사용하지 않고 연질의 부품과 바로 와셔를 끼워야 하는 곳

❸ 셰이크 프루프 고정와셔(Shake Proof Lock Washer)

셰이크 프루프 고정와셔는 너트를 제자리에 고정시키기 위하여 육각 너트 또는 볼트의 측면을 따라 위쪽 방향으로 구부릴 수 있는 탭(tap) 또는 립(lip)을 가진 둥근 와셔이다. 고정 와셔가 회전하지 못하도록 지지하는 방법으로는 몇 가지가 있다. 외부 탭의 경우 아래로 굽혀서 부품 표면에 있는 작은 구멍에 끼워 넣거나, 내부 탭의 경우 굽혀서 볼트의 키 홈에 고정한다.

셰이크 프루프 고정와셔는 다른 어떤 안전고정장치보다 더 높은 열에 견딜 수 있고 심한 진동 상황에서도 안전하게 사용된다. 이 탭은 두 번 굽힐 때 부러질 수 있기 때문에 오직 한 번만 구부려서 사용해야 하며, 펼쳐서 재사용해서는 안 된다.

❹ 특수 와셔(Special Washer)

그림 3-9에 나타난 것과 같이, 볼 소켓과 시트와셔 AC950과 AC955는 볼트가 표면에 비스듬히 장착되는 곳에 또는 표면에 완전히 일치하게 체결해야 하는 곳에 사용하는 특수 와셔이다. 이 와셔들은 함께 사용한다.

NAS143과 MS30002 와셔는 NAS144~NAS158계열의 내부 렌치 볼트에 사용된다. 이 와셔의 모양은 평형 또는 접시형이다. NAS143C와 MS20002C로 표시된 접시형 와셔는 볼트머리와 생크 사이의 만곡부가 안착되도록 하기 위해 사용하며, 평 와셔는 너트 아래에 사용한다.

3-5 너트와 볼트의 장착(Installation of Nuts and Bolt)

1 볼트와 구멍크기(Bolt and Hole Size)

볼트구멍의 미세한 유격은 볼트가 인장을 받는 곳과 역방향의 하중이 작용하지 않는 곳이라면 허용된다. 구멍의 유격이 허용되는 곳의 몇 가지 예로는 풀리 브라켓(pulley bracket), 도선 박스 (conduit box), 라인 트림(lining trim), 그리고 기타 지지대와 브라켓 등이다.

볼트구멍은 볼트머리와 너트에 대해 완전한 접촉면적을 제공하기 위해 접촉표면에 직각이어야 하고, 너무 크거나 늘어나지 않아야 한다. 볼트는 이런 구멍에서 전단하중을 지탱할 수 없으며, 볼 트가 과도하게 큰 구멍에 접촉되어 전단하중을 지탱할 만큼 충분한 접촉면적이 허용될 때까지 변형 되거나 파괴될 것이다. 이런 점에서, 볼트는 리벳과 같이 구멍을 메우기 위해 압착되지 않는다는 것 에 염두를 두어야 한다.

중요한 부재에서 너무 큰 또는 늘어난 구멍은, 한 단계 더 큰 치수의 볼트를 장착하기 위해 구멍 을 뚫거나 넓히기 전에 항공기제작사, 또는 엔진제작사로부터 지침을 받아야 한다. 보통 연거리 (edge distance), 유격(clearance), 하중계수(load Factor)와 같은 요소들을 고려해야 한다. 중요 하지 않은 부재에서는 너무 큰, 또는 늘어난 구멍은 보통 한 치수 더 큰 크기로 구멍을 뚫거나 넓혀 서 사용할 수 있다.

특히 주 연결부재에 사용되는 많은 볼트구멍은 정밀공차를 갖는다. 밀착 끼워 맞춤이 적용되는 AN 육각 볼트나 NAS 정밀공차 볼트 또는 AN 클레비스 볼트가 사용되는 곳을 제외하면 일반적으 로 볼트규격표시의 첫 번째 숫자는 실제 볼트 지름보다 크며, 표준 볼트 지름보다 한 치수 더 큰 드 릴크기를 사용하여 구멍을 뚫는 것이 허용된다.

볼트의 가벼운 끼워 맞춤(볼트와 구멍 사이의 최대유격은 0.0015inch로 수리도면에서 명시된)이 요구되는 부분의 수리에 볼트가 사용될 때, 또는 그들이 원래 구조물에 장착될 때이다.

구멍과 볼트의 끼워 맞춤은 축과 구멍의 지름으로 정해지지 않는다. 구멍 안으로 볼트가 들어갈 때 구멍과 볼트 사이에서 발생하는 마찰에 따라 결정된다. 예를 들어, 단단한 끼워 맞춤은 12~14 ounce 해머로 강하게 때렸을 때 볼트가 움직이는 정도이다. 몹시 강한 타격을 요구하거나 뻑뻑한 소리가 나는 볼트는 너무 강한 끼워 맞춤되었음을 의미한다.

경미한 끼워 맞춤은 망치 손잡이로 볼트 머리를 내리누를 때 밀려들어 가는 정도이다.

2 장착 실습(Installation Practice)

볼트 머리에 있는 표시를 검사해서 각각의 볼트가 정확한 재질인가를 확인해야 한다. 특히 볼트를 교환하는 경우 같은 규격의 볼트를 사용하는 것은 가장 중요하다. 모든 경우에서, 해당 정비매뉴얼과 부품도해교범(illustrated parts breakdown)을 참조해야 한다.

특별한 지시가 없다면 볼트와 너트 안쪽에는 와셔를 사용해야 한다. 와셔는 볼트와의 마찰로 인한 부품의 기계적인 손상을 방지하며, 부품의 이질금속간 부식을 방지한다. 알루미늄합금 와셔는 알루미늄합금 또는 마그네슘합금 부재를 결합시킬 때, 강철 볼트의 머리와 너트 안쪽에 사용되어야 한다. 그러면 부식은 부재가 아닌 와셔에서 일어난다. 강철 와셔는 강철 볼트와 함께 강철 부재를 결합할 때 사용해야 된다.

가능한 언제나, 볼트의 머리는 위쪽방향, 앞쪽방향, 회전하는 방향을 향하도록 체결해야 한다. 이렇게 체결하면 만약 너트가 갑자기 빠지더라도 볼트가 완전히 이탈하는 것을 방지할 수 있다.

볼트 그립길이가 정확한지 확인해야 한다. 그립길이는 볼트 생크의 나사산이 없는 부분의 길이이다. 일반적으로, 그립길이는 볼트로 조여지는 재료의 두께와 같아야 한다. 그러나 약간 큰 그립길이의 볼트에는 와셔를 너트 또는 볼트머리 아래에 추가해서 그립길이를 조절하여 사용하면 된다. 플레이트 너트의 경우에는 플레이트 아래에 심(shim)을 추가한다.

❸ 너트와 볼트의 안전조치(Safetying of Nuts and Bolt)

자동고정 형식을 제외하고, 모든 볼트나 너트는 장착 후 풀림 방지를 위한 안전조치를 하는 것이 매우 중요하다. 이것은 비행 중 진동으로 인하여 볼트나 너트가 풀리는 것을 방지해 준다.

❹ 손상된 암 나사산의 수리(Repair of Damaged Internal Thread)

볼트의 장착 또는 교체는 스터드(stud)의 장착 또는 교체에 비교하면 아주 간단한 편이다. 주물 또는 조립된 구조물에 암나사를 내고 그곳에 장착하는 스터드에 비교해서, 볼트 또는 너트에 손상된 나사산이 있으면 결함이 있는 부품만을 교환하는 것이 여러 가지 측면에서 유리하다. 만약 암나사가 손상되었다면, 부품 자체를 교환하거나 손상된 나사산만을 수리하는 두 가지 해결 방법이 있다. 보통 손상된 나사산의 수리는 저렴하고 좀 더 편리하다. 수리하는 두 가지 방법은 부싱(bushing) 또는 헬리 코일(heli-coil)을 교체하는 것이다.

❺ 부싱의 교환(Replacement Bushing)

부싱은 보통 알루미늄 실린더헤드 안에 장착한 강 또는 황동 점화플러그 부싱(spark plug bushing)과 같이 특별한 재료이며, 장탈과 장착을 자주하는 곳에 사용하는 내마모성물질이다. 부싱에 있는 외부 나사산은 보통 거칠다. 부싱은 나사산 고정용 접착제를 사용하기도 하며, 풀림 방지를 위한 핀을 끼우기도 한다. 많은 부싱에서 외부는 왼 나사산으로 만들고 내부는 오른 나사산으로 만든다. 이것을 장착하면, 오른 나사볼트나 스터드를 풀기 위한 회전력은 부싱을 조이려고 하는 쪽으로 작용한다.

점화플러그와 같은 일반적인 장착을 위한 부싱은 0.040inch(0.005inch씩 증가) 더 크게 제작된다. 제조 공장이나 오버홀공장(overhaul shop)에서 교체할 때, 실린더 헤드는 가열하고 부싱은 냉각시키는 수축(shrink) 접합이다.

6 헬리-코일(Heli-coil)

헬리 코일의 단면모양은 마름모 형태이며, 18-8 스테인리스강 와이어를 정밀한 단면모양으로 가공해서 만든 스크루나사식 코일이다. 이것은 유니파이 거친 나사(UNC) 또는 유니파이 고운 나사(UNF)를 형성한다. 각각의 헬리코일을 헬리코일 나사구멍 안으로 돌려 장착하며, 체결이 완료된 다음 탱(tang)의 제거를 손쉽게 하기 위해 헬리코일 탱의 목 부분에 홈이 만들어져 있다.

헬리코일은 스크루 나사산 부싱처럼 사용된다. 손상된 나사산을 복원시키기 위해 사용하며, 특히 헬리코일은 미사일, 항공기 엔진, 기타 기계장비와 부속장치 등에서 연질의 금속이나 플라스틱 구조물에 있는 스크루 고정용 암나사를 강화하고 보호하기 위해 사용하며, 특히 빈번한 분해조립이 이루어지는 장소에 사용한다.

그림 3-10에 나타난 것과 같이, 헬리코일 장착작업은 5~6단계로 분류한다.

나사산이 어떻게 손상되었는지를 검사한다.

(1) 1단계: 나사산 손상 상태를 검사한다.

(2) 2단계

① 규정된 최소 깊이로 손상된 나사산을 낼 구멍을 뚫는다.

② 손상된 헬리코일을 제거한다.

이전에 장착된 헬리코일이 손상되었다면, 적절한 크기의 장탈공구를 사용하여, 헬리코일의 끝으로부터 수직이 되도록 날의 모서리를 일치시킨다. 공구를 쇠망치로 가볍게 두드린다. 헬리코일이 빠질 때까지 힘을 가하며 왼쪽으로 돌린다. 헬리코일을 적절하게 제거한다면 나사산은 손상되지 않는다.

(3) 3단계: 탭(tap) 작업

요구되는 나사산 크기의 탭을 사용한다. 탭작업절차는 표준나사의 암나사 깎는 작업과 같다. 탭 길이는 필요한 길이와 같거나 조금 커야 된다.

(4) 4단계: 측정

탭작업한 나사산을 헬리코일 나사산 게이지로 측정한다.

(5) 5단계: 헬리코일 장착

적절한 공구를 사용하여, 헬리코일의 끝이 나사구멍의 상단표면으로부터 1/4~1/2 바퀴 정도 더 들어갈 때까지 회전시켜 헬리코일을 장착한다.

(6) 6단계: 탱(tang) 절단

적절한 절단 공구를 선정해서 탱을 뚫린 구멍으로부터 제거해야 한다. 나사구멍의 한쪽 끝이 막힌 경우, 만약을 장착한 헬리코일 아래 충분한 깊이의 공간이 있다면 탱을 제거할 수 있다. 반드시 이 헬리코일 장착절차를 따라야 하는 것은 아니며, 장착할 때는 제작사의 지시를 따라야 한다.

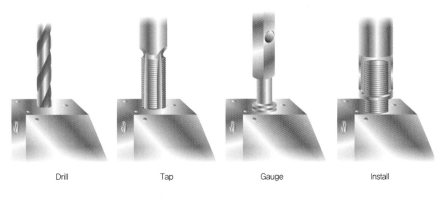

| Drill | Tap | Gauge | Install |

▲ 그림 3-10 헬리코일 장착

⑦ 토크 작업(Fastener Torque)

항공기 속도가 증가하면, 각각의 구조부재에 더 강한 응력이 가해진다. 구조물의 전체에 걸쳐 안전하게 하중을 분포시키기 위해서, 모든 너트, 볼트, 스터드, 스크루 등을 적정한 토크로 조여 주는 것이 중요하다. 적정한 토크를 적용한다는 것은 구조물이 설계 강도를 발휘할 수 있도록 하고, 또한 피로로 인한 파손 가능성을 최소화할 수 있도록 해준다.

1) 토크렌치(Torque Wrenches)

그림 3-11에 나타난 것과 같이, 가장 일반적으로 사용되는 토크렌치(torque wrench)는 플렉시블 빔(flexible beam), 리지드 프레임(rigid frame)형, 그리고 래칫(ratchet)형으로 세 가지 종류가 있다. 플렉시블 빔형과 리지드 프레임형 토크렌치를 사용할 때, 토크값은 렌치의 손잡이에 설치된

눈금을 직접 읽는다. 래칫(ratchet) 형을 사용하기 위해서, 그립의 잠금장치를 풀고 요구되는 마이크로미터형 눈금을 조정하여 토크값을 설정한 다음 토크작업을 한다.

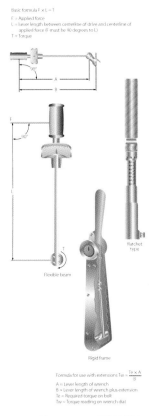

▲ 그림 3-11 토크렌치 종류

토크렌치와 체결 작업에 필요한 소켓(socket), 또는 어댑터(adapter)를 조립한다. 조립된 토크렌치를 너트 또는 볼트에 장착하고 시계방향으로 천천히 안정되게 손잡이를 끌어당긴다. 너무 빠르거나 갑작스런 움직임은 부적절한 토크값을 초래하게 된다. 가해진 토크가 설정한 토크값에 도달하면, 손잡이가 자동적으로 풀리거나 살짝 꺾여 아주 잠깐 동안 자유롭게 움직인다. 풀림과 자유로운 움직임은 쉽게 느낄 수 있으며, 토크작업이 종료되면 요구하던 토크값을 만족하게 된다.

모든 토크렌치는 정확한 토크값을 얻기 위해서, 적어도 한 달에 1번 또는 만약 필요하다면 더 자주 교정해야만 한다.

플렉시블 빔형 토크렌치에 손잡이 길이를 연장해서 사용하는 것은 권장되지 않는다. 손잡이 연장공구 자체는 측정에 영향을 주지 않는다. 어떤 종류의 토크렌치에서는 연장공구를 필수적으로 사용해야 하는 경우도 있다. 이런 경우 공식을 적용할 때, 측정이 취해지는 곳으로부터 토크렌치 손잡이까지의 거리를 고려해야 한다. 만약 이렇게 하지 않으면, 얻어진 토크는 부정확하게 된다.

2) 표준 토크값(Torque Table)

정비절차에 명확한 토크값이 나와 있지 않을 때는 체결되는 볼트, 너트, 스터드, 스크루 등의 규격에 맞는 표준 토크값은 표 3-5에 나타난 표준 토크 테이블(table)을 따른다.

[표 3-5] 표준 토크 테이블[inch-pound]

볼트, 스터드 또는 스크루 크기		너트 조임시 토크값(Inch-Pounds)			
		125,000-140,000 psi의 인장강도를 가진 표준 볼트, 스터드 그리고 스크루		140,000-160,000 psi의 인장강도를 가진 볼트, 스터드 그리고 스크루	160,000 psi 이상 인장강도를 가진 고강도 볼트, 스터드 그리고 스크루
		전단 타입 너트 (AN320, AN364 또는 등가물)	장력 타입 너트와 나사기구 파트(AN-310, AN365 또는 등가물)	전단 타입을 제외한 모든 너트	전단 타입을 제외한 모든 너트
8-32	8-36	7-9	12-15	14-17	15-18
10-24	10-32	12-15	20-25	23-30	25-35
$1/4$-20		25-30	40-50	45-49	50-68
	$1/4$-28	30-40	50-70	60-80	70-90
$5/16$-18		48-55	80-90	85-117	90-144
	$5/16$-24	60-85	100-140	120-172	140-203
$3/8$-16		95-110	160-185	173-217	185-248
	$3/8$-24	95-110	160-190	175-271	190-351
$7/16$-14		140-155	235-255	245-342	255-428
	$7/16$-20	270-300	450-500	475-628	500-756
$1/2$-13		240-290	400-480	440-636	480-792
	$1/2$-20	290-410	480-690	585-840	690-990
$9/16$-12		300-420	500-700	600-845	700-990
	$9/16$-18	480-600	800-1,000	900-1,220	1,000-1,440
$5/8$-11		420-540	700-900	800-1,125	900-1,350
	$5/8$-18	660-780	1,100-1,300	1,200-1,730	1,300-2,160
$3/4$-10		700-950	1,150-1,600	1,380-1,925	1,600-2,250
	$3/4$-16	1,300-1,500	2,300-2,500	2,400-3,500	2,500-4,500
$7/8$-9		1,300-1,800	2,200-3,000	2,600-3,570	3,000-4,140
	$7/8$-14	1,500-1,800	2,500-3,000	2,750-4,650	3,000-6,300
1"-8		2,200-3,000	3,700-5,000	4,350-5,920	5,000-6,840
	1"-14	2,200-3,300	3,700-5,500	4,600-7,250	5,500-9,000
$1 1/8$-8		3,300-4,000	5,500-6,500	6,000-8,650	6,500-10,800
	$1 1/8$-12	3,000-4,200	5,000-7,000	6,000-10,250	7,000-13,500
$1 1/4$-8		4,000-5,000	6,500-8,000	7,250-11,000	8,000-14,000
	$1 1/4$-12	5,400-6,600	9,000-11,000	10,000-16,750	11,000-22,500

토크 테이블의 정확한 사용을 위해 다음 규칙을 따라야 한다.

(1) inch-pound 값을 12로 나누면 feet-pound 값이 얻어진다.

(2) 내식강 부품 또는 별도로 지시하는 곳이 아니면, 너트나 볼트에 기름(윤활)을 바르지 않는다.

(3) 토크작업을 할 때 가능하면, 너트를 돌려서 잠근다. 공간적으로 볼트머리를 돌려 토크작업을 해야 경우에는, 정비교범에 지시된 토크 범위의 상한값을 적용하지만, 최대허용 토크값을 초과해서는 안 된다.

(4) 최대 토크 범위는 오직 결합되는 부품이 충분한 두께, 면적을 가지며, 끊김, 뒤틀림, 또는 다른 손상에 견딜 수 있는 충분한 강도일 때 적용해야 한다.

(5) 내식강너트는 전단형 너트에 대해 주어진 토크값을 적용한다.

(6) 토크렌치에 어떤 형식의 연장공구를 사용하였다면, 표준 토크 테이블에서 제시하는 실제 작용하는 값을 얻기 위해 요구되는 다이얼 지시값을 수정해야 한다. 연장공구를 사용할 때, 토크렌치 지시값은 적절한 공식을 이용하면 계산할 수 있다.

3) 코터핀 구멍 맞추기(Cotter Pin Hole Line-up)

볼트에 캐슬 너트를 체결할 때, 코터핀 구멍이 권고된 범위에서 너트에 있는 홈과 정렬되지 않는 경우도 있다. 매우 큰 응력을 받는 엔진부품을 제외하고, 너트는 토크 범위를 넘지 않도록 해야 한다. 이런 경우 와셔, 볼트 등의 하드웨어를 교체하여 구멍 위치를 재조정한다. 제시되는 토크값은 거의 같은 나사산의 수와 같은 접촉면적을 갖는 고운나사 또는 거친나사 계열의 기름을 바르지 않은 카드뮴도금 강철너트 모두에 대해 적용하게 된다. 이 값은 정비매뉴얼에 특별한 토크 요구사항이 제시된 곳에는 적용하지 않는다.

만약 너트가 아닌 볼트머리 쪽에서 토크작업을 해야 한다면, 최대토크값은 생크의 마찰에 따른 크기만큼 추가해야 한다. 추가하는 값은 너트가 체결되지 않은 상태에서 볼트만을 회전시켰을 때 토크렌치에 측정된 토크값이다.

3-6 항공기 리벳(Aircraft Rivet)

금속 판재는 항공기 구조물을 형성하기 위해 함께 결합되어야 하는데, 이것은 보통 알루미늄합금 리벳으로 결합한다. 리벳은 제작할 때 한쪽 끝에 머리를 성형한 금속핀처럼 생겼다. 리벳의 생크를 규정된 구멍 안으로 집어넣고, 반대편으로 돌출된 생크는 수공구나 공기압 공구를 이용하여 뭉툭하게 변형시킨다. 수공구 또는 공기압 공구로 성형한 두 번째 머리를 샵헤드(shop head)라고도 부른다. 샵헤드는 볼트-너트 체결에서 너트와 같은 역할을 한다. 항공기 외피를 접합하는 데 사용될 뿐만 아니라, 날개보 부분(spar section)을 접합시키고, 리브(rib)를 고정하며, 항공기의 여러 부품들을 단단하게 고정하기 위한 피팅을 결합하기 위하여, 그리고 수없이 많은 보강용 부재와 다른 부품을 서로 고정시키는 데 사용한다. 리벳은 적어도 재료가 접합되고 있는 한 강한 결속을 만들어낸다.

항공기에 사용되는 리벳은 두 가지 형식으로 나뉘는데, 버킹바(bucking bar)를 사용하여 성형하는 일반적인 솔리드섕크 리벳(solid-shank rivet)과 버킹바를 사용할 수 없는 곳에서 체결작업하기 위한 특수 리벳, 즉 블라인드 리벳(blind rivet)이 있다.

항공기 리벳은 일반 철물점(hardware store)에서 구매한 리벳으로 대체하여 사용해서는 절대 안된다. 항공기 리벳은 철물점 리벳과는 아주 다른 재질로 만들어지고, 리벳의 강도도 크게 다르며, 그러므로 리벳의 품질이 매우 다르다. 철물점 리벳의 접시머리(countersunk head)는 78°임에 반하여, 항공기 리벳의 머리는 더 많은 표면접속을 위해 100° 각도로 만든다.

◼1 규격과 사양(Standard and Specification)

국가 항공기 안전운항 담당부서에서는 형식증명항공기의 구조강도와 완전성이 모든 감항성 필요조건에 부합할 것을 요구하고 있다. 이들의 필요조건은 비행 특성뿐만 아니라 성능, 구조강도, 그리고 완전함에 적용된다. 각각의 항공기는 이들 필요조건을 만족시키기 위해서는 같은 표준조건에 부합되어야 한다. 표준화를 이루기 위해, 모든 재료와 하드웨어의 품질은 표준규격에 따라 제조되어야 한다. 항공기 하드웨어에 대한 설계기준과 표준규격은 보통 그것을 설립한 조직에 의해 정의된다. 대표적인 표준화 조직은 다음과 같다.

AMS Aeronautical material Specifications

AN Air Force-Navy

AND Air Force-Navy Design

AS Aeronautical Standard

ASA American Standards Association

ASTM American Society for Testing materials

MS Military Standard

NAF Naval Aircraft Factory

NAS National Aerospace Standard

SAE Society of Automotive Engineers

MS20426-AD4-6 리벳이 필요하다면, 이것에 대한 규격은 미군 표준규격(MS)에 상세히 기록되어 있다. 그에 대한 정보는 정비사뿐만 아니라 항공기제작사와 리벳제조사에서 이용한다. 표준규격은 리벳머리모양, 지름, 길이뿐만 아니라 사용되는 재질을 명시한다. 항공기 생산에서 표준화된 재료의 사용은 이전에 생산한 항공기와 같은 유형의 항공기를 제작할 수 있게 하고 그래서 제작비용을 줄이게 된다.

항공기 리벳은 일반용 리벳보다 아주 높은 표준규격과 설계기준으로 제조한다. 1930년대, 항공기제작사들이 전금속 항공기를 조립하기 시작했을 때, 제작사들은 각자 서로 다르게 리벳머리를 설계하였다. 항공기가 표준화되면서부터는 네 가지 대표적인 리벳머리로 통합하여 설계하였다. 구조물의 외부로 공기흐름에 드러난 부분의 리벳은 보통 유니버설 헤드(universal head, MS20470) 또는 100° 접시머리(countersunk head, MS20426) 리벳을 사용한다. 내부구조물에 사용되는 리벳으로는 둥근머리(roundhead, MS20430)와 납작머리(flathead, MS20442)가 일반적이다.

❷ 솔리드생크 리벳(Solid-Shank Rivet)

솔리드생크 리벳은 일반적인 수리작업에 사용된다. 이 리벳은 재질의 종류, 머리모양, 생크의 지름, 열처리 상태 등에 의하여 구분한다. 표 3–8에 나타난 것과 같이, 유니버설 헤드, 둥근머리, 납작머리, 접시머리, 그리고 브레지어 헤드(brazier head)처럼 솔리드생크 리벳 머리의 명칭은 머리부분의 단면 모양에 따른다. 열처리 상태와 강도는 리벳 머리에 있는 특별한 기호에 의해 표시된다. 항공기 솔리드생크 리벳에 사용되는 재질은 대부분 알루미늄합금이다. 알루미늄합금 리벳의 강도와 열처리 상태는 앞에서 언급했던 알루미늄, 알루미늄합금과 같은 문자나 숫자로 표시한다. 대표적으로 많이 사용하고 있는 리벳은 1100, 2017-T, 2024-T, 2117-T, 5056 등 다섯 가지 종류가 있다.

(1) 1100 리벳(Rivet)

99.45% 순알루미늄으로 제작한 1100 리벳은 매우 연하다. 이것은 강도를 그다지 중요하게 생각하지 않아도 되는 비구조부분의 리벳 작업에 사용한다. 1100, 3003, 5056은 연한 알루미늄합금 리벳으로 지도 보관함과 같은 비구조 부분이나 비금속 부품을 고정하고자 할 때 사용한다.

(2) 2117-T 리벳

현장 리벳(field rivet)으로 알려져 있는 2117-T 리벳은 알루미늄합금 구조물의 리벳 작업에 가장 많이 사용된다. 이 리벳은 현장에서 별도의 열처리과정 없이 바로 사용할 수 있기 때문에 편리하고 광범위하게 사용된다. 이것은 또한 부식에 대한 높은 저항력을 갖는다.

(3) 2017-T와 2024-T 리벳

2017-T와 2024-T 리벳은 같은 크기의 2117-T 리벳보다 더 큰 강도를 필요로 하는 알루미늄합금 구조물에 사용한다. "아이스박스 리벳(icebox rivet)"이라고도 알려져 있는 이 리벳들은 풀림처리(annealing)한 다음 사용할 때까지 냉동고에 보관해야 한다. 상온에 노출시

키면 몇 분 이내에 시효경화가 시작되므로 그들을 급랭처리한 후에는 냉장실에 보관하거나, 즉시 사용해야 한다. 열처리한 리벳을 보관하는 방법은 32℉ 이하의 저온 냉장고에 보관하는 것이다.

2017-T 리벳은 냉동고에서 꺼낸 다음 약 1시간 이내에 리벳작업을 끝내야 하고, 2024-T 리벳은 10~20분 이내에 끝내야 한다.

아이스박스 리벳은 리벳작업 후 약 1시간이면 최대강도의 1/2에 도달하고 4일 정도 후에는 최대강도에 도달한다. 2017-T 리벳은 1시간 이상 상온에 노출되었을 때는, 재열처리를 해야 한다. 또한, 10분 이상 상온에 노출된 2024-T 리벳도 마찬가지로 재열처리를 해야 한다. 일단 한 번 냉장고에서 꺼내진 아이스박스 리벳은 냉장고에 있는 리벳과 섞여서는 안된다. 만약 15분 이내에 사용할 수 있는 양보다 많은 양을 냉장고에서 꺼냈다면, 남은 리벳은 재열처리를 위해 다른 용기에 담아서 보관해야 한다. 리벳의 열처리를 적절히 수행하였다면 수차례 반복할 수 있다. 표 3-6에는 열처리를 위한 적당한 가열 시간과 온도를 나타내었다.

[표 3-6] 리벳 가열시간 및 온도

가열시간-공기가열		
리벳 합금	열처리 시간	열처리 온도
2024	1시간	910℉-930℉
2017	1시간	925℉-950℉
가열시간-염로 가열		
리벳 합금	열처리 시간	열처리 온도
2024	30분	910℉-930℉
2017	30분	925℉-950℉

(4) 5056 리벳

5056 리벳은 마그네슘을 첨가한 알루미늄합금 리벳으로 내식성 때문에 마그네슘합금 구조물 리벳작업에 사용한다.

(5) 연강(Mild Steel) 리벳

연강(mild steel) 리벳은 강철부품의 리벳작업에 사용한다. 내식강 리벳은 방화벽(firewall), 배기관(exhaust stack), 그리고 이와 유사한 구조물을 고정할 때 사용한다.

(6) 모넬(Monel) 리벳

모넬 리벳(monel rivet)은 니켈강합금(nickel steel alloy) 리벳작업에 사용한다. 때에 따라 이것은 내식강으로 만든 리벳을 대체하여 사용할 수도 있다. 항공기 수리에서 구리리벳(copper rivet)의 사용은 제한된다. 구리리벳은 단지 구리합금 또는 가죽과 같은 비금속재료에만 사용한다.

(7) 리벳의 부식처리(Measures for Rivet Corrosion)

대부분 금속과 마찬가지로 항공기 리벳도 부식을 고려해야 한다. 부식은 지리적인 기후 조건이나 사용되는 제작 과정 등의 영향을 받는다. 이런 부식은 내식성이 우수하고 적절한 강도대 중량비를 가진 금속을 사용함으로써 최소한으로 줄일 수 있다.

염분기가 있는 공기와 접촉한 철은 적절하게 보호하지 않는다면 녹슬게(rust) 된다. 철 성분이 없는 비철금속은 쉽게 녹슬지 않지만, 부식(corrosion)이라고 일컬어지는 유사한 과정은 일어난다. 바닷가의 습한 공기 중에 있는 염분은 알루미늄합금을 침식(attack)시킨다. 해안가에서 운영되고 있는 항공기를 검사해 보면 이런 현상으로 인해 심하게 부식된 리벳을 쉽게 찾아볼 수 있다.

만약 구리리벳이 알루미늄합금 구조물에 체결되었다면, 서로 다른 이질금속이 접촉한 상황으로 된다. 이렇게 재질이 서로 다른 금속 사이에는 전위차가 형성되고, 이 금속들이 습기에 직면하면 전류가 흐르면서 화학적인 부산물을 발생시킨다. 이런 현상은 주로 한쪽 금속의 침식을 유발한다.

알루미늄합금 중에도 서로 반응을 일으키는 것이 있으며, 이런 알루미늄은 이질금속으로 간주해야 한다. 일반적으로 사용되는 알루미늄합금은 표 3-7에 나타난 것과 같이 두 가지 그룹으로 분류한다.

같은 A그룹에 속하거나 B그룹에 속한 금속끼리는 서로 동종의 금속으로 간주되며 서로 반응하지 않지만, 습기가 있는 환경에서 A그룹과 B그룹에 각각 속한 금속이 접촉한다면 부식작용은 언제든지 일어날 수 있다. 가능한 언제든지 이질금속의 사용은 피해야 한다. 리벳 제조사는 AN 표준 규격에 부합하기 위해서, 리벳에 보호용 피막처리를 해야 한다. 피막처리하는 방법으로는 크롬산아연처리(zinc chromate), 금속분무 도금(metal spray), 양극산화처

[표 3-7] 알루미늄 그룹

A그룹	B그룹
1100	2117
3003	2017
5052	2124
6053	7075

리(anodized finish) 등이 있다.

리벳의 표면처리 여부는 색상으로 구분한다. 크롬산아연 처리한 리벳은 황색(yellow)이고, 양극산화 처리한 것은 진주색(pearl gray), 그리고 금속분무 도금 처리한 리벳은 은회색(silvery gray)으로 구분한다. 만약 현장 작업도중 보호용 피막처리를 해야 한다면, 리벳을 사용하기 전에 크롬산아연 용액을 발라서 표면처리를 하고 작업이 완료된 후에 한 번더 한다.

(8) 리벳의 식별(Identification)

리벳은 특성을 분류하기 위해 머리에 기호로 표시한다. 이 표시는 1개 또는 2개의 돌출된 점, 움푹 들어간 점, 돌출된 한 쌍의 대시(−) 기호, 돌출된 십자(+) 기호, 삼각형, 돌출된 하나의 대시(−) 기호 등이 있으며, 일부는 머리에 아무런 표시도 없는 것이 있다. 이같이 리벳머리에 있는 표시가 리벳의 재질을 나타낸다. 앞에서 설명한 바와 같이, 리벳의 보호 표면처리를 구분하기 위해 색상으로 표시한다.

(1) 둥근머리 리벳은 부재가 인접해서 여유 공간이 없는 곳을 제외한 항공기 내부에 사용한다. 둥근머리 리벳은 두껍고, 둥글게 된 상단표면을 갖는다. 머리는 구멍 주위의 판재를 압착하고 동시에 인장하중에 저항할 만큼 충분히 커야 한다.

(2) 납작머리 리벳은 둥근머리 리벳과 마찬가지로 내부구조에 사용한다. 이것은 최대강도가 필요한 곳과 둥근머리 리벳을 사용하기에 충분한 여유 공간이 없는 곳에 사용한다. 가끔 드물기는 하지만 외부에 사용하기도 한다.

(3) 브래지어 헤드리벳은 얇은 판재를 접합하는 데 알맞도록 머리 지름이 크고 두께가 얇은 리벳이다. 브래지어 헤드리벳은 공기저항이 적게 발생하기 때문에, 항공기 외피, 특히 후방동체나 꼬리부분 외피의 리벳 작업에 자주 사용한다.

이 리벳은 프로펠러 후류에 노출되는 얇은 판재를 접합하기 위한 리벳작업에 사용한다. 개량된 브래지어 헤드리벳은 머리의 지름을 감소시켜 개선한 리벳이다.

(4) 유니버설 헤드리벳은 둥근머리, 납작머리, 브레지어 헤드가 조합된 형태이다. 이 리벳은 항공기 제작과 수리에서 내부와 외부모두에 사용한다. 돌출머리 리벳(둥근머리, 납작머리, 브래지어 헤드 등)의 교환이 필요할 때, 유니버설 헤드 리벳으로 교체할 수 있다.

(5) 접시머리 리벳은 카운터성크(countersunk)나 딤플링한(dimpled) 구멍 안에 맞도록 머리 윗면은 평평하고 생크 쪽으로 경사진 면을 가지고 있어서, 결합한 부품의 표면과 일치되는 리벳이다. 머리의 경사각도는 $78°\sim120°$까지 다양하며, $100°$ 접시머리 리벳이 가장 많이 사용된다.

[표 3-8] 리벳 식별 도표

재질	머리 표시	AN 재질코드	AN425 78° 접시머리	AN426 100° 접시머리 MS20426*	AN427 100° 접시머리 MS20427*	AN430 둥근머리 MS20470*	AN435 둥근머리 MS20613* MS20615*	AN441 평머리	AN442 평머리 MS20470*	AN455 브래지어 머리 MS20470*	AN456 브래지어 머리 MS20470*	AN470 유니버설 머리 MS20470*	사용전 열처리	전단력	내력
1100	평면	A	X	X		X						X	No	10,000	10,000
2117T	오목점	AD	X	X		X			X	X	X	X	No	30,000	100,000
2017T	볼록점	D	X	X		X			X	X	X	X	Yes	34,000	113,000
2017T-HD	볼록점	D	X	X		X			X	X	X	X	No	38,000	126,000
2024T	볼록 대시 2개	DD	X	X		X			X	X	X	X	Yes	41,000	136,000
5056T	볼록 십자	B	X	X		X			X	X	X	X	No	27,000	90,000
7075-T73	볼록 대시 3개		X	X		X			X	X	X	X	No		
탄소강	오목 삼각형				X		X MS20613*	X					No	35,000	90,000
내식강	오목 대시	F			X		X MS20613*	X					No	65,000	90,000
구리	평면	C			X		X	X					No	23,000	
모넬	평면	M			X			X					No	49,000	
모넬 (니켈 구리 합금)	오목점 2개	C					X MS20615*						No	49,000	
황동	평면						X MS20615*						No		
티타늄	크고 작은 오목점 2개			MS20426									No	95,000	

이 리벳은 고정된 판재 위에 또 다른 판재를 고정하거나 부품을 얹어야 하는 곳에 사용한다. 이 리벳은 공기저항이 거의 없으며, 난류 발생을 최소로 하기 때문에 항공기 외부 표면에 사용한다.

리벳 머리에 있는 기호는 리벳의 재질, 즉 리벳의 강도를 표시한다. 표 3-8에는 리벳머리 기호와 그에 해당하는 재질을 나타냈다. 머리에 아무런 표시가 없는 경우는 세 가지가 있는데, 그런 경우 재질을 색상으로 구별하는 것이 가능하다. 1100은 알루미늄 색이고, 연강은 전형적인 철강 색이고, 구리리벳은 구리 색이다.

표 3-8에 나타난 것과 같이, 각각의 리벳 종류는 부품번호를 통해 식별하며, 정비사는 이 번호를 통해 작업에 필요한 정확한 리벳을 선택할 수 있다. 리벳머리의 종류는 AN 또는 MS 표준 규격번호로 식별한다. 선택된 번호는 계열별로 되어 있고 각각의 계열 번호는 머리모양을 나타낸다. 대표적인 리벳의 머리 종류와 규격번호는 다음과 같다.

AN426 or MS20426 countersunk head rivets (100°)

AN430 or MS20430 roundhead rivets

AN441 flathead rivets

AN456 brazier head rivets

AN470 or MS20470 universal head rivets

또한, 부품번호에 부가되는 문자와 숫자가 있는데, 문자는 합금성분을 표시하고 숫자는 리벳 지름과 길이를 표시한다. 합금성분을 표시하기 위해 사용하는 문자는 다음과 같다.

A aluminum alloy, 1100 or 3003 composition

AD aluminum alloy, 2117-T composition

D aluminum alloy, 2017-T composition

DD aluminum alloy, 2024-T composition

B aluminum alloy, 5056 composition

C copper

M monel

AN 표준 규격번호 뒤에 아무런 문자도 없다면, 연강으로 제조된 리벳임을 의미한다.

그리고 합금 성분을 나타내는 문자 다음의 첫 번째 숫자는 리벳 생크의 지름을 1/32inch 단위로 표현한 것이다. 예를 들어, 3이 오면 3/32 inch, 5는 5/32 inch임을 의미한다.

그림 3-12는 리벳 생크의 지름을 의미하는 앞의 숫자와 대시(-)로 구분된 마지막 숫자는 리벳 생크의 길이를 1/16inch 단위로 표현한 것이다. 예를 들어, 3이 오면 생크 길이가 3/16inch, 7은 7/16inch, 11은 11/16inch임을 의미한다.

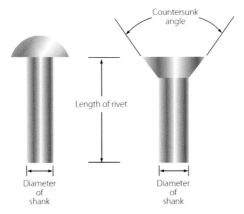

▲ 그림 3-12 리벳 측정 방법

다음은 알루미늄합금 리벳의 규격표시에 대한 예이다.

코드번호 AN470AD3-5

① AN = AN 표준규격

② 470 = 유니버셜 헤드 리벳

③ AD = 2117-T 알루미늄합금

④ 3 = 3/32inch 지름

⑤ 5 = 5/16inch 길이

❸ 블라인드 리벳(Blind Rivet)

항공기에는 리벳작업을 위해 구조물이나 부품의 양쪽에서 접근하는 것이 불가능하거나, 버킹 바(bucking bar)의 사용이 불가능한 곳이 많이 있다. 또한, 항공기 내부 장식, 바닥(flooring), 제빙 부츠(deicing boots)와 같이 강도가 큰 솔리드생크리벳을 사용하지 않아도 될 비구조부분도 많이 있다. 이런 곳에 사용하기 위해 특수 리벳이 개발되었다. 이 리벳들은 때로는 샵 헤드(shop head)를 볼 수 없는 장소에서 사용되기 때문에, "블라인드 리벳(blind rivet)"이라고도 부른다. 사용목적을 만족시킴에도 불구하고 솔리드생크 리벳보다 경량이다.

1) 기계적 확장 리벳(Mechanically Expanded Rivet)

기계적 확장 리벳은 두 가지 부류로 분류할 수 있다.

① 비구조용(non-structural)

　ⓐ 셀프 플러깅(self-plugging, friction lock) 리벳

　ⓑ 풀 스루(pull-thru) 리벳

② 기계 고정(mechanical lock), 플러시 플랙처링(flush fracturing), 셀프 플러깅(self plug-ging) 리벳

(1) 셀프 플러깅 리벳(Self-plugging Rivet(Friction Lock))

셀프 플러깅(마찰고정) 리벳은 2부분으로 구성되는데, 속이 빈 생크(shank) 또는 슬리브(sleeve)를 가지고 있는 리벳머리 부분과 속이 빈 생크 안을 통과하는 스템(stem) 부분이다. 그림 3-13에는 어떤 제조회사에서 생산되는 돌출머리 리벳과 접시머리의 셀프 플러깅(마찰고정) 리벳을 설명하였다.

리벳 스템을 잡아당기면 다음과 같은 현상들이 순차적으로 발생한다.

스템이 리벳생크를 통해 끌어당겨진다.

스템의 축(mandrel) 부분이 리벳생크로 끌려들어 가면서 생크를 확장시킨다.

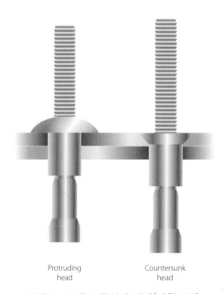

Protruding head　　　Countersunk head

▲ 그림 3-13 셀프 플러깅 리벳(마찰고정)

마찰 또는 끌어당기는 압력이 충분히 커지면 스템(Stem)의 홈이 부러져서 분리된다. 분리된 플러그 부분, 즉 스템의 잔여 부분(bottom end)은 큰 전단강도를 주기 위해 리벳의 생크 부분에 남겨진다. 셀프 플러깅(마찰고정) 리벳의 대표적인 머리모양은 (1) 유니버설 헤드

(MS20470)와 유사한 돌출머리, (2) 100° 접시머리 두 가지이다.

그림 3-13에 나타난 것과 같이, 셀프 플러킹(마찰고정) 리벳의 스템 윗부분에는 마디 (knot)나 혹(knob), 또는 톱니모양의 홈을 갖고 있다.

장착 시 올바른 리벳을 선정하기 위해 고려해야 하는 요소는 (1) 장착 위치, (2) 체결부품의 재질, (3) 체결부품의 두께, (4) 요구되는 강도 등이다. 만약 리벳을 공기역학적으로 매끄러운 표면에 장착하고자 한다거나, 또는 만약 부품에 유격이 필요하다면, 접시머리 리벳을 선택해야 한다. 유격이나 평평한 표면이 요구되지 않는 곳에는, 돌출머리형 리벳을 사용한다.

그림 3-14에 나타난 것과 같이, 체결할 부품의 두께에 따라 리벳 생크의 전체 길이가 결정된다. 일반적으로, 리벳의 생크는 체결부품의 전체 두께보다 약 3/64inch에서 1/8inch 이상 길어야 한다.

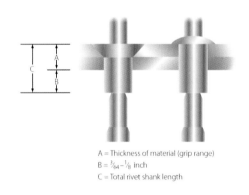

A = Thickness of material (grip range)
B = 3/64 – 1/8 inch
C = Total rivet shank length

▲ 그림 3-14 마찰고정리벳 길이 결정

(2) 풀스루 리벳(Pull-thru Rivet)

풀스루 블라인드 리벳은 2부분으로 구성되는데, 속이 빈 생크 또는 슬리브를 갖고 있는 리벳 머리부분과, 그리고 속이 빈 생크 안에 들어가는 스템(Stem) 부분이다. 그림 3-15에는 돌출머리와 접시머리 풀스루 리벳을 나타냈다.

풀스루 리벳(Pull-thru Rivets)의 대표적인 머리모양은, (1) 유니버설 헤드(MS20470)와 비슷한 돌출머리, 그리고 (2) 100° 접시머리 두 가지이다.

장착 시 올바른 리벳을 선정하기 위해 고려해야 하는 요소와 크기의 결정은 셀프 플러킹 리벳과 같다.

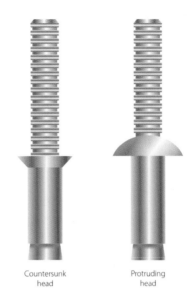

Countersunk
head

Protruding
head

▲ 그림 3-15 풀스루 리벳

(3) 셀프 플러깅(기계 고정) 리벳(Self-plugging Rivet(Mechanical Lock))

셀프 플러깅(기계 고정) 리벳은 스템을 리벳 슬리브에 고정하는 방법을 제외하면, 셀프 플러깅(마찰고정) 리벳과 비슷하다. 그림 3-16에 나타난 것과 같이, 이 종류의 리벳은 마찰 고

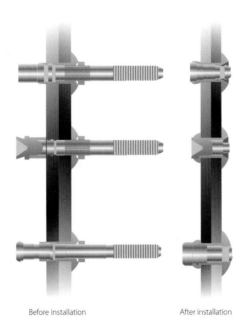

Before installation

After installation

▲ 그림 3-16 셀프 플러깅(기계 고정) 리벳

정리벳처럼 진동에 의해 느슨해져 빠지는 것을 방지하기 위해 확실한 기계 고정 칼라(Collar)를 갖추고 있다. 또한, 리벳 스템은 머리 높이와 일치해서 끊어지기 때문에 남아 있는 스템을 다시 다듬는 작업이 필요치 않다. 셀프플러깅(기계 고정) 리벳은 솔리드생크 리벳의 모든강도 특성을 가지고 있기 때문에 대부분 솔리드생크 리벳을 이 리벳으로 대체할 수 있다.

(4) 벌브 체리 고정리벳(Bulbed Cherry-lock Rivet)

그림 3-17에 나타난 것과 같이, 이 체결부품의 큰 블라인드머리 때문에 "벌브(bulb)"라는 이름이 붙었다. 큰 스템 절단하중이 만들어내는 잔여 하중으로 인해, 피로강도 측면에서 구조계통의 솔리드 리벳과 교환할 수 있는 유일한 블라인드 리벳(blind rivet)이다.

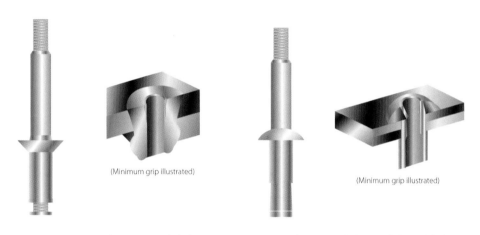

(Minimum grip illustrated)　　　　(Minimum grip illustrated)

▲ 그림 3-17 벌브 체리 고정리벳　　　▲ 그림 3-18 와이어드로 체리 고정리벳

(5) 와이어드로 체리 고정리벳(Wiredraw Cherry-lock Rivet)

그림 3-18에 나타난 것과 같이 크기, 재질, 그리고 강도 등에서 폭넓게 선택할 수 있다. 이 체결부품은 특히 밀폐작용(sealing)과 매우 두꺼운 판재의 체결에 적합하다.

(6) 허크 기계 고정리벳(Huck Mechanical Locked Rivet)

셀프 플러깅(기계 고정) 리벳은 2개 부분으로 제조된다. 즉, 원추형의 오목한 곳에 고정 칼라를 담고 있는 머리와 생크 부분, 생크 안을 통과하는 톱니 모양의 스템 부분이다. 마찰 고정리벳(friction lock rivet)과는 다르게, 기계 고정리벳(mechanical lock rivet)은 리벳의 머리 부분에 스템을 확실하게 고정할 수 있는 고정 칼라를 갖추고 있다. 이 칼라는 리벳장착 시 고정위치에 안착된다.

2) 재질(Material)

셀프 플러깅(기계적인 고정) 리벳의 생크, 즉 슬리브(슬리브)는 2017과 5056 알루미늄합금, 모넬 또는 스테인리스강으로 제조한다.

셀프 플러깅 리벳에서 기계고정형은 마찰고정형과 똑같이 사용되며, 추가로 더 큰 스템 고정능력 때문에 진동이 심한 곳에 적합하다.

마찰 고정리벳에서처럼 기계 고정리벳의 선택에서도 일반적인 요구사항은 충족시켜야 한다. 체결하고자 하는 부품의 재질 성분에 따라 리벳슬리브(rivet sleeve)의 재질을 결정한다. 예를 들어, 대부분 알루미늄합금에는 2017 알루미늄합금 리벳을 사용하고, 마그네슘에는 5056 알루미늄합금 리벳이 사용된다.

3) 장착 절차(Installation Procedure)

그림 3-19에는 전형적인 기계 고정 블라인드 리벳의 장착 순서를 나타내었다. 형태와 기능은 블라인드 리벳의 종류에 따라 약간씩 차이가 있으므로 구체적인 내용은 제조사의 지시를 따라야 한다.

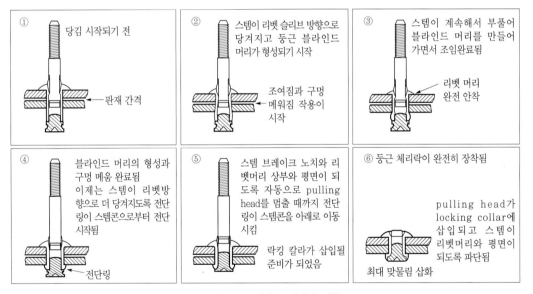

① 당김 시작되기 전 / 판재 간격

② 스템이 리벳 슬리브 방향으로 당겨지고 둥근 블라인드 머리가 형성되기 시작 / 조여짐과 구멍 메워짐 작용이 시작

③ 스템이 계속해서 부풀어 블라인드 머리를 만들어 가면서 조임완료됨 / 리벳 머리 완전 안착

④ 블라인드 머리의 형성과 구멍 메움 완료됨 이제는 스템이 리벳방향으로 더 당겨지도록 전단링이 스템콘으로부터 전단 시작됨 / 전단링

⑤ 스템 브레이크 노치와 리벳머리 상부와 평면이 되도록 자동으로 pulling head를 멈출 때까지 전단링이 스템콘을 아래로 이동시킴 / 락킹 칼라가 삽입될 준비가 되었음

⑥ 둥근 체리락이 완전히 장착됨 / pulling head가 locking collar에 삽입되고 스템이 리벳머리와 평면이 되도록 파단됨 / 최대 맞물림 삽화

▲ 그림 3-19 체리 고정리벳 장착

4) 머리 모양(Head Style)

그림 3-20에 나타난 것과 같이, 셀프 플러깅(기계고정) 블라인드 리벳은 장착 요구조건에 따라 몇 가지 머리 모양이 이용되고 있다.

(1) 리벳 생크지름(Diameter)

생크지름은 1/32inch 단위로 증가하며, 규격번호의 첫 번째 대시 번호로 식별한다. 즉, −3은 생크지름이 3/32inch임을 나타내고, −4는 지름이 1/8inch임을 의미한다. 규격번호와 일치하는 크기와 1/64inch 오버사이즈 지름(oversize diameter)을 사용할 수 있다.

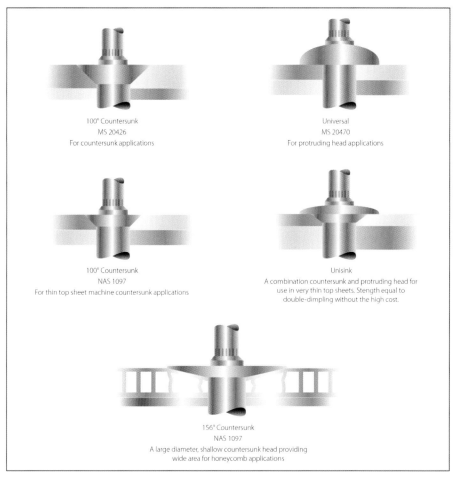

100° Countersunk
MS 20426
For countersunk applications

Universal
MS 20470
For protruding head applications

100° Countersunk
NAS 1097
For thin top sheet machine countersunk applications

Unisink
A combination countersunk and protruding head for use in very thin top sheets. Stength equal to double-dimpling without the high cost.

156° Countersunk
NAS 1097
A large diameter, shallow countersunk head providing wide area for honeycomb applications

▲ 그림 3-20 체리 고정리벳 머리

(2) 그립 길이(Grip Length)

그림 3-21에 나타난 것과 같이, 그립 길이는 리벳 체결하고자 하는 전체 판재 최대두께에 따라 결정되며, 1/16inch 단위씩 증가한다. 이것은 일반적으로 두 번째 대시 번호(dash number)를 통해 표시한다.

별도로 표시하지 않았다면, 대부분 블라인드 리벳은 리벳 머리에 최대 그립길이를 표시하며, 1/16inch 단위의 전체 그립범위(total grip range)를 갖는다.

▲ 그림 3-21 전형적인 그립길이

체결에 적합한 리벳의 그립길이를 결정하기 위해, 블라인드 리벳 제조사에서 제공하는 그립게이지(grip selection gauge)로 체결하고자 하는 부품의 두께를 측정한다. 그립게이지의 적절한 사용방법은 그림 3-22와 같다.

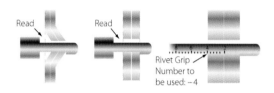

▲ 그림 3-22 그립게이지 사용

리벳으로 체결하고자 하는 부품의 두께는 리벳 생크의 전체 길이를 결정한다. 일반적으로, 리벳 생크 길이는 부품의 두께보다 약 3/64inch에서 1/8inch 이상 길어야 한다.

4 리벳의 식별(Rivet Identification)

셀프 플러깅(마찰고정) 리벳을 제조하는 각각의 회사는 부품의 두께에 따라, 장착에 적합한 리벳의 그립 범위를 선택할 수 있도록 사용자에게 도움을 주기 위해 코드 번호를 부여한다. 부가적으로, MS 규격번호는 식별 목적으로 사용된다.

표 3-9에서부터 표 3-12까지에는 각각의 대표적인 셀프 플러깅(마찰고정) 리벳에 대한 부품번호의 예를 나타내었다.

[표 3-9] Huck 제조 회사

Huck Manufacturing Company
9SP-B A 6 3
9SP-B │ 머리 스타일 9SP-B=브레지어 또는 유니버셜 머리 9SP-100=100° 접시머리
A │ Shank의 재질 구성 A=2017 알루미늄 합금 B=5056 알루미늄 합금 R=연강
6 │ Shank 직경(1 inch의 32분수로 표기): 4=$^1/_8$ inch   6=$^3/_{16}$ inch 5=$^5/_{32}$ inch   8=$^1/_4$ inch
3 │ 그립 범위(재료 두께)(1 inch의 16분수로 표기)

[표 3-10] Olympic 스크루 및 리벳 회사

	Olympic Screw and Rivet Corporation
	RV 2 0 0 4 2
RV	**제작사**
	Olympic 스크루 및 리벳 회사
2	**리벳 종류**
	2=자체 막음(마찰 고정)
	5=속이 빈 관통 당김
0	Shank의 재질 구성
	0=2017 알루미늄 합금
	5=5056 알루미늄 합금
	7=연강
0	머리 스타일
	0=유니버셜 머리
	1=100°접시머리
4	Shank 직경(1 inch의 32분수로 표기):
	4=$^1/_8$ inch 6=$^3/_{16}$ inch
	5=$^5/_{32}$ inch 8=$^1/_4$ inch
2	그립 범위(1 inch의 16분수로 표기)

[표 3-11] MS 규격번호

	Military Standard Number
	MS 20600 B 4 K 2
MS	**Military Standard**
20600	**리벳 종류 및 머리 스타일**
	20600=자체 막음(마찰 고정) 돌출 머리
	20600=자체 막음(마찰 고정) 100° 접시 머리
B	**Sleeve의 재질 구성**
	AD=2117 알루미늄 합금
	B=5056 알루미늄 합금
4	**Shank 직경(1 inch의 32분수로 표기):**
	4=$^1/_8$ inch 6=$^3/_{16}$ inch
	5=$^5/_{32}$ inch 8=$^1/_4$ inch
K	**스템 종류**
	K=매듭머리 스템
	W=톱니 스템
2	그립 범위(재료 두께)(1 inch의 16분수로 표기)

[표 3-12] Townsend 회사, 체리 리벳 분류

	Townsend Company, Cherry Rivet Division
	CR 163 6 6
CR	**Cherry Rivet**
163	**Series number**
	지정 리벳 재질, 리벳 종류, 머리 스타일(163=2117 알루미늄 합금, 자체 막음(마찰 고정) 리벳, 돌출 머리)
6	**Shank 직경(1 inch의 32분수로 표기):**
	4=$^1/_8$ inch 6=$^3/_{16}$ inch
	5=$^5/_{32}$ inch 8=$^1/_4$ inch
6	**그립 범위(재료 두께)**
	knob 스템 1 inch의 32분수로 표기;
	톱니 스템 1 inch의 16분수로 표기

5 특수 및 구조용 파스너(Special Shear and Bearing Load Fastener)

특수 파스너는 경량으로 고강도를 만들어내고, 전통적인 AN 볼트와 너트를 대신하여 사용할 수 있다. AN 볼트를 너트로 잠글 때, 볼트는 늘어나서 가늘어지고, 따라서 볼트는 더 이상 구멍에 밀착되지 않는다. 특수 파스너는 압착되는 칼라에 의해 고정하기 때문에 이런 헐거운 결합이 생기지 않는다. 파스너는 장착 시에 볼트에서처럼 인장하중이 작용하지 않는다. 또한, 특수 파스너는 경량항공기에 광범위하게 사용된다. 항상 항공기제작사의 요구사항을 따라야만 한다.

1) 핀 리벳(Pin Rivet)

핀 리벳, 즉 고전단 리벳(hi-shear rivet)은 특수 리벳으로 분류되지만, 그러나 블라인드형은 아니기 때문에 리벳 체결을 위해서는 부품의 양쪽으로 접근할 수 있어야 한다. 같은 지름의 볼트와 같은 전단강도를 갖는 핀 리벳은 볼트 무게의 약 40%에 불과하고, 볼트, 너트, 와셔를 조합해서 장착하는데 소요되는 시간보다 약 1/5 정도면 체결이 가능하다. 핀 리벳은 솔리드생크 리벳보다 약 3배 정도 강하다.

핀 리벳은 본질적으로 나사산이 없는 볼트이다. 그림 3-23과 같이, 핀의 한쪽 끝에는 머리가 있고 다른 쪽에는 원주방향으로 홈이 파여 있다. 금속칼라를 이 홈 위에 압착시켜 고착시킨다. 핀 리벳은 다양한 재질로 제조되지만, 반드시 전단하중만이 작용하는 곳에 사용해야 한다. 이 핀 리벳은 그립길이가 생크지름보다 적은 곳에 사용해서는 절대로 안 된다.

Stud

Collar

▲ 그림 3-23 핀 리벳(고전단)

2) 테이퍼 락(Taper-lok)

그림 3-24와 같이, 가장 강한 특수파스너인 테이퍼 락(taper-lock)은 항공기 주 구조계통에 사용한다. 테이퍼 락은 테이퍼형태 때문에 구멍의 내벽에 밀착된다.

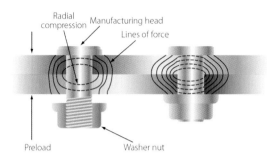

▲ 그림 3-24 테이퍼 락 특수 파스너

테이퍼 락은 리벳과 다르게 생크는 변형되지 않으면서 구멍을 꽉 채운다. 대신에 와셔머리 너트 (washer head nut)는 테이퍼 형태의 구멍 벽에 대단히 큰 힘으로 금속을 밀착시킨다. 이것이 압착되면 생크 주위에 원주방향 압축력과 수직방향 압축력이 함께 만들어지며, 이 힘의 조합에 의해 다른 어떤 파스너보다 높은 강도를 발생시킨다.

3) 하이 티구(Hi-tigue)

하이 티구 특수 파스너는 파스너의 생크 아래쪽을 둘러싼 비드(bead)를 갖고 있다. 접합 강도를 증가시키는 비드는 그것이 채워진 구멍에 프리로드(pre-load)가 발생한다. 체결하면, 비드는 구멍의 옆벽에 압력을 가하고, 주변을 강화시키는 원주방향 힘이 발생한다. 프리로드가 작용하고 있기 때문에, 접합부분이 일정한 순환 작용에 의해 냉간가공되고 결국 고장이 발생하는 것을 막아준다.

그림 3-25와 같이, 하이 토크 파스너는 알루미늄, 티타늄, 스테인리스강합금 등으로 만든다. 칼라는 밀봉형과 비밀봉형 두 가지 종류가 있으며, 호환되는 금속으로 만든다. 하이 락처럼, 이 하이 토크도 알렌 렌치와 박스 엔드 렌치를 이용하여 장착할 수 있다.

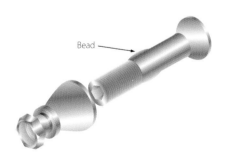

▲ 그림 3-25 하이 티구 특수 파스너

4) 고정 파스너(Captive Fastener)

고정 파스너는 엔진나셀, 점검 패널, 기타 빠르고 쉽게 접근할 필요가 있는 곳을 신속하게 분리하기 위해 사용한다. 종속 파스너는 그것이 설치된 곳에서 스터드를 회전시켜 풀더라도 그것을 잡고 있는 부품으로부터 떨어져 나가지 않는다.

5) 턴록 파스너(Turn-lock Fastener)

턴록 파스너는 항공기의 문, 기타 분리할 수 있는 패널을 부착하기 위해 사용한다. 턴록 파스너는 응력패널 파스너라고도 부른다. 이들 파스너의 우수한 특징은 검사와 정비를 위해 점검패널을 쉽고 빠르게 분리하는 것이 가능하다는 것이다.

턴록 파스너는 여러 가지 종류가 있는데 제조사의 상품명을 따서 부르고 있다. 일반적인 것에는 주스(dzus) 파스너, 캠록(cam-loc) 파스너, 에어록(air-loc) 파스너 등이 사용되고 있다.

(1) 주스 파스너(dzus fastener)

주스 파스너는 스터드, 그로밋(grommet), 그리고 스프링으로 구성된다. 그림 3-26에는 장착된 주스 파스너와 구성품에 대하여 설명하였다.

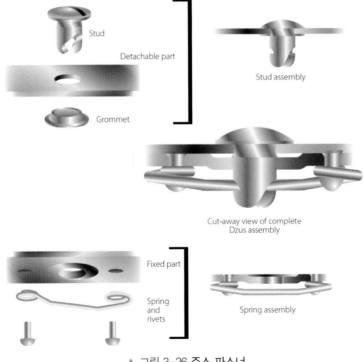

▲ 그림 3-26 주스 파스너

그로밋은 알루미늄 또는 알루미늄합금 재질로 만든다. 그것은 스터드를 잡아주는 역할을 한다. 만약 정상적인 제품을 구입할 수 없다면, 그로밋은 1100 알루미늄 튜브로 제조할 수도 있다.

스프링(spring)은 부식을 방지하기 위해 카드뮴도금된 강으로 만든다. 스프링의 탄성은 스터드와 결합되었을 때, 스터드를 고정시키거나 붙잡아주는 역할을 한다.

스터드는 강으로 제조하고 카드뮴도금 처리한다. 스터드는 세 가지 머리모양이 있는데, 나비형(wing), 플러시형(flush), 타원형(oval) 등이다. 그림 3-27과 같이, 스터드의 머리에 몸통지름, 길이, 머리형을 표시함으로써 식별하거나 구분한다. 지름은 항상 1/16inch 단위로 나타낸다. 스터드의 길이는 1/100inch 단위로 나타내며, 스터드 머리에서부터 스프링구멍 아래까지의 거리이다. 스터드를 1/4바퀴 정도 시계방향으로 회전시키면 파스너는 잠기고, 반시계방향으로 회전시키면 풀린다.

주스 키(dzus key) 또는 특수 지상용 스크루 드라이버(screw driver)를 이용하여 파스너를 잠그거나 풀어준다.

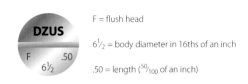

F = flush head

$6\frac{1}{2}$ = body diameter in 16ths of an inch

.50 = length ($\frac{50}{100}$ of an inch)

▲ 그림 3-27 주스 파스너 식별

(2) 캠록 파스너(Cam-loc Fastener)

캠록 파스너는 다양한 모양으로 설계되고 만들어진다. 가장 널리 사용되는 것으로는 일선 정비용으로 2600, 2700, 40S51, 4002 계열이고, 중정비용(heavy-duty line)으로 응력패널형 파스너가 있다. 후자는 구조하중을 받치고 있는 응력패널에 사용한다.

Receptacle

Grommet

Stud assembly

▲ 그림 3-28 캠록 파스너

그림 3-28과 같이, 캠록 파스너는 항공기 카울링과 페어링을 장착할 때 사용한다. 캠록 파스너는 스터드 어셈블리, 그로밋, 리셉터클(receptacle)의 세 부분으로 구성된다. 리셉터클은 고정형과 유동형의 두 가지 형태가 이용된다.

스터드와 그로밋은 장탈이 가능한 부분에 장착하며, 리셉터클은 항공기의 구조물에 리벳으로 체결한다. 스터드와 그로밋은 장착 위치와 부품의 두께에 따라, 평형, 오목형(Dimpled), 접시머리형, 또는 카운터보어 홀(counter-bored hole) 중 한 가지로 장착한다.

스터드를 1/4바퀴 정도 시계방향으로 회전시키면 파스너는 잠기고, 반시계방향으로 회전시키면 풀린다.

(3) 에어록 파스너(Air-loc fastener)

그림 3-29와 같이, 에어록 파스너는 스터드, 크로스 핀(cross pin), 그리고 스터드 리셉터클(receptacle)의 세 부분으로 구성된다. 스터드는 강으로 제조하고 과도한 마모를 방지하기 위해 표면을 담금질하였다. 스터드 구멍은 크로스 핀의 압착식 조립을 위해 구멍을 넓혔다.

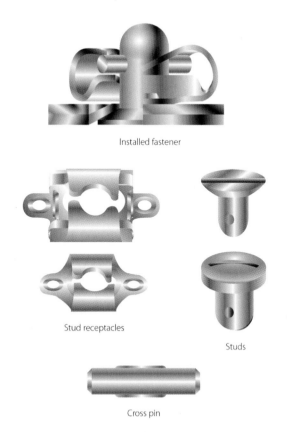

Installed fastener

Stud receptacles

Studs

Cross pin

▲ 그림 3-29 에어록 파스너

장착할 스터드의 정확한 길이를 결정하기 위해서는 에어록 파스너로 부착시키고자 하는 부품의 전체 두께를 알아야만 한다. 각각의 스터드로 안전하게 부착시킬 수 있는 부품의 전체 두께를 스터드의 머리에 새겨 넣었으며, 0.040, 0.070, 0.190inch 등 1/1,000inch 단위로 표시한다. 스터드는 플러시형, 타원형, 나비형의 세 종류로 제조한다.

그림 3-29와 같이, 크로스 핀은 크롬바나듐강으로 제조하며 최대강도, 내마모성, 지지력을 증가시키기 위해 열처리하였다. 이 크로스 핀을 재사용해서는 안 되며, 스터드와 분리한 경우는 새 핀으로 교체해야 한다.

에어록 파스너에 대한 리셉터클은 고정형과 유동형의 두 가지 종류로 제조한다. 크기는 No.2, No.5, 그리고 No.7과 같이 숫자로 분류한다. 이 에어록 파스너는 리셉터클의 리벳구멍 중심 사이의 거리에 따라 분류한다. 즉, No.2는 3/4inch, No.5는 1inch, No.7은 1⅜inch 등이다. 리셉터클은 고탄소강을 열처리해서 제조한다.

⑥ 항공기용 스크루(Aircraft Screw)

스크루는 항공기에 가장 일반적으로 사용되는 나사식 체결장치이다. 이 스크루는 일반적으로 낮은 강도의 재질로 만들어지기 때문에 볼트와는 많이 다르다. 스크루는 등급 2 나사산인 헐거운 끼워맞춤(loose-fitting)으로 장착되고, 머리 모양은 스크루 드라이버 또는 렌치에 맞물리도록 만들었다. 명확히 구분되는 그립길이나 나사산이 없는 부분을 갖고 있는 스크루도 일부 있지만 대부분 스크루는 전체 길이에 걸쳐 나사산이 나 있다.

구조용 스크루의 몇몇 종류는 단지 머리에서만 표준구조용 볼트와 다를 뿐 그것의 재질은 똑같고, 명확한 그립길이를 가지고 있다. AN525 와셔머리 스크루와 NAS220~NAS227 계열 스크루가 이에 해당한다.

일반적으로 사용하는 스크루는 세 그룹으로 분류한다.

(1) 볼트와 같은 크기와 강도를 갖는 구조용 스크루(structural screw)

(2) 일반적인 수리에서 사용되는 종류로서 대부분의 기계용 스크루(machine screw)

(3) 가벼운 부품의 부착에 사용되는 자동 태핑 스크루(Self-taping screw)

이 외에 드라이브 스크루(drive screw)는 실제로 스크루라기보다는 못에 해당한다. 이것은 나무망치나 쇠망치로 금속 부품에 때려 박아서 체결하며, 또한 머리에는 스크루 드라이버와 맞물리는 홈을 만들지 않았다.

1) 구조용 스크루(Structural Screw)

합금강으로 만들어진 구조용 스크루는 적당히 열처리하였고, 구조용 볼트 대용으로도 사용할 수 있다. 이 스크루는 NAS204~NAS235까지와 AN509와 AN525 계열에 해당한다. 이 스크루는 명확한 그립을 가지고 있으며 같은 크기의 볼트와 같은 전단강도를 갖는다. 섕크의 공차는 AN 육각머리 볼트와 비슷하고, 나사산은 NF계열이다. 구조용 스크루는 둥근(round)머리, 브래지어(brazier)머리, 접시머리(countersunk head)로 제조한다. (+)머리스크루는 필립(phillip) 또는 리드 앤 프린스(reed & prince) 스크루 드라이버를 이용해서 체결한다.

AN509(100°) 접시머리 스크루는 매끄러운 표면이 요구되는 곳의 접시머리 구멍에 사용한다.

AN525 와셔머리(washer-head) 구조용 스크루는 돌출된 머리가 허용되는 곳에 사용한다. 와셔머리 스크루는 큰 접촉 면적을 제공한다.

2) 기계용 스크루(Machine Screw)

그림 3-30과 같이, 기계용 스크루는 보통 접시머리, 둥근머리, 와셔머리 등이 있다. 이 스크루는 다목적용 스크루이며 저탄소강, 황동, 내식강, 알루미늄합금 등으로 제조한다.

AN515, AN520 둥근머리 스크루는 머리에 (−) 또는 (+) 홈을 갖는다. AN515 스크루는 거친 나사를 가지며, AN520은 가는 나사를 갖는다.

접시머리 기계용 스크루 중에 AN505와 AN510은 82°로 되어 있고, AN507은 100°로 되어 있다.

AN505와 AN510은 재질과 용도에 있어서 AN515와 AN520 둥근머리에 상당한다.

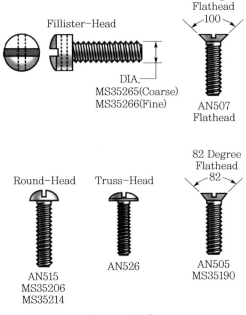

▲ 그림 3-30 기계용 스크루

AN500~AN503까지의 둥근납작머리(fillister head) 스크루는 다목적용 스크루이며 가벼운 기계 장치에서 고정나사로 사용한다. 이것은 기어 박스덮개(gear box cover plate)와 같은 알루미늄주 조부품의 장착에 사용할 수 있다.

AN500과 AN501 스크루는 저탄소강, 내식강, 그리고 황동 등의 재질로 만든다. AN500은 거친 나사(coarse thread)로 되어 있지만, AN501은 가는 나사(fine thread)로 되어 있다. 이 스크루는 확실한 그립 길이를 갖고 있지 않다. No.6 이상의 스크루는 풀림 방지를 위한 구멍을 머리에 뚫어 놓았다.

AN502와 AN503 둥근납작머리 스크루는 열처리된 합금강으로 만들며, 약간의 그립이 있고, 가는 나사와 거친 나사 모두 적용되고 있다. 이 스크루는 고강도가 요구되는 곳의 캡 스크루(cap-screw)로 사용한다. 거친 나사 스크루는 연질의 알루미늄합금과 마그네슘합금 주조 부품 고정을 위해 사용한다.

3) 자동태핑 스크루(Self-tapping Screw)

그림 3-31과 같이, AN504와 AN506은 기계용 자동태핑 스크루이다. AN504 스크루는 둥근머리이고, AN506 스크루는 82° 접시머리이다. 이 스크루는 주물로 된 부품에 명패와 같이 강도를 고려하지 않아도 되는 부품을 체결하고자 할 때 적합하며, 스크루 스스로가 나사산(thread)을 만들며 체결된다.

파커 카론(Parker-Kalon) Z-형 판재(sheet) 금속스크루(metal screw)와 같이, AN530과

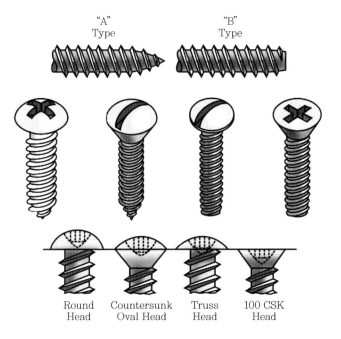

▲ 그림 3-31 자동태핑 스크루

AN531 자동태핑 판재 금속스크루의 끝은 뭉툭하다. 이것은 리벳 작업을 위해 판재를 임시로 결합시키는 데 사용하며, 비구조용 부재의 영구조립에 사용한다.

이 자동태핑 스크루는 표준 스크루, 너트, 볼트 혹은 리벳 등과 교체해서 사용하면 안 된다.

4) 드라이브 스크루(Drive Screw)

AN535 드라이브 스크루는 파커 카론 U-형(parker-kalon U type)과 같다. 이 스크루는 주조제품에 명패를 부착하기 위해 혹은 튜브형 구조에서 부식방지용으로 배수 구멍을 밀폐시키기 위한 캡 스크루로 사용하는 납작 머리 자동태핑 스크루이다. 한번 장착하고 나면 다시 장탈해서는 안된다.

5) 식별과 기호(Identification and Coding)

스크루를 식별하기 위한 기호체계는 볼트에 적용되는 것과 비슷하다. AN 스크루와 NAS 스크루가 있는데, NAS 스크루는 구조용 스크루이다. 부품번호 510, 515, 550 등은 둥근머리, 납작머리, 와셔머리 등과 같이 분류한다. 문자와 숫자는 재질성분, 길이, 두께를 나타낸다. 다음은 AN 코드 번호와 NAS 코드 번호에 대한 예이다.

코드번호 AN501B-416-7

① AN = AN 표준규격

② 501 = 필리스터 헤드, 가는 나사

③ B = 황동

④ 416 = 4/16inch 지름

⑤ 7 = 7/16inch 길이

"B" 대신 문자 "D"를 쓰면 재질이 2017-T 알루미늄합금이라는 것을 의미한다. 문자 "C"는 내식강을 표시한다. 재질 코드 기호 앞에 오는 문자 "DH"는 머리에 안전결선을 위한 구멍이 뚫려 있다는 것을 나타낸다.

코드번호 NAS144DH-22

① NAS = 미연방 항공표준규격

② 144 = 머리모양, 지름 그리고 나사산 수(1/4-28 지금 1/4inch, 28 나사산 수, 내부 렌치볼트)

③ DH = 드릴 헤드

④ 22 = 스크루 길이

기본적인 NAS 번호로 부품을 식별한다. 뒤에 오는 문자와 대시 번호는 다른 크기, 도금재료, 드릴링작업방법 등을 분류한다. 대시 번호와 뒤에 붙는 문자가 표준이 되는 것은 아니다. 자세한 것은 표준서의 NAS 부분을 참고할 필요가 있다.

◪ 리벳고정 너트 플레이트(Riveted and Rivetless Nutplate)

스크루 또는 볼트 장착을 위해 뒤쪽으로 접근하는 것이 불가능할 때, 볼트를 잡아주기 위한 너트를 리벳, 또는 다른 어떤 방법으로 패널에 직접 고정한 너트 플레이트를 사용한다.

1) 너트 플레이트(Nutplate)

항공기에서 리벳으로 제자리에 고정시킬 수 있도록 만든 너트를 너트 플레이트라고 부른다. 이것은 너트를 붙잡지 않고도 볼트와 스크루를 조이는 것이 가능하도록 해 준다. 너트 플레이트는 점검 패널이나 점검도어 등을 쉽게 장탈 또는 장착할 수 있도록 하기 위해 영구적으로 설치한다. 여러 개의 스크루를 패널에 설치하고자 할 때는 패널의 장착이 쉽도록 유동형 앵커너트(anchor nut)를 사용한다. 유동형 앵커너트는 항공기 외피에 리벳으로 설치한 작은 브라켓 안에 고정된다. 스크루가 일직선으로 맞물리는 것이 용이하도록 너트는 조금씩 자유롭게 움직일 수 있다.

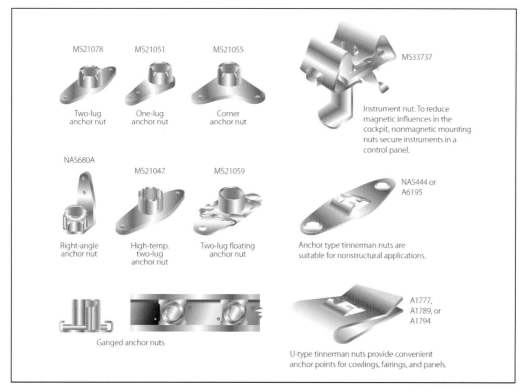

▲ 그림 3-32 너트 플레이트 종류

간편한 제작을 위해, 때로는 집단 앵커너트가 점검 패널에 사용되기도 한다. 집단 앵커너트는 너트가 쉽게 스크루와 일치되도록 하기 위해 채널 안에서 움직이는 것이 가능하다.

자동고정 너트 플레이트는 몇 가지 표준규격으로 만들어지고, 몇 가지 모양과 크기가 있다. 그림 1–36에는 비금속 인서트를 삽입한 너트 플레이트(MS21078)와 경량의 순금속 너트 플레이트(MS21047)를 보여준다. 또한 만약 너트 플레이트의 강도 보강이 요구된다면 리벳으로 3곳을 결합하면 된다.

2) 리브 너트(Rivnut)

리브 너트는 속이 빈 블라인드 리벳(blind rivet)의 일종으로 6053 알루미늄합금으로 만들며, 구멍 안쪽에는 나사산을 내었다. 리브 너트는 부품의 보이지 않는 쪽을 향해서 집어넣고 특수공구를 머리에 장착한 다음 작업하므로 혼자서도 장착할 수 있다.

초기에는 리브 너트를 너트 플레이트로 사용하였으며 날개 앞전(leading edge)에 제빙 부츠(de-icer boots)를 부착하기 위해 사용하였다. 리브 너트는 2차 구조물인 브라켓(bracket), 페어링(fairing), 계기(instrument), 또는 방음 재료, 기타 액세서리(accessory) 부착 등에 리벳처럼 사용한다.

리브 너트는 두 가지 머리모양으로 제조되는데, 하나는 납작 머리에 개방형과 밀폐형이 있고, 다른 하나는 접시머리에 개방형과 밀폐형이 있다. 얇은 접시머리를 제외한 모든 리브 너트는 머리의 회전을 방지하기 위해 작게 돌출된 키를 머리에 끼워 리브 너트의 회전을 방지한다. 키로 된 리브 너트는 너트 플레이트로 사용되고, 반면에 키가 없는 리브 너트는 토크 하중이 작용하지 않는 곳에 블라인드 리벳 수리작업에 사용된다.

3) 딜락 스크루와 딜락 리벳(Dill lok-Screw and Dill lok-Rivet)

그림 3-33과 같이, 딜락 스크루와 딜락 리벳은 상품명으로 내부에 나사산이 있는 리벳이다. 이것은 페어링, 필렛, 점검도어 커버, 문과 창틀, 바닥 패널 등과 같이 뒤쪽이 잘 보이지 않는 곳에 부품 장

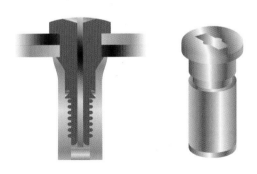

▲ 그림 3-33 내부 나사산 리벳

착을 위해 사용한다. 락 스크루와 락 리벳은 외형과 사용에 있어서 리브 너트와 비슷하지만, 이것은 2개 부분으로 되어 있고 배럴을 뒤쪽에서 끼우기 위해 보이지 않는 뒤 쪽에 여유 공간이 필요하다.

4) 더치 리벳(Deutsch Rivet)

이 리벳은 최근 항공기에 사용되는 고강도 블라인드 리벳(blind rivet)이다. 이것은 75,000psi의 최대전단강도를 가지며, 혼자서도 장착할 수 있다. 그림 3-34와 같이, 더치 리벳(deutsch rivet)은 2개 부분으로 구성되는데, 스테인리스강 슬리브와 경화강으로 된 드라이브 핀(drive pin)이다. 핀과 슬리브는 윤활유와 부식방지재로 덮여 있다.

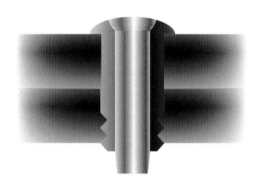

▲ 그림 3-34 더치리벳

5) 기밀용 너트 플레이트(Sealing Nutplate)

항공기에서 여압을 필요로 하는 곳이나 연료 셀에는 기밀용 너트 플레이트를 사용한다. 만약 볼트 또는 스크루가 너무 짧으면, 고정시키기 위한 나사산의 결합이 충분하지 않으며, 너무 길면, 너트 플레이트의 반대쪽을 관통하여 기밀을 손상시킬 수 있기 때문에 정확한 길이의 볼트 또는 스크루를 사용해야만 한다. 일반적으로 완벽한 기밀을 위해 밀폐제를 너트 플레이트와 함께 사용한다. 사용하고자 하는 조건에 맞는 밀폐제는 제조사의 지시명세서를 확인해야 한다.

8 구멍의 수리와 수리용 하드웨어(Hole Repair and Hole Repair Hardware)

많은 블라인드 파스너는 원래의 파스너를 장탈하기 위한 드릴작업으로 인해 약간 넓어진 구멍을 수용하기 위해 조금 큰 지름으로 제조한다.

리벳구멍이나 볼트구멍이 부정확하게 뚫리는 것을 줄이기 위해, 처음에는 약간 작은 드릴비트(drill bit)를 사용하고, 그다음에 다시 정확한 지름으로 확대한다. 파스너를 위한 구멍을 준비하는 마지막 단계는 아주 큰 드릴비트나 특수한 디버링 공구(deburring tool)를 사용하여 구멍 끝의 까칠한 버(burr)를 제거해야 한다. 이 작업은 또한 이전에 부착된 파스너를 빼내는 드릴작업할 때 효과적이다.

만약 드릴비트가 리벳, 볼트 또는 스크루의 중심에 정확하게 일치하지 않는다면, 구멍은 더 크게 늘어날 수 있지만, 작은 드릴비트를 사용하면 이를 방지할 수 있다. 우선 파스너 머리에만 구멍을 뚫고, 그 다음에 남아 있는 링과 스템을 적절한 지름의 핀 펀치로 밀어내면 제거된다. 만약 부정확하게 뚫린 구멍이 있다면, 원래 조건에 맞는 파스너의 지름보다 한 치수 큰 지름으로 구멍을 다시 뚫거나, 또는 ACRES 파스너 슬리브를 사용하여 구멍을 수리한다.

1) ACRES 파스너 슬리브를 이용한 손상된 구멍의 수리(Repair of Damaged Holes with ACRES Fastener Sleeve)

ACRES 파스너 슬리브는 끝이 나팔꽃 모양으로 벌어진 얇은 두께의 튜브형 부품(Tubular Element)이다. 이 슬리브는 표준볼트나 리벳과 같은 종류의 파스너를 체결하기 위한 구멍에 장착한다. 기존의 파스너 구멍은 슬리브를 장착하기 위해 1/64inch 더 큰 구멍을 뚫는다. 슬리브 길이는 1inch 단위로 제조된다. 슬리브에 있는 홈은 파스너 그립 범위에 맞추기 위해 초과되는 길이를 부수거나 절단되는 위치를 제공한다. 홈은 또한 구멍 안에 슬리브 접합에 필요한 접착제 또는 밀폐제를 바를 수 있는 장소를 제공하기도 한다.

(1) 장점과 제한사항(Advantage and Limitations)

구멍에 슬리브를 장착할 때, 부식이나 다른 손상을 제거하기 위해 1/64inch 더 큰 구멍을 뚫어서 사용한다. 너무 커진 구멍에 슬리브를 장착하여 수리함으로써 원래 지름의 파스너 사용을 가능케 한다. 슬리브는 부식이 발생할 경우 부품을 쉽게 교환할 수 있는 곳으로 이질금속 간의 부식(galvanic corrosion)이 잘 발생할 수 있는 곳에 사용할 수 있다. 구멍의 확장은 부품의 실제 단면적을 감소시키므로, 절대적으로 요구되지 않는 곳이라면 사용하지 말아야 한다.

항공기, 엔진 또는 그 구성품의 손상된 구멍을 ACRES 슬리브로 수리하기 전에 항공기 제조사의 지침을 충분히 검토하여야 한다.

[표 3-13A] ACRES 슬리브 식별

Acres 슬리브	타입	기본 부품번호
	100° 인장 헤드 플러스 플랜지(509 타입)	JK5610
	돌출 머리(전단)	JK5511
	100° 로우 프로파일 머리	JK5512
	100° 표준 프로파일 머리 (509 타입)	JK5516
	돌출 머리(인장)	JK5517
	100° oversize 인장 머리 ($1/64$ oversize 볼트)	JK5533

슬리브 부품 번호	볼트 크기	슬리브 길이
JK5511( )04( )( ) JK5512( )04( )( ) JK5516( )04( )( ) JK5517( )04( )( )	$1/8$	8
JK5511( )45( )( ) JK5512 JK5516( )45( )( ) JK5517( )45( )( )	#6	8
JK5511( )05( )( ) JK5512( )05( )( ) JK5516( )05( )( ) JK5517( )05( )( )	$5/32$	10
JK5511( )55( )( ) JK5512( )55( )( ) JK5516( )55( )( ) JK5517( )55( )( ) JK5610( )55( )( )	#8	10
JK5511( )06( )( ) JK5512( )06( )( ) JK5516( )06( )( ) JK5517( )06( )( ) JK5610( )06( )( )	#10	12
JK5511( )08( )( ) JK5512( )08( )( ) JK5516( )08( )( ) JK5517( )08( )( ) JK5610( )08( )( )	1/4	16
JK5511( )10( )( ) JK5512( )10( )( ) JK5516( )10( )( ) JK5517( )10( )( ) JK5610( )10( )( )	$5/16$	16
JK5511( )12( )( ) JK5512( )12( )( ) JK5516( )12( )( ) JK5517( )12( )( ) JK5610( )12( )( )	$3/8$	16

부품번호 도해

JK5511 A 04 N 08 L

K5511	기본 부품 번호
A	재질 기호 **1**
04	패스너 shank 직경(32분수로 표기)
N	표면 마감 N=마감처리 없음 C=MIL-C-554에 의거 화학적 필름 처리
08	길이(16분수로 표기) (해당 그루브에서 분리에 의해 요구되는 장착 길이)
L	부품번호 마지막의 "L"은 세틸 알콜 윤활제를 나타낸다.

재료	재료 코드
5052 알루미늄 합금 $1/2$ 경화	A
6061 알루미늄 합금(T6 조건)	B
A286 스테인리스 스틸(부동태화)	C

$1/64$ oversize 볼트 장착을 위한 Acres 슬리브

1 슬리브 부품 번호	볼트 크기	**2** 슬리브 길이
JK5533( )06( )( )	$13/64$	12
JK5533( )08( )( )	$17/64$	16
JK5533( )10( )( )	$21/64$	16
JK5533( )12( )( )	$25/64$	16

Notes:
1 Acres Sleeve JK5533 1/64 Oversize available in A286 steel only
2 Acres Sleeve length in sixteenth-inch increments

(2) 식별(Identification)

표 3-13A와 같이, 슬리브는 슬리브의 종류와 유형, 재료 코드, 패스너 섕크지름, 슬리브에 대한 표면마감 코드문자와 그립 탱 등을 나타내는 표준 코드 번호를 통해 식별한다. 슬리브의 종류와 재료는 기본 코드 번호로 표시된다. 첫 번째 번호는 장착된 패스너에 대한 슬리브의 지름을 의미하고 두 번째 대시번호는 슬리브의 그립 길이를 의미한다. 요구되는 슬리브

의 길이는 장착에 의해 결정되고 초과되는 슬리브의 길이는 절단해서 제거한다. JK5512A-05N-10은 알루미늄합금의 $100°$ 저형상머리(low profile head) 슬리브이다. 지름은 표면마감 없이 5/32inch고 길이는 5/8inch이다.

[표 3-13B] ACRES 슬리브 식별

1/64 oversize 볼트 장착을 위한 hole 준비

볼트 크기	드릴 번호	드릴 직경
$^{13}/_{64}$	$^{7}/_{32}$	0.2187
$^{17}/_{64}$	$^{9}/_{32}$	0.2812
$^{21}/_{64}$	$^{11}/_{32}$	0.3437
$^{25}/_{64}$	$^{13}/_{32}$	0.4062

홀 준비

볼트 크기	표준맞춤		끼워맞춤	
	드릴 번호	드릴 직경	드릴 번호	드릴 직경
$^{1}/_{8}$	$^{9}/_{64}$	0.1406	28	0.1405
#6	23	0.1540	24	0.1520
5/32	$^{11}/_{64}$	0.1719	18	0.1695
#8	`15	0.1800	16	0.1770
#10	5	0.2055	6	0.2040
$^{1}/_{84}$	14	0.2660	$^{17}/_{64}$	0.2656
$^{5}/_{16}$	$^{21}/_{64}$	0.3281		
$^{3}/_{8}$	$^{25}/_{64}$	0.3908		

장착절차
A. 기존 hole의 손상 또는 부식 부위를 1/64 oversize
   크기로 확장하라
B. 기존 패스너에 맞는 적절한 타입 그리고 길이의 Acres
   슬리브를 선택하라.
C. MIL-S-8802 class A 1/2 실란트를 사용하여
   기골구멍에 슬리브를 접착하라.

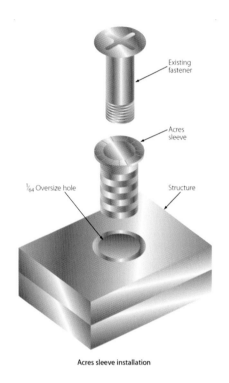

Acres sleeve installation

(3) 구멍 가공(Hole Preparation)

표 3-13B에는 표준 또는 억지끼워맞춤 구멍에 대한 드릴번호를 나타냈다. 드릴작업 후 슬리브를 장착하기 전에 모든 부식이 제거되었는지 확인하기 위해 구멍을 검사한다. 구멍은 또한 정확한 모양과 까칠한 부분이 없어야 한다. 접시형 구멍은 슬리브가주변의 표면과 일치되도록 슬리브의 확장을 수용하기 위해 넓혀야 한다.

(4) 장착(Installation)

정확한 종류와 지름의 슬리브를 선정한 후, 6501 슬리브 절단 공구를 사용하여 최종 장착 길이를 맞춘다. 표 3-13B에는 슬리브 절단절차를 나타냈다. 슬리브는 구멍에 접착제로 접합하거나 그냥 결합하게 된다. 구멍에 슬리브를 접합할 때는 MILS-8802A1/2 밀폐제를 사

용한다. 필요하다면 원래 치수 파스너와 토크를 다시 적용한다.

(5) 슬리브의 제거(Sleeve Removal)

구멍에 접합하지 않은 슬리브는 슬리브의 바깥지름과 같은 지름의 천공 핀(drift pin)으로 슬리브를 추출하거나, 슬리브를 송곳으로 변형시켜 제거한다.

접합된 슬리브도 이 방법으로 제거할 수 있지만, 구조물 구멍이 손상되지 않도록 조심해야 한다. 만약 이 방법을 적용할 수 없다면, 장착 드릴 크기보다 0.004~0.008inch 작은 드릴로 슬리브에 구멍을 뚫는다. 드릴작업 후 남아 있는 슬리브는 핀 펀치를 이용하여 제거하고, 밀폐제는 점착성 세척용제(adhesive solvent)를 발라 제거한다.

3-7 비행조종계통 부품(Flight Control System Part)

❶ 케이블과 터미널(Control Cable and Terminal)

케이블은 1차 비행조종계통(primary flight control system)에 가장 널리 사용되는 연결매체이다. 케이블형태의 연결매체는 엔진제어계통, 착륙장치의 비상내림계통 등 항공기 전체에 걸쳐 여러 가지 계통에서 사용된다.

케이블조종장치는 다른 종류와 비교해서 다음과 같은 몇 가지 장점을 갖는다.

강하고 경량이다. 케이블의 유연성(flexibility) 때문에 조종력을 전달하는 케이블의 방향전환이 쉽다. 항공기 케이블은 높은 기계적 효율을 갖고 있으며 유격이 없기 때문에 정밀한 조종을 방해하는 반동(backlash)현상이 없다. 케이블조종장치는 또한 다음과 같은 단점도 있다. 케이블의 장력은 신장과 온도 변화를 고려하여 수시로 조정되어야만 한다. 항공기 조종케이블은 탄소강이나 스테인리스강으로 제조된다.

1) 케이블의 구성(Cable Construction)

케이블의 기본부품은 와이어(wire)이다. 와이어의 지름은 케이블의 전체 지름을 결정한다. 여러 줄의 와이어를 나선형으로 꼬아서 한 가닥(strand)을 만든다. 이 가닥들을 중심의 직선가닥 주위로 꼬아서 케이블을 완성한다.

케이블 호칭은 가닥의 수와 각각의 가닥을 구성하는 와이어의 수에 근거한다. 가장 일반적인 항공기 케이블은 7×7과 7×19이다.

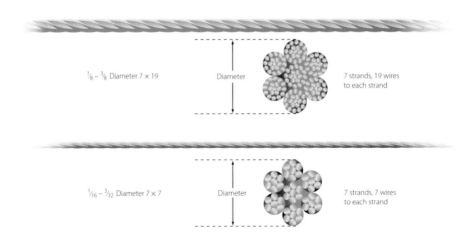

▲ 그림 3-35 케이블 단면

그림 3-35와 같이, 7×7 케이블은 7개의 와이어를 꼬아서 한 가닥을 만들고 다시 이 가닥 7개를 꼬아서 하나의 케이블을 완성한다. 이들 가닥 중 6개는 중심 가닥을 둘러싸고 꼬여진다. 이것은 가요성 케이블이며 트림탭 조종장치(trim tab control), 엔진제어장치(engine control) 등 2차 조종계통과 계기조절계통에 사용한다.

그림 3-35와 같이, 7×19 케이블은 19개의 와이어를 꼬아서 한 가닥으로 만들고 다시 이것을 7가닥 꼬아서 케이블을 완성한다. 이 케이블은 초가요성이며 1차 조종계통과 풀리(pulley)를 통한 작동이 빈번한 곳에 사용한다.

항공기 조종케이블의 지름은 1/16inch부터 3/8inch 범위로서 다양하다. 지름은 그림 3-35와 같이 측정한다.

2) 케이블 피팅(Cable Fitting)

케이블은 터미널(terminal), 딤블(thimble), 부싱(bushing), 그리고 U자형 고리(shackle)와 같은 여러 종류의 피팅(fitting)과 함께 조립된다.

터미널 피팅은 일반적으로 스웨이징 방법(swaged type)에 의해 케이블과 연결된다. 터미널 피팅은 나사 단자(threaded end), 포크 단자(fork end), 아이 단자(eye end), 단일생크 볼 단자(single-shank ball end), 이중생크 볼 단자(double-shank ball end) 등이 사용되고 있다. 나사 단자, 포크단자, 아이단자 터미널은 계통에서 턴버클(turnbuckle), 밸 크랭크(bell-crank), 또는 기타 구성품에 케이블을 연결하기 위해 사용된다. 볼 단자 터미널은 공간이 협소한 곳에서 쿼드런트(quadrant)에 케이블을 연결하기 위해 사용된다. 그림 3-36에는 터미널 피팅의 여러 가지 종류를 나타내고 있다.

딤블(thimble), 부싱, 샤클 피팅(shackle fitting)은 제작과 보급이 제한되고 있으며, 케이블의 긴급한 교체가 필요할 때는 일부 다른 종류의 터미널 피팅으로 대체하여 사용하기도 한다.

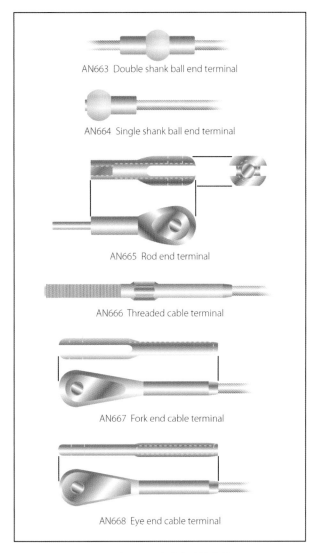

▲ 그림 3-36 터미널 피팅 종류

터미널의 식별부호는 그림 3-37과 같다.

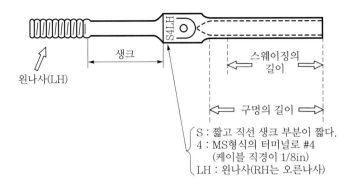

S : 짧고 직선 생크 부분이 짧다.
4 : MS형식의 터미널로 #4
   (케이블 직경이 1/8in)
LH : 왼나사(RH는 오른나사)

▲ 그림 3-37 터미널 식별부호

① S: 몸통 길이표시(L: long type, S: short type)

② 4: 케이블 사이즈(터미널에 맞는 케이블의 직경이 4/32inch)

③ LH: 나사 방향(LH: 왼나사, RH: 오른나사)

2 턴버클(Turnbuckle)

그림 3-38과 같이, 턴버클은 나사산을 낸 2개의 터미널과 나사산을 낸 배럴(barrel)로 구성된 기계용 스크루 장치이다.

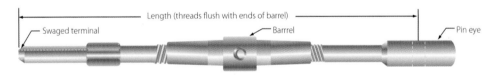

▲ 그림 3-38 전형적인 턴버클 조립

턴버클은 케이블 길이를 미세하게 조절하고 이를 통해 케이블장력(cable tension)을 조정하는 케이블 연결장치이다. 터미널 중 하나는 오른나사이고 다른 하나는 왼나사이다. 배럴의 내부 양쪽 끝에는 오른나사와 왼나사가 나있다. 왼나사로 된 배럴 쪽에는 외부에 홈(groove)이나 마디(knurl)를 새겨서 왼나사와 오른나사를 구별할 수 있도록 하였다.

조종계통에서 턴버클을 장착할 때, 터미널 양쪽의 나사산이 같은 회전수만큼 배럴 안으로 들어갈 수 있도록 회전시켜야만 한다. 또한, 모든 턴버클 배럴의 양쪽에서 터미널의 나사산이 3개 이상 노출되지 않도록 배럴 안으로 터미널을 충분히 잠그는 것이 대단히 중요하다.

턴버클이 적절히 조정된 후에는 안전결선을 해야 한다. 턴버클 배럴의 식별부호는 그림 3-39와 같다.

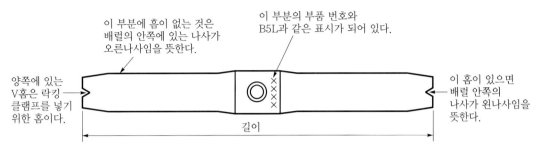

이 부분에 홈이 없는 것은 배럴의 안쪽에 있는 나사가 오른나사임을 뜻한다.

이 부분의 부품 번호와 B5L과 같은 표시가 되어 있다.

양쪽에 있는 V홈은 락킹 클램프를 넣기 위한 홈이다.

이 홈이 있으면 배럴 안쪽의 나사가 왼나사임을 뜻한다.

길이

▲ 그림 3-39 턴버클 배럴 식별부호

① B: 턴버클 재질(황동)

② 5: 케이블 사이즈(턴버클에 맞는 케이블의 직경이 5/32inch)

③ L: 턴버클 형식(몸통 길이표시, L: long type, S: short type)

❸ 푸시 풀 로드(Push-pull Rod)

푸시 풀 로드는 기계적으로 동작되는 계통의 여러 분야에서 연결매체로 사용된다. 이 종류의 연결매체는 장력의 변화가 없으며, 하나의 로드를 통하여 압축력과 인장력을 전달하는 것이 모두 가능하다는 특징이 있다.

그림 3-40과 같이, 푸시 풀 로드는 길이를 조절할 수 있는 피팅, 알루미늄합금이나 강으로 된 튜브, 양쪽 끝에 있는 체크너트 등으로 구성된다. 체크 너트는 튜브의 길이를 정확하게 조절한 다음 피팅이 회전하지 않도록 고정시키는 역할을 한다. 푸시 풀 튜브는 일반적으로 압축하중에 의한 진동과 굽힘을 방지하기 위해 짧게 만든다.

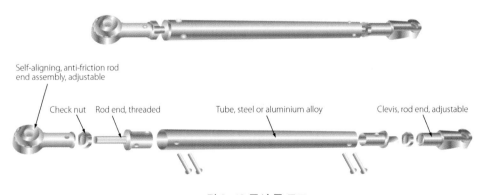

Self-aligning, anti-friction rod end assembly, adjustable

Check nut Rod end, threaded

Tube, steel or aluminium alloy

Clevis, rod end, adjustable

▲ 그림 3-40 푸시 풀 로드

④ 페어리드(Fairlead)

그림 3-41에서 보여주는 페어리드는 조종 케이블이 작동 중에 최소의 마찰력으로 케이블과 접촉하여 직선운동을 하게 하며 케이블을 3° 이내의 범위에서 방향을 유도한다. 페어리드는 케이블이 서로 엉키거나 다른 구조물에 닿지 않도록 수직판 블록이나 알루미늄판 블록으로 케이블이 통과할 수 있도록 1~2개 이상의 케이블 통과 구멍이 뚫어져 있으며 케이블이 처지거나 진동에 의해 흔들리지 않도록 일정한 간격으로 설치해야 한다.

⑤ 풀리(Pulley)

그림 3-41에서 보여주는 풀리는 케이블을 인도하고, 케이블의 방향을 바꾸는 데 사용된다. 조종 케이블에 사용되는 풀리는 페놀합성 재료로 만든 원판의 둘레에 케이블의 규격에 맞도록 홈이 파져 있으며 중앙에는 마찰을 최소로 할 수 있도록 밀폐된 볼 베어링이 들어 있다. 구조물에 부착된 브래킷(bracket)은 풀리를 지지해준다.

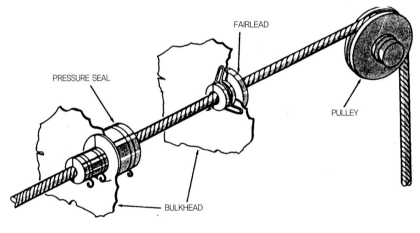

▲ 그림 3-41 케이블 안내장치

⑥ 압력 시일(Pressure Seal)

그림 3-42와 같은 압력시일은 여압되는 항공기에서 여압부와 비여압부로 케이블을 통과시킬 때 공기 압력의 손실을 방지하기 위하여 설치 사용된다. 압력 시일 내부에 케이블이 움직이는 부분과 케이블을 흑연 그리스(grease, MIL-G-7187)를 주입하여 윤활한다.

압력 시일의 설치는 여압되는 부분 쪽으로 압력 시일의 작은 쪽이 위치하도록 밀어 넣어 설치한다. 즉, 압력 시일의 작은 쪽 부분이 여압되는 쪽으로 설치되어야 한다.

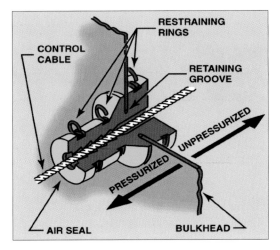

▲ 그림 3-42 압력 시일

7 케이블 장력 조절기(Cable Tension Regulator)

그림 3-43과 같은, 케이블 장력 조절기는 온도 변화에 따라 케이블의 수축 작용을 보완하는 장치로써 온도변화에 관계없이 자동적으로 일정한 케이블의 장력을 유지시켜 준다.

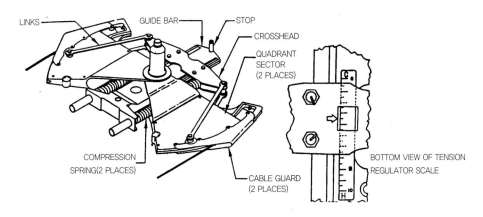

▲ 그림 3-43 케이블 장력 조절기

8 케이블 드럼(Cable Drum)

그림 3-44와 같은, 케이블 드럼은 주로 탭 조종 계통에 많이 쓰이는데 케이블 드럼을 회전시키면 트림 탭의 케이블을 감거나 되감거나 한다. 주로 운동 방향을 바꾸어 로드·케이블 및 토크 튜브와 같은 부품에 운동(힘)을 전달하는 역할을 한다.

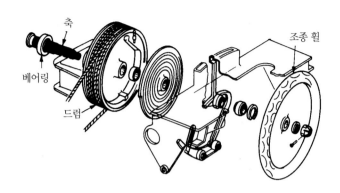

▲ 그림 3-44 케이블 드럼

⑨ 토크 튜브(Torque Tube)

그림 3-45와 같은 토크 튜브는 조종계통에 각운동이나 회전운동을 전달하는 곳에 사용한다. 토크 튜브의 장점은 공간의 제약이 적고 부품수를 줄일 수 있다는 점이다.

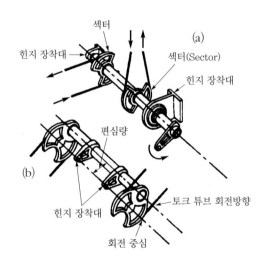

(a)처럼 토크 튜브 중심과 회전 중심을 일치시키면 베어링이 커야 한다.
(b)는 토크 튜브 중심을 편심시켜 베어링을 작게 한다.

▲ 그림 3-45 토크 튜브

⑩ 벨크랭크, 쿼드런트, 섹터(Bellcrank, Quadrant, Sector)

그림 1-50에서 보여주는 벨크랭크, 쿼드런트, 섹터는 로드의 운동 방향을 바꾸어 로드, 케이블 및 튜브와 같은 부품에 운동을 전달하는 역할을 수행하며, 형상에 따라 명칭이 다르게 불려진다. 아

이들러 암(idler arm)의 브라켓이나 풀리의 브라켓을 기체 구조에 장착할 때에는 반드시 육각 볼트를 사용해야 하고 리벳이나 스크루를 사용해서는 안 된다.

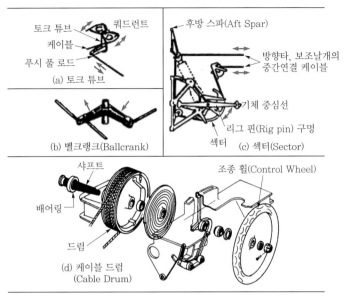

▲ 그림 3-46 벨크랭크, 쿼드런트, 섹터

11 스토퍼, 스톱볼트(Stopper, Stop Bolt)

조종계통에는 보조 날개, 승강타 및 방향타의 운동 범위를 제한하기 위해 그림 3-47과 같은 조절식 또는 고정식의 스토퍼를 장착하고 있다. 보통 스토퍼는 3개의 주조종면 각각 2곳에 장착된다. 한 곳은 실린더 또는 구조부의 스토퍼로서 조종면이 있는 곳에 다른 한 곳은 조종실의 조종장치가 있는 곳에 장착되어 있다. 이 두 곳의 스토퍼는 그 설정 범위가 달라 조종장치에 장착된 스토퍼가 먼저 접촉되어 있다. 이것은 케이블의 늘어남이나 심한 조종에 의한 조종계통의 손상을 막기 위한 더블 스토퍼로서의 기능을 한다.

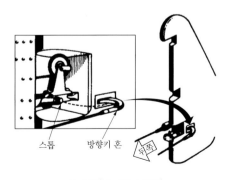

▲ 그림 3-47 스토퍼

⑫ 밥 웨이트, 다운 스프링(Bob Weight, Down Spring)

보통의 조종장치에서, 조종사 조타 감각의 기본은 일정한 운동에 대해 조종간을 움직인 양과 그 힘(무게)이다. 그 관계가 비행기의 속도와 고도에 관계없이 일정하게 유지되면 이상적이다. 그러나, 원래 승강타의 효율과 무게에는 곡도의 자승에 비례하는 성질이 있어 속도가 빨라지면 약간만 조종면을 움직여도 기체에 큰 "G"가 가해지게 되어 효율이 너무 예민해지게 된다. 이 때문에 승강타 조종계통의 강성을 낮추거나 계통에 스프링을 넣어 고속이 되면 케이블이나 스프링이 늘어나 조작량에 대한 조종면의 움직임이 작아지게 할 수 있다. 조종면의 무게와 "G"의 관계가 속도에 따라 변화하는 것을 막는 것이 그림 3-48에서 보여주는 밥 웨이트이다.

밥 웨이트는 기체에 가해지는 "G"를 이용해서 "G"가 가해지면 밥 웨이트를 지탱하는 힘이 비례해서 커지는 조종 계통에 연결된 추이다. "G"가 커지면 조종간을 조작하는 반력이 커지고 조종간을 당겨서 과조종(over control) 되는 일이 없다. 밥 웨이트은 지상에서는 승강타가 하강이 되도록 당기고 있는 스프링이다. 조종간을 중립 위치까지 당기는 데 상당한 힘이 필요한 비행기도 있으나 이 힘은 비행 중에 트림되어 버리므로 손을 떼도 하강으로 되는 일은 없다.

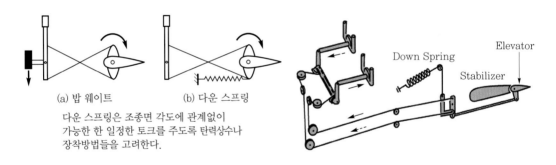

(a) 밥 웨이트   (b) 다운 스프링

다운 스프링은 조종면 각도에 관계없이
가능한 한 일정한 토크를 주도록 탄력상수나
장착방법들을 고려한다.

▲ 그림 3-48 밥 웨이트와 다운 스프링

다운 스프링의 목적은 속도가 증가되면 수평비행을 계속하기 위해 조종간을 당기는 힘이 필요해지고 또 역으로 속도를 줄이면 조종간을 당기는 힘이 필요해지는 정(+)의 종안정의 특성을 강하게 하기 위한 것이다. 정(+)의 종안정이 있는 비행기라도 조종계통의 마찰 등으로, 이 경향이 명백하지 않을 때 사용하는 다운 스프링은 조종면각에 의해 힌지 모멘트가 변화되지 않게 항상 일정한 토크를 주도록 장착된다.

밥 웨이트에도 같은 효과가 있으나 다운 스프링은 "G"의 영향을 받지 않는다는 점이 크게 다른 점이다. 다운 스프링처럼 스프링을 사용할 때는 만일 파손되어 절단되더라도 기능이 유지될 수 있게 원칙적으로 누르는 용수철로서 사용한다. 이것은 스프링을 당겨서 사용하면 간단한 기구로 되지만 파손되었을 때의 위험은 크다.

⓭ 본딩 와이어(Bonding Wire)

항공기 조종면과 동체 등 운동부분의 윤활과 밀폐 등으로 인하여 전기적 연결이 되지 않는 부분에서 발생되는 정전기를 상쇄시키기 위하여 접지선을 연결하는 와이어를 말한다. 번개로 인한 피해 예방 및 화재 위험부분의 전위차를 상쇄하고 전파방해를 감소시킨다.

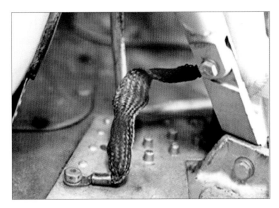

▲ 그림 3-49 본딩 와이어

3-8 안전작업 방법(Safetying Method)

안전작업은 볼트, 너트, 스크루, 핀, 또는 기타 체결부품이 진동으로 인하여 느슨해지지 않도록 모든 부품을 고정시키는 절차이다. 항공기에 적용되는 안전작업을 하는 방법과 절차를 정확하게 이해하는 것은 항공기 정비와 검사를 수행하는 데 있어서 반드시 필요하다.

항공기 부품에 대한 안전작업 방법에는 여러 가지가 있으며, 가장 널리 사용되는 방법은 안전결선(safety wire), 코터핀(cotter pin), 고정 와셔(lock-washer), 스냅 링(snap-ring), 자동고정너트(self-locking nut), 팔(pal) 너트, 그리고 잼 너트(jam-nut)와 같은 특수한 너트 등이 있다.

❶ 핀(Pin)

항공기 구조부에는 테이퍼 핀(taper pin), 납작머리 핀(flathead pin), 코터핀(cotter pin) 등 3가지 종류의 핀이 대표적으로 사용된다. 핀은 전단하중이 작용하는 곳의 안전작업을 하기 위해서 사용된다. 항공기 구조부에 롤(roll) 핀의 사용이 점점 증가하고 있다.

(1) 테이퍼 핀(Taper Pin)

평 테이퍼 핀과 나사산이 있는 테이퍼 핀(AN385와 AN386)은 전단하중을 전달하는 접합부분에서 유격이 없어야 하는 곳에 사용한다. 평 테이퍼 핀은 구멍이 뚫려 있고 보통 와이어로 안전작업을 한다. 나사산이 있는 테이퍼 핀은 테이퍼 핀 와셔(AN975)와 전단너트 또는 자동고정너트를 같이 사용하고 코터핀 또는 안전클립(safety clip)으로 안전작업 한다.

(2) 납작머리 핀(Flathead Pin)

일명 클레비스 핀(clevis pin)이라고도 하는 납작머리 핀(MS20392)은 타이로드(tie-rod) 터미널과 지속적인 동작이 필요치 않은 2차 조종계통에 사용된다. 만약 코터핀이 빠지더라도 핀은 그곳에서 계속 남아있도록 머리가 위쪽을 향하도록 장착한다.

(3) 코터 핀(Cotter Pin)

카드뮴도금 저탄소강 코터 핀(AN380)은 볼트, 스크루, 너트, 다른 핀, 기타 안전작업을 요구하는 장소에 사용한다. 내식강 코터 핀(AN381)은 비자성체가 요구되는 장소, 또는 부식에 대한 저항력이 요구되는 장소에 사용한다.

(4) 롤 핀(Roll-pin)

경사진 모서리를 가지고 있는 롤 핀은 끝으로 눌러서 고정하는 핀이다. 이 핀은 튜브 모양이고 튜브 전체 길이에 걸쳐 홈이 파여 있다. 핀은 수공구로 장착하며, 구멍에 삽입되면 압축력을 받는다. 핀은 이 압축력에 의해 고정되며, 천공 펀치(drift punch)나 핀 펀치(pin punch)로 제거할 때까지 그곳에 유지된다.

❷ 안전결선(Safety Wiring)

안전결선은 다른 어떤 방법으로도 안전작업을 할 수 없는 캡 나사, 스터드, 너트, 볼트머리, 그리고 턴버클 배럴 등을 안전작업할 수 있는 가장 확실하고 만족스러운 방법이다.

안전결선은 와이어의 장력으로 풀리려는 경향을 막아주는 방식이며, 2개 이상의 부품을 와이어로 서로 연결하는 방법이다.

1) 일반적인 안전결선 방법(General Safety Wiring Rule)

안전작업을 위한 안전결선할 때는 다음의 일반적인 규칙을 준수해야 한다.

(1) 안전결선의 끝마무리로는 1/4~1/2inch 길이에 3~6번 꼬임으로 된 피그 테일(pigtail)을 만

들어야 한다. 이 피그 테일은 다른 어떤 것들과의 걸림을 방지하기 위하여 뒤쪽이나 아래쪽으로 구부려야 한다.

(2) 한 번 사용한 안전결선용 와이어는 재사용해서는 안 된다.

(3) 캐슬 너트를 안전결선으로 고정할 때, 만약 다른 지시가 명시되지 않았다면, 규정된 토크 범위보다 낮은 값으로 너트를 조인다. 만약 필요하다면, 홈과 구멍이 일치할 때까지 조금만 더 조인다.

(4) 정상적인 취급 또는 진동에 의해서 와이어가 끊어질 수 있는 인장하중 상태가 아니라면, 모든 안전결선은 작업완료 후, 팽팽하게 유지되어야 한다.

(5) 와이어에 의해 가해지는 모든 인장력이 너트나 볼트를 조이는 방향으로 작용하도록 결선되어야 한다.

(6) 꼬임은 단단하고 균일해야 하며, 너트 사이의 와이어를 과도하게 꼬지 않아야 하며, 가능한 팽팽한 상태가 유지되어야 한다.

(7) 안전지선의 끝은 항상 꼬여있어야 하고 볼트 머리 주위의 와이어 고리가 밑으로 내려져 있어야 한다. 와이어 고리가 볼트머리 위로 올라와서 느슨하게 풀어지지 않도록 장착되어 있어야 한다.

2) 너트, 볼트, 스크루(Nut, Bolt, and Screw)

너트, 볼트, 그리고 스크루에 대한 안전작업은 단선식(single-wire method) 또는 복선식(double twist method)으로 결선한다. 복선식은 가장 일반적인 안전결선의 방법이다. 단선식은 밀폐된 좁은 공간에 밀집되어 있는 작은 스크루, 전기 계통의 부품, 그리고 복선식으로 하기에는 대단히 곤란한 곳에서 사용된다.

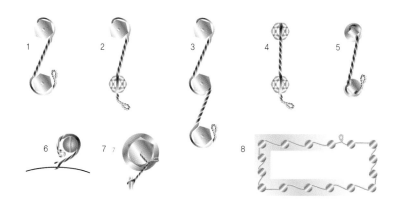

▲ 그림 3-50 안전결선 방법

그림 3-50은 여러 가지 너트, 볼트, 그리고 스크루에 적용된 대표적인 안전결선 방법에 대한 그림이다.

그림 3-50을 살펴보면 다음과 같다.

(1) 보기 1, 2, 그리고 5의 그림은 볼트, 스크루, 사각머리 플러그, 그리고 이와 유사한 부품끼리 한 그룹으로 안전결선하는 올바른 방법을 나타낸다.

(2) 보기 3의 그림은 몇 개의 구성요소를 연속해서 결선하는 방법을 나타낸다.

(3) 보기 4의 그림은 캐슬 너트와 스터드를 결선하는 올바른 방법을 나타낸다. 너트 주위로 감지 않았다.

(4) 보기 6과 7의 그림은 하우징(housing)이나 러그(lug) 등의 주변 구조물과 결선하는 방법을 나타낸다.

(5) 보기 8의 그림은 기하학적으로 폐쇄된 공간 안에 밀집해서 배치된 몇 개의 구성요소를 단선식으로 결선하는 올바른 방법을 나타낸다.

머리에 구멍이 있는 볼트, 스크루, 또는 다른 부품이 함께 모여 있을 때, 그것을 개별적으로 안전결선하는 것보다는 연속으로 하는 것이 더욱 편리하다.

함께 안전결선하게 되는 너트, 볼트, 또는 스크루의 수는 상황에 따라 다르다. 예를 들어, 넓은 간격으로 있는 볼트를 복선식으로 안전결선할 때, 연속으로 할 수 있는 최대 수는 3개이다. 밀접한 간격으로 있는 볼트를 안전결선할 때, 연속으로 안전결선할 수 있는 와이어의 최대 길이는 24inch이다. 와이어는 만약 볼트나 스크루가 풀어지려 할 때, 와이어에 가해진 힘이 조이려는 방향으로 향하도록 배열시킨다.

안전결선하고자 하는 부품은 안전결선 작업을 시도하기 전에 규정된 토크 범위 내에서 구멍이 적당한 위치에 오도록 조절한다. 안전작업 와이어구멍을 적당한 위치로 맞추기 위해 과도하게 조이거나 토크(torque)작업이 완료된 너트를 풀어서는 절대로 안 된다.

3) 오일 캡, 드레인 콕 및 밸브(Oil Cap, Drain Cock, and Valve)

그림 3-51에서는 오일 캡, 드레인 콕 및 밸브 부품에 대한 안전결선 방법을 나타냈다. 오일 캡의 경우, 와이어를 인접한 필리스터 스크루에 고정시켰다.

이런 방법은 개별적으로 안전결선해야 하는 다른 부품에도 적용된다. 보통 이런 부품 주변에는 안전결선을 편리하게 하도록 고정할 수 있는 고리나 구멍이 준비되어 있다. 그런 장치가 없을 때는 인접한 구조물의 적당한 부분에 안전작업을 위한 와이어를 고정시킨다.

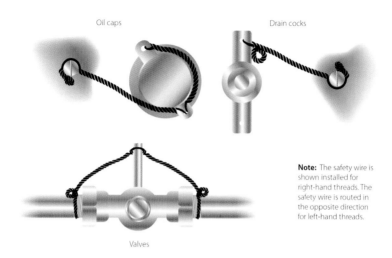

▲ 그림 3-51 오일 캡, 드레인 콕 및 밸브 안전결선

4) 전기 커넥터(Electrical Connecter)

심한 진동상태에서는 커넥터의 결합너트가 풀리게 되고, 진동이 계속되면 커넥터가 빠져서 분리된다. 이런 현상이 발생하면, 회로는 차단된다. 그림 3-52와 같이, 이런 사고를 방지하기 위한 적절한 방지대책이 안전결선이다.

안전결선은 가능한 짧아야 하고, 와이어에 의한 견인력이 플러그에 있는 너트를 조이는 방향으로 작용하도록 결선해야 한다.

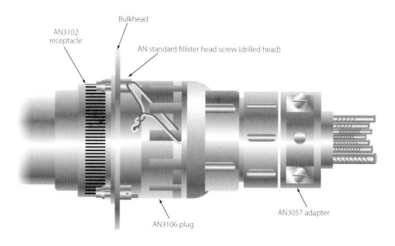

▲ 그림 3-52 전기 커넥터 안전결선

5) 턴버클(Turnbuckle)

턴버클을 케이블의 장력을 적당히 조절한 후, 진동 등의 원인에 의하여 다시 풀리지 않도록 안전결선을 해야 한다. 턴버클 안전결선을 하는 몇 가지 방법이 있는데, 여기서는 2가지 방법에 대해서만 설명한다. 그림 3-53의 (a)와 (b)에서 이 방법을 보여주고 있다. 최신의 항공기에서는 클립에 의한 고정(clip locking)방법을 사용하고 있다. 아직도 구형의 항공기에는 와이어를 이용해서 안전결선을 해야 하는 턴버클을 사용하고 있다.

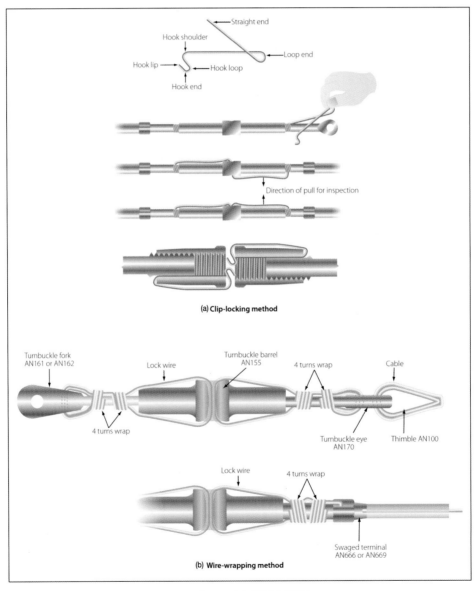

▲ 그림 3-53 턴버클 안전작업

(1) 복선식 결선방법(Double-wrap Method)

턴버클의 안전작업에 대해 안전지선(safety wire)을 사용하는 방법 중에서, 비록 단선식 결선방법도 만족스럽기는 하지만, 복선식 결선 방법을 더 선호한다. 그림 3-53의 (b)에는 복선식 안전결선 방법을 보여준다. 표 3-14에서는 턴버클 안전작업 적당한 안전결선에 대하여 안내하고 있다.

[표 3-14] 턴버클 안전작업 안내

케이블 사이즈(inch)	결선 방법	안전선 직경(inch)	재질
$1/16$	단선식	.020	스테인레스 강
$2/32$	단선식	.040	구리, 황동[1]
$1/8$	단선식	.040	스테인레스 강
$1/8$	복선식	.040	구리, 황동[1]
$1/8$	단선식	.057최소	구리, 황동[1]
$5/32$ 및 이상	단선식	.057	스테인레스 강

* [1]아연 또는 주석 도금 강, 또는 연철 와이어도 허용가능

와이어를 턴버클 배럴에 있는 구멍을 통과해서 길이의 1/2 정도 끼우고 서로 반대방향으로 구부린다. 그다음 두 번째 와이어도 배럴에 있는 구멍을 통과시키고 첫 번째 와이어와 반대방향으로 배럴을 따라서 구부린다. 와이어 끝을 다시 케이블 아이 또는 케이블 포크에 있는 구멍을 통과시켜서 배럴이 있는 방향을 향해서 구부린다. 구멍을 통과한 와이어 하나의 와이어를 먼저 생크와 함께 모든 와이어를 겹쳐 감싸면서 4바퀴 감아준다. 첫 번째 와이어를 절단하고 계속 연이어서 두 번째 와이어도 4회 감아준다. 남은 와이어는 절단해서 제거한다.

턴버클의 반대쪽 끝도 같은 절차를 반복한다.

만약 스웨이징 터미널에 있는 구멍이 두 와이어가 모두 통과할 정도로 크지 않다면, 하나의 와이어만을 통과시키고 나머지 와이어와 생크의 중앙에서 겹치도록 꼬아준 다음 생크 주위로 각각 4번씩 감아준다. 남은 와이어는 절단해서 제거한다.

(2) 단선식 결선방법(Single-wrap Method)

단선식 결선방법은 수용할 수 있는 방법이기는 하지만 복선식 결선방법과는 다르다. 하나의 와이어를 케이블 아이나 포크 또는 스웨이징 터미널에 있는 구멍에 끼운다. 끝에 해당하는 두 와이어가 서로 턴버클 배럴을 두 번 교차하도록 턴버클 배럴의 처음 반쪽 주위에 서로 반대방향이 되도록 나선형으로 감는다. 양쪽 끝의 와이어를 배럴 중앙에 있는 구멍 안에서 교차하도록 서로 반대방향으로 구멍에 끼운다. 다시 턴버클의 남은 반에 와이어를 두 번 교

차하도록 두 와이어의 끝을 나선형으로 감는다. 그다음 하나의 와이어 끝을 케이블 아이나 포크 또는 스웨이징 터미널에 있는 구멍에 끼운다. 서로 만난 두 와이어의 끝을 생크 중앙에서 꼰 다음 생크 주위로 각각 적어도 4바퀴 이상 돌아갈 수 있도록 감고 남은 와이어는 절단한다.

위 방법의 대체방법으로 턴버클의 중앙 구멍을 거쳐 하나의 와이어를 통과시킨 다음 서로 반대방향의 끝으로 와이어를 구부린다. 그다음에 케이블 아이 또는 포크, 또는 스웨이징 터미널에 있는 구멍에 각각의 와이어 끝을 통과시킨다. 통과한 와이어를 생크 주위에 적어도 4바퀴 이상 감는다. 여분의 와이어를 절단하여 제거한다. 안전작업을 한 후, 턴버클 배럴 밖으로 터미널의 나사산이 3개 이상 노출되어서는 안 된다.

❸ 코터 핀의 안전작업(Cotter Pin Safetying)

그림 3-54에서는 코터 핀 장착상태를 보여준다. 캐슬 너트는 코터 핀 장착을 위해 구멍이 뚫린 볼트와 함께 사용한다. 코터 핀은 아주 약간의 마찰작용으로 구멍에 알맞게 체결되어야 한다.

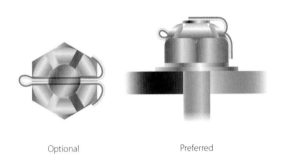

Optional   Preferred

▲ 그림 3-54 코터 핀 장착

다음은 코터 핀 안전작업에 대한 일반적인 규칙이다.

(1) 볼트 위로 구부러진 가닥은 볼트지름을 초과해서는 안 된다. 만약 필요하다면 절단한다.

(2) 아래쪽으로 구부러진 가닥은 와셔의 표면에 닿지 않는 범위에서 가능한 길어야 한다. 만약 필요하다면 절단한다.

(3) 만약 필요하다면 차선책(optional method)으로 볼트를 감싸듯 옆으로 돌리는 방법을 사용하며, 이 경우 가닥의 끝이 너트의 최대 바깥지름 밖으로 뻗어나가면 안 된다.

(4) 모든 가닥은 적당한 곡률로 구부려져야 한다. 너무 급격한 굽힘은 끊어지기 쉽다. 고무해머(mallet) 등으로 가볍게 두드려서 구부리는 것이 가장 좋은 방법이다.

4 스냅 링(Snap-ring)

스냅 링은 용수철과 같은 탄성을 갖도록 열처리한 금속으로 만든, 단면이 둥글거나 평평한 링이다. 이 용수철과 같은 탄성은 홈에 단단히 안착되어 링이 빠지지 않도록 잡아준다. 외부 스냅 링은 축(shaft)이나 실린더의 바깥쪽에 있는 홈에 고정되도록 설계되었고, 안전결선으로 고정한다. 그림 3-55에서는 외부 스냅 링의 안전결선 작업을 보여준다. 내부 스냅 링은 실린더 등의 안쪽에 있는 홈에 고정되며, 안전결선 작업을 하지 않는다. 특수한 종류의 스냅 링 플라이어로 스냅 링을 장탈 또는 장착할 수 있도록 링의 끝에 구멍이 뚫려 있다. 스냅 링은 모양과 탄성력이 유지되는 한 재사용할 수 있다.

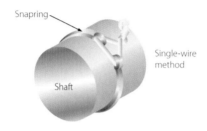

▲ 그림 3-55 외부 스냅 링 안전작업

CHAPTER **4**

첨단 복합재료
Advanced Composite Material

4-1 도입(Introduction)

현재 항공우주산업구조에서 중요한 부분을 담당하는 복합재료(composite material)란, 2개 이상의 서로 다른 재료를 결합하여 각각의 재료보다 더 우수한 기계적 성질을 가지도록 만든 재료를 의미한다. 복합재료는 고체 상태의 강화재료(reinforce material)와 액체, 분말 또는 박판 상태의 모재(matrix)를 결합하여 제작한다. 복합재료로 제작된 항공기 구조물은 1960년도 이래 알루미늄 구조물을 걸쳐 무게경감(weight saving)을 위해 발전되어왔다. 최신 대형 항공기의 동체와 날개구조는 고강도(high-strength), 저중량(low-weight), 그리고 내식성(corrosion-resistance)의 이점으로 복합재료로 제작된다.

항공기 구조재료는 그림 4-1 같이 발전되어 왔다.

F-22 전투기(미)
- 동체 : 열경화성 복합재
- 날개 : 보론 복합소재

X-47 전투기(미)
- 동체 : 탄소&실리콘 합금
- 날개 : 일체형 복합소재

F-14 전투기(미)
- 동체 : 금속&Al&Ti
- 날개 : 탄소섬유

라이트형제(미)
- 동체 : 목재
- 날개 : 목재

가미가제 전투기(일)
- 동체 : 금속
- 날개 : 섬유소재(최초)

스파트 전투기(프)
- 동체 : 금속&Al
- 날개 : 금속&우포

콩커스 F13 수송기(독)
- 동체 : 금속&두랄루민
- 날개 : 금속&두랄루민

▲ 그림 4-1 항공기 구조재료의 발전과정

현재 항공기 구조물에서 복합재료의 적용은 다음과 같다.

① 페어링(fairing)

② 비행 조종면(flight control surface)

③ 착륙 장치 도어(landing gear door)

④ 날개 및 안정판에 부착된 전방 구조물 과 후방 구조물의 패널(panel)

⑤ 객실 내의 내장재

⑥ 객실 또는 화물칸 아래 부분의 가로 구조물 보와 패널

⑦ 대형 항공기에서 수직안정판과 수평안정판의 1차 구조물 부분

⑧ 대형 항공기에서 날개 및 동체 구조물 중에서 1차 구조물 부분

⑨ 터빈 엔진의 팬 블레이드(fan blade)

⑩ 프로펠러

4-2 섬유의 종류(Type of Fiber)

최신 복합재료는 모재로 쓰이는 접착제에 강화재인 섬유성 물질을 끼워 넣는 방식이 사용되는데 일반적으로 자재의 강도와 경도를 유지하기 위해 여러 방향으로 섬유성 물질을 위치, 적층하는 형태로 제작되고 있다. 여기에 강화재로 사용되는 섬유성 물질은 특별히 새롭게 개발된 것은 아니며 우리에게 이미 잘 알려진 것으로 섬유 구조재로 가장 많이 사용되고 있는 목재(wood) 성분을 근간으로 하고 있다.

❶ 유리섬유(Fiberglass)

유리섬유는 페어링, 레이돔, 그리고 날개 끝 부분과 같은 항공기 2차 구조물에 사용한다. 또한 유리섬유는 헬리콥터의 회전날개 깃(rotor blade)에도 사용한다. 이와 같이 여러 가지 형태의 유리섬유가 항공 산업 분야에 널리 사용되고 있다. Electrical Glass, 즉 E-glass는 전기 흐름에 대해 고저항을 갖는다. E-glass는 붕규산 유리(borosilicate glass)로 제작한다. S-glass와 S2-glass는 E-glass보다 더 강한 강도를 갖는 구조적 유리섬유이다. S-glass는 마그네시아-알루미나-실리케이트(magnesia-alumina-silicate)로 제작한다. 유리섬유는 다른 복합 소재보다 가격이 저렴하고 화학적 또는 이질 금속 간의 부식(galvanic corrosion resistance)에 대한 내구성이 우수하며, 전기적 전도성이 없는 장점을 지니고 있다. 유리섬유는 흰색을 띠며, 건조된 상태의 천 형태 또는 접착제 내장 형태로 생산된다.

☑ 케블라(Kevlar®)

케블라는 아라미드섬유(aramid fiber)에 대한 듀퐁(DuPont)의 명칭이다. 아라미드섬유는 가볍고, 강하고, 그리고 단단하다. 항공 산업에서 사용되는 아라미드섬유인 케블라 49는 고강도를 가지며, 케블라 29는 강도가 약한 것이 특징이다. 아라미드섬유의 장점은 충격손상에 대한 강한 저항성이다. 아라미드섬유의 주요한 단점은 압축과 습기 침투에 대한 저항에 약점이 있다. 케블라로 제작된 부품은 물이 침투할 경우 자중의 약 8% 정도 무게가 증가되는 취약점이 있다. 따라서 케블라로 제작된 부품은 습기가 침투하지 못하게 주위의 취약한 환경적인 요소로부터 보호할 필요가 있다. 또 다른 약점으로 케블라 자재는 구멍 뚫기 또는 절단 작업의 어려움을 가지고 있다. 섬유 부분에 쉽게 보풀 현상이 발생하고, 절단 시에는 특수 가위를 사용해야 한다. 케블라는 노란색을 띠며 건조된 천 또는 접착제 내장 형태로 생산된다. 아라미드섬유의 다발은 탄소 소재 또는 유리 소재와 같이 섬유의 개수에 의해 크기가 결정되지 않고 무게에 의해 결정된다.

☑ 탄소/흑연섬유(Carbon/Graphite)

섬유로 만들어진 제품의 첫 번째 특징 중 하나는 탄소섬유와 흑연섬유 소재의 차이이다. 탄소섬유와 흑연섬유는 탄소에서 나타나는 육각 모양 층의 연결망 형태의 그라핀 층(graphene layer)에 기반을 두고 있다. 만약 그라핀 층, 또는 그라핀 면이 3개 방향으로 쌓아 올려 있다면 이런 재료를 그라파이트로(graphite) 정의된다. 이러한 순서 유지를 위해 필요한 시간 연장 및 온도 추가 가열 공정이 요구되는데, 이로 인해서 흑연섬유 재료는 가격이 상승하게 된다. 일반적으로 면 사이의 접착력은 약하다.

탄소섬유는 아주 딱딱하고(stiff) 강하며, 유리섬유보다 3~10배 정도 더 딱딱하다. 탄소섬유는 항공기 구조물 중에서 객실 바닥 아래에 있는 가로 구조물, 수평 및 수직 안정판, 비행 조종면, 그리고 동체 주구조물 및 날개 구조물과 같은 부품에 사용되고 있다. 장점으로는 고강도와 내부식성 성능

▲ 그림 4-2 유리섬유(좌측), 케블라(중앙), 그리고 탄소섬유 재료(우측)

이 우수하다. 반면 단점으로는 알루미늄 소재에 비해 전기적 전도성이 낮아 번개 조우 시 구조물의 손상을 방지하기 위해 번개 보호용 얇은 철망 구조(lightning protection mesh)를 추가하거나 이를 위한 도장을 표면 가까운 부분에 실시해야 한다. 탄소섬유의 또 다른 단점은 비싼 가격이다.

탄소섬유는 회색 또는 검은색을 띠며 건조한 천 상태 또는 접착제 내장형 천 형태로 제작된다. 탄소섬유는 금속 재질의 부품 또는 구조물과 함께 사용될 때에는 이질금속 간의 부식 발생 가능성이 매우 높은 편이다. 그림 4-2에서는 섬유 종류를 보여주고 있다.

4 보론(Boron, 붕소)

보론섬유(boron fiber)는 매우 딱딱하고 고 인장력 및 압축 강도를 갖고 있어, 비교적 큰 직경을 갖고 있어도 잘 구부러지지 않는다. 그러므로 보론섬유는 수지 침투 가공재(prepreg) 테이프 제품으로 이용될 수 있다. 에폭시 매트릭스(epoxy matrix)가 종종 보론섬유와 함께 사용되기도 한다. 보론섬유는 보론의 열팽창이 알루미늄과 유사하고 이질금속 간의 부식 발생 가능성이 낮아 항공기 표피 구조물 수리 시 사용되기도 한다.

보론섬유는 과도하게 굴곡진 부분에는 사용되기 어렵다. 또한 보론섬유는 가격이 고가이며 인체에 해로운 요소가 있어 특수 군용 항공기에 주로 사용되고 있다.

5 세라믹섬유(Ceramic Fiber)

세라믹섬유는 가스터빈엔진에 있는 터빈 깃(turbine blade)과 같이 고온에 노출되는 부분에 사용한다. 세라믹섬유는 2,200°F 이상의 온도에서도 사용할 수 있다.

6 낙뢰보호섬유(Lightening Protection Fiber)

알루미늄 재질로 제작된 항공기는 전도성이 매우 우수하여 번개 조우 시 발생하는 고압 전류를 신속히 소멸시킬 수 있다. 탄소섬유는 전류 흐름이 알루미늄 재질에 비해 약 1,000배 정도의 저항력이 있고, 에폭시 접착제인 경우에는 100만 배의 저항력이 있다. 일반적으로 항공기 외부로 노출된 복합 소재 구조물은 전도성 재질(conductive material)의 겹(ply) 또는 층(layer)으로 구성된다. 전도성을 제공해 주는 재질에는 많은 종류가 있는데 그중에서 니켈 접착 흑연 천(nickel-coated graphite cloth), 금속 메시(mesh), 알루미늄을 입힌 유리섬유 및 전도성 페인트(Conductive Paint) 등이 널리 사용되고 있다. 그림 4-3에서는 구리와 알루미늄 낙뢰보호 재료이다.

이 재료들은 접착제 사용 부착 작업이나 수지 침투 가공재 소재를 사용하는 수리 작업에 모두 사용되고 있다. 정비 작업 시에는 정상적인 수리 작업 절차에 추가하여 해당 부품에 설계되어 있는 전기의 전도성 복원에 필요한 수리 작업도 병행하여 처리해야 한다. 이러한 종류의 수리 작업 시 구조물 간의 전기적 저항을 최소화해야 하기 때문에 일반적으로 저항측정기를 이용하여 전기의 전도성 점검을 수행해야 한다. 상기와 같은 수리 작업 시 사용되는 화학제품에 대해서는 해당 작업에 인가된 생산 업체의 인가된 제품만을 반드시 사용해야 한다.

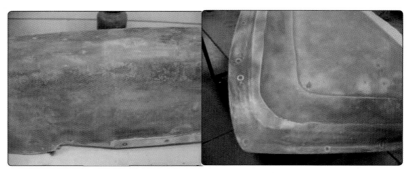

(a) 구리   (b) 알루미늄

▲ 그림 4-3 구리와 알루미늄 낙뢰보호 재료

4-3 모재 재료(Matrix Material)

모재(matrix)는 일종의 플라스틱 형태로 강화섬유와 서로 결합시켜 주는 접착재료이며, 강화섬유에 강도를 부여하고, 외부의 하중을 강화섬유에 전달한다. 그러므로 복합재료의 강도는 강화섬유에 응력을 전달하는 모재의 능력에 의하여 좌우된다.

1 열경화성 수지(Thermosetting Resin)

수지는 중합체(polymer)를 명명하기 위해 사용된 포괄적인 용어이다. 수지의 화학적인 성분과 물리적 성질은 복합재료의 처리과정, 구성(fabrication), 그리고 최종 특성(ultimate property)에 영향을 준다. 열경화성 수지는 인공적인 재료로 그 종류가 매우 다양하고 널리 사용되고 있다. 그것들은 어느 형상이 되건 간에 잘 스며들어 형상을 이루어 내고 대부분 다른 종류 소재들과 잘 조화를 이루며, 열 또는 경화제에 의해 불용성의 고형체 물체로 경화(cure)되는 성향이 있다. 열경화성 접착제는 또한 우수한 접착제로 물체를 부착시키는 물질이기도 하다.

(1) 폴리에스테르 수지(Polyester Resin)

폴리에스테르 수지는 비교적 가격이 저렴하며, 신속한 접착 작업이 요구되는 곳에 널리 사용되고 있다. 이는 화재 발생 시 독성 연기를 적게 발생시켜 항공기 객실 내의 내장재에 널리 사용한다.

(2) 비닐에스테르 수지(Vinyl Ester Resin)

비닐에스테르 수지의 외관, 취급 특성, 그리고 굳히는 방법 등은 일반적으로 사용되는 폴리에스테르 수지와 동일하다. 그러나 비닐에스테르 수지를 사용해서 제작된 복합 소재는 내식성과 기계적 특성이 일반 폴리에스테르 수지를 사용한 복합 소재보다 훨씬 더 우수하다.

(3) 페놀 수지(phenolic Resin)

페놀 수지는 독성 가스 발생 및 인화성이 작아 객실 내장재에 사용되고 있다.

(4) 에폭시(Epoxy)

에폭시는 중합시킬 수 있는 열경화성 수지이며, 액체에서 고체 상태에 이르기까지의 다양한 점성으로 이용할 수 있다. 매우 다양한 종류의 에폭시가 있으며 정비사는 지정된 수리 작업에 대해 필요한 종류를 선정하기 위해서 정비 교범을 이용해야 한다.

에폭시는 수지의 용도로 널리 사용하고 있다. 에폭시의 장점으로는 고강도, 낮은 휘발성, 우수한 접착력, 낮은 수축률, 화학 물질에 대한 우수한 저항성, 그리고 용이한 가공성을 들 수 있다. 반면 주요 단점은 깨지기 쉽고, 습기 존재 시 물리적 특성이 급격히 감소한다.

(5) 폴리미드(Polyimide)

폴리미드 수지는 열에 대한 저항력, 산화에 대한 안정성, 낮은 열팽창계수, 그리고 내용제성을 갖추고 있어 고온 환경에서 그 성능이 우수하다. 주요 사용처는 전원 차단장치 패널 그리고 고온이 접촉되는 엔진 및 기체 구조물이다. 폴리미드는 일반적으로 550℉(290℃)를 초과하는 높은 굳히기 온도가 필요하다.

(6) 폴리벤지미다졸(Polybenzimidazole: PBI)

폴리벤지미다졸 수지는 내고온성이 매우 강해 고온 재료 작업에 사용한다. 이 수지는 접착 재료와 섬유 형태로 사용한다.

(7) 비스멀에이미드(Bismaleimide: BMI)

비스멀에이미드 수지는 에폭시 접착제보다 더 높은 고온용이며, 매우 강한 강도를 갖고 있고, 외기 온도 및 상승한 온도에 대한 우수한 성능을 제공해 준다. 사용 방법은 에폭시 수지 사용 방법과 유사하다. 이 수지는 항공기용 엔진 및 고온에 노출되는 부품에 사용되고 있다.

❷ 열가소성 수지(Thermoplastic Resin)

열가소성 물질은 온도의 높고 낮음에 따라 반복적으로 부드럽고 단단하게 할 수 있다. 빠른 처리 속도는 열가소성 물질의 최대 장점이다. 열가소성 물질을 성형하기 위해서 화학약품을 사용할 수 없고 재료가 부드럽게 되었을 때 금형(molding) 또는 사출성형 방식으로 형상을 제작할 수 있다.

(1) 반결정 열가소성 물질(Semi-crystalline Thermoplastic)

반결정 열가소성 접착제는 고유한 난연성(flame-resistance), 우수한 견고성, 고온에 대한 내성, 충격에 대한 우수한 기계적 성질 그리고 습기 흡수에 대한 우수한 성질을 갖고 있다. 이 물질들은 항공기에서 1차 구조물과 2차 구조물에 사용되고 있다. 강화 섬유와 결합되어 주입 금형 접착제, 압축 금형 형태 판재, 한 방향 테이프, 밧줄 형태의 수지 침투 가공재, 직조 형태의 수지 침투 가공재 등으로 이용된다. 반결정 열가소성으로 생산된 섬유는 탄소, 니켈 합성 탄소, 아라미드, 유리, 석영(quartz) 등을 포함한다.

(2) 비결정 열가소성 물질(Amorphous Thermoplastic)

비결정 열가소성 물질로는 필름, 필라멘트(filament) 그리고 분말가루 형태 등 다양한 물리적 형태로 이용된다. 이들은 또한 강화섬유와 결합되어 압축성 성형 판재 등으로 이용된다. 섬유는 주로 탄소, 아라미드 그리고 유리 성분을 사용한다. 비결정 열가소성 물질의 특수한 장점은 중합물에 의해 결정된다. 또한 쉽고 빠른 공정과, 고온 능력, 우수한 물리적 특성, 강도 및 충격에 대한 우수성 그리고 화학적 안정성 등을 갖고 있다. 안정성 측면에서 보관 기간의 제한성을 없애주어 열경화성 수지 내장재의 저온 저장 조건이 요구되지 않는다.

(3) 폴리에테르 에테르 켑톤(Polyether Ether Ketone : PEEK)

PEEK로 더 잘 알려진 폴리에테르 에테르 켑톤은 고온 열경화성 물질이다. 이 방향족 케톤(ketone)은 열 및 발화 가능성에 대한 저항 성능이 우수하여 이런 부위에 노출되는 부분 재료로 널리 사용되고, 솔벤트 및 유체에 대한 저항력이 우수하다. PEEK는 또한 유리 및 탄소 성분과 함께 사용될 때 그 성능이 더욱 강해진다.

4-4 수지 경화 단계(Curing Stage of Resin)

열경화성 수지는 경화(cure)시키기 위해 화학적 반응을 이용한다. A, B, 그리고 C로 불리는 세 가지의 경화 단계가 있다.

(1) A−단계: 수지의 성분은 혼합되어져 있지만 화학적 반응은 시작되지 않는다. 습식 제조과정이 A−단계이다.

(2) B−단계: 수지의 성분은 혼합되어져 있고 화학적 반응은 시작되어진다. 재료는 진하게 되고 끈적끈적해진다. 수지 침투 가공재(prepreg) 재료의 수지가 B−단계이다. 수지가 너무 경화되는 것을 예방하기 위해서는 0°F로서 냉동장치에 넣는다. 결빙된 상태에서, 수지 침투 가공재 재료의 수지는 B−단계에 머무른다. 재료를 냉동장치에서 꺼내어 녹였을 때 경화가 시작한다.

(3) C−단계: 수지는 완전히 경화된다. 일부 수지는 상온에서 경화되지만 다른 수지는 완전히 경화시키기 위해 높은 온도가 필요하다.

4-5 샌드위치 구조(Sandwich Structure)

그림 4-4와 같이, 샌드위치 구조는 비교적 얇고 평행하는 두 장의 표면 판재(face sheet)를 접합하여, 비교적 두껍고, 가벼운 코어(core)에 의해 격리된 가장 간단한 형태로 구성된 구조용 패널 개념이다. 코어는 휨 작용에 대해서 표면 판재를 지지해 주고, 표면 외부의 전단 하중에 견디는 역할을 한다. 코어는 높은 전단 강도와 압축 응력에 대한 강직성을 갖추어야 한다. 복합재료 샌드위치 구조는 대부분 고온고압용기경화(autoclave cure), 압력경화(press cure), 또는 진공용기경화(vacuum bag cure)를 이용하여 제조되어진다.

외판은 사전 경화된 후 부착하거나 한 번에 코어와 상호 경화되게 하는 방식 또는 이 두 가지 방식을 조합하는 방식을 사용한다. 허니콤 구조물의 예로서는 날개 스포일러, 페어링, 도움날개, 플랩, 나셀, 바닥재 패널 그리고 방향키 등이 있다.

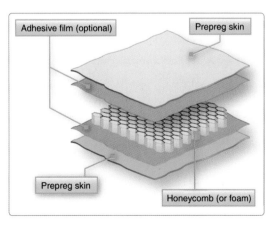

▲ 그림 4-4 허니콤 샌드위치 구조

샌드위치 구조는 알루미늄 그리고 복합 소재 적층구조물과 비교할 때 무게가 가볍고 휨에 대한 강도가 매우 크다. 대부분 허니콤은 이방성의 특징을 갖고 있다. 즉, 물리적 특성이 일정한 방향성을 나타낸다. 그림 4-5는 허니콤 구조의 장점을 나타내고 있다.

코어 두께의 증가는 강성을 크게 증가되는 반면에 무게 증가는 매우 미약하다.

	Solid Material	Core Thickness t	Core Thickness 3t
Thickness	1.0	7.0	37.0
Flexural Strength	1.0	3.5	9.2
Weight	1.0	1.03	1.06

▲ 그림 4-5 허니콤 샌드위치 구조의 강성과 강도

① 표면재료(Facing Material)

항공기 구조물에 사용된 허니콤 구조 재질은 대부분 알루미늄, 유리섬유, 케블라, 또는 탄소섬유가 이용된다. 탄소섬유 표면재료는 알루미늄 재질을 부식시키기 때문에 알루미늄 허니콤 코어 재질과 함께 사용할 수 없다. 티타늄과 강재는 고온 구조 부위에만 특별하게 사용되고 있다. 스포일러 및 기타 많은 조종면의 표면재료는 보통 3겹 또는 4겹으로 매우 얇다.

실제 항공기 운영 경험을 보면 일반적으로 표면재료는 충격현상에 대한 내구성이 매우 약하다.

② 코어 재료(Core Material)

1) 허니콤(Honeycomb)

▲ 그림 4-6 허니콤 코어 재료

항공기 허니콤 구조물에서 사용되는 가장 일반적인 코어 재료로는 아라미드 소재(aramid paper: Nomex® 또는 Korex®)이다. 유리섬유는 더 높은 강도가 요구될 때 사용한다. 그림 4-6에서는 여러 가지 허니콤 코어 재료를 보여준다.

(1) 크라프트 용지(Kraft Paper): 비교적 낮은 강도와 양호한 절연성을 갖고 있으며, 대용량으로 이용되고 가격이 저렴하다.

(2) 열가소성 재료(Thermoplastic): 양호한 절연성 및 에너지 흡수성/방향 수정성, 부드러운 셀의 벽면, 습기와 화학적 저항성이 환경 친화적이고, 미학적으로 우수하며 상대적으로 가격도 저렴하다.

(3) 알루미늄(Aluminum): 최상의 강도 대비 무게비와 에너지 흡수 능력, 양호한 열 전달성, 전자기 차폐성을 갖추고 있고, 재질이 부드럽고 얇게 기계 가공이 가능하고 가격이 저렴하다.

(4) 철(Steel): 양호한 열 전달성, 전자기 차폐성 및 내열 성능이 우수하다.

(5) 특수 금속(Specialty Metals: Titanium): 무게 대비 고강도, 양호한 열전달성, 화학적 저항성 그리고 고온에 대한 저항성이 우수하다.

(6) 아라미드 용지(Aramid Paper): 방염 기능, 발화 지연성, 절연성, 저유전성 및 성형성이 우수하다.

(7) 유리섬유(Fiberglass): 적층에 의한 재단성, 저유전성, 절연성 및 성형성이 우수하다.

(8) 탄소(Carbon): 치수 안정성 및 유지성, 고온성 유지, 높은 강도, 매우 낮은 열팽창계수, 열전도율, 고 전단력 등이 우수하나 가격이 매우 비싸다.

(9) 세라믹(Ceramic): 매우 높은 온도에서 저항성, 절연성이 우수하고 매우 작은 크기로 이용될 수 있으나 가격이 매우 비싸다.

그림 4-7에서와 같이 항공 산업에 사용되는 허니콤 코어 셀은 일반적으로 육각 형태이다. 셀은 판재 형태의 특정 부분을 접합하여 만든 후 판재를 늘이면 육각 모양을 형성된다. 판재의 방향과 평행한 방향을 리본 방향이라고 부른다.

양분된 육각형 허니콤 코어(hexagonal honeycomb core)는 각각의 육각 형태를 가로질러 자르는 또 다른 판재를 갖는다. 양분된 육각 허니콤은 육각 코어보다 더 큰 경도와 강도를 갖는다. 초과 확장 코어(over-expanded core)는 육각 형태를 만들기에 필요한 것보다 판재를 더 팽창시켜 만든다. 초과 확장 코어의 셀은 직사각형이다. 초과 확장 코어는 리본 방향에 대해 수직 방향으로 구부리기가 쉬우며, 간단한 곡면을 갖는 패널에 사용한다. 종 모양 코어 또는 신축성 코어(flexicore)는 모든 방향으로 쉽게 구부러질 수 있어 복잡한 굴곡이 필요한 패널에 사용한다.

허니콤 코어는 여러 가지 셀 크기를 가지고 있다. 셀 크기가 작으면 샌드위치 표면재료에 대한 지지력이 높다. 허니콤은 또한 다양한 밀도를 가지고 있다. 밀도가 높으면 밀도가 작은 것보다 더 강하고 경도가 크다.

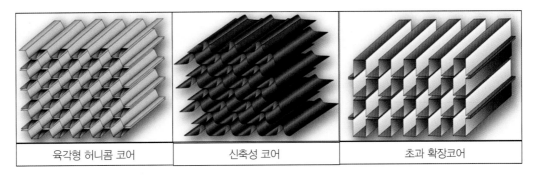

| 육각형 허니콤 코어 | 신축성 코어 | 초과 확장코어 |

▲ 그림 4-7 허니콤 밀집상태

2) 발포형 재료(Foam)

발포형 재료의 코어는 건축 자재 또는 날개 끝단, 조종면, 동체 부분, 날개 그리고 날개 리브(rib) 재료의 강도를 높이고 일정한 모양을 만들어 주기 위해 사용되고 있다. 상용 항공기에서 발포형 코어는 널리 사용되지 않는다. 발포형 재료는 허니콤보다 무겁고 강도가 약하다. 발포형 재료는 다음과 같은 재질들을 사용하여 다양한 형태로 이용되고 있다.

(1) 폴리스틸렌(Polystyrene): 스티로폼으로 더 잘 알려져 있으며, 고압축강도와 물기 침투에 저항성이 우수하고, 매우 조밀하게 제작된 항공기 구조용 스티로폼 재료로 날개 형상을 만들기 위해 열선으로 가공이 가능하다.

(2) 페놀 수지(Phenolic): 방염에 대한 성능이 우수하고 밀도가 낮으며 기계적 특성이 비교적 약하다.

(3) 폴리우레탄(Polyurethane): 소형 항공기의 동체, 날개 끝단 및 굴곡이 있는 부품에 사용되고 가격이 저렴하며 연료 노출 시 저항력이 우수하다. 그리고 대부분 접착제와 잘 어울리며, 가공 시에는 열선을 사용하지 않고 대형 칼과 마모 장비를 사용한다.

(4) 폴리프로필렌(Polypropylene): 날개 형상 제작에 사용되고 열선으로 가공이 가능하며 대부분 접착제 및 에폭시 접착제와 잘 어울린다. 폴리에스테르 접착제와는 함께 사용하지 못하며, 연료와 용제와 접촉하면 용해된다.

(5) 폴리비닐 크롤라이드(Polyvinyl Chloride(PVC)): 고압축강도, 내구성, 그리고 뛰어난 내화성을 가지고 있으며, 중상 정도의 밀도를 갖는다. 진공 방식으로 성형하며 열을 가하여 구부린다. 폴리에스테르, 비닐에스테르, 그리고 에폭시 접착제와 조화를 잘 이룬다.

(6) 폴리메타크릴리메이드(Polymethacrylimide): 가벼운 샌드위치 구조에 사용되며 우수한 기

계적 특성, 높은 치수 안정성, 양호한 내용제성, 그리고 우수한 압축 저항성, 가격은 다소 비싸지만 우수한 기계적 특성을 갖는다.

3) 발사 목재(Balsa Wood)

발사 목재는 자연산 목재 재질의 한 종류이다. 이 재료는 구조물, 부속 부품, 그리고 물리적 특성을 서로 잘 연관시켜 다양한 등급으로 이용된다. 밀도는 일반적인 목재 밀도에 비해 절반 정도이나 다른 종류의 구조물 코어에 비해 밀도가 매우 높은 편이다

4-6 복합재료의 손상(Manufacturing and In-service Damage)

■ 제작과정 중 결함(Manufacturing Defect)

제조과정의 결함은 다음과 같다.

① 얇은 층으로 벗겨짐(delamination)

② 수지가 모자란 부분

③ 수지가 과도한 부분

④ 수포(blister), 기포(air bubble)

⑤ 주름(wrinkle)

⑥ 공간(void)

⑦ 열 용해(heat decomposition)

제조과정에서 부품에 과도한 수지가 사용되었다면 불필요하게 무게를 증가시키는 원인이 될 수 있다. 상온 적층 작업 중 수지가 너무 적게 사용되었거나 경화 과정에서 수지가 과도하게 배출된 경우 수지 결핍 현상이 초래된다. 이 수지 결핍 현상은 표면의 섬유 형태로 확인될 수 있으며, 섬유와 수지의 비율은 60:40이 적당하다.

제작 공정에서 발생하는 결함의 원인으로는 다음과 같은 것이 있다.

① 부적절한 경화 및 공정처리

② 부적절한 가공

③ 잘못된 취급

④ 부적절한 구멍 뚫기

⑤ 공구 취급 부주의

⑥ 오염

⑦ 부적절한 연마

⑧ 불충분한 재료

⑨ 부적절한 공구 사용

⑩ 구멍 및 세공 위치 선정 실수

2 사용 중 발생결함(In-service Defect)

사용 중 결함은 다음과 같다.

① 환경 요인에 의한 퇴화(environmental degradation)

② 충격손상(impact damage)

③ 피로(fatigue)

④ 과도한 하중에 의한 균열(cracks)

⑤ 접착부의 떨어짐(debonding)

⑥ 얇은 조각으로 갈라짐(delamination)

⑦ 섬유파단(fiber fracturing)

⑧ 침식(erosion)

3 부식(Corrosion)

많은 섬유유리(fiberglass)와 케블라 재질의 부품에 낙뢰 방지를 위해 고운 알루미늄 메시(mesh)가 부착되어 있다. 그림 4-8과 같이, 이 알루미늄 메시의 볼트 또는 스크루 구멍 주위에서 부식이 발생된다.

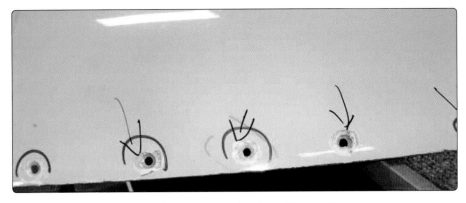

▲ 그림 4-8 알루미늄 메시 볼트 구멍의 부식

부식은 패널의 전기적 접지에 영향을 줄 정도가 되면 해당 알루미늄 그물망 부분을 제거하고 새로운 메시를 부착하여 전기적 접지 기능을 회복시켜야 한다.

자외선 등(UV, ultraviolet light)은 복합 소재의 강도에 영향을 준다. 복합 소재 구조물은 자외선 빛에 의한 영향을 예방하기 위해 마무리 칠 작업을 실시해야 한다.

4-7 복합재료의 비파괴검사(Nondestructive Inspection(NDI) of Composite)

1 육안검사(Visual Inspection)

육안검사는 모든 검사 방법 중에서 기장 기본이 되는 검사다. 복합재료에서 발생하는 대부분의 손상은 표면에 그슬림(scorch), 얼룩(stain), 찌그러짐(dent), 관통(penetrate), 마모(abrade), 또는 깎아낸 부스러기(chip) 형태로 나타난다. 육안 검사에 의해 손상 현상이 발견되면 해당 부위를 손전등, 확대경, 거울 또는 보어스코프(borescope) 장비를 이용하여 더욱 상세하게 검사를 실시해야 한다. 이들 장비들은 또한 검사해야 할 부위의 접근이 쉽지 않은 경우에 사용되기도 한다. 육안검사로 발견할 수 있는 손상으로는 수지의 결핍, 수지의 잉여, 주름 현상, 층간 연결 현상 그리고 과도한 열, 번개 등으로 발생하는 변색 현상, 충격 손상, 이물질, 수포 현상, 들뜸 현상 등이 있다. 그러나 육안검사로는 복합 소재 내부에서 발생하는 들뜸 현상, 부착 부분의 떨어짐 및 접착 부위의 가는 균열 현상 등을 탐지할 수 없다. 이러한 손상들은 더욱더 정교한 검사 방법인 비파괴 검사 방법으로 검사를 실시해야 한다.

2 코인 태핑(Coin Tapping, Audible Sonic Testing)

이 탭 테스트(tap test) 방법은 숙련된 작업자의 손에 의해 측정되는 매우 정교한 검사 방법으로 복합 소재의 들뜸 또는 떨어짐 현상을 검사하는 가장 일반적인 방법이다.

이 방법은 딱딱한 둥근 동전 또는 그림 4-9와 같이, 가벼운 해머처럼 생긴 간단한 공구를 사용하여 검사영역(inspection area)을 두드려서 되돌아오는 소리로 판단하는 방법이다. 맑고, 날카로운 소리는 잘 접착된 고형 구조물에서 나는 소리로 정상상태를 나타내지만 무디거나 또는 퍽퍽한(thud-like) 소리는 고형 구조물에 손상현상이 있음을 나타낸다.

Sound는 모순된(discrepant) 지역을 표시한다.

이 탭 테스트를 수행할 때에는 귀로 들리는 소리에 의해 구별할 수 있을 정도의 빈도로 검사 표면을 두드려야 한다. 이 테스트는 보강재와 부착된 얇은 표면 부분, 허니콤 샌드위치 구조물의 표면 부분, 심지어 로터 블레이드(rotor blade)와 두꺼운 적층 구조물의 표면 가까운 부분을 검사하는 데 매우 효율적이다. 이 테스트는 검사할 구조물의 내부 구조를 잘 알고 있는 숙련자에 의해 실시되어야 하며, 가능하면 조용한 곳에서 실시하여야 한다. 이 검사 방법은 4개 층 이상으로 구성된 구조물에서는 효율적이지 못하다. 보통 이 검사 방법은 허니콤 구조의 얇은 표면 재질에 결함 존재 범위 등을 표시할 경우에 사용하고 있다.

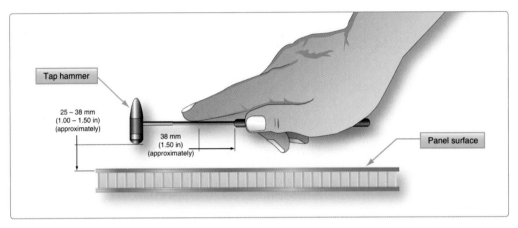

▲ 그림 4-9 탭 해머를 사용한 탭 테스트

❸ 자동태핑 검사(Automatic Tap Test)

이 검사 방법은 수동으로 실시하는 소리 탐지 방법과 매우 유사하며 손에 의한 해머 대신 솔레노이드로 작동되는 장비를 사용하는 것이다. 검사 시 동일지역에서 솔레노이드가 반복적인 충격을 가하며, 충격 부위의 충격에 대한 시간대비 가해진 힘의 크기는 충격, 충격에너지, 그리고 구조물의 기계적 성질에 따라 달라진다. 이를 기준으로 검사 부위에서 발생한 편차를 탐지, 구별하여 결함 존재 여부를 판단한다.

❹ 초음파 검사(Ultrasonic Inspection)

초음파 검사는 육안, 소리 탐지 방법 등으로 탐지할 수 없는 복합 소재 부품의 내부에 존재하는 들뜸 현상, 공간 또는 기타 이상 현상을 탐지하는 데 매우 효율적인 방법이다. 초음파 검사 방법에는 많은 종류가 있으나 가청 주파수를 초과하는 사운드 웨이브 에너지(sound wave energy)를 사용한다.

❺ 방사선 검사 방법(Radiography)

흔히 엑스레이 검사로 불리는 방사선 검사는 검사부품의 내부 구조를 볼 수 있기 때문에 비파괴

검사 방법으로 매우 유용하게 사용되고 있다. 이 검사 방법은 검사 부품 자체 또는 조립된 상태에서 방사선에 민감한 필름에 방사선을 투과, 흡수시켜 기록하는 방식으로 이루어진다.

⑥ 열상 기록 검사 방법(Thermography)

열상 검사는 검사 부품의 온도 변화를 측정하는 열 감지 도구가 사용되는 모든 방법이 해당한다. 열상검사의 기본 원리는 검사 부품에 열 변화가 형성될 때 표면 온도를 측정하거나 도표화하는 방식이다.

⑦ 중성자 투과 검사 방법(Neutron Radiography)

중성자 투과 검사 방법은 시편의 내부 특성을 시각화할 수 있는 능력을 갖춘 비파괴 영상 기술이다.

⑧ 수분 탐지기(Moisture Detector)

수분계(moisture meter)는 샌드위치 허니콤 구조물에 있는 수분을 탐지하는 데 사용한다. 수분계는 수분으로 인해 발생하는 RF 파워 손실을 측정한다.

수분계는 항공기 전방에 장착된 레이돔 구조물 내부에 수분이 존재하는지 측정하는 데 사용한다.

표 4-1에서는 비파괴검사 시험장비별 결함식별 가능 여부를 나타내고 있다.

[표 4-1] 비파괴검사 시험장비 비교

점검방법	결함 유형							
	판분리	박리	찍힘	균열	구멍	수분유입	과열 및 연소	낙뢰
육안	×(1)	×(1)	×	×	×		×	×
X-Ray	×(1)	×(1)		×(1)		×		
초음파 TTU	×	×						
초음파 플러스 에코		×				×		
초음파 분리시험	×	×						
탭 테스트	×(2)	×(2)						
적외선 서모그래피	×(3)	×(3)				×		
형광 침투				×(4)				
와전류				×(4)				
전단간섭계	×(3)	×(3)						

Notes: (1) 표면에 노출된 결함
(2) 얇은 구조물(3겹 이하)
(3) 점검방법을 위한 절차 개발 중
(4) 본 절차 추천되지 않음

4-8 복합재료 수리(Composite Repair)

1 습식 적층 방법(Wet Lay-up)

습식 적층 공정에 사용되는 건조된 천은 수지가 주입되지 않은 형태이다. 수리 작업 직전에 수지를 혼합한다. 천의 조각에 수리용 층을 배치시키고 천에 수지를 주입한다. 천에 수지가 주입되면 수리용 층을 자른 후 층의 방향에 맞추어 진공 백에 쌓아 놓는다. 습식 적층 수리 방법은 유리섬유를 사용하며, 비구조적인 부분에 종종 사용한다. 탄소 및 케블라 재질의 건조된 천 또한 습식 적층 접착제 방식으로 사용될 수도 있다. 많은 종류의 수지가 상온에서 이루어지는 습식 적층 경화 과정에 사용되는데 이는 작업이 용이하며 관련 재료를 오랜 기간 동안 상온에서 저장할 수 있다. 습식 적층의 단점은 원형 구조물 그리고 제작 시에 250°F 또는 350°F에서 경화되어 제작된 부품인 경우 그 강도와 내구성을 완전히 복원할 수 없다는 것이다. 일부 습식 적층 수지는 상승된 온도 경화 방식을 사용하고 향상된 성능을 갖는 경우도 있다. 일반적으로 습식 적층 성능은 수지 침투 가공재의 성능에는 미치지 못한다.

에폭시 수지는 사용하기 전까지 냉각 상태를 유지시켜 주어야 한다. 이것은 에폭시의 사용 가능 시효를 유지시켜 주는 것이다. 통상적으로 용기에 부착되어 있는 라벨에 해당 재료의 정확한 저장 온도 등을 표시해 준다. 대부분 에폭시 수지의 저장 온도는 약 40~80°F이다. 일부 수지인 경우 40°F 이하에서 저장해야 하는 제품도 있다.

2 수지 침투 가공재(Prepreg)

수지 침투 가공재는 제작 과정에서 수지가 주입된 천 또는 테이프 형태의 재료이다. 수지는 이미 혼합되어져서 B-단계 경화 상태를 유지한다. 수지가 더 이상 경화되지 않도록 하기 위해 수지 침투 가공재 자재는 0°F 이하의 냉동고에 저장해야 한다. 이 수지 침투 가공재 자재는 보통 롤(roll) 형태로 보관하며, 자재가 서로 붙지 않도록 한쪽 면에 보호용 재료를 부착해 둔다. 따라서 수지 침투 가공재 자재는 층으로 쌓아두지 않는다. 수지 침투 가공재 자재는 겹치는 과정에서 쉽게 들러붙거나 접착되는 성질이 있다. 수지 침투 가공재를 사용하기 위해서는 냉동고에서 꺼낸 후 완전히 롤 형태인 경우 약 8시간 동안 녹여야 한다. 수지 침투 가공재 자재는 습기가 침투되지 않도록 밀봉된 봉지 등에 넣어 보관해야 한다. 또한 습기 등으로 자재가 오염되지 않도록 완전히 녹을 때까지 밀봉된 봉지를 열지 않는다.

수지 침투 가공재 자재는 완전히 녹은 후 보호용 재료를 떼어내고 수리용 자재로 자른 후 층의 방향에 맞추어 쌓은 후 진공 백에 넣는다. 층을 겹쳐 쌓을 경우에는 보호용 재료를 반드시 제거해야 한다. 수지 침투 가공재는 온도를 상승시키면서 경화시키는 데 가장 일반적으로 사용되는 온도는

250°F와 350°F이다.

❸ 상호 경화 접착 방식(Co-curing)

상호 경화 접착 방식 절차는 접착되는 부분의 2개 부품에서 동시에 경화가 일어나는 공정이다. 2개 부품 사이의 경계면에 접착용 층을 사용하거나 그렇지 아니할 수도 있다. 상호 경화 접착 방식은 가끔 패널 표면이 양호하지 못하는 상태를 유발시킬 수 있다. 이는 표준 경화 절차에서 동시 경화된 2차 표면 재료를 사용하는 방법 등으로 방지할 수 있다. 상호 경화된 표면은 상대적으로 낮은 기계적 특성을 지니게 되어 설계된 수명보다 단축된다.

상호 경화 형태의 전형적인 작업이 보강재와 외판에서 동시에 일어나는 접착 형태이다. 보강재와 외판 사이에 접착용 필름이 놓이는데 이는 피로 손상 및 떨어짐에 대한 저항 능력을 증대시켜 준다. 상호 경화 공정의 부수적인 장점은 접착 형태의 부품과 확실하게 청결이 유지된 표면 간 부착 능력이 우수하다는 것이다.

❹ 2차적 접착 방식(Secondary Bonding)

2차적 접착 방식은 수지 침투 가공재 부품을 이용하며, 2개 부품을 접합시키기 위해 수지층을 사용한다. 허니콤 샌드위치 구조물은 일반적으로 최적의 구조적 성능을 발휘할 수 있도록 2차적 접착 방식 공정이 이용된다. 허니콤 코어 위쪽에서 상호 경화된 층은 코어 셀 안으로 묻힌 비틀어진 층이 존재할 수 있다. 이로 인해서 압축 경도와 강도가 각각 10~20% 정도 경감될 수 있다.

2차적 접착 방식 중인 수지침투 적층판은 보통 얇은 나이론 또는 유리섬유 재질의 이격용 층을 접착면에 사용한다. 이격용 층은 때때로 수지침투 적층판의 비파괴검사를 방해할 수 있는 반면에, 그것은 접착 작업 이전에 표면의 청결 상태가 어떠했는지 확인시켜 주는 가장 효과적인 수단이라는 것을 알 수 있다. 이격용 층을 벗겨낸 후 원래의 표면을 이용할 수 있다. 접착 선에 손상이나 균열이 발생되면 이격용 층의 물결 현상으로 만들어진 접착제 자국 부분을 가볍게 갈아서 제거한다.

복합소재 재료는 구조적인 수리 및 원상 복구 작업, 또는 알루미늄, 강재, 그리고 티타늄 부품의 성능을 향상시키기 위한 작업에 사용할 수 있다. 접착된 복합소재 보강판은 피로 균열 손상의 확산을 느리게 하거나 멈추게 할 수 있고, 부식으로 잘라낸 부위를 대체하거나 구조적으로 너무 작거나 음의 마진을 갖고 있는 부위를 구조적으로 보강시키는 역할을 수행할 수 있다. 이러한 종류의 기술은 금속재 접착과 항공기상에서 수행되는 복합재료 접착 수리 작업 시 조합된 형태로 이루어진다. 이러한 수리 작업에서는 에폭시 수지와 함께 보론(boron) 수지 침투 가공재 테이프가 가장 널리 사용되고 있다.

5 상호 접착 방식(Co-bonding)

상호 접착 방식 공정은 같이 접착되는 부품에 수지를 동시에 바른 후 해당 부품과 함께 동시에 경화시키는 방법이다. 벗겨짐에 대한 저항 강도(peel strength)를 향상시키기 위해 필름형 수지를 사용한다.

6 수지 혼합(Mixing Resin)

2개 이상의 재료로 구성된 모든 재료들과 같이 에폭시 수지도 사용 전에 완전하게 혼합되어야 한다. 일부 수지에서는 얼마나 잘 혼합되었는지 쉽게 알 수 있도록 염료를 첨가한 제품도 있다. 대부분 수지는 염료를 첨가하지 않으므로 약 3분 동안 서서히 그리고 완전하게 혼합시켜야 한다. 수지를 너무 빨리 혼합하면 혼합 과정에서 공기가 들어갈 수 있다. 만약 수지가 완전하게 혼합되지 못하면 수지는 올바르게 경화되지 않는다. 수지가 올바르게 혼합될 수 있도록 혼합용 컵의 가장자리와 바닥을 긁어내야 한다.

경화 속도가 빠른 수지인 경우 너무 많은 양을 한 번에 혼합해서는 안 된다. 이럴 경우에는 혼합 직후부터 수지는 열을 발생시키며, 수지가 과열되었을 경우 발생하는 연기는 연소 현상을 일으키거나 유독 가스를 발생시킨다. 따라서 작업에 필요한 적당한 양만 혼합해야 한다.

7 침투 기법(Saturation Technique)

습식 적층 방식 수리에서는 천에 수지를 주입한다. 이때 중요한 것은 적절한 양의 수지를 천에 주입하는 것이다. 수지 양이 너무 많거나 너무 적으면 수리 후의 강도에 영향을 미친다. 또한 수지에 공기가 들어가거나 천에서 공기가 완전히 빠져나오지 못하면 수리 후의 강도를 저하시킨다.

1) 브러시 또는 스퀴지를 이용한 천의 수지 침투 방법(Fabric Impregnation with a Brush or Squeegee)

천에 수지를 주입시키는 전형적인 방식은 브러시나 스퀴지 공구를 사용한다. 작업자는 해당 층이 받침대에 고착되지 않도록 이격용 콤파운드나 필름을 위치시킨다. 받침대에 천을 놓은 후 중간층에 수지를 바른다. 브러시나 스퀴지 공구를 사용하여 천이 완전히 젖도록 한다. 추가적으로 천 및 수지를 부착하고 모든 층에 수지가 완전히 주입되도록 반복 작업을 수행한다. 진공 백은 해당 층들을 함께 뭉치게 하고 잉여 수지 및 유독 가스를 배출시키는 데 사용한다. 대부분 습식 적층 수리 방법은 상온에서 경화시키는데, 이때 필요하다면 경화 시간 단축을 위해 150°F까지 온도를 올려 주기도 한다.

그림 4-10의 (A)는 습식 적층재료 작업, (B)에서는 천의 배치 작업, (C)에서는 천에 수지 침투 작

업이며, (D)는 고무 공구를 사용하여 천을 골고루 적시는 작업이다.

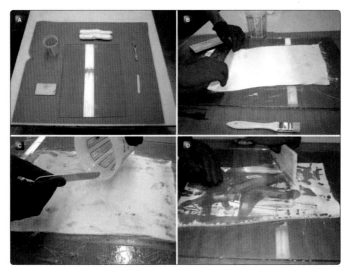

▲ 그림 4-10 브러시와 고무롤러를 사용한 천의 침투방법

2) 진공 백을 이용한 천의 수지 침투 방법(Fabric Impregnation using a Vacuum Bag)

진공을 이용한 수지 침투 방법은 진공 백 안에서 봉해진 상태로 2종류로 구성된 수지를 수리용 천에 주입시키는 데 사용한다. 이 방법은 조밀하게 짠 천 구조물에 대해 최적 상태의 수지 비율이 요구될 경우에 사용한다. 누리기 공구를 이용한 주입 방법과 비교하면 천 내부로 들어가는 공기의 양을 줄여주고 수지 주입에 대한 더욱 완벽한 상태의 공정을 제공해 준다.

3) 진공 압착 기법(Vacuum Bagging Technique)

진공 백 몰딩 공정은 적층과 그 위에 놓여 있는 유연한 판 그리고 가장자리가 밀봉된 사이의 공간에서 진공으로 끌어당기는 압력하에 경화 과정이 이루어지는 것이다. 진공 백 몰딩 공정에서 층들은 일반적으로 수지 침투 가공재를 사용하여 수작업 형태의 적층을 하거나 상온 적층 방법으로 지지대에 위치시킨다. 이 공정에서는 빠르게 이동할 수 있는 접착제 타입이 더 효과적으로 사용된다.

4) 한쪽 면만 진공 압착 적용 방법(Single Side Vacuum Bagging)

만약 수리해야 할 부품이 진공 백을 사용할 수 있는 넓은 크기이며, 수리 부위가 한쪽 면인 경우에는 이 방법이 효율적이다. 진공 백을 끈적끈적한 테이프로 해당 위치에 붙이고 진공 상태를 만들기 위해 백 안으로 진공관을 넣는다.

5) 전체 밀봉 형태의 압착 방법(Envelope Bagging)

전체 밀봉 형태의 수리작업은 그림 4-11과 같이. 수리해야 할 부품이 진공 백으로 완전히 덮을 수 있거나 적절한 밀봉이 가능하도록 해당 부품 끝 부분으로 백이 감싸질 수 있을 경우에 이 방법을 사용한다. 이 방법은 조종면, 덮개용 패널 등과 같이 장탈착이 가능한 항공기 부품 수리 시 자주 적용되며, 또한 수리해야 할 부품의 형상 또는 진공 백을 위치시키기 어렵거나 밀봉하기 까다로운 곳의 수리 작업 시에 적용된다. 어떤 경우에는 수리해야 할 부품이 너무 작아 한쪽 면에만 진공 백을 장착하는 데 너무 작은 경우에 사용한다. 또 다른 경우로 수리 부위가 거대한 부품의 끝 부분으로 진공 백으로 끝 부분을 감싸고 전체를 밀봉해야 할 경우도 있다

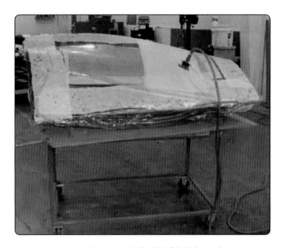

▲ 그림 4-11 전체 밀봉형태의 수리

8 복합재료의 경화(Curing of Composite Material)

경화 곡선은 시간/온도/압력 곡선 요소로 구성되는데 일반적으로 열경화성수지 또는 수지 침투 가공재를 경화시키기 위해 사용한다. 수리 공정에서의 경화는 수리하고자 하는 부품의 본래 제작 시의 경화 과정만큼이나 중요하다. 재료를 미리 제조하는 방식의 금속류에서의 수리와는 달리 복합재료 수리에서는 재료를 제작할 수 있는 숙련된 작업자가 필요하다. 이것은 모든 수리 재료의 저장, 작업 공정 및 품질 관리 기능을 담당해야 하기 때문이다. 항공기 수리 작업에서 경화 곡선은 소요 자재의 저장 과정에서부터 시작된다. 저장이 올바르지 못할 경우에는 그것을 수리 작업에 사용하기 이전부터 이미 경화가 시작된 것이다. 경화 곡선과 함께 관련된 필요 시간과 온도 조건이 모두 부합되어야 하고 기록 관리되어야 한다. 수리가 필요한 부품에 대한 올바른 경화 과정은 관련 기체수리용 매뉴얼에 소개된 절차를 따라야 한다.

1) 상온 경화(Room Temperature Curing)

상온 경화는 에너지를 절감할 수 있고 이동할 수 있는 장점이 있다. 상온에서의 습식 적층 수리 방법은 250℉ 또는 350℉ 온도로 경화 제작된 부품의 원래 강도 및 내구력을 복구시킬 수는 없기 때문에 구조적으로 중요하지 않은 부품을 대상으로 유리섬유의 상온 적층 수리 작업에 이용된다. 상온 경화 작업 시 열을 가해서 작업 공정을 약간 가속시킬 수는 있다. 수리 부위의 최대 특성 유지는 150℉에서 이루어진다. 수리 작업 시 층을 결합시키고 공기 및 휘발성 물질을 배출시키기 위해 진공 백을 사용한다.

2) 경화 온도 상승(Elevated Temperature Curing)

모든 수지 침투 가공재 재료는 경화 시 온도를 높이는 방법을 사용한다. 일부 상온 적층 수리 시에도 이 방법을 사용하여 수리 강도를 증가시키거나 경화 시간을 단축하는 방안으로 사용한다. 경화시키기 위한 오븐이나 가열 접착기는 층을 결합시키고 내부 공기 및 휘발성 물질을 배출시키기 위해 진공 백을 사용한다.

수리 공정에 사용되는 상승 온도 경화 과정은 다음과 같이 최소 3개의 과정으로 구성된다.

① Ramp up: 가열장치는 전형적으로 분당 3~5℉ 범위로 설정된 온도 비율로 증가시킨다.

② Hold 또는 Soak: 가열장치는 미리 정해진 기간 동안 해당 온도를 유지한다.

③ Cool down: 가열장치는 설정된 온도까지 냉각시킨다. 냉각 온도는 전형적으로 분당 5℉ 이하이다. 가열장치가 125℉ 이하로 되었을 때, 수리 부품을 제거할 수 있다. 수리 부품 경화 공정에 오토클레이브가 사용되었다면 오토클레이브 문을 열기 이전에 오토클레이브 내의 압력이 제거되었는지 확인해야 한다.

4-9 복합재료 허니콤 샌드위치 구조물 수리(Composite Honeycomb Sandwich Repair)

현재 항공 산업 분야에 사용되고 있는 복합재료 부품의 많은 부분은 손상에 민감하거나 쉽게 손상될 수 있는 경량의 샌드위치 구조물이다. 샌드위치 구조물은 접착 방법으로 제작되고 표면 판재가 얇기 때문에 손상 발생 시 그림 4-12와 같이. 대부분 접착 방식으로 수리한다. 샌드위치 허니콤 구조물의 수리는 표면 재질이 대부분 공통적인 재질, 즉 유리섬유, 탄소 및 케블라이므로 유사한 수리 방법이 적용된다. 케블라는 종종 유리섬유를 사용하여 수리하기도 한다.

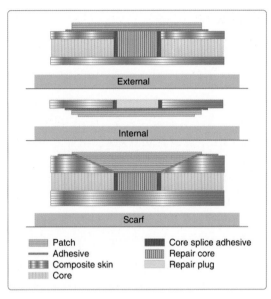

External

Internal

Scarf

	Patch		Core splice adhesive
	Adhesive		Repair core
	Composite skin		Repair plug
	Core		

▲ 그림 4-12 허니콤 샌드위치 구조 수리

1 손상 분류(Damage Classification)

임시 수리(temporary repair)는 강도에 대한 필요조건은 만족되지만 수리 부위에 대한 제한된 사용 가능 시간 또는 사용 가능 비행 횟수를 갖는다. 이 수리 제한 조건 이내에 기존 수리 부분을 떼어내고 교체해야 한다.

잠정 수리(interim repair)는 원래 요구되는 강도까지 복원시킨다. 그러나 수리 부품이 요구되는 내구성을 복원시킬 수 없어 별도의 검사 주기와 검사 방법으로 반복 검사를 수행해야 한다.

영구 수리(permanent repair)는 해당 부품이 요구하는 강도와 내구성을 완전히 복원시키는 수리이다. 이 수리 부위는 원래 구조물에 적용하는 동일한 검사 방법과 주기로 검사하면 된다.

2 미세한 코어 손상 수리 (Minor Core Damage: Filler and Potting Repair)

샌드위치 허니콤 구조물에서 손상 직경이 0.5 inch 이하인 경우에는 포팅(potting) 방법으로 수리할 수 있다. 이때 손상된 허니콤 재질은 제거하거나 그대로 남겨 놓은 채 강도를 유지하도록 포팅을 채워 넣어 수리한다. 포팅 수리 방법은 해당 부품의 강도를 완전히 복원할 수는 없다.

포팅 콤파운드는 에폭시 수지가 가장 널리 사용한다. 포팅 콤파운드는 또한 가장자리 끝 부분과 외판에서 발생하는 미세한 수리를 위한 충진제로 사용할 수 있다. 포팅 콤파운드는 또한 볼트와 스크류가 장착되는 주요 고정 부위로서 샌드위치 허니콤 패널에 사용한다. 포팅 콤파운드는 기존의 코어보다 무겁다. 그래서 이것은 조종면 구조물의 균형에 영향을 미칠 수 있다. 수리된 부품의 무게를 측정한 후 기체수리용 매뉴얼에 소개된 지침에 따라 조종면 구조물의 무게와 균형 한계치를 비교하여 필요시 후속 조치를 취해야 한다.

❸ 코어 교환 및 한쪽 또는 양쪽 표면 재료 수리 절차(Damage Requiring Core Replacement and Repair to One or Both Faceplate)

어느 항공기 제작사에 의해 소개된 수리 방법을 다른 제작사 부품 수리에도 동일하게 적용해서는 안 된다. 일반적인 수리 절차는 다음과 같다.

단계 1: 그림 4-13과 같은 방법으로 손상 부위 검사(Inspect of Damage)

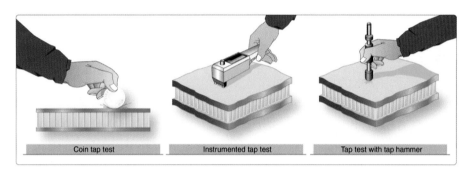

| Coin tap test | Instrumented tap test | Tap test with tap hammer |

▲ 그림 4-13 탭 검사 기술

단계 2: 손상 부위에서 물 제거(Remove Water from Damaged Area)

단계 3: 손상 부위 제거(Remove the Damage)

단계 4: 손상 부위 준비 작업(Prepare the Damaged Area)

단계 5: 허니콤 코어 장착–습식 적층 방법(Honeycomb Core Installation: Wet Lay-up)

단계 6: 수리용 층 준비 및 부착(Prepare and Install the Repair Plies)

단계 7: 진공 백을 사용하여 불필요한 공기 제거 및 압착 작업

단계 8: 경화 작업(Curing the Repair)

단계 9: 그림 4-14와 같은 방법으로 수리 완료 후 검사(Post-repair Inspection)

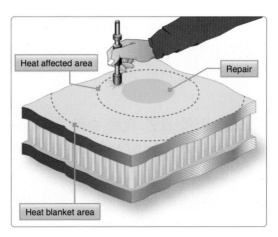

▲ 그림 4-14 수리 후 검사

❹ 알루미늄 구조물에 복합소재 덧붙임판 접착 수리 방법 (Composite Patch bonded to Aluminum Structure)

복합소재 재료는 구조적인 측면에서 알루미늄, 강재, 그리고 티타늄 부품에 대한 수리, 물리적 특성 복구 및 강화하는 데 사용할 수 있다. 피로 균열 현상의 증가를 억제하거나 멈추게 하는 능력을 가진 접착식 복합 소재 덧붙임판은 부식 제거로 상실된 구조물 부분을 대체할 수 있고, 너무 작거나 모자라는 마진이 존재하는 부위를 구조적으로 보강시킬 수 있다.

보론 에폭시(boron epoxy), 글래어(GLARE®), 그리고 흑연 에폭시(graphite epoxy) 재료는 손상된 금속제 날개 표피, 동체 부분, 객실 바닥 구조재 및 압력 격판에 발생된 손상을 복원하기 위한 복합 소재 덧붙임판으로 사용되고 있다. 균열 전파를 억제하여 금속 부위에서 응력 확산을 감소시키고, 균열 주변으로부터 다른 경로를 거쳐 전달되도록 한다.

수지의 강도를 유지하기 위해서는 표면 준비 작업이 매우 중요하다. 그리트 블라스트 실레인(grit blast silane)과 인산 도금(phosphoric acid anodizing)은 알루미늄 외판을 준비하는 데 사용한다. 금속성 구조물에 덧붙임판을 접합시키기 위해서는 250℉(121℃) 경화용 필름형 수지를 널리 사용한다. 장착 과정에서 중요한 부위는 경화 온도 유지 관리가 올바르게 이루어야 하고, 부착 표면에 물기가 없어야 하는 등 화학적 그리고 물리적으로 접착 표면에 대한 준비 작업을 철저히 해야 한다.

❺ 레이돔 수리 방법(Radome Repair)

항공기 레이더의 전자적인 창문 역할을 하는 레이돔은 오직 3~4Ply의 얇은 허니콤 샌드위치 구조물 형태로 제작하여 전파 신호를 차단하지 못하도록 한다. 레이돔은 구조물이 얇고 항공기 앞쪽에 위치하기 때문에 우박 피해, 조류 충돌, 그리고 낙뢰 등으로 인한 손상이 쉽게 발생할 수 있는 취약점이 있다. 여러 가지 요소의 약한 충격 손상이 발생하면 떨어짐 또는 들뜸 현상의 결함이 발생하며, 충격 손상 및 침식으로 인해 레이돔 구조물 내에 습기 침투 현상이 발생한다. 코어에 습기가 모이게 되면 비행 중 저온으로 인해 결빙 현상이 반복 발생하고, 이로 인해 레이돔 구조물인 허니콤 재료를 손상시킨다. 레이돔에서 손상이 발생하면 구조물 내의 추가 손상 방지 및 레이더 신호 장애가 발생하지 않도록 신속히 수리해야 한다. 레이돔 구조물에 침투된 물 또는 습기 성분은 레이더 영상에 그림자를 만들어 레이더 성능을 심하게 훼손시킨다. 레이돔에 물이 침투되었는지 검사하는 방법으로는 엑스레이, 적외선 열 영상 탐지 장비 및 레이돔 습기 침투 측정 장비 등의 비파괴검사 방법을 사용한다. 레이돔 수리 방법은 다른 허니콤 구조물에서 사용되는 방법과 유사하지만 작업자는 항상 수리가 레이더 성능에 영향을 미친다는 점을 항상 인식해야 한다. 레이돔이 심하게 손상되었을 경우에는 수리 시 특수 장비와 공구가 필요하다.

레이돔은 수리 작업 후 전파 신호가 적절하게 레이돔을 통과하여 전송되는지 확인하는 투과율 시험을 수행해야 한다. 레이돔 외부 표면에는 번개 조우 시 전기적 에너지를 발산시키기 위해 그림 4-15와 같이 낙뢰 보호용 연결 띠 형태의 부속 부품을 부착한다. 레이돔 구조물 손상을 방지하기 위해서는 이 낙뢰 보호용 연결 띠 형태의 부속 부품의 올바른 접착 상태를 유지시켜 주는 것이 매우 중요하다. 레이돔 검사 시 발견되는 전형적인 손상 형태로는 띠 또는 부착된 구성품에서 단락 그리고 표면으로부터 띠가 박리되어 매우 높은 저항치를 갖게 되는 것이다.

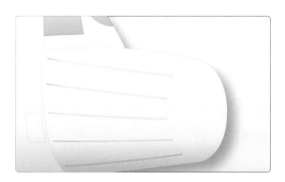

▲ 그림 4-15 레이돔의 낙뢰 보호용 연결 띠

⑥ 외부 덧붙임판 접착 수리 방법(External Bonded Patch Repair)

손상된 복합재료 구조물의 수리는 외부 덧붙임판를 가지고 실시할 수 있다. 외부 덧붙임판 수리는 수지 침투 가공재, 습식 적층 방법, 또는 사전 경화 덧붙임판을 사용할 수 있다. 외부 덧붙임판은 보통 가장자리에서 발생하는 응력 집중을 경감시켜 주기 위해 계단 모양으로 만든다. 외부 덧붙임판의 단점은 박리 응력을 만들어 주는 부하의 편중, 그리고 비행 중 발생하는 공기 흐름에서 돌출되는 것이다. 반면 장점은 쉽게 수리 작업을 수행할 수 있다는 것이다.

(1) 수지 침투 가공재 층을 사용한 외부 덧붙임판 부착 수리 방법

　　탄소, 유리섬유, 그리고 케블라에 대한 수리 방법은 모두 유사하다. 유리섬유는 때로 케블라 재료를 수리하기 위해 사용한다. 외부 덧붙임판으로 손상 부위를 수리하는 주요 절차는 다음과 같이 손상 상태 조사 및 결정 → 손상 부위 제거 → 수리용 층의 적층 작업 → 진공 압착 → 경화 → 마무리 코팅 작업을 수행하는 것이다.

(2) 습식 적층 방식과 이중 진공 장치(Double Vacuum De-bulk Method: DVD)를 사용한 외부 덧붙임판 부착 수리 방법

　　일반적으로 습식 적층 수리의 특성은 수지 침투 가공재를 사용한 수리의 특성만큼 양호하지는 않지만, 그림 4-16과 같이, 이중 진공 장치 사용 방법을 사용해서 습식 적층 수리의 특성을 향상시킬 수 있다. 이중 진공 장치 사용 방법은 습식 적층 구조물에서 특성을 좌우하는 침투된 공기를 제거시키는 기술이다. 이 공정은 가끔 복잡한 굴곡이 있는 표면의 고형 적층 구조물에 덧붙임판을 부착하기 위해 사용한다. 적층된 덧붙임판을 이 장비에서 준비하고, 그 다음에 항공기 구조물에 2차적으로 접합시킨다. 적층 공정은 표준 적층 공정과 유사하다. 다른 점은 덧붙임판을 경화시키는 방법에 있다.

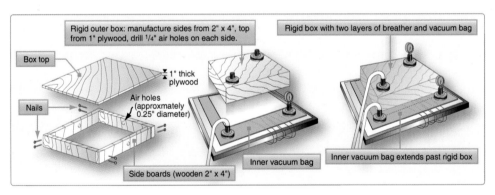

▲ 그림 4-16 이중 진공 장치(DVD)를 이용한 합판 수리

(3) 항공기에 덧붙임판 부착 방법(Patch Installation on the Aircraft)

　　덧붙임판을 상기 장비에서 꺼내서 항공기의 굴곡면에 맞게 형상을 만드는 것은 가능하지만 전형적으로 그 시간은 10분으로 제한된다. 항공기 외판에 필름형 수지 또는 반죽형 수지를 놓고 항공기에 덧붙임판을 놓는다. 그림 4-17과 같이, 수지를 경화시키기 위해 진공 백

과 가열판을 사용한다

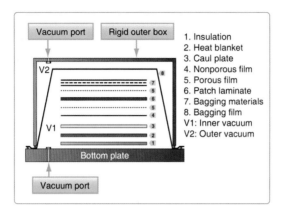

1. Insulation
2. Heat blanket
3. Caul plate
4. Nonporous film
5. Porous film
6. Patch laminate
7. Bagging materials
8. Bagging film
V1: Inner vacuum
V2: Outer vacuum

▲ 그림 4-17 이중 진공 부풀음 제거 팽창방지 도해

(4) 접착 수리 방법과 볼트 장착 수리 방법 비교

접착에 의한 수리 개념은 덧붙임판 부착을 위해 파스너 구멍을 뚫어줄 필요가 없어 응력 집중을 발생시키지 않고, 원래 재료의 강도보다 더 강할 수 있는 장점이 있다. 반면 단점으로 는 대부분 수리용 재료는 특별하게 저장 및 취급해야 하고 경화 절차가 필요하다는 것이다.

[표 4-2] 볼트 장착 대 접착 수리

볼트 장착 대 접착 수리	볼트 장착	접착
저하중을 받는 기골-적측 두께 1.0인치 이하		×
고하중을 받는 기골-적측 두께 0.125-0.5인치 사이	×	×
고하중을 받는 기골-적측 두께 0.5인치 이상	×	
고강도 박피 스트레스	×	
허니컴 구조		×
마른 표면	×	×
수분함유 그리고/또는 오염 표면	×	
분해 요구	×	
노치없는 강도 복원		×

볼트 장착 수리 방법은 접착 수리 방법보다 빠르고 쉽게 이루어진다. 이 방법은 보통 충분한 파스너의 지압 면적으로 하중 전달을 확실하게 하기 위해 0.125 inch보다 더 두꺼운 복합 재료의 판재를 사용한다. 또한 파스너 구멍을 통해 습기가 침투되어 코어 손상을 초래할 수 있어 허니콤 샌드위치 구조물 결합에는 적용하지 않는다. 볼트장착 수리 방법은 무겁기 때문에 무게에 민감한 조종면 수리 등에는 사용이 제한된다.

허니콤 샌드위치 부품은 얇은 외부 판재를 갖고 있어 접착 형태의 수리가 가장 효과적이며, 필요시 외부 덧붙임판 부착 수리 방법이 대체 방안으로 사용할 수 있다. 볼트 장착 수리 방법은 얇은 적층 구조물에 대해서는 효과적이지 못하며, 대형 항공기에 사용되고 있는 두꺼운 고형 적층 구조물로 큰 부하가 걸리는 부분에서 1 inch 두께까지 사용될 수 있다. 그러나 이 종류의 적층 구조물은 접착 방식을 이용한 수리 방법은 효과적이지 못하다. 표 4-2는 볼트장착과 접착수리에 대한 자료이다.

⑦ 볼트 장착 수리 방법(Bolted Repair)

최근에 생산되는 새로운 대형 항공기에서는 1차 구조물에 샌드위치 허니콤 대신 두꺼운 고형 적층 구조 재질이 사용되고 있다. 이들 두꺼운 고형 적층 구조물은 오늘날 항공기의 조종면, 착륙 장치 도어, 플랩 그리고 스포일러 등에서 사용된 전통적인 샌드위치 허니콤 구조와는 아주 다르다. 과거에는 복잡하고 어려운 수리 방법이 요구되고, 일반적으로 작업이 어려운 접착 방식의 수리 방법이 적용되었으나, 최근에는 더욱 손쉬운 볼트를 사용한 수리 방법이 차츰 개발되어 널리 적용되고 있다.

볼트 수리 방법은 얇은 판재로 인한 강도 유지의 어려움, 구멍 뚫기 등으로 인해 발생하는 허니콤 구조물의 취약점 등으로 인해 허니콤 샌드위치 구조물에 적용하는 것은 바람직하지 않았다. 볼트 장착 수리 방법의 이점은 덧붙임판 재료와 파스너만 선정하면 되고 수리 방법은 기존의 판금 재료 수리 방법과 유사하다는 것이다. 따라서 이 방법을 사용하면 수지 침투 가공재와 접착용 필름 등에 대한 냉동고 보관, 경화 과정 등이 필요 없게 된다. 수리용 덧붙임판은 알루미늄, 티타늄, 강재, 또는 사전 경화된 복합소재 재료를 사용하여 제작한다. 복합 소재 덧붙임판인 경우에는 에폭시 수지와 함께 탄소섬유 또는 유리섬유로 제작한다.

알루미늄 덧붙임판으로는 탄소섬유 재질의 구조물을 수리할 수는 있지만 이질 금속 간의 부식 현상을 방지하기 위해 탄소 재질의 부품과 알루미늄 재질의 덧붙임판 사이에 유리섬유 재질의 층을 위치시켜야 한다. 티타늄 및 사전 경화된 덧붙임판은 큰 부하가 걸리는 부품의 수리 작업에 적합하다. 사전 경화된 탄소/에폭시 덧붙임판은 모재와 유사하게 경화되었을 경우에는 모재와 동일한 강도와 경도를 갖는다.

티타늄 또는 스테인레스 금속 재질의 파스너가 탄소섬유 구조물에는 볼트 수리 작업에 사용된다. 알루미늄 파스너는 탄소섬유와 함께 사용되면 부식이 발생한다. 리벳은 사용해서는 안 된다. 왜냐하면 리벳 건 사용 시 그리고 리벳 팽창 과정에서 구멍 주변 구조물에 손상을 발생시키고 복합 소재 재료에 들뜸 현상을 유발시킬 수 있기 때문이다.

수리 절차는 다음과 같다.

단계 1: 손상 부위 검사

단계 2: 손상 부위 제거

단계 3: 덧붙임판 준비

단계 4: 수리 작업용 구멍 배치

단계 5: 덧붙임판과 모재에 구멍 뚫기

단계 6: 파스너 장착

단계 7: 파스너와 덧붙임판의 밀폐 작업

단계 8: 마무리 처리 및 낙뢰 방지용 메시 부착

8 적층 구조 복합재료에 사용되는 파스너(Fastener used with Composite Laminate)

많은 제작 회사에서는 복합소재 구조물을 위해 특수한 파스너와 여러 가지 타입의 파스너를 제작한다. 즉, 나사산 파스너(threaded fastener), 락볼트(lockbolt), 블라인드 볼트(blind bolt), 블라인드 리벳(blind rivet) 그리고 허니콤 패널과 같이 강도가 약한 구조물에 사용되는 특수 파스너들이 있다. 금속 구조물과 복합재료 구조물에 사용되는 파스너 사이의 주요 차이점은 재료, 그리고 너트(nut)와 칼라(collar)의 직경 등이다.

1) 부식예방(Corrosion Precaution)

유리섬유 또는 케블라 섬유 보강 복합재료는 대부분 파스너와 함께 사용될 때 부식 현상을 발생시키지 않는다. 그러나 탄소섬유로 보강된 복합재료는 알루미늄 또는 너트나 칼라의 표면 도금에 사용되는 카드뮴과 같은 재료와 함께 사용될 때에는 부식 현상이 발생할 수 있다.

2) 파스너 재질(Fastener Material)

티타늄 합금 Ti-6AI-4V는 탄소섬유 보강 복합재료 구조물과 함께 사용되는 파스너의 가장 일반적인 합금이다. 오스테나이트 스테인리스강(austenitic stainless steel), 슈퍼합금(superalloy: A286 등), 멀티페이스 합금(multiphase alloy: MP35N 또는 MP159 등) 그리고 니켈 합금(Nickel Alloy: Alloy 718 등) 재질도 탄소섬유 복합재료에 잘 어울리는 파스너 재료들이다.

3) 샌드위치 허니콤 구조물에 파스너 장착 방법(Fastener Installation Method for Sandwich Honeycomb Structure: SPS Technologies Composite)

그림 4-18과 같은 "Adjustable Sustain Preload(ASP) Fastening System"은 파스너 체결 및 장착 하중에 민감한 복합 소재, 부드러운 코어, 금속 또는 다른 재료들의 결합에 대한 간단한 방법을 제공해 준다. 체결 하중은 최대 권고 토크값 한도 이내에서 다양하게 조정할 수 있으며, 고정용 칼라 장착 시 추가 하중이 가해지지 않는다. 그림 4-19에서는 ASP 파스너 장착순서를 보여주고 있다.

▲ 그림 4-18 ASP 파스너

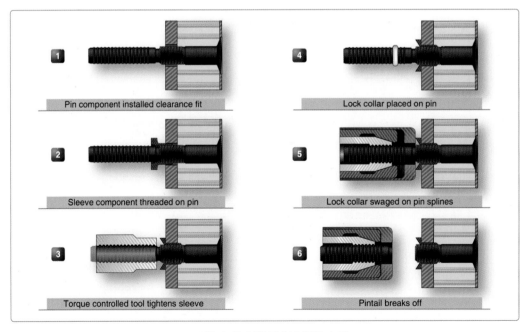

1 Pin component installed clearance fit	**4** Lock collar placed on pin
2 Sleeve component threaded on pin	**5** Lock collar swaged on pin splines
3 Torque controlled tool tightens sleeve	**6** Pintail breaks off

▲ 그림 4-19 ASP 파스너 장착 순서

4) 하이 락 및 헉크 스핀 락 볼트 파스너(Hi-Lok® and Huck-Spin® Lockbolt Fastener)

항공 산업에서 대부분 복합 소재 1차 구조물은 영구적인 장착을 위해서 하이 락 또는 헉크 스핀 락 볼트를 사용하여 고정시킨다. 그림 4-20과 같은 하이 락은 나사산이 있는 파스너로 장착 시 칼라에 토크를 주기 위해 나사산 끝부분에 육각 형태의 키가 있다. 칼라에는 미리 설정된 토크값에서 절단되도록 설계된 부분을 갖고 있다

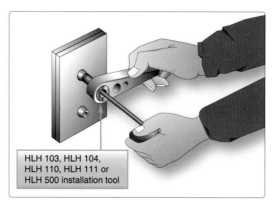

▲ 그림 4-20 하이 락 장착

락 볼트는 고리 형태의 홈 안으로 스웨징되는 칼라와 함께 쓰인다. 여기에는 2개 형태가 있는데, 하나는 풀(pull)이고 다른 하나는 스텀(stump)이다. 풀 타입(pull-type)은 끊어지기 쉬운 뾰족한 부분이 칼라가 스웨징될 때 축 하중을 반작용시키는 데 이용되는 가장 일반적인 것이다. 스웨징 하중이 미리 정해진 한도에 도달했을 때, 뾰족한 부분이 직경이 작은 절단 부위에서 끊어진다.

하이 락과 풀 타입의 헉크 스핀 락 볼트는 구조물 어느 곳에서나 한 사람에 의해 장착 작업이 수행될 수 있다. 반면에 스텀 타입 락 볼트는 스웨징 시 파스너 머리 부분을 잡아주어야 한다. 이 방법은 보통 접근이 문제가 되지 않는 부위 구조물의 자동화 조립 작업에는 사용되지 않는다.

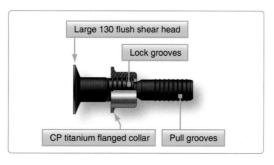

▲ 그림 4-21 헉크 스핀 락 볼트

금속 구조물과 비교하여 복합 소재 구조물에 대한 이런 종류들의 파스너에서는 특별한 차이점은 적다. 하이 락에서는 재료의 적합성만이 언급되는데 알루미늄 칼라 사용 금지를 권고한다. 보통 A286, 303 재질의 스테인리스강 그리고 티타늄 합금 재질의 표준 칼라를 많이 사용한다.

그림 4-21과 같은 헉크 스핀 락 볼트는 장착 시에 높은 작용 하중을 분산시키기 위해 플랜지와 함께 모자 형태의 칼라가 필요하다. 복합 소재 구조물에 사용하기 위해 설계된 락 볼트 핀(lockbolt Pin)은 금속 구조물에서의 5개와는 반대로 6개의 고리 형태의 홈(annular groove)을 갖는다.

5) 에디 볼트 파스너(Eddie-Bolt® Fastener)

그림 4-22와 같은, 에디 볼트 파스너는 하이 락과 유사한 형태로, 기본적으로 탄소섬유 복합재료 구조물에 사용한다. 에디 볼트 핀은 특별하게 설계된 결합 너트 또는 칼라와 함께 장착 시에 돌출 결합 형태가 만들어지도록 나사산 부분에 세로 방향 홈(flute)이 설계되어 있다. 결합 너트는 리브(rib)를 구동시켰을 때 제공되는 3개의 돌출부(lobe)를 갖고 있다. 장착 시 미리 정해진 하중에서 돌출부는 핀의 세로 방향 홈 안으로 너트를 압착시키고 체결 상태를 형성한다. 복합배료 구조물에서의 장점은 마모 손상 없고 무게 경감 효과를 위해 티타늄합금 재질의 너트를 사용할 수 있는 것이다. 자유롭게 너트를 돌릴 수 있으며, 최종 체결은 장착 과정 끝에서 이루어진다.

▲ 그림 4-22 에디 볼트

6) 체리 E-Z 버크 헐로우 리벳(Cherry's E-Z Buck® "CSR90433" Hollow Rivet)

체리 헐로우 엔드 E-Z 버크 리벳(Cherry Hollow End E-Z Buck® Rivet)은 티타늄/콜럼븀 합금(titanium/columbium Alloy) 재료로 제작되고 40KSI의 전단 강도를 갖는다. E-Z 버크 리벳은 연료 탱크에서 양쪽이 평편한 형태를 이루는 곳에 사용되도록 설계되었다. 이 형태의 리벳의 주요 장점은 동일한 재료의 고형 리벳에 절반보다도 적은 힘만을 필요로 한다는 것이다. 리벳은 자동화된 장착 장비 또는 리벳 스퀴저(Rivet Squeezer) 공구를 사용하여 장착된다. 그림 4-23에서와 같이 구조물에 손상이 발생하지 않도록 장착 과정 중 스퀴저가 항상 중앙에 위치하도록 해 주는 특별한 형태의 공구인 다이를 사용한다.

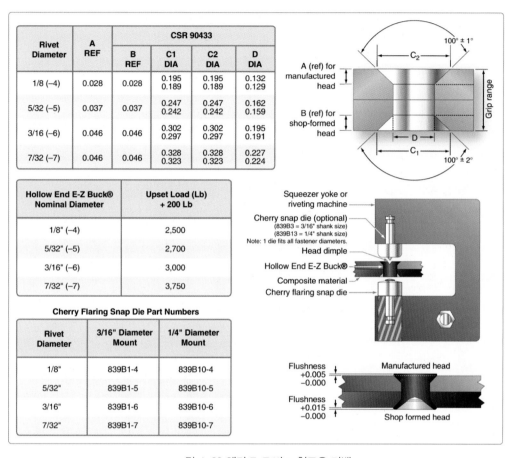

▲ 그림 4-23 체리 E-Z 버크 헐로우 리벳

7) 블라인드 파스너(Blind Fastener)

일반적으로 금속 구조물에서는 많은 파스너가 필요하나 복합재료 구조물에서는 많은 파스너가 필요하지 않다. 왜냐하면 보강재와 보강판이 표면에 상호 경화 형태로 부착되어 있기 때문이다. 항공기의 복합 소재 구조물에 사용되고 있는 패널 크기는 일반적으로 커져서 패널의 후방 쪽에 접근하기가 어려워졌다. 따라서 이런 부위 수리 작업에는 블라인드 타입 고정용 부품인 블라인드 파스너(blind fastener), 스크루, 너트플레이트(nutplate) 등을 사용해야 한다.

8) 블라인드 볼트(Blind Bolt)

(1) 그림 4-24에서 보여주는 체리 맥스볼트(Cherry Maxibolt®)는 복합 소재 구조물에 적합한 재

질인 티타늄으로 제작된다. 맥스볼트의 전단 강도는 95KSI 정도이다. 이 파스너는 한쪽에서 장착이 가능하며, 필요시에는 공압-유압식(Pneumatic-hydraulic) 장착용 공구를 사용하여 장착한다. 구멍 종류는 100° 접시머리(flush head), 130° 접시머리, 그리고 돌출머리(pro-truding head) 형태로 구멍 뚫기 작업을 수행한 후 장착한다.

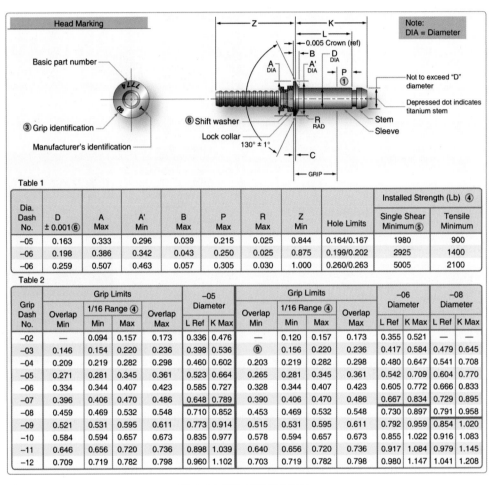

▲ 그림 4-24 체리 티탄 맥스볼트

(2) 알코아 UAB™ 블라인드 볼트(Alcoa UAB™ Blind Bolt)는 복합재료 구조물에 사용하기 위해 설계되었으며, 티타늄과 스테인리스강 재질을 사용한다. UAB™ 블라인드 볼트는 100° 접시머리, 130° 접시머리, 그리고 돌출머리 형태로 구멍 뚫기 작업을 수행한 후 장착한다.

(3) 그림 4-25와 같은, Accu-Lok™ 블라인드 볼트는 한쪽에서만 접근 가능한 복합재료 구조물에 사용하기 위해 특별히 설계되었다. 이것은 접근이 안 되는 쪽에 직경이 큰 부분을 위치시

키고 큰 힘으로 결합한다. 직경이 크면 복합 소재 구조물에서 가해지는 응력을 넓게 분산시켜 들뜸 현상을 방지해 준다. Alcoa-Lok™의 전단 강도는 95KSI이고, 100° 접시머리, 130° 접시머리, 그리고 돌출머리 형태로 구멍 뚫기 작업을 수행한 후 장착한다. 모노그램(Monogram) 사에서 생산하는 유사 파스너로는 레디얼 락 (Radial-Lok®)이라고 불리는 것이 있다.

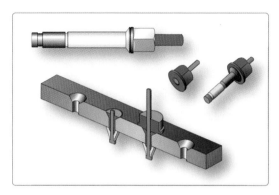

▲ 그림 4-25 Accu-Lok™ 장착

9) 화이버라이트(Fiberlite)

화이버라이트 파스너는 항공 산업 분야의 복합재료에 널리 사용되고 있는 자재이다. 이 자재의 강도는 알루미늄 재료와 비슷하나 무게는 ⅔ 정도가 된다. 복합재료 파스너는 탄소섬유와 유리섬유 재질과 결합되어 양호한 성능을 발휘한다.

10) 복합 소재에 사용되는 스크루와 너트플레이트(Screw and Nutplate in Composite Structure)

정비를 위해 해당 패널을 주기적으로 자주 장탈착 해야 할 경우에는 하이 락(Hi-Lok®) 또는 블라인드 파스너 대신 스크루나 너트플레이트를 사용한다. 복합 소재 구조물에 사용되는 너트플레이트는 보통 3개의 구멍이 필요한데 2개는 너트플레이트 자체 장착용이고 나머지 1개는 장탈착에 사용되는 스크루용이다. 리벳 장착용 추가 2개 구멍이 필요 없는 리벳레스 너트플레이트(rivetless nut-plate)와 접착제를 사용하여 접착시키는 너트 플레이트 형태 제품이 사용되기도 한다.

9 기계 가공 공정 및 장비(Machining Process and Equipment)

1) 구멍 뚫기(Drilling)

복합재료에서 구멍 뚫기는 금속 구조물에서의 작업 방법과는 완전히 상이하다. 정밀하게 구멍을 뚫기 위해서는 형태가 다른 드릴 비트(drill bit), 그리고 빠른 속도와 느린 이동방식이 요구된다. 복합재료 구조물은 탄소섬유와 에폭시 수지로 제작되어 매우 단단하고 거친 특성을 갖고 있어 특별하게 제작된 평편한 절단용 날을 갖춘 드릴 또는 이와 유사한 형태의 4개 절단용 날을 갖춘 것을 사용해야 한다. 아라미드/에폭시 복합재료는 탄소처럼 단단하지는 않지만 섬유 부분이 깔끔하게 절단되지 않으면 에폭시 부분으로 끼워져 부풀어지거나 갈기갈기 찢기는 현상 때문에 특별한 절단 공구를 사용해야 한다. 특수 드릴 비트는 가공 시 섬유 부분을 깨끗이 잘라내는 기능을 갖고 있다. 케블러/에폭시 부품이 2개 금속 사이에 삽입되어 있다면, 표준 형태의 드릴을 사용해도 된다.

(1) 장비(Equipment)

복합재료에 구멍을 뚫는 작업에도 공기 구동 장비를 사용한다. 약 20,000rpm까지의 회전 속도를 갖는 드릴 모터가 이용된다. 복합재료에 구멍을 뚫을 때에는 일반적으로 고회전 및 저진행 속도 방식을 사용한다. 두꺼운 적층 구조물을 가공할 경우에는 드릴 가이드를 사용하는 것이 바람직하다. 복합재료 구조물에 구멍을 뚫을 경우에는 표준 드릴 비트를 사용해서는 안 된다. 표준 고속 스틸 재질을 사용할 경우 비트 날 끝이 쉽게 무뎌지며, 과도한 열을 발생시키고 구멍 상태를 훼손시키기 때문에 이와 같은 비트를 사용해서는 안 된다. 탄소섬유와 유리섬유에 사용되는 드릴 비트는 다이아몬드 코팅 또는 고형 카바이트 재질로 제작된 것을 사용해야 한다. 왜냐하면 천 재질이 너무 단단하여 표준 고속 스틸(HSS) 재질의 드릴 비트는 오래 사용할 수 없기 때문이다. 일반적으로는 비틀린 형태의 드릴 비트를 사용하지만 특별한 경우에는 브래드 형태 드릴(brad point drill)을 사용하기도 한다. 케블라 섬유는 탄소 재질처럼 너무 단단하지는 않아서 표준 고속 스틸 재질의 드릴 비트를 사용할 수 있다. 만약 표준 드릴 비트가 사용되고 선택된 드릴 형태가 시클 형태 클렌 드릴(sickle-shaped klenk drill)이라면 구멍의 상태는 양호하지 못할 수 있다. 드릴을 우선 섬유에 대고 절단하면 구멍 상태

▲ 그림 4-26 복합재료 드릴작업 및 전단작업 공구

는 더 양호해질 수 있다. 구멍의 크기가 큰 것은 다이아몬드 코팅 홀 톱(diamond-coated hole saw) 또는 플라이 커터(fly cutter)로 절단할 수 있는데 플라이 커터는 드릴 모터를 사용하지 말고 드릴 프레스(drill press) 방식으로만 사용해야 한다. 그림 4-26에서는 드릴 작업에 사용되는 여러 가지 공구를 보여주고 있다.

(2) 작업 공정 및 주의사항(Process and Precaution)

복합재료는 2,000~20,000rpm 사이에 드릴 모터를 저속 진행 방식으로 사용하여 구멍을 뚫는다. 유압을 사용하거나 다른 타입 진행 조절 기능을 갖춘 드릴 모터를 사용하는 것이 좋은데 이는 복합소재 재료에서 발생하는 드릴의 서지 현상을 억제시켜 준다. 이는 절단면의 손상 및 들뜸 현상 발생을 줄여준다. 섬유 제품으로 만들어진 부품과는 달리 테이프 제품으로 만든 부품은 특히 절단면 손상 발생이 우려된다. 절단면 손상을 방지하기 위해 복합재료 구조물은 뒤쪽에 금속 판 등으로 보완하는 것이 필요하다. 복합재료 구조물에서 구멍 가공 시 작은 크기의 예비 기준 구멍을 미리 뚫어 놓고 다이아몬드 코팅 또는 카바이드 재질의 드릴 비트를 사용하여 최종 구멍 크기로 구멍 크기를 넓히는 확장 작업(reaming)을 수행한다.

탄소/에폭시 부품을 금속 재질의 부속품에 조립할 경우에는 후방 카운터보어링(back counterboring) 작업이 필요하다. 탄소/에폭시 부품에 있는 구멍의 후방 끝단은 복합재료가 관통될 때 금속 조각에 의해 구멍의 뒤쪽 끝단이 침식되거나 둥그렇게 손상을 입을 수 있다. 이러한 현상은 부품 사이에 틈이 있거나 금속 찌끄러기가 칩(chip) 형태보다는 실오라기 형태일 때 더 많이 발생한다. 후방 카운터보어링은 진행 및 속도 변경, 커터 구조 변경, 최종 구멍 가공 단계에서 부품을 추가적으로 조여 주거나 팩 드릴(peck drill)을 사용, 또는 이들을 잘 조합하여 사용함으로써 최소화하거나 제거할 수 있다.

금속 부품과 조합된 복합재료 부품에 구멍 뚫기 작업을 수행할 경우에는 금속 부품의 드릴 속도를 적용해야 한다. 예를 들어, 비록 티타늄이 부식 측면에서는 탄소/에폭시 재료에 버금가지만 티타늄에 내부 구조물 손상이 발생하지 않도록 저속 드릴 속도를 유지해야 한다. 티타늄은 저속 회전 및 고속 진행 방법으로 구멍을 뚫어야 한다. 티타늄에 적당한 드릴 비트는 탄소나 유리섬유 재료에는 적당하지 않다. 티타늄 재료에 구멍을 뚫을 때 사용되는 드릴 비트는 코발트 바나듐(cobalt vanadium) 재질로 만들고, 탄소섬유 재료에 구멍을 뚫을 때 사용되는 드릴 비트는 사용 수명 연장 및 더욱 정밀한 가공을 위해 카바이드 또는 다이아몬드 코팅 재료로 드릴 비트를 만든다. 예비 기준 구멍 가공 시에는 40번 드릴과 같이 굵기가 가는 고속강(HSS) 재질의 드릴 비트가 종종 사용되는데 그 이유는 카바이드 재질 드릴이 상대적으로 깨지거나 부러지기 쉽기 때문이다.

수작업으로 구멍을 뚫는 경우에는 카바이드 커터가 사용되는데 이때 가장 일반적인 문제점은 커터 취급 손상(chipped edge)이 발생하는 것이다. 느리지만 일정한 진행 속도 장치를 갖춘 날카로운 드릴은 만약 드릴 가이드를 사용하여 얇은 알루미늄이 부착된 탄소/에폭시 재료에 뚫을 경우에는 0.1mm(0.004 inch) 허용치를 유지하는 구멍을 만들어 낼 수 있다. 재질이 단단한 공구를 사용하면 더욱 정밀한 허용치를 유지시킬 수 있다. 탄소/에폭시 아래에 티타늄이 있는 재질에 구멍을 뚫을 경우에는 드릴이 탄소/에폭시 부분을 통해 티타늄의 부스러기를 끌어당기게 되어 구멍을 크게 만든다. 이 경우에는 최종적인 구멍 확장 작업 시보다 작은 허용치를 유지해 주어야 한다. 탄소/에폭시 복합 소재 구조물에서 구멍 확장 작업에는 카바이드 리머(carbide reamer)가 필요하다. 추가적인 사항으로, 리머로 구멍 직경을 약 0.13mm(0.005 inch) 이상 가공할 때 파편이나 들뜸 손상이 발생하지 않도록 구멍의 끝부분을 잘 지지해 주어야 한다. 지지해 주는 방법으로는 뒤쪽 표면을 단단히 잡아주는 부속 구조물 또는 적절한 판으로 지지해 주면 된다. 일반적인 구멍 확장시의 리머 속도는 구멍을 뚫을 때 속도의 절반 정도면 된다.

두께가 6.3mm(0.25 inch) 이하의 얇은 탄소/에폭시 구조물에는 일반적으로 절삭 윤활제를 사용하지 않거나 또는 권고하지 않는다. 탄소 성분의 먼지가 작업 수행 지역 주위에 자유롭게 떠다는 것을 방지하기 위해 복합재료의 구멍 뚫는 작업 시에는 진공장치를 사용하는 것은 바람직하다.

2) 접시머리 형태 가공 작업(Countersinking)

복합소재 구조물의 접시머리 가공 작업은 해당 부품을 납작머리 파스너를 사용하여 장착할 경우에 필요하다. 금속 구조물에서는 100° 각도의 전단 또는 인장 머리 파스너(shear or tension head fastener)를 사용한다. 복합소재 구조물에서는 2가지 형태의 파스너가 사용되는데, 100° 각도의 인장 머리 파스너와 130° 각도의 파스너이다. 130° 머리 파스너의 장점은 인장 타입 머리 100° 파스너의 직경과 동일하며 전단 타입 머리 100° 파스너의 머리 깊이와 동일하다는 것이다. 복합재료 부품에서 납작머리 파스너를 안착시키기 위해서 카운터싱크 커터는 구멍과 카운터싱크 사이의 조절된 굴곡면이 파스너에 머리 부분과 생크 밀착 굴곡면이 확보되도록 가공되어야 한다. 추가적으로 돌출형 머리 파스너의 머리와 생크 직경에 대한 적절한 간격을 제공하기 위해 모따기(chamfer) 작업이나 와셔 사용이 필요하다. 어떤 머리 형태가 사용되든지 복합재료 구조물에서는 카운터싱크 및 모따기 작업의 조합이 적절하게 이루어야 한다.

카바이드 커터는 탄소/에폭시 구조물의 카운터싱크 작업에 사용한다. 이 커터는 금속 가공에 사용되는 것과 유사한 직선 세로 홈(straight flute)을 갖고 있다. 케블라 탄소/에폭시 복합 소재에서는 "S-shaped Positive Rake Cutting Flute"를 사용한다. 만약 직선 세로 홈 카운터싱크 커터가 사용될 경우에는 깨끗하게 가공될 수 있도록 특정 두께의 테이프를 케블라 섬유 표면에 부착해야 한다.

그러나 이 방법은 "S-shaped Fluted Cutter"로 작업한 것만큼 효과적이지는 못하다. 구멍과 카운 터싱크 사이의 동축 유지 성능 향상을 위해서 그리고 축이 불일치되거나 해당 부품의 들뜸 결함으로 인해 발생하는 파스너 아래쪽의 공간 생성 가능성을 줄이기 위해 예비 기준 카운터싱크 커터를 사용하는 것이 바람직하다.

보다 더 정확한 카운터싱크 작업을 수행하기 위해서는 마이크로스톱 카운터싱크 게이지(micros-top countersink gauge)를 사용한다. 너무 깊게 카운터싱크 가공을 수행하면 해당 재료의 강도를 저하시킬 수 있으므로 표면 두께의 70%를 초과하여 카운터싱크 가공을 하여서는 안 된다. 예비 기준 카운터싱크 커터를 사용할 경우에는 구멍과 카운터싱크 사이의 동축 유지를 저해할 수 있으므로 커터의 마모 상태를 주기적으로 점검해야 한다. 이는 한 개의 절단 끝부분을 갖고 있는 카운터싱크 커터에 대해서는 더욱 필요한 사항이다. 예비 기준 카운터싱크 커터를 사용할 경우에는 구멍에 예비 기준 커터를 위치시키고 구멍 안쪽으로 커터를 밀어 넣기 전에 커터를 최대 회전 상태가 되도록 한다. 만약 드릴 모터가 작동하기 전에 커터를 복합재료 부분에 접촉시키면 해당 재료가 쪼개지는 결함이 발생하게 된다.

3) 절단 작업 공정 및 주의사항(Cutting Process and Precaution)

금속 재료에서 성능이 우수한 커터를 복합재료에 사용한다면 사용 수명이 짧아지거나 구멍 끝부분이 잘려서 상태가 불량하게 될 것이다. 복합재료에 사용되는 커터는 절단하는 재료의 종류에 따라 다양하다. 복합소재 절단에 대한 일반적인 원칙은 고속 회전(high speed)과 저속 이동(low feed) 방식이다.

⑴ Carbon Fiber Reinforced Plastic(CFRP): 탄소섬유는 매우 단단하여 스틸 재질의 커터를 빠르게 마모시킨다. 대부분 트림 및 절단 작업에는 다이아몬드 커팅 재질의 커터가 가장 적합하다. 알루미늄 산화물 또는 실리콘-카바이드(silicon-carbide) 재질의 사포 또는 천 종류가 연마 작업에 사용한다. 실리콘-카바이드는 알루미늄 산화물 재질보다 수명이 더 길다. 라우터 비트(router bit) 또한 고형 카바이드 또는 다이아몬드 코팅 재질로 만들어진다.

⑵ Glass Fiber Reinforced Plastic(GFRP): 유리섬유도 탄소섬유와 같이 매우 단단하여 고속강 재질의 커터를 빠르게 마모시킨다. 따라서 유리섬유에도 탄소섬유에 사용되는 것과 동일한 형태와 재료의 드릴 비트를 사용한다.

⑶ Aramid(Kevlar®) Fiber-Reinforced Plastic(AFRP): 아라미드섬유는 탄소섬유나 유리섬유처럼 단단하지는 않으므로 고속강 재질의 커터가 사용될 수 있다. 아라미드 복합재료의 끝단에서 섬유가 늘어나는 결함을 방지하기 위해 해당 부위를 고정시킨 후 전단력을 가해서 절단해야 한다. 아라미드 복합소재는 플라스틱 재질의 지지판으로 지지해 주어야 한다. 아라미드

와 지지판을 동시에 관통하여 절단한다. 아라미드섬유는 인장력을 가해 잡아주고 전단력을 가하여 절단하면 최상의 상태를 만들 수 있다. 섬유 부분을 잡아당기면서 절단할 수 있는 특별한 형태의 커터가 있다. 아라미드섬유 또는 수지 침투 가공재를 절단하기 위해 가위를 사용할 때, 가위는 한쪽 날에는 전단 가공 날을 갖고 있어야 하며 반대쪽 날에는 톱니 또는 홈이 있는 면을 갖고 있어야 한다. 이들 톱니모양은 절단하는 재료의 미끄러짐 현상을 방지해 준다. 섬유 부분 손상을 방지하기 위해 항상 날카로운 날을 사용해야 한다. 항상 사용 후 곧바로 톱니 모양 부분을 깨끗이 하여 굳지 않은 접착제로 인한 훼손을 방지할 수 있다.

공구와 장비를 사용하여 가공 작업 시에는 반드시 보안경 및 기타 필요한 보호 장구를 착용해야 한다.

❿ 수리 작업 시의 안전 사항(Repair Safety)

수지 침투 가공재, 수지, 세척용 솔벤트 및 접착재료 등 최신 복합재료를 구성하고 있는 재료들은 인체에 해로울 수 있으므로 적절한 개인 보호 장비를 사용해야 한다. 작업 시 사용하는 재료의 물질 안전자료데이터(material safety data sheet: MSDS) 내용을 숙지해야 하며, 모든 화학 약품, 수지, 그리고 섬유 등을 정확하게 취급하는 것은 중요하다. MSDS는 해당 재료의 유해성을 표시해 준다. 복합재료 작업 시 사용되는 재료들이 호흡기 계통 위험성, 발암성 및 기타 인체에 해로운 성분을 분출시킬 수 있다.

1) 눈 보호(Eye Protection)

눈은 항상 화학약품과 날아다니는 물체로부터 보호되어야 한다. 작업 시에는 항상 보안경을 착용해야 한다. 그리고 산(acid) 성분의 물질을 혼합하거나 주입할 때에는 얼굴가리개를 착용한다. 작업장에서 보안경을 착용하더라도 콘택트렌즈를 착용해서는 안 된다. 어떤 화학적 솔벤트는 렌즈를 녹이고 눈에 손상을 줄 수 있다. 작업 시 발생하는 미세먼지 등이 렌즈로 침투되어 위험을 초래할 수 있다.

2) 호흡기 보호(Respiratory Protection)

탄소섬유 분진은 인체에 해롭기 때문에 호흡하지 말아야 하고, 작업장은 환기가 잘되도록 해야 한다. 밀폐된 공간에서 작업을 수행할 경우에는 호흡에 도움을 주는 적절한 보호 장구를 착용해야 한다. 연마 또는 페인트 작업을 수행하는 경우에는 분진 마스크 또는 방독면을 착용해야 한다.

(1) 하향 통풍 방식 작업장(Down-draft Tables)

작업장의 환기는 하향 통풍 방식이 설치된 곳에서 실시해야 하며, 연마 및 연삭 작업 시에는 유해 분진으로부터 작업자를 효과적으로 보호할 수 있어야 한다.

기계 작업 시 발생하는 각종 분체들은 작업 후 즉시 수거하여 처리해야 한다. 하향 통풍 시설은 약 100~150feet³/min의 평균 면 속도(average face velocity)를 갖도록 커야 하고, 그 상태를 계속 유지시켜야 한다. 또한 관련 시설에 설치는 필터는 정기적으로 교환해야 한다.

3) 피부 보호(Skin Protection)

복합재료 작업 시 발생하는 여러 가지 재료의 분진은 민감한 피부에 자극을 줄 수 있으므로 적절한 장갑 또는 보호용 의복을 착용해야 한다.

4) 화재 방지(Fire Protection)

복합재료 정비 작업에 사용되는 대부분의 솔벤트는 가연성 물질이다. 모든 솔벤트 용기는 밀폐시키고 사용하지 않을 때 방염 케비닛에 저장한다. 또한 정전기가 발생할 수 있는 지역에서 멀리 떨어진 곳에 보관해야 한다. 항상 화재 발생에 대비하여 소화기를 작업장에 비치해야 한다.

4-10 투명 플라스틱(Transparent Plastic)

1 분류(Classification)

플라스틱 재료는 다음과 같이 열가소성 플라스틱과 열경화성 플라스틱으로 분류된다.

(1) 열가소성 플라스틱(Thermoplastic)

열에 의해 부드러워지게 되며 여러 가지의 유기 용제로 용해시킬 수 있다. 보통 윈도우, 캐노피 등과 같이 투명한 열가소성 플라스틱 재료는 아크릴플라스틱 등에 사용한다. 아크릴플라스틱은 보통 Lucite® 또는 Plexiglas® 상표로, 영국에서는 Perspex® 상표로 알려져 있다. 일반적으로 사용되는 아크릴은 Military Specification MIL-P-5425 요구 조건, 잔금 저항 성능이 우수한(craze-resistant) 아크릴은 Military Specification MIL-P-8184 요구 조건을 충족하는 제품이다.

(2) 열경화성 플라스틱(Thermosetting Plastic)

열에 의해서는 어느 정도로 부드러워지지는 않으나 240~269℃(400~500℉)의 온도에서는 타고 부풀게 된다. 페놀(phenolic), 우레아-포름알데히드(Urea-formaldehyde), 그리고 멜라민 포름알데히드(Melamine Formaldehyde) 수지와 같은 대부분 합성수지 혼합물의 제품이 여기에 속한다. 플라스틱이 일단 단단해지면, 추가적적으로 열을 가해도 열가소성 플라스틱과 같이 액체 형태로 변하지 않는다.

❷ 시각적 고려사항(Optical Consideration)

조종사의 시야를 방해할 정도의 긁힘(scratch) 또는 다른 손상은 허용되지 않는다. 그러나 조종실 창문 가장자리 등에서 발생하는 일부 손상 종류 및 범위에 대해서는 사용이 허용될 수 있으나 제작사에서 발행된 정비 지침을 반드시 확인해야 한다.

❸ 보관 및 취급(Storage and Handling)

투명한 열가소성 플라스틱 판재는 열을 받을 때 부드러운 형태로 변형되기 때문에, 규정된 온도를 초과하는 장소에 보관해서는 안 된다. 또한 페인트 작업장이나 페인트 보관 장소에 함께 보관해서도 안 된다. 햇빛은 플라스틱 접착면에 있는 접착제를 손상시키므로 직사광선이 없는 곳에 보관해야 한다.

재료의 뒤틀림 현상을 방지하기 위해 수직면으로부터 약 10° 정도 기울어진 선반에 마스킹페이퍼가 부착된 상태로 보관해야 한다. 만약 수평으로 저장해야 한다면, 판재 사이에 이물질이 들어가지 않도록 해야 한다.

❹ 성형 절차 및 기술(Forming Procedure and Technique)

투명 아크릴 플라스틱은 적절한 성형 온도로 열을 가할 경우 여러 형태의 모양으로 부드럽고 유연하게 원하는 형태를 만들어 낼 수 있다. 온도를 낮추면 성형된 형태를 그대로 유지한다. 아크릴 플라스틱인 경우 재료가 얇고 곡률 반경이 판재 두께의 적어도 180배 이상이면 싱글(single) 굴곡으로 냉간 굽힘(cold bending) 작업도 가능하다. 이 허용치를 넘어서 냉간 굽힘을 실시하면 플라스틱 표면에 작은 금이 발생할 수 있는데 이를 크레이징(crazing)이라고 한다.

(1) 간단한 굴곡 성형(Simple Curve Forming)

권고된 온도로 플라스틱 재료를 가열시킨 후 열원으로부터 분리시켜 미리 준비한 성형 틀에 주의 깊게 올려놓고 뜨거운 상태의 플라스틱을 조심스럽게 눌러서 편다. 그리고 식을 때까지 판재를 잡아주거나 또는 조여 준다. 이 과정은 약 10~30분 정도 걸린다. 이때 무리한 힘을 주어 냉각시켜서는 안 된다.

(2) 복잡한 굴곡 성형(Compound Curve Forming)

캐노피 또는 날개 끝 라이트 커버와 같이 복잡한 형태의 성형 작업에는 여러 가지 전문적인 장비를 사용한다.

(3) 직선 형태 성형(Stretch Forming)

간단한 굴곡에 적용되는 방법과 동일하게 적용되는데 예열된 아크릴 판재를 기계에 물려서 늘려주는 방식을 사용한다. 이때 성형하는 재료의 두께를 균일하게 유지시켜야 하기 때문에 특히 주의를 기해야 한다.

(4) 암수 형태의 성형 장비 사용법(Male and Female Die Forming)

성형하고자 하는 형태를 암수 형태의 틀을 이용하는 방법으로 가열된 플라스틱 판재를 두 성형틀 사이에 위치시킨 후 고정하여 식힌 후 떼어내는 방식이다.

(5) 성형틀 없이 진공 성형 방법(Vacuum Forming without Form)

많은 항공기의 캐노피가 이 방법으로 성형된다. 필요한 모양의 윤곽선으로 절단된 패널을 진공 상자의 상부에 부착시킨다. 가열되어 부드러워진 플라스틱의 판재를 패널 상부에 고정시킨다. 상자에 있는 공기를 배출시키면 외부 기압이 뚫린 부분을 통해 뜨거운 상태의 플라스틱에 힘을 가해서 움푹한 형태의 캐노피를 성형시킨다. 이것이 캐노피 형태를 이루도록 하는 플라스틱의 표면 장력이다.

(6) 음각 형태를 이용한 진공 성형 방법(Vacuum Forming with a Female Form)

만약 필요한 모양이 표면 장력에 의해 성형시킬 수 없는 형태인 경우에는 음각 몰드(female mold) 또는 폼(form)이 사용되어야 한다. 플라스틱 판재를 아래쪽에 놓고 진공 펌프를 연결시킨다. 폼으로부터 공기를 배출시키면 외부 공기 압력이 몰드 안으로 가열된 플라스틱 판재를 밀어 넣어 채워주는 형태로 성형이 이루어진다.

5 톱질 및 구멍 뚫기(Sawing and Drilling)

1) 톱질(Sawing)

투명 플라스틱 절단 작업에는 여러 가지 형태의 톱이 사용되고 있으나 원형 톱이 직선 절단 작업에 가장 좋다. 띠톱은 굴곡지게 절단이 필요하거나 판재 절단 시 개략적인 치수로 절단 후 나중에 다듬질 작업이 필요한 경우에 사용한다.

2) 구멍 뚫기(Drilling)

아크릴 플라스틱은 연한 재질의 금속과는 달리 열에 매우 민감하기 때문에 드릴 작업 시에는 냉각을 위해 수용성 절삭유를 사용해야 한다.

아크릴 재질에 사용된 드릴은 주의하여 갈아주어야 하며 표면 처리에 영향을 주는 찍힘 현상이나 거칠거칠한 부위가 없어야 한다. 그림 4-27과 같이, 연한 재질의 금속에서 사용되는 드릴의 각도보다 더 큰 각도로 만들어 사용해야 한다.

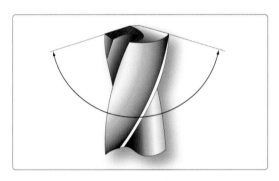

▲ 그림 4-27 150° 드릴

항공기 조종실 앞 유리와 창문 재료에 작은 구멍을 구멍 뚫기 위해서는 특허권을 가진 Unibit® 공구 등이 사용되는데, 크기는 1/8inch에서 1/2inch까지 1/32inch씩 증가시켜가며 구멍을 가공할 수 있으며, 가장자리 부분에 응력 균열 없이 매끄러운 형태의 구멍 가공이 이루어진다.

6 수리 작업(Repair)

투명 플라스틱은 가능하면 수리하는 것보다는 부품을 교환하는 것이 효과적이다. 아무리 정성들여도 덧붙인 부품은 시각적으로나 또는 구조적으로 새로운 부품과 그 성능이 동일하지 않다. 균열

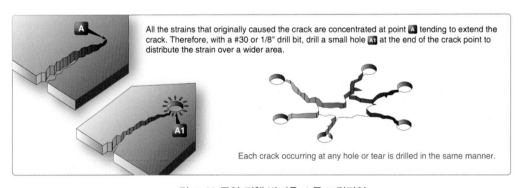

All the strains that originally caused the crack are concentrated at point **A** tending to extend the crack. Therefore, with a #30 or 1/8" drill bit, drill a small hole **A1** at the end of the crack point to distribute the strain over a wider area.

Each crack occurring at any hole or tear is drilled in the same manner.

▲ 그림 4-28 균열 진행 방지용 스톱 드릴작업

이 발생하면 그림 4-28과 같이, 균열 바로 앞에 작은 구멍(No.30 또는 ⅛inch Dia.)의 스톱 드릴 작업을 한다. 이것은 균열을 고립화시켜 더는 진행되지 못하게 하는 것이다. 이 작은 구멍으로 미세한 균열은 해당 부품을 교환하거나 영구 수리할 때까지 충분한 성능을 갖게 된다.

⑦ 세척(Cleaning)

플라스틱은 항공기에 사용하는 데 있어서 유리 재료와 비교할 때 많은 이점을 갖고 있지만, 표면 경도는 약하고 사용 중 표면에 긁힘 또는 다른 종류의 손상이 쉽게 발생할 가능성이 있어 주의를 기해야 한다. 플라스틱 재료는 물, 부드러운 세척액 및 깨끗하고 부드러우며 모래가 없는 천, 스펀지 또는 맨손 등으로 깨끗하게 세척해야 한다. 가솔린, 알코올, 벤젠, 아세톤, 사염화탄소, 소화액, 제빙액, 락카 시너 또는 창문 세척액 등을 사용해서는 안 되며, 이들은 플라스틱을 무르게 하거나 잔금(crazing)을 발생시킬 수 있다.

플라스틱 제품은 건조한 천으로 문질러서는 안 된다. 왜냐하면 먼지 입자를 끌어당기는 정전기를 발생시키기 때문이다. 만약 오물과 그리스가 완전히 제거되었으면 성능이 우수한 왁스로 플라스틱을 부드러운 천으로 문질러주어 광택이 나게 한다.

⑧ 광택 내기(Polishing)

플라스틱 표면에 광택을 내기 위해서는 수작업 광택내기나 연한 가죽을 사용한 연마 (buffing)를 하지 않는다. 부드러운, 개방형 면직물(open-type cotton) 또는 편직물 연마 휠(flannel buffing wheel)을 제안한다. 심각하지 않은 긁힘(scratch)은 물에 적신 부드럽고, 깨끗한 천으로 송진(turpentine)과 백악(chalk)을 혼합하여 손으로 힘차게(vigorously) 문지름으로써 제거한다. 그리고 부드럽고, 건조한 천으로서 세제(cleaner)와 광택제를 제거한다. 열가소성수지에 있는 하나의 반점(spot)에 너무 오랫동안 연마 또는 광택내기 작업 중 발생하는 마찰(friction)은 표면을 변형시키기에 충분한 열을 발생시킬 수 있다. 이러한 상황은 육안으로 식별이 가능한 비틀어짐(distortion)을 일으키므로 피해야 한다.

PART 02

기체 기본 작업

기체는 동체와 날개 및 조종장치와 착륙장치로 이루어진 구성 요소이며, 기관계통과 장비계통을 제외한 전반적인 계통을 포함하고 있다. 그리고 기체 구조는 항공기의 골격 구조를 형성하여 조종실과 객실 및 화물실을 구성함으로써 인원과 화물의 수송 기능을 직접적으로 담당할 뿐만 아니라, 외형 구조를 갖춤으로써 항공 역학적인 비행 특성을 발휘하도록 하고 있다. 그러므로 기체 정비에서는 광범위하고 다양한 정비 사항과 정비 방법 및 정비 절차를 요구하고 있다.

효율적인 기체 정비를 하기 위해서는 실제적으로 항공기용 기계요소의 규격과 취급 및 정비 작업에 대한 기본적인 정비 지식이 필요하고, 항공기의 골격 구조와 외형 구조의 수리 작업에 대한 숙련된 정비 지식이 요구되며, 비행 중에 조종할 수 있는 조종장치계통과 지상에서 운행체로서의 역할을 수행할 수 있도록 하는 착륙장치계통에 대한 정비 능력을 갖추어야 한다.

유체 라인과 피팅
Fluid Line & Fitting

항공기 유체 라인은 통상적으로 금속 튜브 또는 유연성 튜브(flexible tube)로 만들어진다. 경성 유체라인(rigid fluid lines)이라고도 불리는 금속 튜브는 비교적 직선이 뻗어 나가는 것이 가능한 곳으로 움직임이 없는 곳에 사용한다. 금속 튜브는 연료, 오일, 냉매, 산소, 계기 및 유압 라인에 사용된다. 유연성 호스는 일반적으로 움직임이 있거나 무시할 수 없는 진동이 발생하는 곳에 사용한다. 때때로 손상된 항공기 유체 라인은 교환이나 수리가 필요하다. 빈번하게 발생하는 수리는 튜브의 교환을 통해 간단하게 해결할 수 있다. 그러나 만약에 튜브의 교환이 불가능할 경우 필요한 부품은 제조되어야 한다. 교환되는 튜브는 동일 사이즈, 원래의 튜브 재질과 동일한 재질이어야 한다. 압력이 가해지는 튜브는 초기 장착 전에 압력 테스트가 수행되어야 하고 정상 작동 압력의 2~3배에 견디도록 설계 되어야 한다. 만약 튜브가 파열되거나 갈라졌다면(crack) 이것은 과도한 진동, 부정확한 장착, 다른 물체와의 충돌·접촉 등에 의하여 발생한다. 모든 배관(tubing)의 파손은 주의 깊게 검사해야 하고 파손의 원인을 찾아내야 한다.

1-1 경성 유체 라인(Rigid Fluid Line)

■ 배관의 재질(Tubing Material)

(1) 구리(Copper)

항공산업 초기 구리 배관은 항공유 적용에 광범위하게 사용되었다. 현대 항공기에서는 알루미늄합금, 내식강 또는 티타늄 배관이 구리 배관을 대체하게 되었다.

(2) 알루미늄합금 배관(Aluminum Alloy Tubing)

1011H14(1/2-hard) 또는 3003H14(1/2-hard) 재질로 만든 배관은 계기 라인과 환기용 라인 같은 무시해도 좋은 압력이나 낮은 압력의 일반적인 목적으로 사용된다. 2024-T3, 5052-O 그리고 6061-T6 알루미늄합금 재질로 만들어진 배관은 1,000~1,500psi의 유압

계통과 공압계통 그리고 연료계통과 오일계통과 같은 저압과 중압의 일반적인 부분에 사용
된다.

(3) 강철(Steel)

풀림 처리된 CRES 304, CRES 321 또는 CRES 304−1/8−hard의 내식강으로 만들어
진 배관은 착륙장치, 플랩, 브레이크의 작동 위한 부분이나 화재 발생 가능한 지역과 같은
3,000psi 이상의 고압 유압계통에 널리 사용된다. 내식강의 높은 인장강도는 튜브의 두께
가 더욱 얇아지는 것을 허용하였고 결과적으로, 상대적으로 두꺼운 알루미늄합금튜브를 장
착한 것보다 무겁지 않게 되었다. 강철 튜브는 외부물질에 의한 손상의 위험(FOD, foreign
object damage)이 있는 곳, 착륙장치와 바퀴실(wheel well) 부분에 사용된다. 비록 강제
배관을 위한 확인 표식은 다를지라도 각각의 표식에는 보통 제작사 이름이나 상표, SAE 번
호(society of automative engineers number) 그리고 금속의 물리적 조건을 포함한다.

(4) 티타늄(Titanium 2AL−2.5L)

티타늄 배관과 피팅(fitting)은 운송용 항공기와 고성능 항공기 1,500psi 이상의 고압계통
에 이용되는 등 광범위하게 사용된다. 티타늄은 강관보다 50% 가벼우면서 강도는 30% 더
강하다. 티타늄 배관은 크리요핏 피팅(cryofit fitting)과 스웨이지 피팅(swaged fitting)을
함께 사용한다. 그러나 티타늄 배관은 산소계통의 튜브와 피팅에는 함께 사용하지 않는다.
티타늄과 티타늄합금은 산소와 반응한다. 만약 새로이 형성된 티타늄 표면 산소 가스에 노출
되면 자연 연소가 저압에서 발생할 수 있다.

2 재료의 식별(Material Identification)

항공기 배관의 수리 전에는 튜브 재질의 정확하게 확인하는 것이 중요하다. 알루미늄합금, 강철
또는 티타늄 배관은 일반적으로 사용되는 재료의 장소에 따라 쉽게 식별할 수 있다. 그러나 재료가
탄소강이나 스테인리스강 또는 1100, 3003, 5052−O, 6061−T6이거나 2024−T3 알루미늄합금인
지를 판단하는 것은 어렵다. 기존에 장착된 튜브에 사용된 재질의 정확한 확인을 위해 튜브에 기록
된 코드와 교환 장착되는 튜브의 코드를 비교한다. 사이즈가 큰 알루미늄합금 튜브의 표면에는 합
금의 명칭을 스탬프해 넣는다. 사이즈가 작은 알루미늄 튜브도 튜브 표면에 명칭을 스탬프할 수 있
지만, 좀 더 일반적으로 튜브의 양 끝단 또는 튜브의 중간 위치에 4inch의 폭을 넘지 않는 컬러코드
로 표시된다.

두 가지 색으로 밴드가 구성이 되면 각각의 색깔을 표시하기 위해 밴드의 절반씩의 폭이 사용된

다. 만약 컬러 코드가 읽기 어렵거나 불가능하다면, 그것은 경도시험을 통해 경도의 세기에 따라 재질의 테스트가 필요하게 된다.

[표 3-1] 알루미늄합금 튜브 컬러 코드 식별

Aluminium Alloy Number	Color of Band
1100	White
3003	Green
2014	Gray
2024	Red
5052	Purple
6053	Black
6061	Blue and Yellow
7075	Brown and Yellow

❸ 크기(Size)

금속 튜브의 크기는 바깥지름(outside diameter, O.D.)을 측정하며 1inch를 16등분한 분수로 표시한다. 따라서 No.6 배관은 6/16inch 또는 3/8inch 배관으로 구분되고 No.8 튜브는 8/16inch 또는 1/2inch로 구분된다. 튜브의 직경은 모든 휘지 않는 유체 튜브(rigid tube) 위에 상징적으로 프린트된다. 다른 분류법을 추가하거나 분류를 확인하기 위해서 다양한 튜브의 두께로 제작된다. 튜브를 장착할 때는 재질뿐만 아니라 바깥지름을 알고 튜브를 장착하는 것이 매우 중요하다.

튜브의 두께는 1/1,000inch로 튜브 표면에 프린트된다. 튜브의 안지름(inside diameter, I.D.)을 알기 위해 바깥지름으로부터 벽두께의 두 배를 뺀다. 예를 들어 벽 두께가 0.063inch인 No.10 튜브는 0.625−2×0.063=0.499inch의 안지름을 갖는다.

❹ 금속도관의 제작(Fabrication of Metal Tube Line)

손상된 배관이나 유체 도관은 가능할 때마다 새 파트로 교환되어야 한다. 불행하게도 가끔 교환은 비실용적이고 수리가 필요할 때가 있다. 유체 도관의 외부 표면에 긁힘, 벗겨짐, 얕은 부식 등 무시해도 좋을 손상은 연마공구 또는 알루미늄 울(wool)로 매끄럽게 가공할 수 있다. 이런 방법으로 수리할 수 있는 손상의 한계 '금속 튜브 라인의 수리'편에서 다루기로 한다. 유압 튜브 어셈블리가 교체될 때는 피팅은 재사용이 가능하고 수리는 튜브 성형과 교체만이 포함될 것이다.

튜브 성형은 절단(cutting), 구부림(bending), 플레어(flaring) 및 턱 만들기(beading) 등 4가지 절차로 구성된다. 만약 배관이 작고 연한 재료로 만들어졌다면 이 어셈블리는 장착되는 동안에 손으로 굽힘 가공하는 것으로 성형될 수 있다. 만약 튜브의 사이즈가 1/4 직경 이상이면 공구 없이 손으로 굽힘 가공하는 것은 불가능하다.

1) 튜브 절단작업(Tube Cutting)

튜브를 절단할 때에는 이물감이 없이 직각으로 만들어 내는 것이 중요하다. 튜브의 절단은 튜브 전용 절단기를 활용하거나 쇠톱을 이용하려 자른다. 절단기는 구리, 알루미늄 또는 알루미늄합금과 같은 부드러운 금속튜브의 절단에 사용될 수 있다. 그림 3-1은 절단기의 올바른 사용법을 보여준다. 이물감 없이 절단되는 특수 절단기는 알루미늄 6061-T6, 내식강 또는 티타늄 튜브를 절단하는 데 사용할 수 있다.

튜브를 절단할 때에는 굽힘 작업 시 발생하는 변위를 고려하여 교체하고자 하는 튜브보다 약 10% 더 길게 절단해야 한다. 튜브를 절단할 때에는 절단하고자 하는 지점에 커팅 휠로 돌려준다. 너무 센 압력으로 회전시키면 튜브가 변형되거나 많은 이물질이 발생하는 원인이 된다. 튜브를 절단한 후 조심스럽게 튜브 안쪽과 바깥쪽에 발생한 이물질 등을 제거한다.

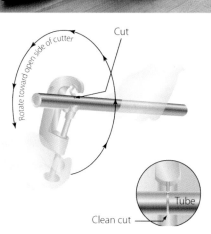

▲ 그림 3-1 튜브 절단 작업

그림 3-2와 같은 이물질 제거 공구(de-burring tool)를 활용하여 이물질을 제거할 수 있다. 이 이물질 제거장치는 회전시키는 것만으로 안쪽과 바깥쪽 이물질을 제거할 수 있다. 이물질 제거 작업을 수행할 때 튜브 끝 부분 두께가 감소하거나 잔금이 발생하지 않도록 아주 조심스럽게 작업해야 한다. 이러한 작업으로 발생한 잔금과 같은 작은 결함 들은 밀폐되지 않는 불량 플레어를 만들거나 균열이 발생하는 플레어로 확대 될 수 있다. 부드럽고 직각을 절단면을 확보하기 위해서 이물질 제거장치는 고운 칼날을 사용한다. 만약 튜브 절단기를 이용할 수 없거나, 재질이 강한 튜브를 절단해야 한다면 칼날 대신에 1inch당 32개의 이를 갖고 있는 쇠톱을 활용하도록 한다. 쇠톱을 활용한 절단 작업은 튜브를 절단하는 동안에 발생하는 가공경화의 양을 줄일 수 있다. 쇠톱 작업 후 튜브 절단면의 직각 상태 유지와 부드럽게 가공하기 위해 모든 이물질을 제거하는 줄 작업을 수행한다.

작은 직경의 튜브를 절단할 때 쉽게 고정시키는 방법은 그것을 플레어링 공구(combination flaring tool)에 튜브를 물리고 바이스로 고정시킨다. 플레어링 공구에서 약 1/2inch 떨어진 곳에서 절단한다. 이 절차는 톱질할 때 발생하는 진동을 최소화하고 톱질하는 동안 톱 손잡이로 튜브에 충격을 주어 발생하는 손상을 예방한다.

▲ 그림 3-2 이물질 제거 공구

2) 튜브 굽힘 작업(Tube Bending)

튜브 굽힘 작업의 목표는 납작하게 만들어지는 실수가 없이 부드러운 굴곡을 유지하며 굽힘 가공하는 것이다. 튜브 직경이 1/4inch 미만인 튜브는 굽힘 공구(bending tool)를 사용하지 않고 굽힘 가공을 할 수 있다. 더 큰 직경의 튜브를 굽힘 가공할 때에는 일반적으로 휴대용 굽힘 공구 또는 양산용 굽힘 공구를 사용한다. 표 3-2는 튜브 직경에 따른 튜브 굽힘 가공을 위한 표준 굽힘 반지름과 굽힘 공구의 종류를 보여준다.

[표 3-2] 튜브 직경에 따른 표준 굽힘 반지름과 굽힘 공구

Type Bender	AB	AB	B	B	B	BC	B	BC	B	BC	C	BC	C
Tube od	1/8"	3/16"	1/4"	5/16"	3/8"	3/8"	7/16"	1/2"	1/2"	5/8"	5/8"	1/4"	1/4"
Standard Bend	3/8"	7/16"	9/16"	11/16"	11/16"	15/16"	1 3/8"	1 1/2"	1 1/4"	2"	1 1/2"	2 1/2"	1 3/4"

Type Bender	C	B	C	C	C	C	C	C	C	C	C	C	C
Tube od	7/8"	1"	1"	1 1/8"	1 1/4"	1 3/8"	1 3/8"	1 1/2"	1 1/2"	1 3/4"	2"	2 1/2"	3"
Standard Bend	2"	3 1/2"	3"	3 1/2"	3 3/4"	5"	6"	5"	6"	7"	8"	10"	12"

A-Hand   B-Portable hand benders   C-Production bender

그림 3-3과 같이 수동 굽힘 공구(hand bender)를 사용할 때에는 굽힘 공구의 홈(groove)에 튜브를 올려두고 작업을 위한 끝 부분에 폼 블록의 왼쪽부분을 위치시킨다. 두 개의 영(0)을 일직선으로 맞추고 핸들의 L에 배관에 표시된 선에 일직선으로 맞춘다. 만약 측정된 끝 부분이 오른쪽에 있다면 그때에는 폼 핸들에 있는 R로 배관의 표시에 일직선으로 맞춘다. 정상적인 움직임으로 폼 핸들을 폼 핸들에 표시된 영 표시가 반지름 블록 위에 있는 굽힘 가공을 원하는 각도까지 잡아당긴다.

▲ 그림 3-3 튜브 굽힘 작업

굽힘 가공을 할 때에는 튜브가 납작하게 되거나 비틀림 또는 주름이 잡히는 것을 피하기 위해 조심스럽게 구부린다. 굽힘 작업 시 경미하게 납작해지는 것은 허용되지만, 납작해진 부분이 본래의 바깥지름의 75%보다 작아서는 안 된다. 튜브가 납작하게 변형되고 비틀리고 주름진 상태로 장착되어서는 안 된다. 주름진 굽힘 가공은 얇은 두께의 튜브를 굽힘 가공 공구 없이 굽힘 가공을 시도할 때 발생한다. 과도하게 납작하게 굽힘 가공된 튜브는 피로 파괴의 원인이 될 수 있다. 그림 3-4는 가공된 튜브와 부정확하게 가공된 튜브들을 보여준다.

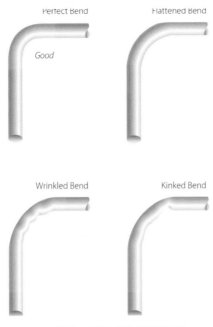

▲ 그림 3-4 튜브 굽힘 작업의 예

그림 3-5와 같은 튜브의 모든 타입을 위한 튜브 굽힘 기계(tube bending machines)는 일반적으로 대단위 정비 숍이나 정비공장에서 사용된다. 이러한 장비로 직경이 큰 튜브의 적절한 굽힘 가공과 단단한 재료를 사용한 튜브의 가공이 가능하다. CNC 튜브 굽힘 기계는 이러한 기계장치 중한 가지이다. 원래의 생산용 튜브 벤더는 ¼~1½inch 외경의 튜브를 가공할 수 있다. 더 큰 사이즈의 굽힘 가공 기계장치도 사용 가능하고 사용방법은 핸드 벤더와 비슷하다. 반지름 블록(radius block)은 굴곡의 반지름이 튜브 직경이 바뀔 때마다 선택해서 조립한다. 굴곡 반지름은 보통 반지름 블록에 새겨 넣는다.

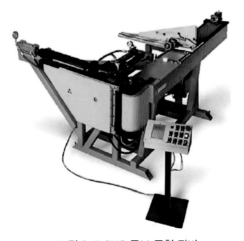

▲ 그림 3-5 CNC 튜브 굽힘 장비

(1) 대체 굽힘가공 방법(Alternative Bending Method)

핸드 벤더 또는 산업용 튜브 벤더가 특별한 굽힘 작업에 이용할 수 없거나 또는 적당하지 않을 때 금속 화합의 건조 모래 충전제가 원활한 굽힘 작업을 위해 사용된다. 이 방법을 사용할 때 튜브의 절단은 좀 더 여유 길이를 확보해서 절단하는 것이 필요하다. 여유 길이는 양쪽 끝에 나무로 만들어진 플러그를 삽입하기 위한 것이다. 튜브는 끝 부분을 납작하게 마무리 가공하거나 금속 디스크로 용접 방법으로 막을 수 있다. 한쪽 끝을 막은 후 곱고 건조한 모래로 튜브를 채운 후 단단히 플러그로 막는다. 양쪽 끝의 플러그는 굽힘이 만들어졌을 때 바깥으로 밀려나지 않도록 튼튼하게 채워져야 한다.

양쪽 끝을 막은 후 명시된 반경으로 모양을 갖추기 위해 성형 블록 위에서 배관을 구부린다. 충전제 방법의 수정 방법에서 가용합금이 모래 대신에 사용된다. 이 방법에서 160°F에서 녹인 가용합금을 온수 속에서 부어 넣는다. 충전된 튜브는 냉각되도록 물에서 꺼내고 포밍 블록 주변을 손으로 구부리거나 튜브 벤더로 구부린다. 굽힘 가공을 마치면 다시 뜨거운 물 속에서 충전물이 녹도록 만든 후 튜브로부터 제거한다. 어떤 방법을 사용하든지 내부의 충전물은 모든 입자가 제거되었는지 확인한다. 튜브가 장착될 때는 계통 내부로 이물질의 유입을 차단하기 위해서 보아스코프 장비(borescope)를 활용한 육안 검사를 실시하여야 한다. 가용합금 충전제는 오염원으로부터 차단해서 보관하도록 한다. 가용합금 충전제는 필요할 때 언제든지 다시 녹여 재사용이 가능하다. 튜브의 내부에서 충전제가 녹았다가 달라붙는 현상을 방지하기 위해서 앞에서 설명된 방법을 제외하고 다른 방법으로 절대 열을 가하지 말아야 한다.

3) 튜브 플레어링(Tube Flaring)

그림 3-6과 같이 싱글 플레어(single flare), 더블 플레어(double flare) 두 가지 종류의 플레어가 항공기용 배관에 일반적으로 사용된다. 이 플레어들은 빈번하게 고압의 압력을 받게 된다. 따라서 튜브에 만들어진 플레어는 적절한 형태로 제작되어야 하고 그렇지 못할 경우에는 플레어가 망가지거나 압력의 누설이 발생한다. 플레어를 너무 작게 만들면 누설이 발생하거나 분해될 위험이 있으며, 너무 크게 만들 경우 피팅의 스크루가 적당히 맞물리지 못해 누설이 발생하는 원인을 제공한다. 비뚤어진 플레어는 절단할 때 직각을 이루지 못한 상태에서 제작할 경우 발생한다. 이처럼 플레어가 정상적으로 만들어지지 않을 경우 추가적인 토크를 준다고 해서 문제가 해결되지 않는다. 튜브와 플레어는 균열, 움푹 패임, 긁힘 등 결점이 없어야 한다.

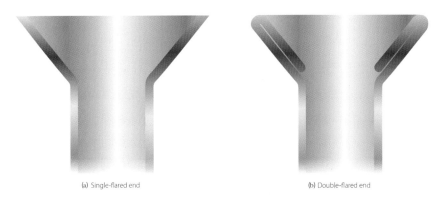

(a) Single-flared end   (b) Double-flared end

▲ 그림 3-6 싱글 플레어와 더블 플레어 튜브 단면

그림 3-7과 같이 항공기 배관에 사용되는 플레어공구는 35~37°의 플레어를 만들어내기 위한 암수판형을 갖고 있다. 45°의 플레어를 만들기 위해서 자동형 플레어 공구의 사용은 허락되지 않는다.

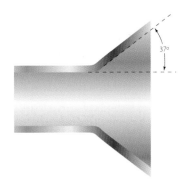

37°

▲ 그림 3-7 싱글 플레어 각도

그림 3-8과 유사한 핸드 플레어링 공구는 튜브 싱글 플레어 가공에 사용된다. 플레어링 블록, 그립, 요크 그리고 플레어링 핀으로 구성된다. 플레어링 블록은 튜브의 여러 가지의 크기에 딱 맞는

▲ 그림 3-8 핸드 플레어링 공구(싱글 플레어)

구멍으로 구성된 두 개의 막대가 힌지로 물려있다. 플레어링 블록의 구멍들은 튜브에 만들어지는 플레어의 바깥 면과 맞물리는 끝부분이 카운터성크(countersunk) 처리가 되어 있다. 요크는 튜브의 플레어를 만드는 끝 부분을 덮는 플레어링 핀의 중앙부 역할을 한다. 충격식(impact type)과 압착식(rolling type) 두 종류의 플레어 공구가 튜브 위에 플레어를 만들어 주는 데 사용된다.

(1) 압착식 플레어 공구의 사용법(Instruction for Rolling-Type Flaring Tool)

압착식 플레어 공구는 황동, 알루미늄 그리고 연한 구리 재질 튜브의 플레어링 제작에 한해 사용하며 티타늄이나 내식성강 튜브에는 사용하면 안 된다. 튜브를 절단할 때는 직각으로 절단하고 거칠거칠한 잔류물은 제거하도록 한다. 튜브 위에 피팅 너트와 슬리브를 살짝 들어가게 한다. 다이 홀더(die holder) 안에 슬라이딩 부분품을 고정시키기 위해 사용되는 클램핑 스크루(clamping screw)를 풀어준다. 스크루를 풀어주면 다이 홀더와 슬라이딩 부분품들이 느슨해진다. 튜브가 다이 블록 윗면에 평평하게 맞물리게 되면 적절한 크기의 플레어가 만들어진다. 플레어를 만들 튜브의 사이즈에 맞는 다이블록의 부품 사이에 튜브를 끼워 넣는다. 클램프 스크루를 진행방향으로 단단히 조인다. 요크를 다이 홀더 윗부분에 밀착시킨 후 아래 방향으로 감아 눌러주고 약간의 저항감이 느껴질 때까지 계속해서 스크루를 누른다. 저항감이 느껴질 때가 정확한 플레어 작업이 마무리된다. 다양한 종류의 압착식 플레어 공구가 사용되고 있으며 종류별로 사용 방법의 차이가 있기 때문에 공구 사용 전에는 언제든지 사용법을 읽도록 한다.

(2) 이중 플레어링(Double Flaring)

이중 플레어링은 3/8inch 이하의 연질 알루미늄합금 튜브에 사용된다. 이중 플레어링은 작동 압력조건에서 플레어의 손상과 균열을 방지하기 위해 사용된다. 이중 플레어는 싱글 플레어보다 더 매끄럽고 밀폐효과가 우수하며 토크의 전단효과에 더 잘 견딘다.

(3) 이중 플레어 제작 절차(Double Flaring Instruction)

그림 3-9와 같이 플레어가 만들어지는 튜브의 안쪽과 바깥쪽 모두 거칠게 남은 잔류물들을 제거한다. 튜브에 손상이 발생되었다면 그 부분을 절단한다. 연한 붉은 빛이 띄게 열을 받은 황동, 구리 그리고 알루미늄합금은 풀림 처리하고 찬 물에 냉각시킨다. 두 개의 클램프 스크루를 풀어 플레어링 공구를 열어준다. 튜브의 직경에 맞는 플레어 홀을 선택하고 튜브를 준비한다. 어댑터 인서트의 돌출 부분의 두께와 같은 높이만큼 플레어 바(flare bar) 위로 튀어나오게 자리 잡는다. 안전하게 튜브를 잡아주기 위해 정확한 크기의 어댑터 파일롯(pilot)을 넣어준다. 플레어 바 위에 요크를 미끄러져 들어가게 하고 어댑터 위에 중심을 위치시킨

다. 어댑터 인서트의 돌출 부분이 플레어 바에 닿을 때까지 아래 쪽 방향으로 요크의 콘을 전진시킨다. 이때 튜브의 끝부분이 종 모양으로 벌려진다. 그다음 어댑터를 빼낼 수 있을 만큼 요크의 콘을 풀어주고 어댑터를 제거한 후, 종 모양으로 벌어진 튜브의 끝 부분에 요크의 콘을 똑바로 전진시킨다. 이때 튜브의 찢어짐이나 균열 없이 정확한 이중 플레어가 형성된다.

▲ 그림 3-9 이중 플레어 공구

4) 피팅(Fitting)

휘어지지 않는 단단한 유형의 튜브는 브레이크 실린더와 같이 구성품과 직접 연결되거나 또 다른 단단한 유형의 튜브나 움직임이 가능한 호스와 연결된다. 구성품 또는 다른 튜브와 연결될 경우 피팅은 페어링이 요구되기도 하고 요구되지 않기도 한다. 튜브가 호스에 장착될 경우 튜브에 호스를 고정시킬 수 있도록 하기 위해서 단단한 유형의 튜브 끝 부분에 돌출부를 필요로 한다.

(1) 플레어리스 피팅(Flareless Fitting)

플레어리스 피팅의 사용은 튜브 플레어링을 제거시키지만 새로운 플레어리스 튜브의 장착 이전에 프리세팅(presetting)이라고 언급된 절차가 필요하다. 플레어리스 튜브 어셈블리는 장착 절차 전에 정확한 크기의 프리셋 공구에 의한 프리세팅을 실시하여야 한다. 그림 3-10 은 프리셋 절차를 설명한다.

① 1단계는 완전히 정확한 길이로 튜브를 절단하고 직각으로 끝마무리를 하고 튜브의 안쪽과 바깥쪽에 형성된 거칠거칠하게 남은 잔류물들을 제거한다. 튜브에 너트를 넣고 그 위에 슬리브를 미끄러져 들어가게 한 후 유압유로 피팅과 너트의 나사산을 윤활시켜 준다.

② 2단계는 피팅을 바이스에 단단히 고정시킨 후 피팅 안에 튜브를 직각으로 고정시킨다. 튜브는 피팅의 밑 부분에 닿도록 한다. 튜브 슬리브 그립의 끝부분이 절단될 때까지 너트를 조인다. 절단되는 때를 결정하기 위해 너트를 조이는 동안 튜브를 전후방향으로 조금씩 돌려준다. 튜브가 더 이상 돌아가지 않을 때 너트 조임의 준비상태가 된다.

③ 3단계 최종 조임은 튜브 종류와 크기에 따라 알루미늄합금튜브의 외경 1/2inch까지는 1~$1^1/_6$ 바퀴를 조인다. 또한 철재 튜브와 알루미늄합금 튜브의 외경이 1/2inch를 넘는 튜브는 $1^1/_6$ ~$1^1/_2$ 바퀴를 조인다.

그림 3-10의 3단계는 슬리브를 프리세팅 한 후 피팅으로부터 배관을 분리하고 다음과 같은 내용을 점검한다.

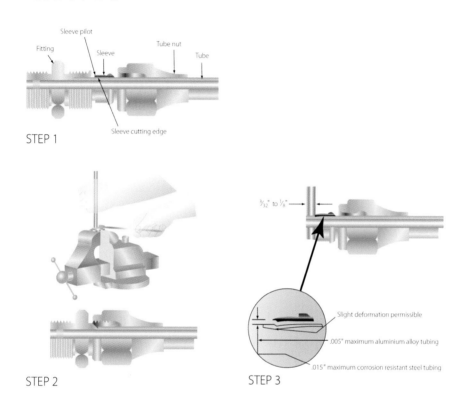

▲ 그림 3-10 플레어리스 튜브 프리세트

튜브는 슬리브 파이롯을 지나 3/32~1/8inch 연장되어야 하고 그렇지 않으면 분출현상이 발생한다. 슬리브 파이롯은 튜브에 접촉되거나 알루미늄합금 튜브의 경우 최대 0.005inch, 철재 튜브의 경우 최대 0.015inch의 여유 공간이 허락된다. 슬리브 절단면에서 튜브의 약간의 뭉개짐은 허용된다. 회전을 제외한 슬리브 파이롯의 움직임은 허용되지 않는다.

5) 비딩(Beading)

그림 3-11과 같이 튜브는 수동 비딩 공구, 기계식 비딩 롤러 또는 그립 다이(grip dies)에 의해 비드가 만들어진다. 비딩 방법은 튜브의 재질, 튜브의 두께 그리고 직경에 의해 결정된다. 수동 비

딩 공구는 ¼~1inch 외경의 튜브에 사용된다. 비드는 장착된 롤러와 비더 프레임(beader frame)에 의해 성형된다. 비드를 만드는 동안 롤러 사이의 마찰을 줄이기 위해서 튜브 내부와 외부에 오일로 윤활한다.

크기는 롤러로 비드를 만들기 위한 튜브의 외경에 대한 것으로 롤러에 1/16inch 단위로 표시된다. 분리되는 롤러는 안쪽 면이 각 튜브 크기에 적절하게 맞아야 하며 정확한 크기의 부품들을 선택하여야만 한다. 수동 비딩 공구 사용 시 튜브 주위를 비딩 공구가 회전하는 동안 롤러가 컷터처럼 조금씩 안쪽으로 조여들어간다. 추가적으로 작은 바이스는 키트로 구성된다.

다양한 비딩 공구와 기계장치가 사용되기도 하지만 수동 비딩 공구가 빈번하게 사용된다. 대체로 비딩 기계장치는 특별한 롤러가 제공되지 않는 한 1-15/16inch 이상의 큰 직경의 튜브 비딩에 사용되며 그립-다이(grip-die) 방법은 작은 직경의 튜브에 제한적으로 사용된다.

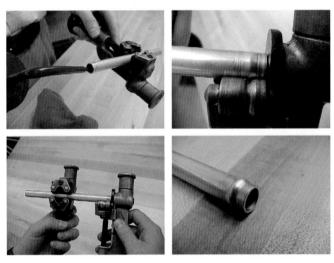

▲ 그림 3-11 수동 비딩 공구

5 유체 라인의 식별(Fluid Line Identification)

항공기에 사용되는 각각의 유체 라인은 컬러 코드, 단어 그리고 기하학적인 모양의 부호로 구성된 표식에 의해서 식별할 수 있다. 이 표지는 각각의 유체 라인의 기능, 내용물 그리고 주요한 위험 요소를 표현해 준다. 그림 3-12는 튜브 내부의 유체의 종류와 그 계통의 종류를 구분하기 위해 사용되는 심벌과 컬러 코드이다.

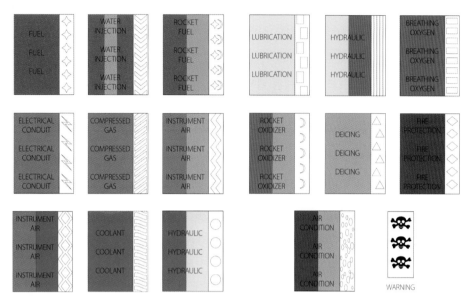

▲ 그림 3-12 항공기 유체 라인 식별 코드

그림 3-13(A)처럼 유체 라인은 대부분의 경우 1inch 테이프 또는 데칼(decal)로 주기된다. 직경이 4inch 또는 그보다 큰 튜브, 기름에 노출되는 튜브, 뜨거운 튜브 또는 차가운 튜브는 그림 3-13(B)와 같이 데칼이나 테이프를 붙일 장소에 철제 태그를 붙여주기도 한다. 엔진 흡입구 쪽으로 빨려 들어 갈 수 있는 공간에 위치한 튜브에는 데칼이나 테이프 대신에 페인트를 사용하기도 한다. 그림 3-13과 같이 위에 언급한 표시에 추가하여 계통 내의 특별한 기능을 표현하기 위해서 사용되기도 한다. 예를 들면 드레인, 벤트, 압력 또는 리턴 등이 해당한다. 연료를 공급하는 튜브에는 FLAM, 유독물질을 포함하는 튜브에는 TOXIC, 산소, 질소 또는 프레온과 같은 물리적으로 위험한 물질을 포함할 경우 PHDAN으로 표시한다.

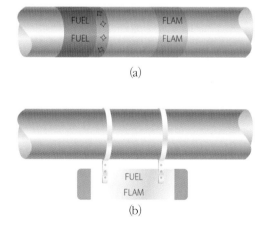

▲ 그림 3-13 유체 라인 식별 데칼

항공기 제작사, 엔진 제작사는 유체 라인의 식별을 위한 표식의 최초 장착에 대한 책임이 있지만 항공정비사는 그 표식을 유지 관리할 책임이 있다. 일반적으로 테이프와 데칼은 튜브의 양쪽 끝에 배치하고 적어도 튜브가 지나가는 각각의 격실에 하나씩 배치시킨다. 또한 테이프나 데칼은 각각의 밸브, 조절기, 여과기 또는 튜브 라인 내의 액세서리에서 가까운 곳에 배치시킨다. 페인트나 태그가 사용되는 장소에는 테이프나 데칼의 요구조건이 동일하게 적용된다.

6 유체 라인 피팅(Fluid Line End Fitting)

피팅은 종류와 용도에 따라서 파이프 나사산 또는 기계 나사산급 중 하나를 갖게 될 것이다. 파이프 나사산 규격은 통상적으로 배관에 사용되는 것과 같이 내측과 외측 모두 점점 가늘어지는 테이퍼를 갖는다. 외부 나사산은 수나사산으로 부르고 내부 나사산은 암나사산이라 부른다. 2개의 피팅이 수나사산과 암나사산이 결합될 때 나사산의 테이퍼가 밀폐기능을 갖는다. 파이프 나사산의 일부는 고압의 누수를 막거나 눌어붙는 것을 방지하기 위한 특화된 윤활제를 적용하는 것이 허용된다. 나사산에 윤활제를 적용할 때 윤활제가 계통 내로 유입되거나 그 계통을 오염시키지 않아야 한다. 산소계통의 튜브에는 특별하게 지정된 윤활제를 제외하고는 일반적으로 윤활제 적용을 삼가야 한다. 산소는 석유제품과 반응할 수 있고 발화할 수 있다.

기계 나사산급은 거친 나사산 급으로 일반적인 너트와 볼트에 사용되는 것과 비슷하게 밀폐기능을 가지고 있지 않다. 기계 나사산급의 피팅은 벌크헤드를 지나 연결하기 위한 경우에만 사용하며 계통의 유체가 새어나오지 않도록 하기 위해 플레어된 튜브, 변형 가능한 와셔 그리고 인조 시일(synthetic seal)의 사용이 동반된다. 이 피팅의 크기는 1/16inch 단위로 튜브 바깥지름과 같은 데시넘버(dash-number)로 표시된다.

1) 유니버설 벌크헤드 피팅(Universal Bulkhead Fitting)

유체 라인이 벌크헤드를 관통할 때 벌크헤드에서 그 관의 안전이 요구되며 이를 위해 피팅이 사용된다. 벌크헤드를 관통하는 튜브 피팅의 끝은 다른 튜브의 피팅의 끝 부분보다 길어야 하며 벌크헤드에서 피팅의 안전을 확보하기 위해서 고정 너트가 사용되는 것이 허용된다. 피팅은 다른 튜브에 장착되거나 계통 구성품에 장착된다.

피팅은 비드와 클램프, 플레어 피팅, 플레어리스 피팅 그리고 영구용 피팅과 같은 네 가지 종류로 구분 짓는다. 계통 내 사용되는 압력의 양과 물질의 종류가 커넥터를 선택하는 결정요소로 작용한다. 비드 타입 피팅은 비드와 호스 클램프가 요구되며 냉각유 계통, 진공 계통 저압 또는 중압 계통에만 사용한다. 플레어 피팅, 플레어리스 피팅 및 영구용 피팅은 압력에 관계없이 모든 계통에서 커넥터로 사용된다.

2) AN 규격 플레어 피팅(AN Flared Fitting)

그림 3-14처럼 플레어 튜브 피팅은 슬리브와 너트로 이루어진다. 피팅이 조여졌을 때 너트는 슬리브 위쪽에 고정되고 기밀 형성을 위해 수나사 피팅과 슬리브, 수나사 피팅을 맞닿는 방향으로 잡아당긴다. 수나사 피팅은 플레어의 안쪽 면과 같은 각도의 원추형 표면을 갖는다. 슬리브는 튜브를 지지해서 진동이 플레어 끝 부분에 집중되지 않도록 하고, 가해지는 강도를 더 넓은 지역에 걸쳐 전단작용을 분산시키도록 튜브를 지지한다.

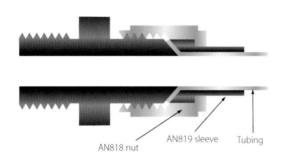

AN818 nut   AN819 sleeve   Tubing

▲ 그림 3-14 플레어 튜브 피팅

서로 다른 합금으로 조립된 피팅의 조합은 이질금속 간 부식을 방지하기 위해 가능하면 피해야 한다. 모든 피팅의 결합은 피팅을 장착하는 동안에 조여줄 때 조립, 정렬(alignment) 그리고 적절한 윤활제 적용 등을 확실하게 하여야 한다. 규격 AN 피팅은 검정 또는 파랑색으로 식별된다. 모든 AN 철제 피팅은 검정으로 착색되고 모든 알루미늄 피팅은 파랑색으로 착색되고 알루미늄 청동 피팅은 카드뮴 도금이 되고 보기에 자연스럽다. 그림 3-15에서는 AN 표준 피팅의 종류를 보여준다. 표 3-3은 피팅의 크기, 토크값 그리고 굽힘반지름 등의 추가적인 정보를 나타낸다.

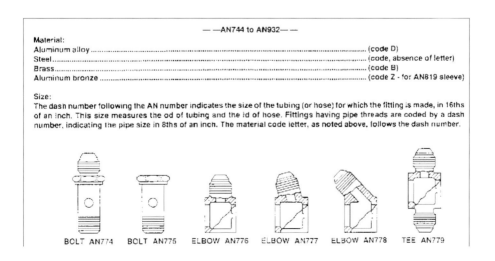

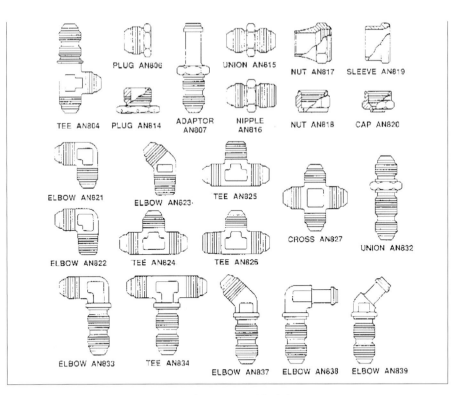

▲ 그림 3-15 AN 표준 피팅

[표 3-3] 플레어 피팅 자료

튜빙 외경(inch)	피팅 볼트 또는 너트 크기	알루미늄 합금 튜빙, 볼트, 피팅, 또는 너트 토크값(in-lb)	합금강 튜빙, 볼트, 피팅, 또는 너트 토크값 (in-lb)	토스 엔드 피팅 그리고 호스 어셈블리		최소 굴곡 반경	
				MS28740 또는 동등한 엔드피팅		알루미늄 합금 1100-H14 5052-0	합금강
				최솟값	최댓값		
$1\frac{1}{8}$	-2	20-30				$\frac{3}{8}$	
$\frac{3}{16}$	-3	30-40	90-100	70	120	$\frac{7}{16}$	$\frac{21}{32}$
$\frac{1}{4}$	-4	40-65	135-150	100	250	$\frac{9}{16}$	$\frac{7}{8}$
$\frac{5}{16}$	-5	60-85	180-200	210	420	$\frac{3}{4}$	$1\frac{1}{8}$
$\frac{3}{8}$	-6	75-125	270-300	300	480	$\frac{15}{16}$	$\frac{15}{16}$
$\frac{1}{2}$	-8	150-250	450-500	500	850	$1\frac{1}{4}$	$1\frac{3}{4}$
$\frac{5}{8}$	-10	200-350	650-700	700	1,150	$1\frac{1}{2}$	$2\frac{3}{16}$
$\frac{3}{4}$	-12	300-500	900-1,000			$1\frac{3}{4}$	$2\frac{5}{8}$
$\frac{7}{8}$	-14	500-600	1,000-1,100				
1	-16	500-700	1,200-1,400			3	$3\frac{1}{2}$
$1\frac{1}{4}$	-20	600-900	1,200-1,400			$3\frac{3}{4}$	$4\frac{3}{8}$
$1\frac{1}{2}$	-24	600-900	1,500-1,800			5	$5\frac{1}{4}$
$1\frac{3}{4}$	-28	850-1,050				7	$6\frac{1}{8}$
2	-32	950-1,150				8	7

3) MS 플레어리스 피팅(MS Flareless Fitting)

MS 플레어리스 피팅은 심한 진동과 움직임이 강한 압력을 받는 3,000psi 고압 유압계통에 사용하도록 디자인되었다. 그림 3-16과 같이 모든 플레어링을 제거한 플레어리스 피팅을 사용하는 것은 강하고 안전을 제공할 뿐 아니라 신뢰할 수 있는 튜브의 연결을 확보한다. 그림 3-17과 같이 피팅은 바디, 슬리브, 너트 등 세 가지 부품으로 구성되어 있다.

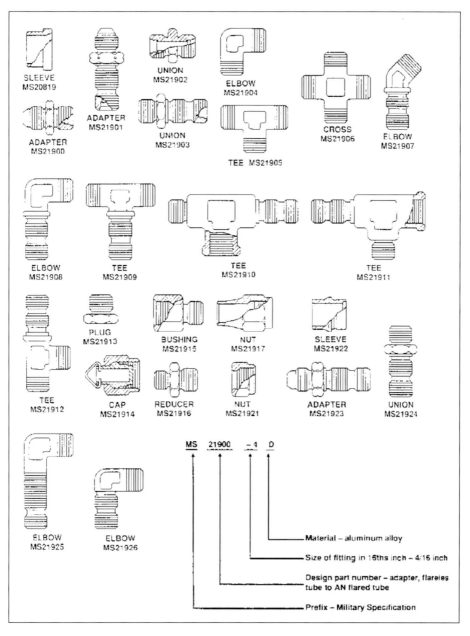

▲ 그림 3-16 MS 플레어리스 튜브 피팅 종류

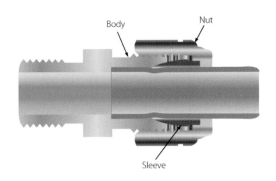

Body   Nut

Sleeve

▲ 그림 3-17 플레어리스 피팅

바디와 너트가 연결되었을 때 튜브의 외벽에서 슬리브가 절단되는 원인을 제공한다. 바디 안에 있는 카운터 보어 숄더(counter bore-shoulder)는 알루미늄 피팅은 45°, 강철 커넥터는 15°의 반대 방향의 각도로 설계되었다. 이 반대 방향의 각도는 튜브가 조여졌을 때 튜브의 안쪽 방향으로 찌그러지는 것을 방지하고 바디 카운터 보어(body counter bore)의 외피에 대하여 부분적인 기밀을 제공한다.

(1) 스웨이지 피팅(Swaged Fitting)

운송급 항공기의 유압 튜브의 연결과 수리를 위한 일반적인 복구 계통은 퍼마스웨이지 피팅을 사용한다. 스웨이지된 피팅은 실질적으로 정비가 필요 없이 영구적인 연결을 제공한다. 스웨이지 피팅은 빈번하게 분리되지 않는 유압 계통의 튜브에 일반적으로 사용되며 티타늄이나 내식강 재질로 만들어진다. 그림 3-18처럼 좁은 공간에서도 사용 가능하도록 작은 크기로 만들어졌으며 이동용 유압 방식으로 작동된다. 이렇게 만들어진 스웨이지 피팅은 피팅을 분리해야 하는 경우 튜브 커터를 이용해서 잘라내야 한다. 특별한 장착 공구는 이동용 키트로 이용될 수 있다. 스웨이지 피팅을 장착하기 위해서는 언제나 제작사의 설명서에 따라 사용하여야 한다. 퍼멀릿 피팅(permalit fitting)은 최근 개발된 스웨이지 피팅 중 하나이며 퍼멀릿 피팅은 스웨이지 축에 의해 튜브가 기계적으로 장착되는 방식이다. 그림 3-19처럼 피팅 몸체를 따라 회전하는 링의 움직임은 새는 것을 방지하기 위한 결합부분을 갖는 튜브의 변형을 초래한다.

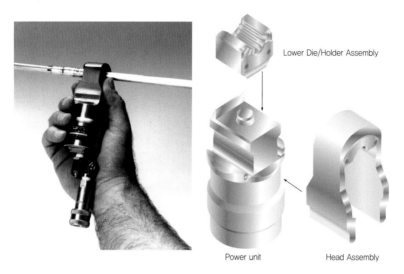

▲ 그림 3-18 스웨이지 피팅 공구

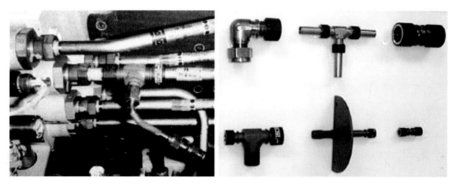

▲ 그림 3-19 퍼멀릿 피팅

(2) 크리요핏 피팅(Cryofit Fitting)

많은 운송용 항공기 유압계통 튜브로 일상적인 분리가 요구되지 않는 부분에 그림 3-20과 같은 크리요핏 피팅이 많이 사용된다. 크리요핏 피팅은 저온 슬리브를 갖고 있는 표준형 피팅이다. 이 저온 슬리브는 티넬(tinel)이라고 명명한 형상 기억 소재로 만들어져 있다. 슬리브는 3% 작게 제작된 후 액화질소 내에서 냉간 가공 처리가 되면서 사용되는 튜브보다 5% 더 큰 크기로 팽창된다. 장착 과정에서 크리요핏 피팅은 액화 질소로부터 건져낸 후 연결을 위한 튜브에 삽입하면 10~15초 동안의 예열 기간 동안 3% 작은 원래의 크기로 수축하면서 기밀을 유지하는 형태로 만들어진다. 크리요핏 피팅은 유압계통의 튜브의 교환 없이 스웨이지하는 것만으로 피팅을 교체할 수 있는 여지를 남겨 두었지만 튜브에서 슬리브를 잘라내는 방법으로만 분리할 수 있는 단점을 가지고 있다. 크리요핏 피팅은 빈번하게 티타늄 튜브와 함께 사용된다. 이러한 형상기억 합금 기술은 피팅, 플레어 피팅 그리고 플레어 없는 피팅에 사용된다.

▲ 그림 3-20 크리요핏 피팅

◢ 경성 튜브의 장착과 검사(Rigid Tubing Installation and Inspection)

항공기에 튜브 어셈블리를 장착하기 전에는 그 튜브를 주의 깊게 검사하여야 한다. 찌그러지거나 긁힌 부분은 제거되어야 하고, 모든 너트와 슬리브는 부드럽게 접촉면이 맞물려야 하고 튜브에 제작된 플레어에 의해 단단히 장착되는지를 면밀히 확인한다. 튜브 어셈블리는 깨끗하게 관리되어야 하고 외부 물질 오염으로부터 차단되어야 한다.

1) 연결과 토크(Connection and Torque)

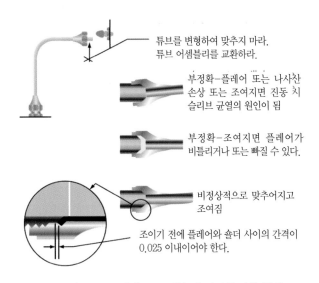

▲ 그림 3-21 플레어 튜브 정상 및 비정상 장착 상태

피팅 또는 플레어의 접촉면에 어떠한 화학물질을 바르지 말아야 한다. 화학물질의 적용은 피팅과 플레어의 금속과 금속이 맞물리면서 생성되는 밀폐기능을 위한 접촉을 방해하게 될 것이다. 피팅을 고정시키기 전에 튜브 어셈블리의 정렬을 확인하여야 한다. 너트를 장착하기 위한 부분을 잡아당기지 말아야 한다.

그림 3-21은 플레어 튜브 어셈블리의 정상적인 장착과 비정상적 장착 상태를 보여주고 적정 토크값은 표 3-3에서 확인 가능하다. 기억해야 할 것은 이 토크값은 플레어 타입 피팅에 한정해서 사용되어야 한다는 점이다. 튜브 어셈블리를 장착할 때는 항상 정확한 토크값으로 피팅을 장착하여야 한다. 과도한 토크를 적용하는 것은 피팅에 손상을 주거나 튜브 플레어의 완전한 파손을 유발하고, 피팅 너트 또는 슬리브를 파손할 것이다. 충분한 조임의 실패는 계통 압력 밑으로 떨어지는 샘(Leak), 어셈블리의 벌어짐으로 인한 유압유의 누출과 같이 매우 심각 현상이 발생할 수 있다. 토크 렌치의 사용과 규정된 토크값은 오버 토크(Over tightening)와 언더토크(Under tightening)를 예방할 수 있다. 튜브 피팅 어셈블리가 정확하게 장착되려면 플레어의 재가공이 필요하기 전에 튜브와 피팅의 장착, 장탈을 반복해서 자리 잡는 절차를 하여야 한다.

2) 플레어리스 튜브의 장착(Flareless Tube Installation)

손으로 너트를 조일 때는 힘이 증가하여 회전력에 저항이 걸려 때까지 돌려준다. 더 이상 손으로 조일 수 없을 때 렌치를 사용하며 이것은 장착의 마무리를 위한 마지막 신호로 인식한다. 너트가 밑바닥에 닿기 시작하는 곳에서 마지막 조임을 시작하는 것이 중요하다. 렌치를 사용해서 너트를 1/6바퀴 돌린다. 너트를 조일 때 커넥터가 따라 도는 것을 막기 위해 렌치를 사용하여야 한다. 튜브 어셈블리가 장착된 후 계통은 압력을 가해 테스트해야 한다. 연결부분에서 압력이 누설되면 1/6 바퀴 더 잠그는 것이 허용되고 총 1/3바퀴를 넘어서는 안 된다. 총 1/3바퀴 조여 준 후에도 누설 현상이 계속되면 어셈블리를 분리하고 오염물질이 접촉부에 존재하는지, 깨지거나 긁힌 결함이 존재하는지 또는 과도한 토크로 인해 결함이 발생했는지를 점검한다. 몇몇 항공기 제작사에서는 플레어리스 피팅에도 적정 토크치를 적용하는 절차를 매뉴얼에 포함시키기도 한다.

다음의 Note, Caution, Faults는 경성 튜브(rigid tube)에 적용된다.

플레어리스 튜브의 너트를 과도하게 조이면 튜브 안쪽의 슬리브 끝 부분의 깨짐 현상을 발생되거나 항공기의 정상 비행 시 발생하는 진동에 의해 전단력이 발생한 곳에 약한 부분이 만들어진다. 만약 점검 후 결함이 발생되지 않으면 튜브를 재조립하고 압력을 걸어 검사하는 절차를 반복하라.

육각 너트의 단면 두 개, 즉 1/3바퀴 이상 조이지 말라. 이것은 슬리브와 너트의 영구적인 결함의 발생 없이 조일 수 있는 최대한계값이다.

플레어가 너트 안쪽의 나사산 안에서 비틀리거나, 슬리브에 균열이 발생되거나, 플레어에 균열이 발생 또는 분리되거나, 플레어 안쪽 면에 긁힘 또는 마모가 발생하고 너트의 나사산 또는 유니온(Union)이 오염되거나 손상 또는 부러지는 결함이 일반적으로 발생되는 결함의 양상이다.

3) 경성 튜브의 점검과 수리(Rigid Tubing Inspection and Repair)

튜브에 발생한 약한 찌그러짐, 긁힘은 수리가 가능하다. 알루미늄합금 튜브의 구부러진 곡면을 제외한 나머지 부분에 발생한 두께의 1/10 미만의 찍힘 또는 긁힘은 수공구를 활용해 연마하는 공정을 통해 수리가 가능하다. 튜브 재료의 경도(hard)에 의한 리미트(limit)는 알루미늄합금 튜브에 비해 얇은 두께를 가진 내식강이나 티타늄 튜브가 더 강하며 항공기 제작사에 의해 결정된다. 항공기 매뉴얼에서 손상 제한값을 제시한다. 튜브에 발생한 제작 시 발생한 자국, 갈라진 틈 또는 분리된 결함으로 인해 튜브는 교환된다. 플레어에 발생한 균열 또는 기형은 사용이 수락되지 않거나, 거절되는 원인이 된다. 튜브의 구부러진 곡면을 제외한 나머지 부분에 발생한 튜브 직경의 20% 미만의 찌그러짐(dent)은 사용하는 데 이의가 제기되지 않는다. 작은 구슬(bullet)을 케이블에 매달아 튜브를 관통하게 하거나 기다란 로드를 이용해서 작은 구슬을 밀어 넣어 튜브의 찌그러짐을 제거한다. 작은 구슬은 볼 베어링(ball bearing) 또는 쇠구슬이나 경금속(hard-metal) 구슬이다. 그림 3-22와 같이 연성 재질의 알루미늄합금 튜브의 경우 딱딱한 목재 구슬이나 작은 구슬을 사용한다. 심하게 손상된 튜브는 교환되어야 한다. 그러나 튜브는 손상된 부분을 잘라내고 동일 재질, 크기의 튜브를 삽입하여 수리되기도 한다. 손상되지 않은 양쪽 끝 부분을 플레어 작업을 하고 유니온, 슬리브 그리고 튜브 너트를 사용하여 연결 작업을 한다. 알루미늄 6061-T6, 내식강 304-1/8H 그리고 티타늄 3AL-2.5V 튜브는 스웨이지 피팅으로 수리가 가능하다. 그림 3-23과 같이 손상된 튜브의 길이가 짧다면 튜브의 삽입 대신에 수리용 유니온을 사용해서 수리가 가능하다. 손상된 튜브를 수리할 때 거칠거칠한 면과 잔류물 제거에 세심한 주의를 기울여야 한다. 일정기간 사용되지 않은 분리된 튜브는 금속, 목재, 고무 또는 플라스틱 플러그 또는 캡을 이용해서 밀폐시켜 관리한다.

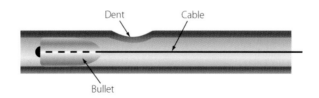

▲ 그림 3-22 구슬을 이용한 튜브 수리

결함유형	수리방법
1. 핀홀 누설 또는 튜빙의 원주방향 균열 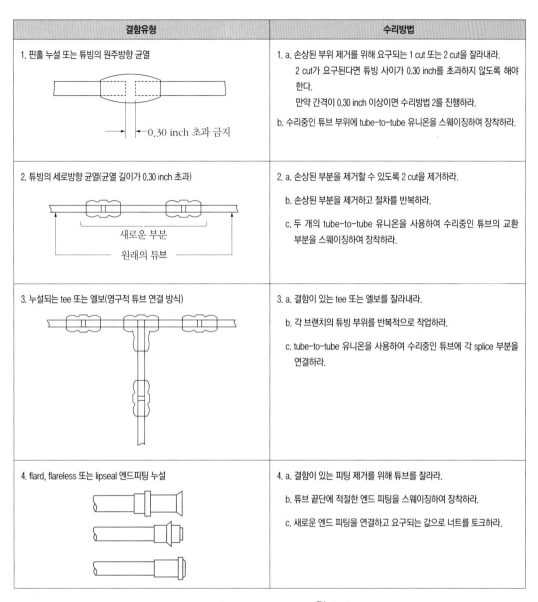	1. a. 손상된 부위 제거를 위해 요구되는 1 cut 또는 2 cut을 잘라내라. 2 cut가 요구된다면 튜빙 사이가 0.30 inch를 초과하지 않도록 해야 한다. 만약 간격이 0.30 inch 이상이면 수리방법 2를 진행하라. b. 수리중인 튜브 부위에 tube-to-tube 유니온을 스웨이징하여 장착하라.
2. 튜빙의 세로방향 균열(균열 길이가 0.30 inch 초과)	2. a. 손상된 부분을 제거할 수 있도록 2 cut을 제거하라. b. 손상된 부분을 제거하고 절차를 반복하라. c. 두 개의 tube-to-tube 유니온을 사용하여 수리중인 튜브의 교환 부분을 스웨이징하여 장착하라.
3. 누설되는 tee 또는 엘보(영구적 튜브 연결 방식)	3. a. 결함이 있는 tee 또는 엘보를 잘라내라. b. 각 브랜치의 튜빙 부위를 반복적으로 작업하라. c. tube-to-tube 유니온을 사용하여 수리중인 튜브에 각 splice 부분을 연결하라.
4. flard, flareless 또는 lipseal 엔드피팅 누설	4. a. 결함이 있는 피팅 제거를 위해 튜브를 잘라라. b. 튜브 끝단에 적절한 엔드 피팅을 스웨이징하여 장착하라. c. 새로운 엔드 피팅을 연결하고 요구되는 값으로 너트를 토크하라.

▲ 그림 3-23 Permaswage™ 수리

휘어짐이 가능한 연결 어셈블리를 사용해서 저압튜브를 수리할 때에는 클램프 밴드의 겹쳐 물림 또는 인접한 부품과 클램프 고정 스크루의 접촉을 방지하기 위해 클램프의 위치를 신중하게 결정하여야 한다. 만약 이러한 부품 간의 접촉이 발생한다면 호스 위에서 클램프의 위치를 다시 조정해야 한다. 그림 3-24는 연성 유체 튜브 어셈블리의 디자인을 설명하고 비틀림 각(offset)과 최대허용각 도를 설명하고 있다.

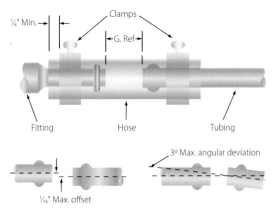

Clamps

¼" Min.

G. Ref

Fitting

Hose

Tubing

3° Max. angular deviation

1/16" Max. offset

Minimum gap "G" shall be ½" or Tube OD/4

▲ 그림 3-24 연식 유체 라인 클램프 작업 및 비틀림 허용 각도

경성 튜브를 교체할 때, 새로운 튜브는 기존에 장착되어 있던 튜브의 배치와 동일하게 유지해야 한다. 손상되거나 마모된 어셈블리는 장탈 후 더 손상되거나 형태의 변형이 일어나지 않게 주의하고 새로운 부품 제작을 위한 모양 틀로 활용한다. 만약 장탈된 튜브가 모양 틀로 활용할 수 없는 상태라면 철사로 모양 틀을 만들고 새로운 튜브의 필요한 모양을 따라 손으로 구부려 마무리한다. 그리고 철사로 만든 모양 틀을 따라 튜브를 굽힘 가공한다. 절대로 굽힘이 요구되지 않는 방향으로 가공하지 않도록 한다. 장착할 튜브는 절단하거나 플레어 가공을 할 수 없고, 튜브는 굽힘없이 장착되고 기계적인 변형으로부터 자유롭게 유지되기 위해서 정확하게 제작되어야 한다.

튜브는 온도의 변화에서 오는 튜브의 수축과 팽창과 진동을 허용할 수 있도록 하는 기능을 위해서 굽힘이 필요하다. 만약 튜브 직경이 1/4inch 이하일 경우, 손으로 굽힘 가공이 가능할 경우 심하지 않은 굽힘은 허용된다. 튜브가 기계장치로 가공되었다면 뚜렷한 굽힘은 직선으로 조립되지 않도록 만들어져야 한다. 플레어의 검사와 조립 과정에서 슬리브와 너트가 헐거움이 유지되어야 하기 때문에 피팅으로부터의 정확한 거리에서 굽힘 가공을 시작해야 한다. 모든 경우에 새로운 튜브는 커플링 너트를 이용해서 어셈블리의 정렬을 확인할 때 튜브가 잡아당겨 지거나 뒤틀림이 발생하지 않도록 장착 전에 정확하게 가공되어야 한다.

1-2 연성 호스 유체 라인(Flexible Hose Fluid Line)

휘어지는 호스는 진동이 발생하는 부분에 장착된 고정 부품과 가동 부품을 연결하거나 유연성이 크게 요구되는 항공기 유체 계통에 사용된다. 휘어지는 호스는 금속 튜브 계통을 연결하는 커넥터로도 사용가능하다.

1 호스의 재질과 구조(Hose Materials and Construction)

순수한 고무는 연성 유체 라인을 구성하는 재료로 사용될 수 없다. 요구되는 강도, 내구성, 가동성에서 요구되는 조건을 충족시키기 위해 순수한 고무를 대신해서 합성고무가 사용된다. 연성 호스를 제작할 때 일반적으로 활용되는 합성고무 Buna-N, 네오프렌(neoprene), 부틸(butyl), 에틸렌 프로필렌 디엔 러버(ethylene propylene diene rubber/EPDM)와 테프론(teflon) 등이 사용된다. 테프론이 자기 자신의 카테고리 안에 존재하고 나머지는 합성고무로 구분된다.

Buna-N은 석유 제품에 훌륭한 저항성을 갖는 합성고무 재질이다. Buna-N은 Buna-S와 혼동하여서는 안 된다. Buna-N은 인산염 에스테르(phosphate ester)로 만들어진 유압유(skydrol)와 함께 사용할 수 없다.

네오프렌(neoprene)은 아세틸렌(acetylene)으로 만들어진 합성고무로서 Buna-N만큼 석유 제품에 대한 저항성이 좋지는 않지만 마멸 특성은 Buna-N보다 더 양호하다. 네오프렌도 인산염 에스테르(phosphate ester)로 만들어진 유압유(skydrol)와 함께 사용할 수 없다.

부틸(butyl)은 석유 원유로부터 만들어진 합성고무로서 인산염 에스테르(phosphate ester)로 만들어진 유압유(skydrol)와 사용하기에 적당하다. 부틸은 석유 제품과 함께 사용하지 말아야 한다.

연성 고무호스는 합성고무 재질의 안쪽 튜브와 면, 철사 그리고 합성고무가 조합된 바깥쪽 층으로 구성되어 있다. 이렇게 만들어진 연성 고무호스는 연료, 오일, 냉매, 그리고 유압계통에 사용하는 것이 적당하며 호스의 종류는 정상작동 조건에서 견디도록 설계된 압력의 크기에 따라 등급이 구분되어 있다.

(1) 저압, 중압, 고압 호스(Low, Medium and High Pressure Hose)

저압 호스는 250psi 이하의 압력에서 사용 가능하며, 직물 보강제로 구성되어 있다. 중압 호스는 3,000psi까지의 압력에서 사용 가능하며, 하나의 철사 층으로 보강되어 있고, 작은 크기의 호스는 3,000psi까지 사용 가능하며 큰 크기의 호스는 1,500psi까지 사용 가능하다. 고압 호스는 모든 크기의 호스로 3,000psi까지 사용 가능하다.

(2) 호스 식별(Hose Identification)

호스의 구분을 위한 표시는 그림 3-25와 같이 문자, 라인(line), 숫자로 호스 표면에 인쇄되어 있다. 대부분 유압 호스는 호스의 종류, 제작사를 구분하기 위한 5개 숫자로 된 코드와 제작년도, 분기가 표시되어 있다. 이러한 표시는 호스의 꼬임 상태를 판단하기 쉽도록 강조된 컬러의 글자와 글씨로 인쇄되어 있으며 9inch 간격으로 반복되어 있다. 코드는 대체물을 추천하거나 같은 스펙의 호스로 교환할 때 도움을 준다. 보통 인산염 에스테르(phosphate ester)계 유압유에 사용하기 적합한 호스는 'Skydrol Use'라고 표현된다. 일부 몇 종류의 호스는 같은 용도로 사용된다. 그러므로 정확한 호스의 선택을 위해서는 항상 항공기 정비 교범 또는 부품정비 교범을 참조하여야 한다.

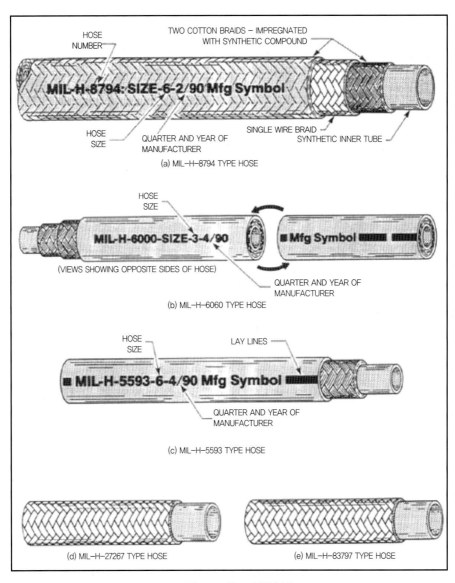

▲ 그림 3-25 호스 식별 부호

테프론(teflon)은 테트라플루오로에틸렌(Tetrafluoroethylene)이라고 불리는 듀폰(du-pont)사의 상품명이다.

테프론은 −65~450°F까지의 넓은 범위의 사용 가능 온도 범위를 가지며 거의 대부분의 물질 또는 약품과 함께 사용 가능하다. 테프론은 약하게 흐름의 저항이 발생할 수 있지만 점착성, 점성물질이 달라붙지는 않을 것이다. 또 고무와 비교했을 때 팽창률이 적고 저장 기간과 사용 수명은 제한이 없다. 테프론 호스는 현존하는 항공기와 같은 높은 작동 온도와 높은 압력에 사용하기 위한 휘어지는 튜브로 디자인되었다. 일반적으로 테프론 호수는 고무호스와 같은 방법으로 사용된다. 테프론 호스는 요구되는 모양과 크기로 압출 성형되며 강도와 보호를 위해 스테인리스 와이어로 보강된다. 테프론 호스는 항공기에 사용되는 연료, 합성 오일, 알코올, 냉각수 또는 솔벤트와 같은 용제 어떤 것에도 영향을 받지 않는다. 테프론 호스는 사실상 제한 없는 저장기간, 광범위한 사용 가능 온도 범위, 그리고 유압유, 연료, 오일, 냉각수, 물, 알코올과 같은 광범위한 사용처 등의 장점을 갖고 있다. 중압에 사용되는 테프론 호스 어셈블리는 간혹 장애물을 피할 목적, 짧은 길이의 호스로 연결하기 위해 성형 방법이 사용된다. 성형방법은 특별한 엘보(elbow)의 필요성을 제거할 때 사용되며 성형된 테프론 호스의 사용은 무게와 공간을 절약할 수 있다. 성형된 테프론 호스는 똑바로 잡아당겨 사용하면 안 된다. 그림 3-26과 같이 미리 성형(preformed)된 테프론 호스는 절대로 똑바르게 보관하지 않는다. 만약 정비를 위해 장탈되었다면 지지 와이어(support wire)를 사용해야 한다.

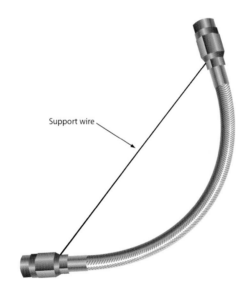

Support wire

▲ 그림 3-26 성형된 테프론 호스 지지 와이어 상태

❷ 연성 호스의 검사(Flexible Hose Inspection)

각각의 점검 주기에 따라서 호스와 호스 어셈블리의 기능저하 등 상태 점검을 하여야 한다. 누출, 튜브 안쪽면의 고무 또는 보강층의 분리, 균열, 경화, 유연성의 약해짐, 과도한 '저온유동(cold flow)' 등이 나타나면 기능이 저하되었다는 신호이며, 교체해야 하는 원인이 된다. 저온유동은 호스 클램프 또는 지지물의 압력에 의해 호스에 만들어진 영구적인 눌린 자국으로 설명된다.

스웨이지로 처리된 피팅을 포함하고 있는 연성 호스에 결함(failure)이 발생하였을 때 전체 어셈블리가 교체되어야 하며, 정확한 크기와 길이의 새 호스를 확보하고 제작사에서 완성된 피팅으로 마무리한다. 재사용이 가능한 엔드 피팅을 장착한 호스에 결함이 발생하였을 때는 제작사에서 제공된 조립 절차를 수행하는 데 필요한 적정 공구를 활용하여 교환튜브를 조립할 수 있다.

❸ 연성 호스의 조립과 교체 (Fabrication and Replacement of Flexible Hose)

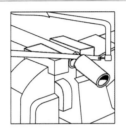

1. 호스를 바이스에 물리고 cut off wheel 또는 가는 이 쇠톱을 사용하여 요구되는 길이로 잘라라.

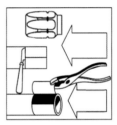

2. 잘라진 호스를 길이 방향으로 위치시키고 칼을 사용하여 와이어 브라이드가 보이도록 커버를 자른다. 커버를 자른 후 플라이어를 사용하여 비틀어 떼어내라(아래의 Note 참조)

3. 호스를 바이스에 물리고 호스에 소켓을 반시계 방향으로 조여라.

4. 호스 내부와 니플 나사산을 충분히 윤활하라.

NOTE: MIL-H-8790에 의거 제작된 호스 어셈블리는 특수 실란트로 코팅된 노출 와이어브라이드가 있어야 한다.

NOTE:절차2는 고압호스에만 적용된다.

***주의:** 합성유(SKYDROL 그리고/또는 HYJET 제품) 사용으로 고안된 호스에 어떠한 석유 제품도 사용되어서는 안된다. 조립하는 과정에서 윤활제로 식물성 비누액을 사용하라.

분해는 조립의 역순이다.

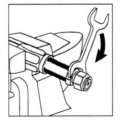

5. 렌치를 사용하여 니플의 육각부를 돌려 소켓 안으로 조여서 니플 육각부와 소켓이 0.005~0.031 inch 간격이 되도록 하라.

▲ 그림 3–27 연성 호스 MS 피팅 조립 작업

그림 3-27과 같이 호스 어셈블리를 만들려면 적절한 크기의 호스와 엔드 피팅(end fitting)을 선택하여야 한다. 연성 호스를 위한 MS 타입 엔드 피팅은 사용 가능하다고 확인되면 분리해서 재사용이 가능하다. 피팅의 안쪽 지름의 크기는 장착될 호스의 안쪽 지름과 같은 크기이다.

(1) 연성 호스의 테스트(Flexible Hose Testing)

[표 3-4] 항공기 호스 규격

직물커버 단선 와이어 브라이드

MIL 부품번호	튜브 size 외경(inch)	호스 size 내경(inch)	호스 size 외경(inch)	권고 작동 압력(PSI)	최소 파열 압력	최대 검증 압력	최소 굴곡 반경
MIL-H-8794-3-L	$3/16$	$1/8$	.45	3,000	12,000	6,000	3.00
MIL-H-8794-4-L	$1/4$	$3/16$	.52	3,000	12,000	6,000	3.00
MIL-H-8794-5-L	$5/16$	$1/4$	.58	3,000	10,000	5,000	3.38
MIL-H-8794-6-L	$3/8$	$5/16$	.67	2,000	9,000	4,500	4.00
MIL-H-8794-8-L	$1/2$	$13/32$	.77	2,000	8,000	4,000	4.63
MIL-H-8794-10-L	$5/8$	$1/2$	.92	1,750	7,000	3,500	5.50
MIL-H-8794-12-L	$3/4$	$5/8$	1.08	1,750	6,000	3,000	6.50
MIL-H-8794-16-L	1	$7/8$	1.23	800	3,200	1,600	7.38
MIL-H-8794-20-L	$1 1/4$	$1 1/8$	1.50	600	2,500	1,250	9.00
MIL-H-8794-24-L	$1 1/2$	$1 3/8$	1.75	500	2,000	1,000	11.00
MIL-H-8794-32-L	2	$1 13/16$	2.22	350	1,400	700	13.25
MIL-H-8794-40-L	$2 1/2$	$2 3/8$	2.88	200	1,000	300	24.00
MIL-H-8794-48-L	3	3	3.56	200	800	300	33.00

구조: 고장력 강 와이어 브라이드와 섬유질 브라이드로 보강되고 오일 저항성 고무 함침 커버로 덮인 이음매 없는 합성고무 내부 튜브
식별: hose는 규격 번호, size 번호, 분기 연도, 호스 제조업체의 식별로 구분된다.
사용: 호스는 항공기 유압, 공압, 냉각수, 연료 및 오일 시스템에 사용할 수 있도록 검증되었다.

작동 온도:
Size 3-12: -65°F ~ +250°F
Size 16-48: -40°F ~ +275°F
Note: 동시에 최대온도와 최대압력에서 사용해서는 안 된다.

고무커버 복선 와이어 브라이드

MIL 부품번호	튜브 size 외경(inch)	호스 size 내경(inch)	호스 size 외경(inch)	권고 작동 압력(PSI)	최소 파열 압력	최대 검증 압력	최소 굴곡 반경
MIL-H-8788-4-L	$1/4$	$7/32$	.63	3,000	16,000	8,000	3.00
MIL-H-8788-5-L	$5/16$	$9/32$	.70	3,000	14,000	7,000	3.38
MIL-H-8788-6-L	$3/8$	$11/32$	.77	3,000	14,000	7,000	5.00
MIL-H-8788-8-L	$1/2$	$7/16$	.86	3,000	14,000	7,500	5.75
MIL-H-8788-10-L	$5/8$	$9/16$	1.03	3,000	12,000	6,000	6.50
MIL-H-8788-12-L	$3/4$	$11/16$	1.22	3,000	12,000	6,000	7.75
MIL-H-8788-16-L	1	$7/8$	1.50	3,000	10,000	5,000	9.63

구조: 두 개 이상의 강 와이어 브라이드와 섬유질 브라이드로 보강되고 합성 고무 커버로 덮인(가스 사용 시는 천공된 커버의 사용이 요구됨) 이음매 없는 합성고무 내부 튜브
식별: hose는 규격 번호, size 번호, 분기 연도, 호스 제조업체의 식별로 구분된다.

사용: 고압 유압, 공압, 냉각수, 연료 및 오일
작동 온도: -65°F ~ +200°F

모든 연성 호스는 호스 어셈블리의 안쪽에 압력을 가해서 어셈블리 조립 후 압력 테스트를 수행하여야만 한다. 압력 테스트에 사용되는 매질은 액체 또는 기체이다. 예를 들면 유압, 연료, 오일 계통은 보통 유압유 또는 물을 사용하여 테스트한다. 반면에 공기 또는 계기의 압력 라인은 건조한 공기, 오일이 없는 공기 또는 질소를 이용해서 테스트한다. 액체를 매질로 사용하는 테스트를 수행할 경우 캡 또는 플러그를 사용하여 막기 전에 어셈블리로부터 안쪽에 포함된 공기를 제거하여야 한다. 가스를 이용해서 호스를 테스트할 경우에는 수조 안에서 처리하도록 한다. 언제나 특정한 호스 어셈블리의 테스트를 수행할 경우 표 3-4와 같은 제작사의 시험절차를 위한 사용설명서를 따라야 한다.

연성 호스가 수리되었거나 존재하는 하드웨어와 새로운 호스 재료에 의해 오버홀된 경우 항공기에 호스가 장착되기 전에 적어도 1.5배 높은 계통 압력으로 테스트를 수행하는 것을 추천한다. 새 호스는 항공기에 장착한 후 계통 압력을 활용하여 작동 점검을 할 수 있다.

④ 크기 표시법(Size Designation)

호스는 호스의 크기와 관련된 데시 넘버(dash number)로 표시된다. 데시 넘버는 호스의 옆면에 등사되어 있고 호스에 적합한 배관의 크기를 인식할 수 있도록 한다. 데시 넘버는 호스의 안쪽 면 또는 바깥쪽 면의 지름을 표시하지는 않는다. 배관의 데시 넘버와 호스의 데시 넘버가 일치할 때 정확한 호스의 크기가 사용되는 것이다. 데시 넘버는 그림 3-25에서 확인 가능하다.

⑤ 호스 피팅(Hose Fitting)

그림 3-28과 같이 연성 호스는 스웨이지 피팅 또는 분리가능 피팅을 구비하거나 비드와 호스 클

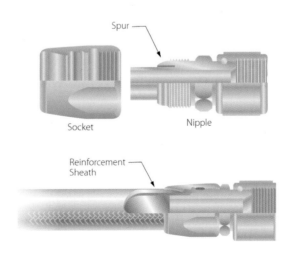

▲ 그림 3-28 중압 호스에 재사용 가능한 피팅

램프를 활용한다. 호스가 스웨이지 피팅을 구비하고 있을 경우 제작사로부터 정확하게 제시된 길이로 주문되어 정비사에 의해서 조립할 수 없다. 이 호스 피팅은 스웨이지되어 있고 기준 피팅이 장착되어 있으며 제작사에 의해 테스트된다. 연성 호스에 사용하는 분리 가능형 피팅은 손상이 없다면 재사용이 가능하지만 결함이 있어 사용할 수 없다면 새 제품으로 교환해서 사용하여야 한다.

⑥ 연성 호스 어셈블리의 장착(Installation of Hose Assemblie)

(1) 느슨함(Slack)

호스 어셈블리는 호스에 기계적인 로드(load)가 발생할 경우 일반적으로 장착하면 안 된다. 연성 호스를 장착할 때는 압력을 가하고 발생할 수 있는 길이 변화를 보상하기 위한 총길이의 5~8%의 튜브길이의 여유길이, 느슨함을 제공하여야 한다. 연성호스에 압력이 가해지면 길이가 수축하고 직경이 확장된다. 모든 연성 호스를 과도한 열기로부터 보호하기 위하여 영향을 받지 않도록 튜브 위치를 조정하거나 튜브 주변에 슈라우드(shroud)를 장착한다.

(2) 휨(Flex)

호스 어셈블리가 심한 진동 또는 휨을 받을 때 휘지 않는 피팅(rigid fitting) 사이에 충분한 느슨함이 있어야 한다. 엔드 피팅에서 휨이 발생하지 않도록 호스를 장착하여야 한다. 호스는 적어도 엔드 피팅으로부터 호스 직경의 2배 정도는 직선을 이루고 있어야 한다. 호스의 휨을 방해하거나 줄이는 클램프의 장소를 피해야 한다.

(3) 꼬임(Twisting)

호스의 파열 가능성을 피하거나 장착된 너트의 풀림을 방지하기 위해 호스를 꼬임 현상 없이 장착해야만 한다. 한쪽 끝이나 양쪽 끝에 스위벨(swivel)을 사용한다면 꼬임 스트레스를 경감시킬 수 있을 것이다. 꼬임은 호스의 표면에 길이방향으로 표시된 라인의 상태를 보고 결정할 수 있다. 이 라인은 호스의 주면을 휘감지 않아야 한다.

(4) 굽힘(Bending)

그림 3-29와 같이 호스 어셈블리에서 급격한 굽힘을 피하기 위해 엘 보우 피팅, 엘 보우 타입 엔드 피팅과 호스, 적당한 굽힘 반경을 사용한다. 급격한 굽힘은 휘어지는 호스의 파열 압력을 호스의 정격값 이하로 감소시킬 것이다.

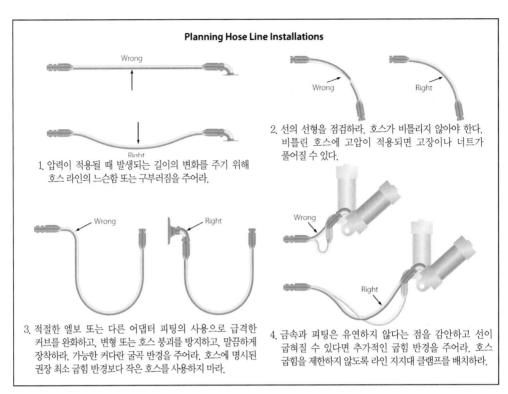

Planning Hose Line Installations

Wrong

Right

1. 압력이 적용될 때 발생되는 길이의 변화를 주기 위해 호스 라인의 느슨함 또는 구부러짐을 주어라.

Wrong

Right

2. 선의 선형을 점검하라. 호스가 비틀리지 않아야 한다. 비틀린 호스에 고압이 적용되면 고장이나 너트가 풀어질 수 있다.

Wrong

Right

3. 적절한 엘보 또는 다른 어댑터 피팅의 사용으로 급격한 커브를 완화하고, 변형 또는 호스 붕괴를 방지하고, 말끔하게 장착하라. 가능한 커다란 굴곡 반경을 주어라. 호스에 명시된 권장 최소 굽힘 반경보다 작은 호스를 사용하지 마라.

Wrong

Right

4. 금속과 피팅은 유연하지 않다는 점을 감안하고 선이 굽혀질 수 있다면 추가적인 굽힘 반경을 주어라. 호스 굽힘을 제한하지 않도록 라인 지지대 클램프를 배치하라.

▲ 그림 3-29 연성 호스 장착

(5) 간격(Clearance)

호스 어셈블리는 모든 작동 조건에서 다른 튜브, 장비와 인접한 구조물에 닿지 않아야 한다. 연성 호스는 작동 조건에서 조금은 유동적으로 움직일 수 있도록 장착되어 있으며 적어도 24inch마다 클램프 등과 같은 지지대를 장착하여 고정되어져야 한다. 가능하다면 좀 더 촘촘하게 고정시키는 것을 권고한다. 또한 연성 호스는 두 개의 피팅 사이가 팽팽하게 잡아 당겨져서 장착되면 결코 안 된다. 만약 클램프가 적정값으로 조여졌음에도 불구하고 연결 부위가 정확하게 장착이 안 될 경우 파트를 교환해 주어야 하는데 이것은 처음 장착할 때 적용되는 조건이며 풀린 클램프에 적용되지는 않는다. 사용되는 중간에 풀려진 클램프의 장착은 다음 절차를 따른다.

셀프 실링이 되지 않는 호스(non-self sealing hose)는 클램프 스크루가 손으로 조여지지 않는다면 누출의 증거가 없는 경우 그대로 두고, 만약 누출의 흔적이 나타난다면 1/4바퀴 더 조여 준다. 셀프 실링 호스(self sealing hose)는 표 3-5와 같이 만약 손가락으로 단단히 조인 것보다 느슨하다면 가능한 손으로 꼭 조이고 추가로 1/4바퀴 더 조인다.

7 호스 클램프(Hose Clamp)

호스의 연결부위를 정확하게 장착하기 위해서 그리고 호스의 클램프가 손상되거나 잘려나가는 것을 방지하기 위해서 호스 클램프 장착 절차를 조심스럽게 준수해야 한다. 토크 리미팅 렌치(torque limiting wrench)의 사용이 가능할 때는 그것을 사용하라. 이 토크 리미팅 렌치는 15~25in-lb의 교정 범위 안에서 사용 가능하다. 토크 리미팅 렌치가 없을 경우에는 손으로 조여주고 1/4바퀴 더 조여 주는 장착 방법을 활용한다. 호스 클램프의 구조와 디자인의 변화로 인하여 표 3-5와 같은 대략의 토크값이 주어진다. 따라서 표 3-5의 값은 손으로 조여 주고 1/4 바퀴 더 조여 주는 장착 방법으로 장착할 때 좋은 방법이다. 호스를 연결하는 동안에 'Cold Flow' 또는 마무리 절차를 수행할 목적으로 장착 후 며칠 동안은 장착 결과를 점검하여야 한다.

[표 3-5] 호스 클램프 토크값

최소 장착만	worm 스크류 타입 클램프 (inch당 10 나사산)	Clamps-radial 그리고 다른 타입(inch당 28 나사산)
자체 밀봉 호스 대략 15 in-lb	손으로 조이고 추가적으로 완전한 2 바퀴	손으로 조이고 추가적으로 완전한 2 1/2바퀴
모든 다른 항공기 호스 대략 25 in-lb	손으로 조이고 추가적으로 완전한 1 1/4바퀴	손으로 조이고 추가적으로 완전한 2 바퀴

지지용 클램프는 동체 구조 부분이나 엔진 구성품의 다양한 튜브를 안정적으로 지지하기 위하여 사용된다. 지지용 클램프의 다양한 종류가 이러한 목적으로 사용된다. 가장 일반적으로 사용되는 클램프는 그림 3-30과 같은 고무 쿠션 클램프(rubber-cushioned) 그리고 평면(plain) 클램프이다. 고무 쿠션 클램프는 튜브의 접촉을 방지하는 쿠션기능을 통해 진동을 잡아주기 위해 사용된다.

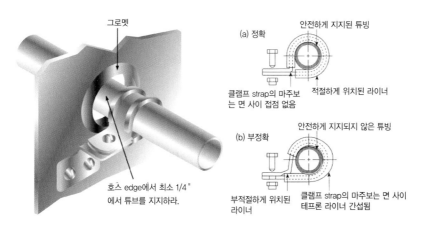

▲ 그림 3-30 고무 쿠션 클램프

반면 평면 클램프는 진동 예방을 위한 방법을 적용하지 않는 튜브를 고정하는 데 사용한다. 테프론 쿠션 클램프(teflon cushion clamp)는 연료, 유압유 등 오일에 의한 변형이 발생할 수 있는 부분에 사용된다. 그러나 테프론 쿠션 클램프는 회복력이 덜 하기 때문에 다른 충격 흡수 물질들의 쿠션효과를 제공하지 못한다.

연료, 유압유, 오일 등과 같은 금속 튜브의 고정을 위해서는 본딩된 클램프를 사용한다. 본딩되지 않은 클램프는 오직 와이어링(wiring)을 고정시키기 위한 목적으로만 사용해야 한다. 튜브에서 본딩된 클램프가 장착되는 부분에는 아노다이징 또는 페인트를 벗겨내야 한다. 또 정확한 크기의 클램프를 사용해야만 한다. 외경보다 작은 지지용 클립 또는 클램프는 호스를 통해 흐르는 흐름에 저항을 준다. 모든 유체 튜브 라인은 정해진 간격으로 지지되어야 한다. 휘어지지 않는 타입 튜브를 지지하기 위한 최대 거리값은 표 3-6에서 확인 가능하다.

[표 3-6] 유체 튜브 지지대 최대 간격

튜브 외경(in.)	지지대 간의 거리	
	알루미늄 합금	합금강
$1/8$	$9 1/2$	$11 1/2$
$3/16$	12	14
$1/4$	$13 1/2$	16
$5/16$	15	18
$3/8$	$16 1/2$	20
$1/2$	19	23
$5/8$	22	$25 1/2$
$3/4$	24	$27 1/2$
1	$26 1/2$	30

CHAPTER 2

용접 작업
Welding Work

용접 작업은 금속을 부분적으로 가열, 융착시켜 금속 부재를 영구 접합시키는 작업 방법이다.

즉, 금속 또는 비금속 등의 접합할 부분을 가열하여 용융상태 또는 반 용융상태에서 접합하는 것으로 이 때 용접봉을 사용하여 이것을 접합부에 첨가하는 경우나 용접봉을 사용하지 않고 압력 또는 망치로써 때려 접합하는 경우와 같은 금속적 접합을 말한다. 이것은 Bolt-Nut, Rivet 등으로 결합하는 기계적 결합과 구분한다.

용접의 종류를 크게 나누면 용접, 단접 및 납땜 등으로 나눌 수 있다.

용접의 대표적인 방식에는 산소와 아세틸렌가스를 이용하는 가스 용접과, 금속이나 탄소 전극 사이에 발생하는 아크의 발생열을 이용하는 아크 용접이 있다.

* 금속적 접합의 용접 종류는 다음과 같다.

(1) 융접: 모재의 접합부를 용융상태로 가열하여 접합하거나 용융체를 주입하여 융착시키는 방법

(2) 압접: 접합부를 반용융상태로 가열 또는 상온 상태에서 기계적 압력을 가하여 융착시키는 방법

(3) 납접: 용가재(납)를 접합부에 유입시켜 용가재의 표면장력에 의하여 생기는 흡인력만으로 접합시키는 방법

(4) 단접: 접합부를 반용융상태에서 단련하여 접합하므로 압접으로 취급

그리고 아크 용접의 특수한 형태로서 아크가 발생하는 용접봉과, 모재가 공기 중에 노출되는 것을 방지하기 위하여 불활성가스로 공기를 차단하면서 용접을 하는 불활성가스 아크 용접이 있으며, 그 밖의 특수 용접 등이 있다.

불활성가스 아크 용접에는 텅스텐의 전극과 용접봉을 이용하는 텅스텐 불활성가스 아크 용접(TIG)이나 금속 전극을 이용하는 금속 불활성가스 아크 용접(MIG)으로 구분한다.

항공기에서는 산소 아세틸렌가스 용접과 불활성가스 아크 용접 등이 주로 쓰인다.

2-1 산소 아세틸렌가스 용접(Oxy Acetylene Gas Welding)

산소 아세틸렌가스 용접은 가장 많이 쓰이는 가스 용접으로, 용접 작업이 간단하고 용이하다.

산소 아세틸렌가스 용접 장치는 그림 4-1과 같이 아세틸렌가스 발생 장치와 용해 아세틸렌 용기, 작동 밸브, 압력 조절기 및 호스로 연결된 용접 토치 등으로 구성된다.

아세틸렌가스는 발생기에서 만들어지고 발생할 때 생긴 불순물은 청정기에서 깨끗하게 되며 산소병에 들어 있는 산소는 토치와 연결된 감압밸브를 통하여 토치 내부에서 아세틸렌가스와 혼합된다.

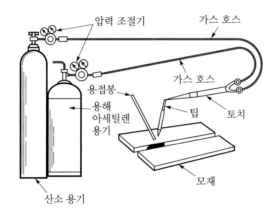

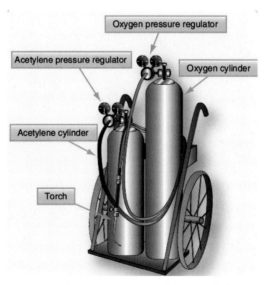

▲ 그림 4-1 산소-아세틸렌가스 용접 장치

용접 토치는 용접의 종류나 방법에 따라 토치 팁을 교환하여 장착할 수 있도록 되어 있다.

종래에는 아세틸렌가스를 카바이드와 물을 이용하여 발생 용기에서 추출하여 사용하였다.

그러나 요즈음에는 주로 압력 용기에 규조토, 목탄, 석면 등과 같은 다공질의 물질을 넣은 상태에서 아세톤을 흡수시키고 아세틸렌가스를 충전시켜 용해한 용해 아세틸렌 용기에서 추출하여 사용하는데, 보통 15℃에서 약 15기압 정도로 가압하여 용해한 용해 아세틸렌가스가 사용되고 있다.

산소는 액체 공기의 분류나 물의 전기 분해로 제조하여 35℃에서 약 150기압의 고압 용기에 담아서 사용한다. 따라서 산소 용기와 용해 아세틸렌 용기 안의 가스 압력이 고압이므로 실제로 작업할 때에는 필요한 압력으로 감압시켜 사용한다. 이 때, 압력 강하는 압력 조절기의 조종 핸들로 조절한다.

용접 토치는 산소와 아세틸렌가스를 혼합하고, 토치 팁에서 점화시켜 불꽃을 만들어 용접할 모재의 접합부를 용해시키는 데 쓰이는 기구이다.

용접 토치는 사용 아세틸렌가스의 압력이 $0.07kg/cm^2$ 이하인 저압 토치와 $0.07 \sim 1.3kg/cm^2$인 중압 토치 및 $1.3kg/cm^2$ 이상의 고압 토치로 구분한다.

압력 조절기와 용접 토치를 연결하는 호스는 서로 혼동되지 않도록 하기 위하여 산소 호스는 검은색 또는 초록색으로, 그리고 아세틸렌가스 호스는 빨간색으로 구분되어 있다.

토치 팁은 용접 작업과 가스 절단 작업에 따라 구분하여 사용하며, 용접 작업에 사용되는 것은 용접해야 할 판의 두께에 따라 번호를 붙이는 독일식 팁과, 시간당 소비하는 아세틸렌의 양을 표시하는 프랑스식 팁으로 분류한다.

(1) 아세틸렌가스 발생장치

$$CaC_2 + 2H_2 = C_2H_2 + Ca(OH)_2 + 31,872$$

순수 카바이드 1kg에서 348ℓ의 아세틸렌 발생하나, 1급품은 280ℓ, 등외품은 190ℓ 이하이다.

(가) 가스 발생기(GAS GENERATOR)

이동식: 카바이드의 용량이 10Kg 이하이고, 아세틸렌 발생량이 최대 6,000ℓ/h 정도의 저압식에 사용

고정식: 많은 양의 가스를 발생시키기 위한 것으로 주로 용접 전문 산업체에서 주로 사용

(나) 가스 청정기(GAS CLEANER)

아세틸렌 발생기에서 발생하는 불순물을 제거하기 위한 장치

(다) 안전장치

역화, 역류에 의한 발생기의 폭발사고를 방지하기 위하여 수봉식(水封式) 안전장치를 주로 사용한다.

(라) 산소병

S55C의 강철을 사용하며 150기압으로 압축하여 장입한다.

(마) 용해 아세틸렌

아세틸렌은 2기압 이상으로 압축하면 폭발의 위험이 있으므로 석면과 같은 다공질 물질에 흡수시킨 아세톤에 고압으로 용해시켜 15°C에서 15기압으로 충전한다.

(바) 토치

손잡이, 혼합실, Tip 의 3부분으로 되어 있고 손잡이에는 산소 및 아세틸렌용 고무관을 연결하는 연결관이 있다. 저압식 토치는 아세틸렌가스의 압력이 0.07기압 이하일 때 쓰이며 Injector형으로 되어 있고 분출하는 산소기류로 아세틸렌을 끌어내어 혼합한다.

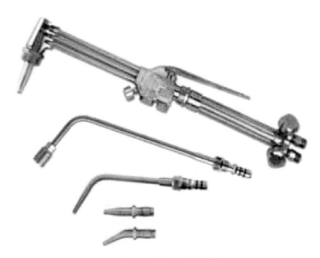

▲ 그림 4-2 용접토치의 종류

(2) 산소-아세틸렌 화염의 화학반응

아세틸렌 1용적을 완전 연소시키는 데 2.5배 용적의 산소가 필요하며 이 때 화학 반응은

$$C_2H_2 + 2.5O_2 = 2CO_2 + H_2O$$

가 된다. 그런데 산소 1용적과 아세틸렌 1용적을 혼합하여 연소시키면 연소는 2단으로 나타난다. 제 1단은 Nozzle에서 분사하는 산소와 아세틸렌과의 연소이며, 그 화학반응은

$$C_2H_2 + O_2 = 2CO + H$$

가 되고, CO 및 H_2가 발생하여 백색화염이 된다. 이것이 용접에 쓰이는 고온화염이다. 제 2 단은 CO와 H_2가 용기중의 O_2와 반응하여, 즉

$$2CO_2 + O_2 = 2CO_2, \quad H_2O + \frac{1}{2}O_2 = H_2O$$

이 반응이 백색화염의 외부에서 일어나게 된다. 보통 CO와 H_2와 접촉되는 금속은 물리적 및 화학적으로 별로 영향을 받지 않는다. 이것에 관한 온도 관계는 다음 그림에 표시되어 있다. 아세틸렌의 비율에 따라 Flame의 상태가 다르게 된다. 아세틸렌을 산소보다 많이 혼합 하면 탄소분이 많아서 탄화화염(Carbornizing flame)으로 되어 연소가 불충분하므로 온도 가 상승하지 않는다.

청백색의 심염(Core flame)과 불빛 진한 아세틸렌 화염이 있는 곳을 환원성화염(Reduced flame)이라고 하고 산소량이 많은 곳은 청백색의 심염 주변이 푸른화염 주변을 형성하고 산 화작용이 심하다. 이것을 산화성화염(Oxidizing flame)이라고 한다. 일반적으로 산소아세 틸렌의 비율이 적당하면 중성화염(Neutral flame) 또는 표준화염이 생긴다.

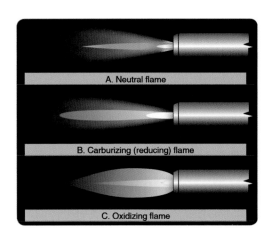

▲ 그림 4-3 화염의 종류

1 가스 용접 작업

(1) 전진법과 후진법

가스 토치의 방향이 용접의 진행 방향과 같은 것을 전진법이라 하고 이와 반대 방향의 것 을 후퇴법이라 한다. 전진법은 용접하기 쉬우나 용접봉이 장해가 되어 화염의 분포가 균일하 지 않으며 또한 가열 범위가 넓어 변형이 많이 생기기 쉽다. 일반적으로 얇은 판재(5mm 이 하)에는 주로 전진법을 사용하고 두꺼운 재료에는 후퇴법을 적용한다.

(2) 용접 조건

　　판재의 두께에 따라서 작업 조건을 정하며, 보통 두께 4.5mm 이하에서는 간격을 두지 않으나 4.5~6mm에서는 1~2mm의 간격을 둔다. 6~12mm는 V형, 19mm 이상은 X형 또는 H형으로 하고 3~5mm의 간격을 둔다.

(3) 용접봉과 용제

(가) 용접봉(Welding Rod)

　　용접할 모재에 보충 재료로서 사용하려면 될 수 있는 대로 모재와 같은 성분을 사용한다. 보통 사용되는 용접봉은 지름 1~6mm, 길이 30~60cm 정도이다. 용접할 판재의 두께에 따라 표 4-1과 같이 적당한 지름을 선택한다. 용접봉의 성분은 용접부의 강도와 밀접한 관계가 있다. 보통 사용되는 것은 표 4-2와 같은 저탄소강의 봉재가 널리 사용된다.

[표 4-1] 용접봉의 지름과 모재 두께

용접할 모재 (mm)	1	2	3~6	7~9	10~12	13~15
용접봉의 지름(mm)	1	2	3	4	5	6

[표 4-2] 용접봉의 성분

모재의 종류	용접봉의 성분(%)					
	C	Si	Mn	P	S	Ni
연강 및 강철 주물	0.05~0.26	<0.06	0.3~0.6	<0.06	<0.08	~
경강(c=0.6~0.1)	0.15~0.3	0.1~0.2	0.5~0.8	<0.04	<0.04	3.3~3.8
주철	3.0~3.5	0.35	0.5~0.7	<0.8	<0.06	~
황동	모재와 같은 재질을 사용한다.					
알루미늄(Al)	모재와 동일 성분 또는 Si=4~13%의 규소를 함유한 Al 합금					

(나) 용제(Flux)

　　용제는 용접면에 있는 산화물을 녹여 Slag으로써 제거하고 또한 작업 중에 용접 부를 공기와 차단하여 산화작용을 방지하는 역할을 한다.

　　연강의 용접에는 보통 용제를 사용하지 않는다. 그러나 고탄소강, 주철, 특수강, 구리합금, 경합금 등의 용접에는 용제를 사용한다. 가스용접에 사용되는 용제에는 분말 형태, 또는 점착액 상태에 있는 것의 2가지가 있다. 분말은 용접봉을 가열하여 묻혀 쓰고 점착액 상태의 것은 용접봉 표면에 칠하여 건조시켜 사용한다.

2 가스 절단

(1) 개요

가스용접에서 강재를 용접하는 도중에 토치의 가스조절 밸브를 닫아 가스를 정지시키고 적열상태의 강철에 순도가 높은 산소를 고압으로 분출하면 격렬한 산화작용이 생긴다. 이 때 생긴 산화철은 분류로서 제거된다.

이런 상태에 있는 토치를 서서히 이동시키면 토치가 이동된 부분에는 넓이 2~4mm 정도의 연속된 홈이 생긴다. 이 현상을 이용하여 토치를 사용하면 강철을 절단할 수 있다. 그리고 소재의 표면에 대하여 어떤 각도의 경사면으로 절단할 수도 있고 또한 공형 가공도 가능하다.

한편 가스절단면은 대단히 조잡하게 되고 또한 탄소 함유량이 많은 강철은 표면 경화 현상이 나타나면 끝손질에 시간이 걸리는 결점이 있으나 가스 절단은 전술한 이점 때문에 널리 사용되고 있다.

가스 절단에 사용되는 산소의 순도는 산소 소비량과 밀접한 관계가 있다. 예를 들면 99.5% 의 순도를 가진 산소에 비하여 98.5% 순도의 산소는 소비량이 1.5배가 되고, 96% 순도의 산소는 소비량이 2.1배가 된다. 그러므로 순도가 낮으면 산소 소비량이 많아져서 경제적 손실이 크게 된다.

(2) 가스 절단기

가스 절단에 사용되는 절단기는 예열화염의 분출공과 절단 산소 분출공의 2부분으로 되어 있다. 2개로 분리된 이심형과 동심으로 되어 있는 동심 분산형 등이 있다.

2-2 아크 용접(Arc Welding)

1 아크 용접기(Arc Welding Machine)

아크 용접은 직류나 교류 전원을 이용하여 모재와 용접봉 사이에 아크를 발생시켜 그 열원에 의하여 모재와 용접봉을 녹여서 용착시키는 용접 작업이다. 그림 4-5는 아크 용접의 구성을 나타낸 것이다.

아크 용접기는 직류용접기와 교류용접기가 있다. 직류용접기는 동력용 전원을 사용하여 전동기를 회전하고 이것에 직결된 직류발전기(DC generator)를 돌리거나 전동기 대신 엔진에 직류발전기를 직결하여 발전함으로써 용접 전류를 얻는다. 일반적으로 아크 전압은 20~35V 정도이지만 아크를 유지하기 위한 전원 전압은 직류(DC)에서 50~80V, 교류(AC)에서 70~90V가 필요하다. 따라서 용접기의 전압은 이것보다 더 많은 것을 사용한다.

(1) 직류 아크 용접기(DC Arc Welder)

아크 용접에서 직류 전원을 사용하면 그 발생하는 열량은 (+)와 (−) 극성에 따라 다르며, 양극 쪽이 음극보다 크다. 따라서 일반적으로는 열량이 많은 모재와의 용착이 잘되도록 모재를 양극에 연결하여 사용한다.

이것을 정극성이라고 한다. 두꺼운 판재 또는 용입이 클 때 적합하다. 그러나 얇은 판재 또는 모재가 너무 쉽게 용해할 때는 모재를 음극(−)으로 한 역극성을 사용한다. 그러나 교류(AC)를 사용할 때는 모재와 용접봉의 극성이 시간과 더불어 교대로 변하므로 어느 쪽에 연결하여도 동일하다. 교류는 전류, 전압과 더불어 변하고 그 방향과 크기도 변하므로 직류(DC)보다 불안정하다. 그리고 얇은 판 용접은 직류가 유리하다.

(2) 교류 아크 용접기(AC Arc Welder)

보통 사용하고 있는 교류 아크 용접기는 일종의 변압기이며 2차 전류를 통과시킬 때 즉, 용접할 때 아크를 발생시킴과 동시에 단계적으로 2차 전압이 떨어지는 특성을 갖도록 설계 제작되어 있다. 그러므로 일반 교류 아크 용접기는 아크를 안정시키기 위하여 회로에 리액턴스 코일(reactance coil)을 감아 넣어 리액턴스를 크게 함으로써 아크 부분의 저항 변화로 생기는 2차 전류의 변화를 적게 하고 있다. 리액턴스를 크게 하고 개로전압을 높게 함으로써 용접기의 효율이 25~40% 정도가 된다.

❷ 아크 용접봉 (Arc Electrode)

용접봉의 구조는 간단한 선재(wire)의 외주부에 약품을 발라 놓은 봉이며 선재를 심선이라 하고 주위에 발라 놓은 약품은 피복제라고 한다. 용접봉을 심선만으로 주위에 아무런 약품도 바르지 않고 사용하는 것을 비피복 용접봉, 피복제를 발라서 사용하는 것을 피복 용접봉이라고 한다.

(1) 용접봉의 심선

아크 용접의 초기에는 금속봉을 그대로 사용하였으나 이것은 다음과 같은 결점이 있다.

(가) 보존 중에 대기 중의 습기와 산소의 영향으로 녹(rust)이 생겨 용착이 잘되지 않는다.

(나) 용접할 때 고온, 기화 등으로 성분이 변화되므로 용접부분의 재질이 불량하게 되기 쉽다.

(다) 용접부가 공기와 접촉하여 생긴 산화물이 용착금속 부분에 들어가기 쉽다.

그러므로 최근에는 특수한 때 이외에는 전부 용접봉의 주위를 피복한 용접봉이 사용된다. 피복용접봉은 심선이 같은 재질일지라도 피복제의 종류에 따라 성능이 다르며 여러 가지 종류가 있다.

(2) 피복제

아크 부근의 온도는 대단히 높으므로 공기 중에 있는 질소 및 산소는 이온화하여 화학적으로 활성이 높고 철과 화합하며 질화철 또는 산화철이 되며 용착하는 강철 중에 많이 함유되면 용착금속의 기계적 성질을 저하시킨다. 용접봉에 피복제를 바르는 첫째 이유는 공기의 나쁜 영향으로부터 녹은 쇳물을 보호하는 데 있다.

어떠한 방법으로 이 목적을 달성하는가에 따라 여러 가지 형식의 피복제가 채택된다.

(가) 고온에서 연소가스가 발생하는 물질을 피복제에 섞어 용접할 때 발생되는 가스를 이용하여 주위의 공기를 차단. 녹은 쇳물을 공기로부터 보호하는 가스 발생식 용접봉

(나) 피복제를 녹여 만든 슬래그로 용융금속을 보호하는 슬래그 생성식 용접봉

(다) 양자의 장점을 절충한 반가스 발생식 용접봉으로 분류할 수 있다.

피복제를 사용하는 제2의 목적은 아크의 발생이 용이하고 안정적이며 집중된 아크를 얻을 수 있다는 데 있다. 피복제의 작용으로는

- 용융금속을 보호하고
- 정련작용을 하며
- 안정적이고 집중되는 아크를 얻고
- 발생한 슬래그로 용융금속의 급랭을 방지하며
- 용융금속에 필요한 원소를 보충하는 등의 작용을 한다.

❸ 아크 용접작업

(1) 아크의 기본 현상

아크는 일종의 방전현상으로서 2개의 전극 사이의 공기층을 통해 전류가 흐를 때 나타나며 강한 빛을 내므로 직접 육안으로 볼 수는 없으나 차광용 유리를 통해서 3부분으로 구분된 빛을 볼 수 있다. 아크의 축심부를 차지한 백색부분이 아크 심(arc core)이고 아크 심의 주위에 온도가 다소 낮은 청색을 띤 부분이 아크 흐름(arc stream)이며 아크 흐름의 외주부에 불꽃 모양으로 둘러싸여 있는 것이 아크염 또는 아크 플레임(arc flame)이다. 아크에서 소비되는 에너지는 일부는 광선으로 되고 그 외에 대부분이 열로 되어 용접작업에 공급된다.

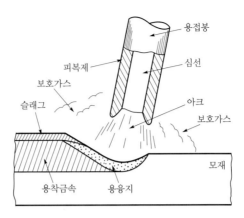

▲ 그림 4-4 아크 발생 현상

(2) 용접부의 조직과 용착금속

(가) 용접부의 조직

용접부분의 성질은 모재와 동일해야 하며 균일한 재질이 요구된다. 또한 전체적으로 물리적 성질 및 응력 분포가 동일한 것이 필요하게 된다. 아크 용접 과정을 보면 아크 열로 용접봉은 용해, 과열, 산화, 기화 등의 작용을 받게 된다.

이와 같은 작용들이 공기 중에서 진행되므로 공기 중의 O_2 및 N_2 등과 반응을 일으켜 산화물이나 질화물 및 기공을 형성하므로 이것을 방지하기 위하여 용접봉 심선에 용제를 도포한 피복 용접봉이 사용되고 있다.

- 원질부(Unaffected zone)는 용접부에서 거리가 멀게 되어 용접의 영향을 받지 않는다.
- 변질부(Affected zone)는 용접부가 인접되어 있어 입상의 큰 조직으로 변질된다.
- 융합부(Fusion zone)는 모재와 용접봉이 융합된 부분이므로 각 부분의 조직 및 결정의 변화가 생긴다.
- 용착금속부(Deposited metal zone)는 용접봉이 용접되어 형성된 것이다. 각 조직의 변화는 점진적으로 변하여 뚜렷한 경계선을 얻기 어렵다.

(나) 용착금속 (Deposit Metal)

아크 용접은 모재와 용접봉을 동시에 용융시켜서 일체로 만든다. 이것을 용착금속이라고 한다. 용착은 용접부의 양부 및 강도를 검사할 때 중요한 인자가 되며 용접부의 적부 및 용접온도, 아크의 길이, 전류량, 용접속도 등과 밀접한 관계가 있다.

아크는 전류의 세기에 따라 그 양이 변화하고, 전압에 따라 아크 발생 길이가 커질 수 있으며, 전력에 따라 사용 아크 용접의 용량이 결정된다.

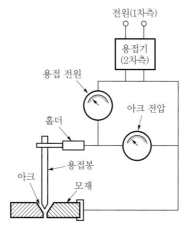

▲ 그림 4-5 아크 용접 장치

직류 전원을 사용했을 경우에는 아크의 발생이 안정되고 용입량이 일정해진다. 그리고 양극에서 발생하는 열은 음극에서 발생하는 것보다 훨씬 크다. 따라서 모재를 (+)극으로 접선하고, 용접봉을 (−)극으로 연결하면 용입되는 용액이 많아지고 용입 깊이가 커진다.

이와 같은 접속법을 정극성이라 하며, 일반적인 용접에 주로 사용된다. 그러나 모재를 (−)극에 연결하고 용접봉을 (+)극에 연결하면 용입되는 용액도 적고 용입 깊이가 낮아진다.

이러한 접속을 역극성이라 하며, 박판 또는 주철, 고탄소강, 합금강 및 비철 금속의 용접에 사용되고 있다.

교류 전원을 사용하는 아크 용접은 아크가 일정하지 않고 불안정하므로, 피복 용접봉이 개발되기 이전에는 실효성이 없었다.

피복제의 역할은 아크를 안정시켜 주고, 용접물의 외부 공기와 차단시켜 산화를 방지하며, 융착 금속을 피복하여 급랭의 의한 조직 변화를 방지시킴으로써 작업 효율이 좋은 교류 아크 용접을 가능하게 한다.

또, 교류 아크 용접에서는 주파수가 증가함에 따라 미세하고 균일한 아크를 발생하게 되는 이점 때문에 고주파 발생장치를 갖춘 교류 아크 용접기가 사용되기도 한다.

2-3 불활성가스 아크 용접(Inert Gas Arc Welding)

불활성가스 아크 용접은 용접이 진행되는 동안 용접 부위를 대기와 차단시키기 위하여 아크 둘레에 보호 덮개로서 불활성가스인 헬륨이나 아르곤을 사용하는 용접이다. 불활성가스 용접은 티타늄, 마그네슘, 내식강 및 산화되기 쉬운 금속의 용접에 매우 좋은 효과를 나타낸다.

특히, 용접이 용이하고 용접 부위가 견고하며, 부식 저항이 높아 점차 항공기의 모든 금속 부재의 용접에 많이 채택되고 있다. 불활성가스 아크 용접은 대표적으로 텅스텐 불활성가스 아크 용접과 금속 불활성가스 아크 용접으로 구분한다.

용접할 부분을 공기와 차단된 상태에서 용접하기 위하여 불활성가스를 전극봉(또는 용접봉) 지지 기를 통하여 용접부에 공급하면서 용접하는 방법이다.

(1) 불활성가스 금속 아크 용접(MIG 용접)

불활성가스에는 아르곤, 헬륨 등이 사용되고 전극으로는 금속 용접봉이 사용된다.

그림 4-6은 이것의 원리를 나타낸 것이다.

금속 불활성가스 아크 용접(MIG: Metallic Inert Gas)은 불활성가스 아크 용접에서 쓰이는 비소모성 텅스텐 전극 대신 계속 공급되는 소모성 금속 와이어 전극을 이용하는 용접 이다.

용접 방법은 그림 4-6과 같이 와이어 전극을 미리 조절된 속도로 토치 중심부로 계속 공급하여 아크를 발생시키며, 동시에 그 주위에 보호 가스를 분사시키면서 용접을 하게 된다. 이 용접 과정은 완전한 자동화를 이룰 수 있게 되어 있다.

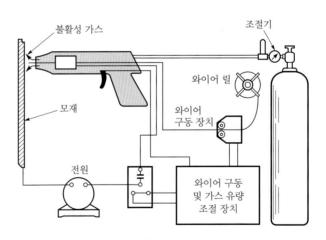

▲ 그림 4-6 금속 불활성가스 아크 용접 장치

자동식 용접 장치를 사용할 때에는 전압과 전류, 가스의 유량, 와이어의 공급 속도와 용접 속도를 미리 조절하지만 반자동식 용접 장치를 사용하는 경우에는 작업자가 용접 속도를 조절할 수가 있다.

불활성가스로서는 보통 아르곤이 사용되지만, 경우에 따라서는 소량의 헬륨과 산소를 혼합하여 사용하기도 하며, 저탄소강에는 이산화탄소와 아르곤에 2%의 산소가 혼합된 가스를 사용하기도 한다.

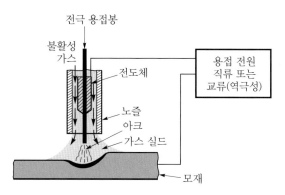

▲ 그림 4-7 불활성가스 금속 아크 용접

(2) 불활성가스 텅스텐 용접(TIG: Tungsten Inert Gas)

텅스텐 전극 아크 TIG 용접은 주로 얇은 판재에 사용되고 MIG 용접은 3mm 이상의 두께를 가진 판재에 사용된다. 텅스텐봉은 가스 용접과 유사하게 용접 보충제를 아크로 용해하여 용접하나 텅스텐은 소모되지 않는다.

아크를 발생시키는 데 실질적으로 소모되지 않는 텅스텐 전극과 별개의 용접봉을 사용하여 금속을 용착시킨다. 텅스텐 전극은 다만 아크를 발생시키기 위해서만 사용되는 것이고, 열에 의해 소실되었거나 변형되었을 때에는 교환하거나 연마하여 쓸 수 있다.

용접에 사용되는 가스는 용접하는 금속에 따라 주로 아르곤이나 헬륨을 사용하며, 필요에 따라 두 가스를 혼합하여 사용하기도 한다. 아르곤은 헬륨보다 값이 싸기 때문에 널리 사용되고, 헬륨보다 더 무겁기 때문에 더 우수한 차폐 효과를 가지고 있으며, 알루미늄이나 마그네슘 등을 용접할 때 많이 사용된다. 헬륨은 높은 열전도율을 가진 무거운 재료를 용접할 때 주로 사용한다.

텅스텐 아크 용접도 아크 용접과 마찬가지로 그림 4-8과 같이 극성에 따라 용접 특성이 달라진다.

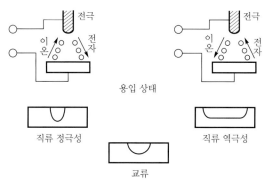

▲ 그림 4-8 텅스텐 불활성가스 아크 용접의 특성

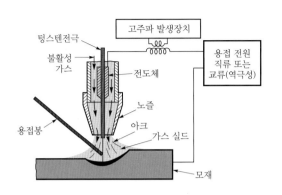

▲ 그림 4-9 불활성가스 텅스텐 아크 용접

(3) 원자수소 용접법

환원성 수소가스 중에서 진행되므로 용접부의 산화 및 질화가 방지되고 용접 조직이 좋으며 기계적 강도가 큰 장점이 있다.

응용범위가 넓어 대단히 얇은 판재의 용접, 각종 탄소강, 주철, 주강, 구리합금 및 경합금 등에 비교적 쉽게 사용된다.

(4) 탄산가스 아크 용접

탄산가스 또는 이것을 주로 한 혼합가스로 된 shield 가스를 사용한 것은 값이 싸고 용접 속도가 빠르며 용접부의 특성이 우수하므로 강재의 용접에 사용된다.

■ 전기저항 용접

1) 전기저항 용접의 개요

용접할 물체에 전류를 통하여 접촉부에 발생되는 전기저항 열로써 모재를 용융 상태로 만들고 외력을 가하여 접합하는 용접법이다.

이때 발생하는 열은 다음 식으로 표시된다.

$$Q = 0.24I^2RT$$

여기서, Q: 열량(cal)

I: 전류(A)

R: 전기저항

T: 시간(sec)

일반적으로 저항이 큰 재료에 전원에서 저전압인 많은 전류를 통과시켜 이 때 발생하는 저항 열을 이용한다.

❷ 납땜 및 테르밋 용접

1) 납땜 및 경납땜

납땜은 땜납을 녹여 금속을 접합시키므로 접합할 금속보다 용융온도가 낮은 것이 사용된다. 납땜에 연납(soft solder) 과 경납(hard solder) 의 두 계통이 있다. 연납은 납(Pb)의 용융온도가 327℃ 보다 낮은 것을 그리고 경납은 용융온도가 대체로 450℃ 이상의 것을 말한다. 납땜할 때에는 땜할 부분을 화학적으로 깨끗이 하기 위하여 용제를 사용한다.

2) Thermit Welding

알루미늄과 산화철의 분말을 혼합한 것을 테르밋이라고 하며 이것에 점화시키면 강력한 화학작용으로 알루미늄은 산화철을 환원하여 유리시키고 알루미나가 된다. 이때의 화학 반응열로 3,000℃ 의 고열을 얻을 수 있어 용융된 철을 용접 부분에 주입하여 모재를 용접한다.

❸ 용접결함과 검사

1) 용접법의 선정과 용접성

(1) 용접법의 선정

금속재료의 용접에서는 용접할 재료에 적합한 용접법을 선정하고 올바른 조건하에서 작업해야 한다. 그렇게 하기 위해서는 모재의 화학성분 성질, 용접성, 용접 방법, 용접조건의 변화에 대한 지식이 필요하다. 재료가 용접하기 쉬우려면

- 급열급랭에 의한 재료의 경화가 적을 것
- 균열이 생기기 쉬운 성분을 너무 많이 함유하지 않을 것
- 재료의 파단에 필요한 흡수 에너지가 클 것
- 용융되었을 때 산화가 적을 것
- 용접봉을 잘 선정하여 용접부가 충분한 인장강도, 연신율, 충격치를 가질 것

이들은 용접 기술과도 밀접한 관계가 있고 또한 용접 구조물에 따라서도 많은 차이가 있으나 종래의 경험 또는 연구 등을 통하여 재료의 용접성에 대한 지식이 밝혀지고 재료 자체의 개선 및 용접법의 발달 등에 많은 기여를 하였다.

(2) 용접성

용접성이란 용접의 난이도를 말하며 모재가 알려진 용접법으로 원하는 강도를 갖는 용접부를 얻을 수 있는가를 표시하는 척도가 된다. 용접성은 용접봉, 용접 조건 등의 영향을 받는다.

2) 용접 결함

(1) 용접부의 균열

아크 용접부의 균열은 용접부에 생기는 것과 모재의 변질부에 생기는 것이 있다. 용착금속 내에 생기는 것은 용접부 중앙을 용접선에 따라 생기든가 용접선과 어떤 각도로 나타난다. 그리고 모재의 변질부에 생기는 균열은 재료의 경화, 적열취성 등에서 생긴다.

(2) 변형 및 잔류응력

용접할 때 모재와 용착금속은 열을 받아 팽창하고 냉각하면 수축하여 모재는 변형한다. 용접부에 변형이 일어나지 않게 하기 위하여 모재를 고정하고 용접하면 모재의 내부에 응력이 생기는데 이것을 구속응력이라 하고 자유로운 상태에서도 용접에 의한 응력이 생기는데 이것을 잔류응력이라 한다.

(3) UNDER CUT

전류가 과대하고 아크를 짧게 유지하기 어려운 경우는 모재 용접부의 일부가 지나치게 용해되든가 또는 녹아서 홈 또는 오목한 부분이 생기는데 이것을 언더컷이라고 한다. 이것은 용접 표면에 노치 효과를 생기게 하여 용접부의 강도가 떨어지고 슬래그가 이 부분에 남는 일이 많다.

(4) OVERLAP

용접봉의 운행이 불량할 때 용접봉의 용융점이 모재 용융점보다 낮을 때에는 용입부에 과잉 용착금속이 남게 되는 현상을 말한다.

(5) BLOW HOLE

용착금속 내부에 cavity가 생긴 것을 말하며 그 형상은 구상 또는 원주상으로 존재한다. 이것은 용착금속의 탈산이 불충분한 경우 응고할 때 CO가스로 생긴 것과 flux 및 용제에 많은 수분이 있는 것을 사용하였을 때 H_2 가스로 생기는 경우 등이 원인이 된다.

(6) FISH EYE

용착 금속을 인장 또는 벤딩 시험한 시편 파단면에 크기가 0.5~3.2mm 정도의 타원형 결함으로 가공이나 불순물로 둘러싸인 반점으로서 물고기의 눈과 같이 보인다고 하여 fish eye 또는 은점이라고 부른다. 이 결함을 방지하기 위해서는 H_2 흡수를 방지하고 저수소 용접봉을 사용한다.

(7) 선상조직

용접할 때 생기는 특이조직으로서 보통 냉각속도보다 빠를 때 나타나기 쉽다. 이 조직은 약하고 기계적 성질이 불량하므로 이것을 방지하기 위해서는 서냉을 하고 크레이트 및 비드의 처음 층을 제거하고 저수소 용접봉을 사용한다.

[표 4-3] 용접결함의 종류

종류	내용	비고
용입부족 (Incomplete Penetration)	용융금속의 두께가 모재두께보다 적게 용입이 된 상태	
균열(Craking)	용접부에 금이 가는 현상	
언더컷(Under Cut)	용접부 부근의 모재가 용접열에 의해 움푹 패인 형상	
언더필(Under Fill)	용접이 덜 채워진 현상	
기공(Porosity)	이물이나 수분 등으로 인해 용접부 내부에 가스가 발생되어 외부를 빠져 나오지 못하고 내부에서 기포를 현상한 상태	
스패티(CrakingSpatier)	용접 시 조그마한 금속 알갱이가 튀겨나와 모재에 묻어 있는 현상	
오버랩(Over lap)	용접개선 절단면을 지나 모재 상부까지 용접된 형상	

3) 용접부 검사법

용접부의 비파괴 검사에는 방사선 검사, 초음파 검사, 자분 검사 형광 검사 등이 널리 사용되며 결함부의 검사에는 파면검사 마이크로 조직검사, 천공검사, 음향검사와 같은 방법도 이용되고 있다.

(1) 방사선검사

X선 검사법 또는 γ선 검사법이 이용된다. X선의 투과 능력은 X선의 강도, 재료의 종류에 따라 다르다. 강철판 용접부의 검사에는 20만 볼트 정도의 것이 많고 판 두께 50mm 정도까지의 검사에 주로 사용된다. 그 이상 두꺼운 판재에는 강력한 γ선이 사용된다.

(2) 초음파검사

검사할 재료의 한쪽 면에 초음파 발진기에서 초음파를 발진시키고 결함 있는 부위에서 반사해 온 초음파를 접촉자에서 받아 오실로그래프로 관찰 또는 기록한다.

(3) 자분검사법

철강과 같은 강자성체를 자화하고 표면에 철분과 같은 자성 물질을 석유에 혼합하여 살포하면 철분은 자속으로 인하여 결함부에 집합되어 결함부를 눈으로 볼 수 있다.

(4) 형광 탐상검사

형광물질을 혼합한 액체 속에 침지하고 건져낸 후 이것에 자외선을 비치면 결함부에서는 특이한 형광채를 발생하여 결함부를 찾아낼 수 있다.

(5) 염색탐상법

먼저 적색 도포제를 뿌리고 얼마 후 이것을 제거한 후 다시 백색 도포제를 뿌리면 결함부에서는 삼투되었던 적색 도포제가 유출되어 쉽게 결함을 찾을 수 있다

2-4 용접 방법(Welding Technique)

용접을 할 때에는 작업하기 전에 접합해야 할 두 금속의 이음 방식을 결정하고, 작업 조건에 따라 용접의 종류와 방법을 선택하여 올바른 순서에 의해 작업을 하여야 한다.

용접 이음의 종류에는 맞대기 이음, 겹치기 이음, 플러그 이음, 모서리 이음, 티(T) 이음 및 플랜지 이음 등이 있다.

용접의 순서는 먼저 금속의 재질과 용접 조건에 따라 용접의 종류가 결정되면 변형과 잔류 응력의 방지 및 공정 수의 절약 등을 생각하여 작업 방식을 결정하고, 모재의 재질, 두께, 형상, 용접 자세 등에 따라 적당한 용접봉의 종류와 치수 등을 결정한다.

용접 비드를 형성하는 방법에는 여러 가지가 있으므로, 작업의 종류와 용접 조건 및 작업자의 능력 등에 따라 알맞게 선택한다.

그리고 용접을 진행하는 방법도 전진법과 후진법이 있으며, 용접 자세는 표 4-4와 같이 아래보기 용접, 수평 용접, 수직 용접 및 위보기 용접 등으로 구분할 수 있다.

[표 4-4] 용접 자세

용접 자세	필릿 용접	비트 용접
아래보기	수평 용접축	수평 평판
수평	수평 용접축 / 수직판 / 수평판	수직 평판과 수평 용접축
수직	수직 용접축 / 수직판 / 수직판	수직 평판과 수직 용접축
위보기	수평판 / 수직판 / 수평 용접축	수평 평판

PART 03

기체 정비 (수리) 작업

CHAPTER **1**

항공기 취급과 점검
Aircraft Ground Handling & Inspection

항공기 주변은 물론 이동지역 내에는 각종 조업장비 및 차량들의 통행과 작동으로 인적, 물적 피해를 가져올 수 있는 위험요소들이 상존하고 있다. 이러한 위험 요소들을 완전히 제거하는 것은 현실적으로 어렵겠지만 모든 지상조업이 정해진 안전절차에 따라 수행된다면 잠재적인 위험을 최소화할 수 있을 것이다.

항공정비사는 지상에서 항공기를 다루고, 운영하는 데 대부분의 시간을 보내게 되는데 이를 위해 정비사는 지상지원 장비의 작동 방법뿐만 아니라 항공기의 정비, 유도 및 엔진작동 등에 요구되는 안전수칙, 지상지원 장비에 대한 안전수칙 등도 숙지하여야 한다.

따라서 항공기를 안전하게 정비하고, 운영하기 위한 안전에 대한 일반적인 사항들을 소개하는 것으로서 항공기 제작사에서 제공된 정비교범이 우선되어야 함을 밝혀둔다.

1-1 작업장 안전(Shop Safety)

안전하고 효율적인 정비를 위해서는 격납고(hangar), 작업장(shop) 및 격납고 주변의 주기장 등을 깨끗하게 정리하고 유지하는 것이 반드시 필요하다. 그러므로 항공기 정비작업 시에는 작업장의 정리, 정돈과 청결에 최선을 다하여야 한다.

개인공구뿐만 아니라 공구통, 작업대, 정비 스탠드, 호스(hose), 전기 코드 및 호이스트(hoist) 등이 제대로 분리되고, 적절히 보관되었는지 확인하여야 한다.

위험표시는 위험한 장비 또는 위험상태를 식별할 수 있도록 눈에 잘 띄게 게시하여야 한다. 또한 구급용품과 방화설비의 위치를 쉽게 찾을 수 있도록 안내 표지를 게시하여야 한다.

격납고에는 안전통로, 보행자 인도 및 소방도로 등을 페인트로 표시하여야 한다. 이것은 작업에 관련이 없는 보행자가 작업영역 밖으로 이동할 수 있도록 함으로써 사고를 미연에 방지하기 위한 안전조치이다.

안전은 모든 사람의 직무이며, 의사소통은 모든 사람의 안전을 보장하는 열쇠이다. 그러므로 정비사와 관리자는 자신의 안전과 자기 주변의 다른 작업자의 안전을 위해 주의를 기울여야 한다. 만약 불안전한 행동을 보이는 사람이 있다면, 안전하게 행동할 수 있도록 적극적으로 의사소통을 실시하여야 한다.

▲ 그림 1–1 화학물질의 유해성·위험성 분류기준 및 경고표시

1-2 운항정비 안전(Flight Line Safety)

(1) 청력보호(Hearing Protection)

비행대기선(flight line)은 위험에 노출되어 있는 지역으로서 운항정비사는 주변을 지속적으로 경계하면서 작업을 수행하여야 한다. 운항 정비지역에서 소음은 수많은 곳에서 들어온다.

항공기 소음은 여러 소음의 근원 중 하나이며, 보조동력장치(Auxiliary Power Unit), 연료트럭, 수화물 취급 장비 등에서 발생하는 소음들이 있다.

대다수 음향은 여러 가지 파장으로 이루어져 있으며, 이러한 파장이 함께 섞여서 발생하는 소음은 계류장(ramp)과 비행대기선(flight line)에서 작업하는 운항정비사의 청력을 상실하게 하는 원인이 될 수 있다.

소음수준을 안전한 수준으로 감소시키기 힘든 경우, 개인의 청력보호를 위해 여러 가지 보호구를 사용하여야 한다. 또한, 공압 드릴, 리벳 건(rivet gun)등과 같은 큰 소음을 유발하는 공구나 기계류를 사용하여 작업할 때에도 보호구를 착용해야 한다.

청력보호 장구 유형에는 소모성 및 재사용 가능귀마개, 맞춤(custom-fitted) 귀마개, 귀덮개(ear muff) 등이 있다. 특히, 귀 덮개는 귀마개보다 높은 수준의 일관된 차음 효과를 얻을 수 있고 같은 크기의 귀 덮개를 대부분 작업자들이 사용할 수 있다. 귀에 염증이 있는 경우에도 사용할 수 있으며 크기가 커서 사용 여부를 확인하기가 쉽다.

(2) 외부 이물질에 의한 손상: Foreign Object Damage(FOD)

이물질에 의한 손상(FOD: foreign object damage)은 항공기, 사람, 장비 등에서 떨어진 물체에 의해 일으키는 손상을 말한다. 이러한 떨어진 물체는 활주로에서 깨진 콘크리트 조각에 서부터 작업장에서 사용하는 걸레(shop towel), 안전결선(safety wire)까지 다양하다.

FOD를 방지하기 위해서는 계류장(Ramp)과 운영지역을 깨끗하게 유지하여야 한다. 또한 공구관리 프로그램을 갖추고, 사용하고 남은 하드웨어(hardware), 걸레 및 기타 소모품들을 보관할 수 있는 별도의 저장 공간을 마련해야 한다.

최신의 가스터빈엔진(gas turbine engine)은 엔진 흡입력에 의하여 바닥에 떨어진 이물 질들을 빨아들이며, 엔진 배기가스 또한 엔진 후방으로 이물질들을 먼 거리까지 다른 물체에 손상을 줄 만큼 강력하게 불어낸다.

FOD 프로그램의 중요성은 엔진 및 부분품 등의 손상에 따른 비용 발생뿐만 아니라 사람의 생명까지도 위협하므로 지나친 강조가 아닐 수 없다. 그러므로 정비사는 터빈엔진(turbine engine)의 공기흡입구(intake) 주변에 공구와 기타 물품들을 방치하지 않도록 주의하여야 한다.

(3) 비행기 안전(Safety Around Airplanes)

프로펠러의 위험성을 인식하는 것은 매우 중요하다. 활주(taxiing) 중인 항공기의 조종사가 정비사를 비롯한 사람들을 보고 피해갈 것이라는 생각은 착각이다. 그러므로 정비사는 계류장에 있을 때는 조종사를 잘 볼 수 있는 위치에 있어야 한다.

터빈엔진의 공기흡입구와 배기부분 또한 매우 위험한 지역이므로 항공기가 작동 중인 부근에서는 절대로 금연하여야 하며, 인화성 물질을 소지해서도 안 된다.

항공기 외피(skin)에 유해한 액체류의 누설 흔적은 없는지 확인하여야 한다. 항공기 주변에서 지상 장비를 작동할 때에는 항공기와의 간격을 적절히 유지하고 장비가 항공기 쪽으로 굴러가지 않도록 고정하여야 한다. 항공기 기동지역에 있는 모든 물품은 외부에 노출되지 않게 적당하게 보관되어야 한다.

1-3 지상지원업무(Ground Handling Service)

(1) 계류절차(Tie-down Procedures)

① 항공기 계류를 위한 준비(Preparation of Aircraft)

항공기는 갑작스러운 강풍으로부터 파손을 방지하기 위하여 매 비행종료 후에는 계류시켜야 한다. 항공기의 주기와 계류시킬 방향은 예상되는 풍향에 의해 결정된다.

항공기는 주기구역(parking area)의 고정 계류지점의 위치에 따라 가능한 정풍으로 향하게 하여야 한다. 항공기 계류의 공간은 날개 끝 간격을 유지하여야 한다. 항공기 계류위치가 정해지면 전후 위치에서 전륜(nose-wheel) 또는 후륜(tail-wheel)을 고정시켜야 한다.

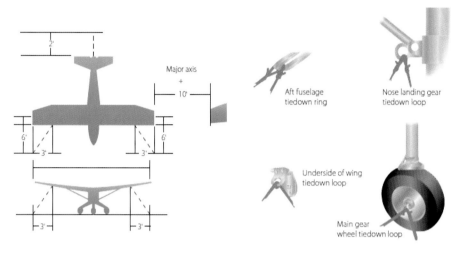

▲ 그림 1-2 통상적인 계류 포인트

② 대형 항공기 고정(Securing Heavy Aircraft)

대형 항공기의 일반적인 계류절차는 로프 또는 케이블 계류(cable tie-down)방식을 쓰고 있다. 이러한 계류방법들은 예상되는 기상조건에 의해 결정된다.

대부분 대형 항공기는 항공기를 고정시킬 때 조종면이 움직이지 않도록 서로 맞물리게 하거나 또는 고정장치를 사용한다.

조종면을 고정시키는 방법은 항공기 형식에 따라 다르므로 고정장치의 장착이나 서로 맞물리게 하는 절차에 대해서는 제작사 매뉴얼을 참조하여야 한다.

태풍이 예상될 경우에는 조종면의 손상을 방지하기 위하여 배튼(batten)을 장착하기도 한다.

일반적인 대형 항공기의 계류절차는 다음과 같다.

- 가능하면 비행기의 기수는 언제나 바람이 부는 방향으로 향하게 한다.
- 조종면을 고정하고, 모든 커버(Cover)와 가드(Guard)를 장착한다.
- 바퀴의 전·후방에 고임목(chock)을 고인다.
- 비행기 계류 루프(tie-down loop)와 계류앵커(tie-down anchor) 또는 계류말뚝(tie-

down stake)에 계류 릴(tie-down reel)을 부착시킨다. 일시적인 계류일 경우에도 계류 말뚝을 사용한다. 만약 계류 릴이 없을 경우에는, 1/4인치 와이어케이블(wire cable) 또는 1/2인치 마닐라선(manila line)을 사용한다.

▲ 그림 1-3 통바퀴 앞,뒤에 버팀목을 고인 경우

(2) 터보팬 엔진(Turbofan Engines)

왕복엔진 항공기와는 달리 터빈으로 구동되는 항공기는 결함이 의심되어 고장탐구를 하는 경우를 제외하고는 비행 전에 시운전(run-up)을 필요로 하지 않는다.

시동 전에 모든 보호덮개(protective cover)와 공기흡입구 덕트 덮개(air intake duct

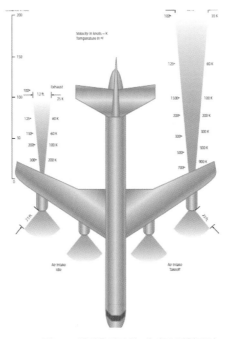

▲ 그림 1-4 엔진흡입구와 배기구 위험구역

cover)는 제거하여야 한다. 냉각효율을 증가시키고 원활한 시동과 바람직한 엔진 성능을 얻기 위해서 가급적 항공기는 바람 부는 쪽으로 향하게 하여야 한다.

특히 엔진을 트림(trimmed)하는 경우에는 항공기 기수를 바람방향으로 향하게 하는 것이 매우 중요하다.

항공기 주변의 시운전(run-up)구역은 사람뿐만 아니라 장비들이 깨끗이 치워져야 한다. 그림 1-4는 터보팬 엔진의 흡입구(intake)와 배기부분(exhaust)의 위험지역을 보여주고 있다.

시운전 지역은 너트(nut), 볼트(bolt), 암석(rock), 걸레(shop towel) 또는 다른 떨어진 조각 등의 FOD와 같은 모든 물건들은 깨끗이 치워져야 한다. 대부분 인명에 관련된 중대사고(serious accident)는 터빈엔진의 공기 흡입구 부근에서 발생한다. 그러므로 터빈 항공기를 시동할 때에는 세심한 주의가 필요하다.

항공기 연료섬프(fuel sump)에 물이나 얼음이 있는지 점검하고, 엔진 공기 흡입구의 일반적인 상태와 이물질이 있는지 검사한다. 팬 블레이드(fan blade), 전방 압축기 블레이드(forward compressor blade) 및 압축기 입구 안내 베인(inlet guide vane)에 찍힘(nick)이나 기타 손상이 없는지 육안검사를 실시한다. 가급적 손으로 팬 블레이드를 돌려봐서 걸림이 없이 자유롭게 회전하는지 팬 블레이드를 점검한다.

모든 엔진조종(engine control)계통을 작동해 봐야 하며, 엔진 계기와 경고등(warning light)도 제대로 작동되는지 점검하여야 한다.

(3) 항공기 견인(Towing of Aircraft)

공항, 비행대기선(flight line) 및 격납고(hangar)로 대형 항공기를 이동시킬 때에는 일반적으로 "Tug"라고 부르는 견인트랙터(tow tractor)를 사용하여 견인한다. 소형 항공기의 경우에는 짧은 거리를 이동할 때에는 손으로 밀어서 이동하기도 한다. 또한, 비행대기선 부근에서 항공기의 유도는 반드시 유자격자에 의해 이루어야 한다.

▲ 그림 1-5 견인트랙터

항공기를 견인할 때 무모하게 서두르거나 급하게 수행할 경우에는 항공기를 손상시키거나 사람을 다치게 할 수 있다.

다음 사항은 항공기 견인에 대한 일반적인 절차로서 개략적인 내용을 소개하고 있으므로 각각의 항공기 모델에 적합한 상세한 견인절차는 제작사 매뉴얼에 따라야 한다.

항공기를 견인하기 전에 토우 바(tow bar)가 고장 나거나 고리가 벗겨졌을 경우 제동장치(Brake)를 작동할 수 있도록 유자격자를 조종석(cockpit)에 배치하여야 한다. 이러한 조치는 항공기를 정지시켜 항공기 손상 등의 사고를 방지를 할 수 있다.

토우 바 중의 일부 유형은 여러 형태의 견인작업에 사용될 수 있다. 이러한 대부분의 토우 바는 항공기를 끌어당기기 위해 충분한 인장강도(tensile strength)를 갖도록 설계되어 있지만 비틀림 하중(torsional load)이나 뒤틀림하중(twisting load)은 고려되어 있지 않다. 대부분 토우 바는 항공기에 연결하거나 분리하여 이동할 수 있도록 소형 바퀴(Wheel)를 가지고 있다. 토우 바를 항공기에 연결하여 항공기를 움직이기 전에 손상 또는 연결 장치 등에 이상이 없는지 검사를 실시하여야 한다.

▲ 그림 1-6 대형 항공기 토우 바

대부분 토우 바는 여러 유형의 항공기를 공통적으로 사용할 수 있도록 설계되어 있지만 일부 특별하게 제작된 토우 바는 특정한 항공기만 사용될 수 있도록 되어 있다. 이러한 토우 바는 일반적으로 항공기 제작사(aircraft manufacturer)에 의해 설계되고 조립된다.

항공기를 견인할 때에는 견인차(towing vehicle)는 규정된 속도를 준수하고, 감시자를 배치하여 사주경계를 하도록 하여야 한다. 항공기를 정지시킬 때에는 견인차의 제동장치에만 의존해서 항공기를 멈추어서는 안 된다. 조종석의 감시자는 견인차와 조화롭게 항공기 제동장치(brake)를 병행하여 사용하여야 한다.

토우 바의 연결은 항공기 형식에 따라 다르다. 후륜(tail-wheel)이 장착된 항공기는 일반적으로 주착륙장치(main landing gear)에 토우 바를 연결하여 전방으로 견인한다. 대부분의 경우 후륜 축(tail wheel axle)에 토우 바를 연결하여 항공기를 거꾸로 견인하는 것도 허용된다. 후륜 항공기의 견인 시에는 꼬리바퀴 잠금 기계장치의 파손을 방지하기 위하여 후륜의 잠금장치를 풀어주어야 한다.

전륜형 착륙장치(tricycle landing gear)가 장착된 항공기는 일반적으로 전륜 축(nose-wheel axle)에 토우 바를 연결하여 전방으로 견인한다. 또한 견인 브라이들(towing bridle) 또는 특별히 설계된 견인 바를 주 착륙장치의 견인 러그(towing lug)에 연결하여 전방 또는 후방으로 견인하기도 한다.

이러한 방식의 견인은 항공기의 방향조종을 위해 앞바퀴에 조향 바(steering bar)를 부착하여야 한다.

다음의 견인 및 주기(parking) 절차는 전형적인 유형으로서 하나의 예를 든 것이며, 모든 유형에 적합한 것은 아니다. 그러므로 항공기 지상조업 요원은 견인 항공기의 유형에 맞는 절차와 항공기 지상조업을 통제하는 현지의 운영기준을 충분히 숙지하여야 하며, 오직 유자격자만이 항공기 견인 팀(towing team)을 지휘해야 한다. 견인차(towing vehicle) 운전자는 안전한 방식으로 차량을 운전하고, 감시자의 비상정지 지시에 따라야 한다.

견인 감독자는 날개 감시자(wing walker)를 배치하여야 한다. 날개 감시자는 항공기의 경로에 있는 장해물로부터 적절한 여유 공간을 확보할 수 있는 위치에서 각 날개 끝에 배치되어야 한다. 후방 감시자(tail walker)는 급회전이 요구되거나 항공기가 후방으로 진행할 경우에 배치한다. 유자격자가 조종실의 좌석에 앉아서 항공기 견인을 감시하고 필요시 제동장치를 작동한다. 때에 따라 또 다른 유자격자를 배치하여 항공기 유압계통의 압력을 감시하게 하기도 한다.

견인작업 감독자는 조향할 수 있는 앞바퀴를 갖춘 항공기에서 잠금 시저스(locking scissors)가 견인을 위한 충분한 회전 고리라는 것을 검증해야 한다.

잠금장치는 견인 바가 항공기에서 제거된 후 원래상태로 돌려져야 한다. 항공기에 배치된 사람은 견인 바가 항공기에 부착되어 있을 때 앞바퀴를 조향시키거나 돌려서는 안 된다.

여하한 일이 있어도 항공기의 앞바퀴와 견인차 사이에서 걷거나 타고 가는 행위는 어느 누구든지 허락해서는 안 될 뿐만 아니라 이동하는 항공기의 외부에 올라타거나 또는 견인차에 타서도 안 된다. 안전을 위하여 이동하는 항공기 또는 견인차에 타거나 내리는 것은 절대 용납될 수 없다. 항공기의 견인속도는 감시 팀원들의 보행속도를 초과하면 안 된다. 항공기의 엔진은 항공기가 견인이 완료되어 자리를 잡을 때까지 작동시키지 않는다.

항공기 제동계통은 견인작업 전에 점검되어야 한다. 제동장치에 결함이 있는 항공기는 오직 제동장치의 수리를 위해 견인되어야 하며, 비상시를 대비하여 고임목(chock)을 든 사람이 따라가야 한다. 고임목은 견인작업 중에 발생하는 긴급한 상황에서 즉각적으로 이용될 수 있어야 한다.

견인작업 중에 발생 가능한 사람의 상해와 항공기손상을 피하기 위해, 출입구(entrance door)는 닫아야 하며, 사다리는 접어 넣고, 기어다운 잠금(gear down-lock)이 장치되어야 한다.

어떤 항공기라도 견인하기 전에 모든 타이어와 착륙장치 버팀대(landing gear strut)가 적당하게 팽창되었는지 점검한다(착륙장치 버팀대의 팽창은 오버홀 또는 보관 시 제거한다).

항공기를 움직일 때 급출발 급제동을 하지 않는 안전성을 증가시키기 위해 항공기 제동장치는 긴급한 경우를 제외하고 견인하는 동안에 절대로 작동시키지 말아야 하고, 위급신호는 견인 팀원 중 단 한 사람만이 하도록 하여야 한다.

항공기는 반드시 지정된 장소에만 주기시켜야 한다. 일반적으로 주기된 항공기 열 사이에 간격은 화재발생 같은 긴급한 상황에서 긴급 차량들이 즉각 출동할 수 있을 뿐만 아니라 장비나 자재의 이동이 자유로울 만큼 충분히 넓어야 한다.

고임목(wheel chock)은 반드시 주기된 항공기의 주 착륙장치의 앞쪽과 뒤쪽에 고여야 한다. 항공기가 주기되면, 내부 또는 외부의 조종 잠금장치를 사용해야 한다.

활주로(runway) 또는 유도로(taxiway)를 횡단하여 항공기를 이동시킬 때에는 공항관제탑(airport control tower)과 교신하여 승인을 받은 후 이동한다.

항공기를 접지시키지 않고 격납고에 주기해서는 안 된다.

(4) 항공기 유도(Taxiing Aircraft)

항공기가 착륙하여 주기장으로 들어올 때는 항공기 조종사에게 정확한 유도를 제공해야 한다. 최근에 개항하는 신공항들은 대부분 시각주기유도시스템(Visual Docking Guidance System: VDGS)이 설치되어 있어 인력에 의한 수신호를 사용하고 있지 않는 경우가 많다. 그러나 아직도 많은 공항에서는 수신호에 의한 항공기 유도가 이루어지고 있고 VDGS가 설치된 공항이라 해도 비상상황에는 수신호에 의해 항공기를 유도해야 할 경우가 발생할 수 있으므로 국제민간항공기구(ICAO)의 표준 유도신호 동작을 정확히 숙지하고 있어야 한다.

일반적인 통념상 승인된 조종사와 자격 있는 항공정비사만이 항공기를 시동, 시운전 및 유도(taxi)할 수 있다. 모든 유도조작은 해당지역의 규정에 준하여 수행되어야만 한다.

① 유도신호(Taxi Signals)

많은 지상사고가 유도 중인 항공기에서 부적절한 테크닉으로 일어났다. 엔진이 정지될 때까지는 조종사가 항공기에 대해 궁극적으로 책임이 있다 할지라도 유도원(taxi signalman)

▲ 그림 1-7 유도원 준비신호

은 비행대기선(flight line) 주위에서 조종사를 도와 줄 수도 있는 것이다.

일부 항공기의 형태에서는 지상이라고는 하지만 조종사의 시계를 방해한다. 조종사는 바퀴 가까이 또는 날개 밑의 장애물을 볼 수 없으며, 항공기 뒤쪽에 무엇이 있다는 조그만 생각도 가질 수 없다. 결과적으로 조종사는 유도원에 의존하여 방향을 잡는다.

손바닥이 서로 마주 보게 하여 양팔머리 위쪽으로 충분히 뻗어서 항공기의 유도를 위해 준비가 되었음을 표시하고 있는 유도원을 보여준다.

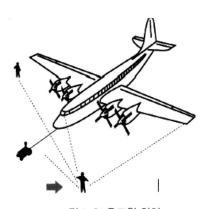

▲ 그림 1-8 유도원 위치

유도원의 표준위치는 항공기의 왼쪽 날개 끝 선상에서 약간 전방에 위치한다.

유도원이 항공기와 마주볼 때 항공기의 기수(nose)는 그의 왼쪽에 있어야 한다. 유도원은 조종사가 잘 볼 수 있도록 날개 끝 전방으로 충분히 떨어져 있어야 한다. 그다음 조종사가 모든 신호를 볼 수 있는지를 확실하게 시험해보고 조종사와 눈이 마주치면 조종사는 신호를 볼 수 있게 되는 것이다.

다음은 국제민간항공기구와 우리나라 항공법 시행규칙 별표 29에 있는 표준항공기유도신호(standard aircraft taxing signal)이다. 유도원은 항공기의 조종사가 유도업무 담당자임을 알 수 있는 복장을 해야 하며, 주간에는 일광 형광색 봉, 유도 봉 또는 유도장갑을 이용하고, 야간 또는 저 시정 상태에서는 발광유도 봉을 이용하여 신호를 하여야 한다. 유도신호는 조종사가 잘 볼 수 있도록 조명 봉을 손에 들고 고정익항공기의 경우에는 항공기의 왼쪽에서 조종사가 가장 잘 볼 수 있는 위치에서, 헬리콥터는 조종사가 유도원을 가장 잘 볼 수 있는 위치에서 조종사와 마주 보며 실시한다. 또한, 유도원은 다음의 신호를 사용하기 전에 항공기를 유도하려는 지역 내에 항공기와 충돌할 만한 물체가 있는지를 확인해야 한다.

- 항공기의 엔진번호는 항공기를 마주 보고 있는 유도원의 위치를 기준으로 오른쪽에서부터 왼쪽으로 번호를 붙인다.
- 주간에 시정이 양호한 경우에는 조명막대의 대체도구로 밝은 형광색의 유도봉이나 유도장갑을 사용할 수 있다.

유도원은 유도신호를 완전 명료하게 수행할 수 있을 때까지 익혀야만 한다. 신호를 받고 있는 조종사는 항상 일정한 거리를 유지하면서 어려운 각도에서는 자주 밖을 내다보며, 아래를 살펴야 한다. 따라서 신호원의 손은 확실히 구별되어야 하고, 신호는 불분명한 신호의 위험보다는 차라리 좀 과장되는 편이 나을 것이다. 만약 신호가 미심쩍거나 조종사가 신호에 따르지 않는 것으로 보일 경우에는 "정지" 신호를 한 다음 일련의 신호를 다시 시작해야 한다.

신호원은 항상 항공기가 주기되고자 하는 대략적인 범주를 조종사에게 알려주도록 노력해야 한다. 신호원은 뒷걸음질할 때에는 프로펠러에 부딪치거나 또는 고임목(chock), 소화기, 계류라인(tie down line) 및 기타 장해물에 걸려 넘어지지 않도록 자주 뒤를 돌아보아야 한다.

야간에는 발광 유도봉을 사용하여 유도신호를 한다. 야간신호는 정지신호를 제외하고 주간신호와 같은 방식으로 한다. 야간에 사용되는 정지신호(stop signal)는 "긴급정지(emergency stop)" 신호로서 머리의 앞쪽에서 위로 발광 유도봉을 교차하여 "X"를 그려 표시한다.

1. 항공기 안내(Wing walker)
오른손의 막대를 위쪽을 향하게 한 채 머리 위로 들어 올리고, 왼손의 막대를 아래로 향하게 하면서 몸 쪽으로 붙인다.

- 날개감시자(Wing walkers)가 항공기 입출항 시 조종사/유도사/견인차 운전자 등에게 보내는 신호

2. 출입문의 확인

양손의 막대를 위로 향하게 한 채 양팔을 쭉 펴서 머리 위로 올린다.

- 항공기가 입항할 때 입항 Gate를 조종사에게 알려주기 위한 동작

3. 다음 유도원에게 이동 또는 관제기관으로부터 지시 받은 지역으로의 이동

양쪽 팔을 위로 올렸다가 내려 팔을 몸의 측면 바깥쪽으로 쭉 편 후 다음 유도원의 방향 또는 이동구역 방향으로 막대를 가리킨다.

4. 직진

팔꿈치를 구부려 막대를 가슴 높이에서 머리 높이까지 위아래로 움직인다.

- 항공기의 진행을 직진으로 유도하기 위한 동작으로 항공기 Nose Tire가 유도 Line 위를 정확히 주행하고 있을 경우에 보내는 신호

5. 좌회전(조종사 기준)

오른팔과 막대를 몸쪽 측면으로 직각으로 세운 뒤 왼손으로 직진신호를 한다. 신호동작의 속도는 항공기의 회전속도를 알려준다.

- 항공기 Nose Tire가 유도 Line을 벗어날 경우 조종사가 바라보는 방향을 기준으로 좌측 방향으로 진행하라는 신호

6. 우회전(조종사 기준)

왼팔과 막대를 몸쪽 측면으로 직각으로 세운 뒤 오른손으로 직진신호를 한다. 신호동작의 속도는 항공기의 회전속도를 알려준다.

- 6과 반대인 우측 방향으로 진행을 유도하는 신호이며 이때 움직이는 팔의 각도가 클수록 회전 각도를 크게 주라는 신호

7. 정지

막대를 쥔 양쪽 팔을 몸 쪽 측면에서 직각으로 뻗은 뒤 천천히 두 막대가 교차할 때까지 머리 위로 움직인다.

- 정상적으로 Stand에 진입한 후 정지 신호

8. 비상정지

빠르게 양쪽 팔과 막대를 머리 위로 뻗었다가 막대를 교차시킨다.

- 항공기 진입 중 주변에 장애물과의 접촉이 우려되거나 다른 위험요인이 인지될 경우 보내는 긴급 정지 신호. 화살표와 같이 반복적이고 빠르게 신호를 보내야 한다.

9. 브레이크 정렬

손바닥을 편 상태로 어깨 높이로 들어 올린다. 운항승무원을 응시한 채 주먹을 쥔다. 승무원으로부터 인지신호(엄지손가락을 올리는 신호)를 받기 전까지는 움직여서는 안 된다.

10. 브레이크 풀기

주먹을 쥐고 어깨 높이로 올린다. 운항승무원을 응시한 채 손을 편다. 승무원으로부터 인지신호(엄지손가락을 올리는 신호)를 받기 전까지는 움직여서는 안 된다.

11. 고임목 삽입

팔과 막대를 머리 위로 쭉 뻗는다. 막대가 서로 닿을 때까지 안쪽으로 막대를 움직인다. 비행승무원에게 인지표시를 반드시 수신하도록 한다.

12. 고임목 제거

팔과 막대를 머리 위로 쭉 뻗는다. 막대를 바깥쪽으로 움직인다. 비행승무원에게 인가받기 전까지 초크를 제거해서는 안 된다.

13. 엔진시동 걸기

오른팔을 머리 높이로 들면서 막대는 위를 향한다. 막대로 원 모양을 그리기 시작하면서 동시에 왼팔을 머리 높이로 들고 엔진시동 걸 위치를 가리킨다.

14. 엔진 정지

막대를 쥔 팔을 어깨 높이로 들어 올려 왼쪽 어깨 위로 위치시킨 뒤 막대를 오른쪽 · 왼쪽 어깨로 몸을 가로질러 움직인다.

15. 서행

허리부터 무릎 사이에서 위아래로 막대를 움직이면서 뻗은 팔을 가볍게 툭툭 치는 동작으로 아래로 움직인다.

• 항공기의 속도를 줄여 서서히 진입하라는 신호

16. 한쪽 엔진의 출력 감소

손바닥이 지면을 향하게 하여 두 팔을 내린 후, 출력을 감소시키려는 쪽의 손을 위아래로 흔든다.

17. 후진

몸 앞쪽의 허리높이에서 양팔을 앞쪽으로 빙글빙글 회전시킨다. 후진을 정지시키기 위해서는 신호 7 및 8을 사용한다.

18. 후진하면서 선회(후미 우측)

왼팔은 아래쪽을 가리키며 오른팔은 머리 위로 수직으로 세웠다가 옆으로 수평 위치까지 내리는 동작을 반복한다.

19. 후진하면서 선회(후미 좌측)

오른팔은 아래쪽을 가리키며 왼팔은 머리 위로 수직으로 세웠다가 옆으로 수평 위치까지 내리는 동작을 반복한다.

20. 긍정(Affirmative)/ 모든 것이 정상임(All Clear)

오른팔을 머리높이로 들면서 막대를 위로 향한다. 손 모양은 엄지손가락을 치켜세운다. 왼쪽 팔은 무릎 옆쪽으로 붙인다.

*21. 공중 정지(Hover)

양 팔과 막대를 90° 측면으로 편다.

*22. 상승

팔과 막대를 측면 수직으로 쭉 펴고 손바닥을 위로 향하면서 손을 위쪽으로 움직인다. 움직임의 속도는 상승률을 나타낸다.

*23. 하강

팔과 막대를 측면 수직으로 쭉 펴고 손바닥을 아래로 향하면서 손을 아래로 움직인다. 움직임의 속도는 강하율을 나타낸다.

*24. 왼쪽으로 수평이동(조종사 기준)

팔을 오른쪽 측면 수직으로 뻗는다. 빗자루를 쓰는 동작으로 같은 방향으로 다른 쪽 팔을 이동시킨다.

*25. 오른쪽으로 수평이동(조종사 기준)

팔을 왼쪽 측면 수직으로 뻗는다. 빗자루를 쓰는 동작으로 같은 방향으로 다른 쪽 팔을 이동시킨다.

*26. 착륙

몸의 앞쪽에서 막대를 쥔 양팔을 아래쪽으로 교차시킨다.

27. 화재

화재지역을 왼손으로 가리키면서 동시에 어깨와 무릎 사이의 높이에서 부채질 동작으로 오른손을 이동시킨다.

야간 – 막대를 사용하여 동일하게 움직인다.

28. 위치대기(stand-by)

양팔과 막대를 측면에서 45° 아래로 뻗는다. 항공기의 다음 이동이 허가될 때까지 움직이지 않는다.

29. 항공기 출발

오른손 또는 막대로 경례하는 신호를 한다. 항공기의 지상이동이 시작될 때까지 비행승무원을 응시한다.

30. 조종장치를 손대지 말 것(기술적 · 업무적 통신신호)

머리 위로 오른팔을 뻗고 주먹을 쥐거나 막대를 수평방향으로 쥔다. 왼팔은 무릎 옆에 붙인다.

31. 지상 전원공급 연결(기술적 · 업무적 통신신호)

머리 위로 팔을 뻗어 왼손을 수평으로 손바닥이 보이도록 하고, 오른손의 손가락 끝이 왼손에 닿게 하여 "T"자 형태를 취한다. 밤에는 광채가 나는 막대 "T"를 사용할 수 있다.

32. 지상 전원공급 차단(기술적 · 업무적 통신신호)

신호 25와 같이 한 후 오른손이 왼손에서 떨어지도록 한다. 비행승무원이 인가할 때까지 전원공급을 차단해서는 안 된다. 밤에는 광채가 나는 막대 "T"를 사용할 수 있다.

33. 부정(기술적 · 업무적 통신신호)

오른팔을 어깨에서부터 90°로 곧게 뻗어 고정시키고, 막대를 지상 쪽으로 향하게 하거나 엄지손가락을 아래로 향하게 표시한다. 왼손은 무릎 옆에 붙인다.

34. 인터폰을 통한 통신의 구축(기술적 · 업무적 통신신호)

몸에서부터 90°로 양팔을 뻗은 후, 양손이 두 귀를 컵 모양으로 가리도록 한다.

35. 계단 열기 · 닫기

오른팔을 측면에 붙이고 왼팔을 45° 머리 위로 올린다. 오른팔을 왼쪽 어깨 위쪽으로 쓸어 올리는 동작을 한다.

▲ 그림 1-9 표준 항해 유도 신호

(5) 항공기의 연료보급

① 연료의 종류와 식별(Types of Fuel and Identification)

일반적으로 사용되고 있는 항공연료(aviation fuel)는 AVGAS라고 부르는 항공용 가솔린(aviation gasoline)과 JET A 연료라고 알려진 터빈연료(turbine fuel) 2가지를 사용하고 있다.

항공용 가솔린(AVGAS)은 왕복엔진 항공기에 사용된다. 최근에 널리 사용되고 있는 연료는 80/87, 100/130 및 100LL(Low Lead) 등 세 가지 등급이 있다.

네 번째 등급인 115/145는 대형 왕복엔진 항공기에서 제한적으로 일부 사용되고 있다. 2개의 숫자는 특정 연료의 옥탄가로서 희박혼합(lean mixture)과 농후혼합(rich mixture)의 등급지수를 나타낸다. 즉, 80/87 항공용 가솔린의 경우, 80은 희박혼합 등급지수이고 87은 농후혼합(rich mixture) 등급지수를 의미한다.

항공용 가솔린의 등급 혼돈을 피하기 위하여 일반적으로 80, 100, 100LL 또는 115로 식별한다. 또한, 항공용 가솔린은 색상부호(color code)에 의해 확인된다.

연료의 색깔은 배관(piping)과 주유장비(fueling equipment)에 있는 색상 띠(color band)와 일치되어야 한다.

터빈연료(turbine fuel)/제트연료(jet fuel)는 터보제트엔진(turbojet engine)과 터보샤프트엔진(turbo-shaft engine)에 동력을 공급하기 위해 사용된다.

터빈연료는 일반적으로 케로신(kerosene)이 주성분인 JET-A와 JET A-1 그리고 케로신(kerosene)에 항공용 가솔린이 첨가된 JET B 등 세 가지 종류가 있다. 제트연료는 배관(Piping)과 주유장비(Fueling Equipment)에 검정색(Black Color)으로 식별되고 있지만 실제 제트연료의 색깔은 맑거나 밀짚 빛깔(straw)을 띠고 있다.

항공용 가솔린과 터빈연료는 절대로 혼유 되어서는 안 된다. 항공용 가솔린에 제트연료가 첨가되면 엔진출력이 감소되고, 이상폭발(detonation)의 원인이 되어 엔진의 손상과 수명감소를 초래할 수 있다. 제트연료에 항공용 가솔린이 첨가되는 것은 허용되지만 터빈엔진에 납 침전물(lead deposit)이 축적되어 엔진의 사용수명(service life)이 단축되는 원인이 될 수 있다.

② 급유 시 위험요인(Fueling Hazards)

항공연료의 휘발성은 동력비행(powered flight)이 시작된 이래로 비행사(aviator)와 항공엔진설계자(engine designer)를 괴롭히는 화재위험을 만들어낸다.

휘발성(volatility)은 비교적 저온에서 가스로 변환되는 것으로서 액체 상태에서는 항공연료는 연소되지 않을 것이나, 액체연료가 증기상태(vapor state) 또는 기체상태(gaseous state)로 변환되면 항공기에 유용한 동력을 공급할 뿐만 아니라 동시에 화재 위험에 직면하게 된다.

정전기는 임의의 두 물체(기체, 액체 또는 고체)의 접촉으로 두 물체 간에 전하가 교환되어 양과 음의 전기를 띠는 현상을 말하며, 모든 비전도성 물체에 상당히 높은 전압의 전기 에너지가 축적된다.

일반적으로 항공기에서 발생되는 정전기는 비행 중이나 활주 중일 때와는 달리 계류 중에는 항공기 외부로의 정전기 방출이 약해져 정전기 발생 부위에 축적된 상태로 존재하게 되고 특히 습도가 적은 추운 겨울철에는 높은 정전압을 띠게 된다.

케로신 유형의 터빈엔진 연료는 항공 가솔린에 비해 비중이 높고 발화점이 넓기 때문에 다른 연료에 비해 급유 중 연료와 호스 간의 마찰에 의해 발생하는 정전기의 양이 많으며, 이것은 또한 연료공급 속도에 비례하여 더욱 커지게 되므로 이로 인하여 발생한 정전기는 항공기에 축적되어 항공기는 양(positive)의 전기적 특성을 띠게 된다.

만약 연료보급 중 연료공급 호스와 항공기의 연료주입 연결 부위에서 연료가 누설되어 이 것이 기화되는 경우에는 항공기에 축적된 정전기가 작업자의 몸을 통하여 방전되며 발생한 불꽃이 연료증기에 점화하게 된다.

연료 증기의 흡입은 해로우므로 주의하여야 하며, 의복과 피부에 묻은 연료는 즉시 닦아내야 한다.

③ 급유절차(Fueling Procedures)

항공기의 적절한 급유(fueling)는 소유자와 작동자의 책임이다. 그러나 이것은 정확한 유형의 연료와 안전한 급유절차를 적용하여 급유를 수행하는 사람에게는 관계되지 않는다.

항공기 급유에는 두 가지 기본적인 절차가 있다. 경항공기는 날개 위에서 연료를 급유한다. 이러한 방법은 연료호스를 사용하여 날개 상부의 주유구(fueling port)를 통해 연료를 보급한다.

대형 항공기에서 사용되는 방법은 단일지점(single point) 급유장치이다. 이러한 형태의 급유장치는 한 지점에서 모든 연료탱크를 채우기 위해 날개 하부의 전연부(leading edge)에 있는 리셉터클(receptacle)을 이용한다. 이러한 방법은 항공기 급유시간을 줄여주고, 오염을 감소시키며, 연료를 발화시키는 정전기를 줄여준다.

대부분 가압급유장치(pressure fueling system)는 가압급유호스(pressure fueling hose), 제어 패널(control Panel) 그리고 한 사람이 항공기의 일부 또는 모든 연료탱크에 연료를 급유 또는 배유(defuel) 작업을 가능하게 하는 게이지(Gauge)로 구성된다. 각각의 탱크는 미리 설정된 수준(level)으로 채워지게 된다.

급유하기(fueling) 전에 다음 사항들을 점검해야 한다.

- 항공기의 모든 전기 계통(electrical system)과 레이더(radar)를 포함한 전자장치(electronic device)가 꺼졌는지(turn off) 확인하라.
- 작업복 주머니에는 아무것도 넣지 마라. 연료탱크로 떨어뜨릴 수 있다.
- 급유작업에 인화성물질을 소지하지 않았는지 확인하라. 순간적인 방심이 사고를 불러온다.
- 적절한 형식과 등급의 연료인지 확인하라. 항공용 가솔린과 제트연료를 혼유해서는 안된다.
- 모든 섬프(sump)가 배출되었는지 확인하라.
- 보안경을 착용하라. 보안경만큼 중요하지는 않지만, 고무장갑(rubber gloves)과 앞치마(apron)와 같은 보호 장구는 넘치거나 튀어 오르는 연료로부터 피부를 보호할 수

있다.

- 연료를 보급하고 있는 항공기 방향으로 다른 항공기의 후류에 의해 불순물들이 날아올 경우에는 연료보급을 중단하라. 바람에 날아온 오물(dirt), 먼지(dust) 및 기타 오염물은 열려져 있는 연료탱크로 유입되어 탱크를 오염시킬 수 있다.
- 5mile 이내에서 번개가 칠 때에는 연료보급을 하지 마라.
- 지상레이더(ground radar)가 500feet 이내에서 작동할 경우에는 연료보급을 하지 마라.

다음은 이동식 급유장치(mobile fueling equipment)를 사용 시 주의사항이다.

- 항공기에 주의 깊게 접근하라. 비상시 철수 등을 고려하여 후진하지 않고 빠르게 출발할 수 있도록 연료트럭을 배치한다.
- 연료트럭의 핸드 브레이크(Hand Brake)를 당기고, 흔들림을 방지하기 위해 차륜에 고임목을 고여라.
- 항공기를 접지시키고, 연료트럭을 접지시킨 다음 항공기와 연료트럭을 함께 접지시키거나 또는 접속시켜라. 이러한 3점 접지는 연료트럭에 있는 3개의 분리된 접지선(ground wire) 또는 "Y" 케이블을 이용하여 이루어지게 된다.
- 접지가 금속 또는 항공기에 적절한 접지점(ground point)에 접촉되어 있는지 확인하라.
  엔진배기장치(engine exhaust) 또는 프로펠러(propeller)를 접지점으로 이용하지 않는다.
  프로펠러에 손상을 줄 수 있으며, 엔진과 기체 사이에 긍정적인 접속을 보장할 수 없기 때문이다.
- 노즐(nozzle)을 항공기에 접지한 후, 연료탱크를 열어라.
- 넘친 연료 또는 노즐(nozzle), 호스(hose), 또는 접지선의 부주의한 취급으로 발생할 수 있는 손상으로부터 항공기 날개와 관련 부품을 보호하라.
- 항공기를 떠나기 전에 연료마개(fuel cap)가 잘 닫혔는지 점검하라.
- 역순으로 접지선을 장탈하라. 만약 항공기가 비행에 바로 투입되거나 이동하지 않는다면 항공기 접지선은 장착된 상태로 놓아둘 수 있다.

급유 피트(Pit) 또는 캐비닛(Cabinet)으로 급유할 때에도 연료트럭 급유와 동일한 절차를 따른다. 피트 또는 캐비닛은 장치의 접지 필요성을 제거하기 위하여 영구적인 접지로 설계되어 있다. 그러나 항공기는 반드시 접지되어야 하며, 그다음에 장비는 이동식 장치(mobile equipment)처럼 항공기에 접지되어야 한다.

▲ 그림 1-10 날개 위에서의 연료보급 방법

④ 배유(Defueling)

배유 절차(defueling procedure)는 항공기 형식에 따라 다르기 때문에 배유하기 전에 세부적인 절차와 주의사항에 대해 정비매뉴얼 또는 서비스매뉴얼을 참조하여야 한다.

배유는 연료를 중력 또는 펌프로 탱크 외부로 배출할 수 있다. 중력방법이 사용될 때에는 연료를 모으는 방법을 갖추는 것이 필요하다. 펌프방법이 사용될 때에는 탱크를 손상시키지 않도록 주의해야 하고, 배출된 연료는 좋은 연료와 혼합되지 않아야 한다.

배유할 때 일반적인 예방책은 다음과 같다.

• 항공기와 배유장치를 접지시킨다.

• 전기와 전자장치를 끈다.

• 정확한 유형의 소화기를 비치한다.

• 보안경을 착용한다.

1-4 화재(Fire)

(1) 화재안전(Fire Safety)

항공기와 장비품 등을 정비할 때 열을 발산하는 공구와 장비, 가연성액체와 폭발성액체 및 가스뿐만 아니라 불꽃(spark)을 일으킬 수 있는 전동공구(electrical tool) 등을 사용하는 이유로 화재발생 가능성이 높다. 이러한 화재발생을 방지하기 위해서는 화재의 근원을 찾아내고 화재를 진압하기 위한 대책을 갖추어야 한다.

화재안전의 열쇠는 화재를 일으키는 것이 무엇인지, 어떻게 방지할 것인지, 그리고 어떻게 소화할 것인지에 대한 지식을 갖는 것이다. 이러한 지식은 현장 안전교육 등을 통하여 정비사에게 주입시키고, 화재진압 훈련 등을 통하여 숙달되게 하여야 한다.

격납고, 작업장 및 항공기 계류지역 등에서의 화재진압 훈련 등은 공항 소방대 또는 인근 지역 소방서의 협조를 얻어서 실시할 수 있다.

(2) 화재방지(Fire Protection)

① 화재 발생요소(Requirements for Fire to Occur)

화재가 발생하기 위해서는 열(heat) 연료(가연물) 및 산소(oxygen) 등 3가지 조건이 필요하다.

(1) 열은 가연물과 접촉하게 되면 가연성 증기를 생성하고 발화를 위한 필요한 에너지를 제공하여 화재를 발생시키고, (2) 가연물(fuel)은 산소(oxygen)와 결합하여 열을 내며 연소하게 되며, (3) 산소(oxygen)는 지속적인 연소가 이루어지도록 화재를 촉진하게 한다.

이들 세 가지 요소 중 어느 하나를 제거하면 화재는 발생하지 않으며, 화재 또한 진압할 수 있다.

② 화재의 분류(Classification of Fires)

상용목적으로 국제화재방지협회(NFPA, national fire protection association)에서는 A급(Class A), B급(Class B) 및 C급(Class C)으로 세 가지 기본적인 유형으로 화재를 분류하였다.

(1) A급 화재(Class A Fires)

A급 화재는 연소 후 재를 남기는 화재로서 나무, 섬유 및 종이 등과 같은 인화성물질에서 발생하는 화재이다.

(2) B급 화재(Class B Fires)

B급 화재는 가연성 액체 또는 인화성 액체인 그리스(grease), 솔벤트(solvent), 페인트(paint) 등의 가연성 석유제품에서 발생하는 화재이다.

(3) C급 화재(Class C Fires)

C급 화재는 전기에 의한 화재로서 전선 및 전기장치 등에서 발생하는 화재이다.

정비사가 숙지하여야 하는 네 번째 화재 유형은 D급 화재(Class D Fire)로서 활성금속에 의한 화재로 정의된다. D급 화재는 A급, B급 및 C급 화재에 의해서 발생하기 때문에 국제화재방지협회는 화재의 기본적인 유형 및 범주에는 포함시키지 않았다.

일반적으로 D급 화재는 마그네슘(magnesium) 또는 항공기 휠(wheel)과 제동장치에 연루되거나 작업장에서 부적절한 용접작업 등에 의해 발생한다. 이러한 유형의 화재들은 항공기 정비를 수행하거나 작동 중에 언제라도 발생할 수 있으므로 화재의 유형에 적합한 소화기에 대하여 이해할 필요가 있다.

③ 소화기의 종류(Types and Operation of Shop and Flight Line Fire Extinguishers)

물 소화기(water extinguisher)는 A급 화재에 가장 적합하다. 물은 연소에 필요한 산소를 차단하고 가연물을 냉각시킨다.

대부분 석유제품은 물에 뜨기 때문에 B급 화재에 물 소화기 사용은 바람직하지 않다.

전기적인 화재에 물 소화기를 사용할 경우에는 세심한 주의가 요구된다. 화재지역의 모든 전원은 제거 및 차단시켜야 하며, 축전기(capacitor), 코일(coil) 등의 잔류전기에 의한 감전의 위험성을 주의하여야 한다.

D급 화재에 물 소화기를 사용해서는 절대로 안 된다. 금속은 매우 높은 고온에서 연소하므로 물의 냉각효과는 금속의 폭발을 유발할 수 있다. 물 소화기의 조작방식은 수동펌프의 연속동작에 의한 수동식, 탄산가스 펌프를 사용하는 가압식과 용기 자체에 공기 또는 압축가스가 축압되어 있는 축압식 등이 있다.

이산화탄소 소화기(CO_2, carbon dioxide, extinguisher)는 가스의 질식작용에 의하여 소화되기 때문에 A급, B급 및 C급 화재에 사용한다. 또한 물 소화기처럼 이산화탄소는 가연물을 냉각시킨다.

D급 화재에는 이산화탄소 소화기를 절대로 사용해서는 안 된다. 물 소화기처럼 이산화탄소(CO_2)의 냉각효과는 고온금속의 폭발을 유발하기 때문이다.

CO_2 소화기를 사용할 때에는 소화기의 모든 부분이 심하게 냉각되며, 사용 후에도 냉각상태가 유지되므로 동상과 같은 냉해(cold injury)를 예방하기 위하여 보호 장구를 착용하거나 예방책을 강구하여야 한다.

협소한 밀폐된 공간에서 CO_2 소화기를 작동할 때에는 세심한 주의가 요구된다. 연소에 필요한 산소를 차단할 뿐만 아니라 산소의 농도를 저하시키므로 사용자의 질식 우려가 있기 때문이다. 일반적으로 CO_2 소화기는 용기 내에 자체 가스압력으로 분출할 수 있는 소화기이다. 자체 분출방법을 이용한다. 이것은 CO_2를 자체 분출할 수 있는 충분한 압력을 갖고 있다는 것을 의미한다.

할로겐화탄화수소(halogenated hydrocarbon) 소화기는 B급과 C급 화재에 가장 효과적이다. 일부 A급 화재와 D급 화재에도 사용할 수 있지만 효과적이지는 못하다.

할로겐 화합물은 냉매, 세정제, 발포제, 분사추진제, 용재 및 소화제로서 널리 사용되고는 있다. 단점으로는 일부 할로겐화합물이 오존층을 파괴를 하고 지구 온난화를 촉진을 하는 물질로서 알려지게 되면서 지구환경을 보호하려는 국제협약, 즉 오존층 파괴를 하는 물질에 관한 몬트리올 협정서에 의해서 규제물질로서 판명이 되어 선진국은 1994년 이후, 개발도상국의 경우 2003년부터 생산 및 사용을 중지하였으며, 일부 생산 및 사용을 유예하고 있다.

그러나 할로겐 소화약제의 경우 동등 이상의 소화효과 및 안전성이 확보가 된 소화약제가 개발되어 있지 않아 이 할론 소화기를 유효하게 사용을 하는 것이 필요하게 되며, 이미 설치가 된 경우 대기 중에 함부로 방사가 되지 않도록 하는 것이 매우 중요하다.

분말소화기는 B급 화재와 C급 화재에도 사용 가능하지만 D급 화재에 가장 효과적이다.

중탄산칼륨, 나트륨, 인산염 등을 화학적으로 특수 처리하여 분말 형태로 소화 용기에 넣어 가압 상태에서 보관되어 있으므로 소화기 사용 후 잔류분말이 민감한 전자 장비 등에 손상을 줄 수 있기 때문에 금속화재를 제외한 항공기 사용에는 권고되지 않는다.

CHAPTER 2

항공기 기체수리
Aircraft Airframe Repair

2-1 성형공정(Forming Process)

제작 또는 수리 중인 항공기에 부품을 장착하기 전에 부품은 제자리에 맞는 모형이 되어야 하며 이러한 과정을 성형이라고 부른다. 성형은 장착할 부품에 1~2개의 홀을 뚫는 것과 같이 간단한 절차도 있으나 복잡한 곡률 형태가 필요한 복잡한 절차도 있다. 성형은 평판 또는 사출성형된 모양의 형태 또는 외형을 변화시키는 경향이 있으며 만곡부, 플랜지, 그리고 여러 가지의 불규칙한 모양을 만드는 어떤 지역에서 재료를 신장 또는 수축하여 만든다. 작업은 원재료의 모양을 변화시키기 때문에 수축과 신장의 양은 대부분 사용된 재료의 유형에 좌우된다. 완전히 풀림, 즉 열처리와 냉간된 재료는 수축과 신장에 잘 견디고 어떠한 단련된 조건에 있을 때보다 적은 곡률반경에서 성형할 수 있다.

항공기 부품을 공장에서 성형할 때, 부품은 커다란 프레스 또는 정확한 모양의 형틀을 갖춘 낙하해머로 만든다. 공장 엔지니어는 완성부품이 기계를 떠날 때 정확한 합금첨가물이 들어가도록 사용되는 재료를 위한 명세서를 지정하고 모든 부품을 설계한다. 그림 2-1과 같이, 공장 제도공(factory draftsman)이 각 부품의 배치도를 준비한다.

▲ 그림 2-1 항공기 성형작업 장면

정비구역(flight line)에서 사용하는 성형공정과 정비 또는 수리공장에서 실행하는 성형공정은 제작사의 제원을 복제할 수 없지만, 공장 금속가공의 유사한 기술을 수리 부속품의 수공업에 적용할 수 있다.

성형은 일반적으로 섬세한 성질을 가진 극히 얇은 경량 합금의 사용을 연관하며 이러한 합금의 섬세한 성질은 보통 부주의하게 작업하면 쓸모없게 된다. 성형한 부품은 겉보기에는 완전한 것 같으나 성형 절차 중의 잘못된 단계가 부품을 약화된 상태로 만들 수 있다. 이와 같이 잘못된 절차는 피로를 가속시키며 갑작스런 구조파괴의 원인이 되게 한다.

항공기의 모든 금속 중에서 순수한 알루미늄은 가장 쉽게 성형된다. 알루미늄합금에서 성형의 용이함의 정도는 단련 조건에 따라 다르다. 현대 항공기는 주로 알루미늄과 알루미늄합금으로 제작되기 때문에 이 섹션에서는 스테인리스강, 마그네슘, 그리고 티타늄으로 하는 작업의 간단한 설명과 함께 알루미늄 또는 알루미늄합금 부품의 성형에 대한 절차를 취급한다.

대부분 부품은 금속을 풀림하기 없이 성형될 수 있지만 딥드로우(deep draw/large fold, 다이스에 밀어 넣고 상자모양으로 가공) 또는 복잡한 만곡부처럼, 광범위한 성형작업을 계획할 경우 금속은 매우 연한 상태 또는 풀림상태에 있어야 한다. 약간 복잡한 부품의 성형 중에는 작업을 중지할 필요가 있을 수 있고 금속은 공정이 계속되거나 완료되기 전에 풀림이 된다. 예를 들어, "O" 상태에 있는 합금 2024는 보통의 성형작업에 의하여 거의 어떠한 모양으로도 성형될 수 있으나 나중에 열처리해야 한다.

2-2 성형작업 및 방법(Forming Operations and Terms)

성형은 금속을 신장 또는 수축하거나, 또는 때때로 양쪽 모두를 적용하는 것이 필요하다. 금속을 성형하는 데 사용되는 다른 공정들은 찢기(bumping), 압착(crimping), 그리고 접기(folding)를 포함한다.

■ 신장(Stretching)

금속을 단금(hammering) 또는 압연하여 신장한다. 예를 들어, 하나의 평평한 금속 조각을 해머로 두드리면 그 면은 얇아진다. 금속 전체의 양은 감소되지 않기 때문에 금속이 늘어난다. 신장은 판금을 얇게 만들고, 늘리고, 그리고 굴곡지게 하는 과정이다. 그림 2-2와 같이, 판금이 쉽게 되돌아오지 않기 때문에 금속을 너무 얇게 만들어 너무 많이 신장되지 않도록 해야 한다.

금속 조각의 한쪽 부분을 신장하는 것은 주위의 재질에, 특히 성형각재와 압출각재에 영향을 미치게 된다. 예를 들어, 금속블록 위에 각재 조각의 수평 플랜지에서 금속을 해머로 두들기면 길이가 늘어나고 그 쪽이 휘는 부분보다 길어진다. 길이의 차이를 보상하기 위하여 구부러진 부분의 주위가 늘어지는 것을 막는 수직 플랜지가 길어지지 않고 굽게 된다.

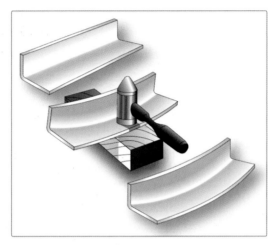

▲ 그림 2-2 신장성형

② 수축(Shrinking)

금속의 수축은 신장보다 더욱 어렵다. 수축공정 동안 금속은 더 작은 지역으로 힘이 가해지고 압축된다. 수축공정은 금속의 길이, 특히 구부러진 곳의 안쪽의 길이를 줄여야 할 때 사용된다. 판금은 V-블록에 해머로 치거나 또는 압착하는 것 그리고 수축블록을 사용하여 수축할 수 있다.

V-블록 방법에 의해서 성형각재를 굽히기 위해서는 V-블록 위에 각재를 놓고, "V" 바로 위쪽의 윗변을 해머로 아래쪽으로 가볍게 두드려준다. 두드리는 동안 윗변을 따라서 압축시키기 위하여 각재를 V-블록을 가로질러 앞쪽과 뒤쪽으로 움직여준다. 수직 플랜지의 윗변을 따라서 재질을 압축하는 것은 성형된 각재를 굽는 모양으로 만든다. 그림 2-3과 같이, 수평 플랜지의 재질은 다만 중심에서만 아래쪽으로 굽을 것이며 그 가장자리의 길이는 같게 남는다.

플랜지가 붙은 각재를 급격한 굴곡이 되게 하거나 급격하게 굽히기 위하여 압착과 수축블록을 사용할 수 있다. 이 공정에서는 주름이 한쪽 플랜지에 놓이며, 그다음 수축블록 위에서 재질을 망치로 두들겨주면 차례로 주름이 밀리거나 또는 수축된다.

냉간수축은 목재 또는 강재 같은 단단한 표면과 연한 나무망치 또는 해머의 조합이 필요하다. 단단한 표면 위에 강재해머가 금속을 수축시키는 것이 아니라 신장시키기 때문이다.

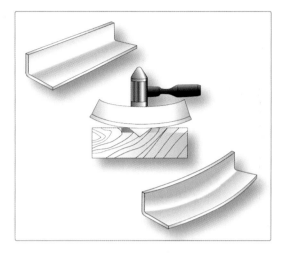

▲ 그림 2-3 수축성형

3 찢기(Bumping)

찢기는 보통 고무, 플라스틱, 또는 생가죽 나무망치로 해머로 치거나 또는 가볍게 두드려서 펴 늘릴 수 있는 금속으로 모양을 만들거나 또는 성형하는 것이다. 찢기공정 중, 금속은 받침판, 모래주머니, 또는 형틀에 의해서 받쳐진다. 이것들은 금속의 두들겨 편 부분이 안으로 가라앉는 함몰을 저지한다. 찢기는 손으로 또는 기계로 작업할 수 있다.

4 압착(Crimping)

그림 2-4와 같이, 압착은 판금 조각을 줄이는 방법으로 조각을 접고, 주름(pleating), 또는 물결무늬(corrugating)로 만들거나 이음매에서 플랜지를 아래로 엎어 놓는 것이다. 압착은 연통의 한쪽

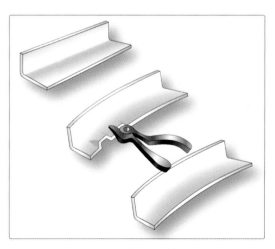

▲ 그림 2-4 압착

끝을 약간 적게 하여 다른 연통에 끼울 수 있도록 하는 데 종종 사용한다. 압착 플라이어(crimping pliers)로 똑바른 ㄱ자형 철재 한쪽을 압착하여 구부러지게 한다.

5 판금 접기(Folding Sheet Metal)

판금을 접는 것은 판재, 판, 또는 박(leaves)을 구부리거나 주름을 만드는 것이다. 접은 자리는 보통 가파르고 각이 지도록 접는 것으로 생각할 수 있으며, 대개 핑거 절곡기와 팬형 절곡기처럼 접지기(folding machine)에서 만든다.

2-3 배치도와 성형(Layout and Forming)

1 용어(Terminology)

다음의 용어들은 보통 판금 성형과 평평한 모형 배치도에서 일반적으로 사용된다. 이러한 용어들을 잘 아는 것은 굴곡부 계산이 굽힘작업에서 어떻게 사용되었는지 이해하는 데 필요하다. 그림 2-5에서는 대부분 이들 용어를 나타낸다.

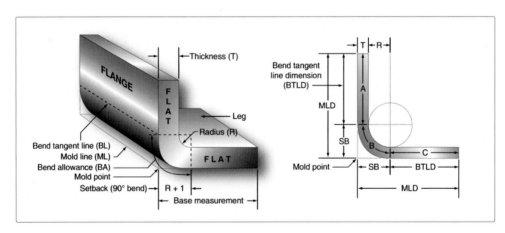

▲ 그림 2-5 굽힘허용용어

(1) 기부측정(Base Measurement)

기부측정-성형된 부품의 외부치수를 말하며 기부측정은 도면 또는 청사진, 혹은 원부품에서 주어진다.

(2) Leg

성형각재의 편편한 부분 중 긴 쪽을 말한다.

(3) 플랜지(Flange)

성형각재의 더 짧은 쪽의 부분으로 Leg의 반대쪽 부분이다. 만약 각재의 양쪽이 같은 길이라면, 그때 각각을 Leg라고 한다.

(4) 금속의 결(Grain of the Metal)

금속 본래의 결은 판재가 용해된 주괴로부터 압연될 때 성형된다. 굽힘선은 가능하다면 금속의 결에 90°로 놓이도록 만들어야 한다.

(5) 굽힘허용오차(Bend Allowance(BA))

굴곡부 내에 금속의 굴곡진 섹션을 말한다. 즉, 굽힘에서 굴곡진 금속의 부분이다. 굽힘허용오차는 중립선의 굴곡진 부분의 길이로 간주한다.

(6) 곡률반경(Bend Radius)

호형(arc)은 판금이 구부러질 때 성형된다. 이 호형(arc)을 곡률반경이라고 부른다. 곡률반경은 반경중심에서 금속의 안쪽 표면까지 측정된다. 최소곡률반경은 합금첨가물, 두께, 그리고 재료의 유형에 따른다. 사용될 합금에 대한 최소곡률반경을 결정하기 위해 항상 최소곡률반경표를 사용한다. 최소곡률반경도표는 제작사 정비 매뉴얼에서 찾아볼 수 있다.

(7) 굽힙접선(Bend Tangent Line/BL)

금속이 구부러지기 시작하는 장소와 금속이 구부러지기를 멈추는 선으로 굴곡부 접선 사이에 모든 공간은 굽힘허용오차다.

(8) 중립축(Neutral Axis)

그림 2-6과 같이, 굽힘 전과 굽힘 후에 동일한 길이를 갖는 가상선이다. 굽힘 후, 굴곡지역은 굽힘 전보다 10~15% 더 얇다. 굴곡부 부위가 얇아져서 반경중심으로부터 앞쪽 방향으로 금속의 중립선을 이동시킨다. 비록 중립축이 정확하게 재료의 중심에 없지만 계산의 목적을 위해 재료의 중심에 위치하는 것으로 추정한다. 발생 오차의 크기는 작아서 중심에 있다고 가정할 수 있다.

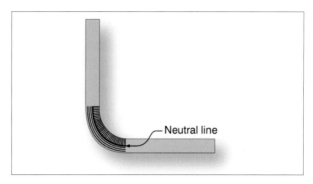

▲ 그림 2-6 중립선

(9) 금형선(Mold Line/ML)

반지름을 지난 부분의 평평한 쪽에서의 연장이다.

(10) 금형선 치수(Mold Line Dimension/MLD)

금형선의 교차로 만들어지는 부분의 크기이다. 만약 모서리에 반지름이 없는 경우에 갖게 되는 크기다.

(11) 금형점(Mold Point)

금형선의 교차 지점으로 금형점은 반지름이 없을 경우 금형선 부분의 바깥쪽 모서리가 된다.

(12) K-factor

중립축과 같은 재료의 신장 또는 압출이 없는 곳에서, 재료두께의 백분율(Percentage)이다. 표 2-1과 같이 백분율로 계산되며, 금속이 구부려질 수 있는 0°에서 180° 사이의 179개 숫자(K 도표에 있는) 중에 해당하는 1개의 숫자가 된다. 금속이 90°(90°의 K-factor는 1)가 아닌 어떤 각도에서 구부려졌을 때에는 언제나 도표로부터 해당 K-factor 숫자가 선택되고 금속의 반지름(R)과 두께(T)의 합에 곱한다. 그 결과물이 굴곡부에 Setback의 양이다. 만약 K 도표가 없으면 K-factor는 다음의 공식을 이용하여 계산기로 계산할 수 있다.

$$K=\tan(1/2 \times \text{Bend Angle})$$

(13) Setback(SB)

절곡기의 jaw 거리는 굴곡부를 성형하기 위해 금형선에 Setback이 있어야 한다. 90° 굴곡부에서는 $SB=R+T$(금속의 반지름+금속의 두께)이다. Setback 치수는 굴곡부 접선의 시작 위치를 결정하는 것에 사용되기 때문에 굽힘을 만들기 이전에 결정해야 한다. 부품이 한 번 이상 구부렸을 때 매번 굴곡부에서 Setback을 빼야 한다. 판금에서 대부분 굴곡부는 90° 굴곡부이다. K-factor는 90°보다 작거나 큰 모든 굴곡부에 대해 사용해야 한다.

$$SB = K(R + T)$$

(14) 시선(Sight Line)

굽힘선 또는 절곡선이라고도 부르며 절곡기의 돌출부와 평평하게 고정되어 형성되는 금속에 배치도선이고 가공물을 굽힐 때 유도장치로 사용한다.

(15) Flat

굴곡부를 제외한 부분의 일부로서 기본 측정, 즉 금형선 치수(MLD)에서 Setback을 뺀 값이 된다.

$$Flat = MLD - SB$$

[표 2-1] K-factor

Degree	K	Degree	K	Degree	K	Degree	K	Degree	K
1	0.0087	37	0.3346	73	0.7399	109	1.401	145	3.171
2	0.0174	38	0.3443	74	0.7535	110	1.428	146	3.270
3	0.0261	39	0.3541	75	0.7673	111	1.455	147	3.375
4	0.0349	40	0.3539	76	0.7812	112	1.482	148	3.487
5	0.0436	41	0.3738	77	0.7954	113	1.510	149	3.605
6	0.0524	42	0.3838	78	0.8097	114	1.539	150	3.732
7	0.0611	43	0.3939	79	0.8243	115	1.569	151	3.866
8	0.0699	44	0.4040	80	0.8391	116	1.600	152	4.010
9	0.0787	45	0.4142	81	0.8540	117	1.631	153	4.165
10	0.0874	46	0.4244	82	0.8692	118	1.664	154	4.331
11	0.0963	47	0.4348	83	0.8847	119	1.697	155	4.510
12	0.1051	48	0.4452	84	0.9004	120	1.732	156	4.704
13	0.1139	49	0.4557	85	0.9163	121	1.767	157	4.915
14	0.1228	50	0.4663	86	0.9324	122	1.804	158	5.144
15	0.1316	51	0.4769	87	0.9489	123	1.841	159	5.399
16	0.1405	52	0.4877	88	0.9656	124	1.880	160	5.671
17	0.1494	53	0.4985	89	0.9827	125	1.921	161	5.975
18	0.1583	54	0.5095	90	1.000	126	1.962	162	6.313
19	0.1673	55	0.5205	91	1.017	127	2.005	163	6.691
20	0.1763	56	0.5317	92	1.035	128	2.050	164	7.115
21	0.1853	57	0.5429	93	1.053	129	2.096	165	7.595
22	0.1943	58	0.5543	94	1.072	130	2.144	166	8.144
23	0.2034	59	0.5657	95	1.091	131	2.194	167	8.776
24	0.2125	60	0.5773	96	1.110	132	2.246	168	9.514
25	0.2216	61	0.5890	97	1.130	133	2.299	169	10.38
26	0.2308	62	0.6008	98	1.150	134	2.355	170	11.43
27	0.2400	63	0.6128	99	1.170	135	2.414	171	12.70
28	0.2493	64	0.6248	100	1.191	136	2.475	172	14.30
29	0.2586	65	0.6370	101	1.213	137	2.538	173	16.35
30	0.2679	66	0.6494	102	1.234	138	2.605	174	19.08
31	0.2773	67	0.6618	103	1.257	139	2.674	175	22.90
32	0.2867	68	0.6745	104	1.279	140	2.747	176	26.63
33	0.2962	69	0.6872	105	1.303	141	2.823	177	38.18
34	0.3057	70	0.7002	106	1.327	142	2.904	178	57.29
35	0.3153	71	0.7132	107	1.351	143	2.988	179	114.59
36	0.3249	72	0.7265	108	1.376	144	3.077	180	Inf.

(16) 닫힘각(Closed Angle)

변 사이에서 측정하였을 때 90°보다 작은 각도, 또는 굴곡부 크기가 측정되었을 때 90°보다 큰 각도를 말한다.

(17) 열림각(Open Angle)

변 사이에서 측정하였을 때 90°보다 큰 각도, 또는 굴곡부 크기가 측정되었을 때의 90°보다 작은 각도를 말한다.

(18) 전체 전개폭(Total Developed Width/TDW)

가장자리에서 가장자리까지 굴곡부 주위에서 측정된 재료의 폭이다. 전체 전개폭(TDW)을 찾는 것은 절단하는 재료의 크기를 결정하는 데 필요하다. 전체 전개폭은 금속이 반지름으로 구부려졌고 금형선 치수가 나타내는 것처럼 정방형 모서리가 아니기 때문에 금형선 치수의 합보다 작다.

② 배치도 또는 평면재단 전개(Layout or Flat Pattern Development)

재료의 낭비를 방지하고 마무리된 부품에서 더 큰 정밀도를 얻기 위해 성형 전에 부품의 배치도 또는 평면재단을 만든다. 호환 가능한 구조물의 부품과 비구조물 부품은 채널(channel), 각재, Zee, 또는 Hat 섹션 부재를 제작하기 위해 평판 원료를 성형하여 조립한다. 판금 부품을 성형하기 전에 굴곡지역에서 얼마나 많은 재료가 필요한지, 어떤 지점에서 판재가 성형공구 안으로 삽입되어야 하는지, 또는 굽힘선이 어디에 위치해야 하는지 보여주기 위해 평면재단을 만든다. 굽힘선은 판금 성형을 위한 평면재단을 전개하기 위해 결정해야 한다.

성형평각을 구부릴 때 Setback과 굽힘허용오차를 위해 정확한 허용오차를 만들어야 한다. 만약 수축공정 또는 신장공정을 사용하고자 한다면, 부품이 최소 양의 성형으로 생산할 수 있도록 허용오차를 만들어야 한다.

③ 직선 굽힘 제작(Making Straight Line Bends)

직선 굴곡부로 성형할 때 재료의 두께, 그 재질의 합금성분, 그리고 합금첨가물 조건을 고려해야 한다. 일반적으로 재료가 얇을수록 가파르게 굽힐 수 있고, 즉 곡률반경이 더 적어지고, 재료가 연할수록 또한 더 가파르게 굽힐 수 있다. 직선굽힘을 만들 때 고려할 기타 요소로는 굽힘허용오차, Setback, 그리고 절곡기 시선 등이 있다.

재료의 판재 곡률반경은 굴곡진 재료의 내부에서 측정한 곡률반경을 말한다. 어떤 판재의 최소곡률반경이란 굽힘에서 금속을 극단적으로 약화시키지 않고 최대로 굴곡지게 하거나 굽히는 것을 말하며, 만약 곡률반경이 너무 적으면 응력과 변형이 금속을 약화시켜서 균열을 일으킨다.

최소 곡률반경은 항공기용 판금의 유형에 따라 구체적으로 명시되어 있다. 재료의 종류, 두께, 그리고 판재의 합금첨가물조건은 최소 곡률반경에 영향을 끼치는 요소다. 풀림판재는 곡률반경이 판재의 두께와 거의 같은 정도로 굽힐 수 있다. 스테인리스강과 2024-T3 알루미늄합금은 굽힐 때는 상당히 큰 곡률반경을 요구한다.

1) Bending a U-channel

그림 2-7과 같이, 판금 배치도를 만드는 과정을 이해하기 위해서 표본 U-채널의 배치도를 결정하기 위한 단계를 논의한다. 굽힘허용오차 계산법을 이용할 때 전체 전개되는 길이를 찾기 위한 다음의 단계는 공식, 도표, 또는 컴퓨터이용설계(ACD, computer-aided design)와 컴퓨터이용제조(CAM, computer-aided manufacturing) 소프트웨어 패키지로 계산한다. 이 채널은 0.040inch 2024-T3 알루미늄합금으로 제작되었다.

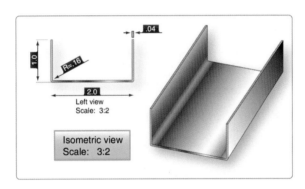

▲ 그림 2-7 U-채널

Step 1

정확한 곡률반경의 결정(Determine the Correct Bend Radius)

최소곡률반경도표는 제작사 정비 매뉴얼에서 찾는다. 너무 가파른 반지름은 굽힘공정 시에 재료를 균열시킨다. 도면은 일반적으로 사용하고자 하는 반지름을 나타내지만 이중점검이 필요하다. 배치도의 예에서 합금, 합금첨가물, 그리고 금속두께에 대한 정확한 곡률반경을 선정하기 위해 표 2-2의 최소반경도표를 이용한다. 0.040에서, 2024-T3 알루미늄 허용반경은 0.16inch 또는 5/32inch이다.

[표 2-2] 최소곡률반경(Minimum bend radius)

Thickness	5052-0 6061-0 5052-H32	7178-0 2024-0 5052-H34 6061-T4 7075-0	6061-T6	7075-T6	2024-T3 2024-T4	2024-T6
.012	.03	.03	.03	.03	.06	.06
.016	.03	.03	.03	.03	.09	.09
.020	.03	.03	.03	.12	.09	.09
.025	.03	.03	.06	.16	.12	.09
.032	.03	.03	.06	.19	.12	.12
.040	.06	.06	.09	.22	.16	.16
.050	.06	.06	.12	.25	.19	.19
.063	.06	.09	.16	.31	.22	.25
.071	.09	.12	.16	.38	.25	.31
.080	.09	.16	.19	.44	.31	.38
.090	.09	.19	.22	.50	.38	.44
.100	.12	.22	.25	.62	.44	.50
.125	.12	.25	.31	.88	.50	.62
.160	.16	.31	.44	1.25	.75	.75
.190	.19	.38	.56	1.38	1.00	1.00
.250	.31	.62	.75	2.00	1.25	1.25
.312	.44	1.25	1.38	2.50	1.50	1.50
.375	.44	1.38	1.50	2.50	1.88	1.88
Bend radius is designated to the inside of the bend. All dimensions are in inches.						

Step 2 Setback 찾기(Find the Setback)

표 2-3과 같이, Setback은 공식으로 계산할 수 있거나 또는 항공기 정비 매뉴얼, 또는 출처, 정비 및 복원성 서적(SMRs, source, maintenance, and recoverability books) Setback 도표에서 찾을 수 있다.

① Setback 계산용 공식 사용(Using a Formula to Calculate the Setback)

SB = Setback

K = K-factor(K is 1 for 90[°] bends)

R = inside radius of the bend

T = material thickness

이 예에서 모든 각도는 90°이기 때문에, Setback은 다음과 같이 계산된다.

Setback = $K(R + T) = 0.2[\text{inch}]$

<u>note</u> 90° 굴곡부에 대한 K=1이다. 90° 굴곡부가 아닌 경우에는 K−factor 도표를 이용한다.

② Setback을 찾기 위해 Setback 도표 사용(Using a Setback Chart to find the Setback)

Setback 도표는 계산할 필요가 없고 K−factor를 찾을 필요가 없기 때문에 Setback을 찾는 빠른 방법이며 열린 굴곡부와 닫힌 굴곡부에 유용하다. 몇 가지 소프트웨어 패키지와 온라인 계산기가 Setback을 계산하기 위해 사용된다. 표 2−3과 같이 프로그램을 CAD/CAM Program과 함께 사용한다.

- 반지름과 재료두께의 합으로 해당 눈금의 아래쪽에서 도표로 들어간다.
- 굽힘각까지 읽는다.
- 왼쪽에 해당 눈금에서 Setback을 찾는다.

Example 2

- 재료두께는 0.063inch이다.
- 굽힘각은 135°이다.
- $R+T = 0.183$inch

Solution 2

그래프의 아래쪽에서 0.183을 찾는다. 그것은 중간눈금에서 찾는다.

- 135°의 굽힘각까지 읽는다.
- 표 2−3에서 중간눈금에 있는 그래프의 왼쪽에서 Setback을 찾는다.

  SB=금형선에서 곡률선까지의 거리

  BA=선에서 곡률선

  BA=굽힘각

  R= 곡률반경

  T=두께

1. 두께와 반경의 합을 이용하여 해당눈금에서 차트의 아래쪽에 들어간다.
2. 굽힘각까지 읽는다.
3. 왼쪽에서 상응하는 눈금으로부터 Setback을 결정한다.

[표 2-3] 세트백 차트(Setback chart)

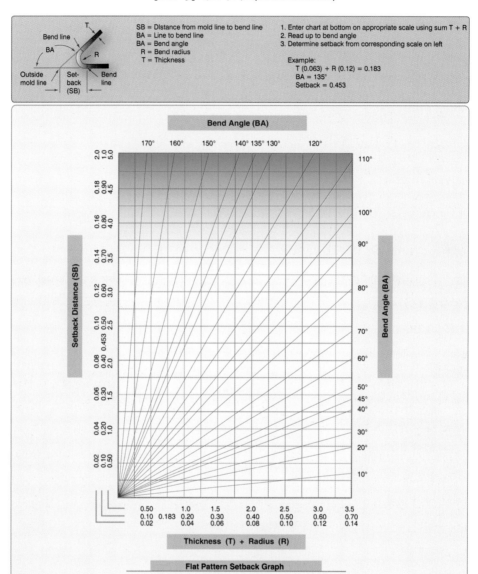

Step 3 · Find the Length of the Flat Line Dimension

Flat Line Dimension은 공식을 이용하여 구할 수 있다.

$$Flat = MLD - SB$$

MLD = mode line dimention

SB = Setback

U-channel의 Flats 또는 Flat portion은 각 측면에 대해 금형선 치수에서 Setback을 뺀 것과 같으며 Center Flat에 대해서는 금형선 길이에서 2개의 Setback을 뺀 것과 같다. 2개의 Setback은 이 Flat가 양쪽에서 구부러졌기 때문에 Center Flat로부터 공제한다.

Sample U-channel에 대한 Flat Dimension은 다음과 같은 방법으로 계산된다.

$$flat \text{ dimention} = MLD - SB$$

$$flat \ 1 = 1.00[inch] - 0.2[inch] = 0.8[inch]$$

$$flat \ 2 = 2.00[inch] - (2 \times 0.[inch]) = 1.68[inch]$$

$$flat \ 3 = 1.00[inch] - 0.2[inch] = 0.8[inch]$$

Step 4 Find the Bend Allowance

금속의 조각을 굽히거나 접을 때, 굽힘허용오차와 굽힘 시 요구되는 재료의 길이를 계산해야 한다. 굽힘허용오차는 다음 네 가지 요소, 즉 굴곡부의 정도, 곡률반경, 금속의 두께, 그리고 사용될 금속의 유형에 따라 결정된다.

곡률반경은 일반적으로 재료의 두께에 비례하며 곡률반경이 급격할수록 굽힘에 소요되는 필요한 재료가 더 적다. 재료의 유형도 중요하다. 만약 재료가 연하면 정밀하게 굽힐 수 있으나 단단한 재료는 굽히는 데 곡률반경이 더 커지고 굽힘허용오차도 더 커진다. 두께가 곡률반경에 영향을 미치는 데 반해 굽힘 정도는 금속의 전체길이에 영향을 미치게 된다.

금속의 조각을 굽히면 굴곡의 안쪽에 재료는 압축을 받게 되고 굴곡의 바깥쪽에 재료는 늘어나게 된다. 그렇지만 이 두 개의 양극단 사이 거리의 한곳에 어느 쪽 힘으로부터도 영향을 받지 않는 공간이 있다. 그림 2-8과 같이, 이것을 중립선 또는 중립축이라고 부르며 곡률반경의 내측에서 금속 두께$(0.445 \times T)$의 약 0.445배의 거리에 위치한다.

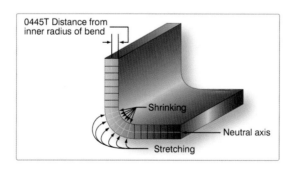

▲ 그림 2-8 굽힘 성형 시 중립선과 응력

굽힘을 위한 충분한 재료가 제공되도록 중립선의 길이를 결정해야 한다. 이것을 굽힘허용오차라고 부른다. 이 총량은 굽힘을 위한 적절한 재료를 보장하기 위하여 배치도 재단의 전체 길이에 더해져야 한다. 굽힘허용오차를 계산하는 시간을 절약하기 위하여 각종 각재, 곡률반경, 재료의 두께와 기타 요소에 대한 공식과 도표가 발전되었다.

Formula 1: Bend Allowance for a 90° Bend

곡률반경에 금속두께의 $1/2T$를 더한다. 이것이 $R+1/2T$이거나 또는, 중립축의 원에 반경이다. 그림 2-9와 같이, 중립 선$(R+1/2T)$의 곡률반경에 2π를 곱하면 원주가 계산된다. $\pi=3.1416$이다. $90°$의 굽힘은 $1/4$의 원이므로 원주를 4로 나누면 다음과 같다.

$$2\pi \left(R + \frac{1}{2}T\right) \qquad \frac{2\pi \left(R + \frac{1}{2}T\right)}{4}$$

이것은 $90°$ 굴곡부에 대한 굽힘허용오차다. 두께가 0.051inch인 재료에 대한 $1/4$inch의 반지름을 갖는 $90°$ 굴곡부에 대한 공식을 이용하기 위해, 다음과 같이 공식에서 대체한다.

$$\begin{aligned}
\text{Bend Allowance} &= \frac{2 \times 3.1416 \left(0.250 + \frac{1}{2} \times 0.051\right)}{4} \\
&= \frac{6.2832 \left(0.250 + 0.02555\right)}{4} \\
&= \frac{6.2832 \times 0.2755}{4} \\
&= 0.4327
\end{aligned}$$

굽힘허용오차 또는 굴곡부에 요구되는 재료의 길이는 0.4327 또는 $7/16$inch이다.

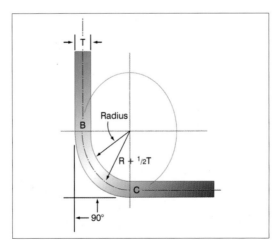

▲ 그림 2-9 90° 굽힘 시 굽힘허용

Formula 2: Bend Allowance for a 90° Bend

이 공식은 특정 적용에 대한 굽힘허용오차를 결정할 때 금속의 두께에 대한 굽힘각도와의 관계인 2개의 상수를 사용한다. 이 상수들은 다년간에 걸쳐 발전해 왔다. 금속의 실제 굽힘을 이용한 실험에 의해 1°에서부터 180°까지 어떤 각도의 굽힘도 다음 공식에서 정확한 허용값을 구할 수 있음을 알 수 있다.

$$\text{Bend Allowance} = (0.01743 \times R + 0.0078 \times T) \times N$$

R = 요구되는 곡률반경
T = 금속두께
N = 굴곡부 각도의 숫자

0.040inch 두께(Thick) 재료가 0.16inch의 반지름을 갖는 90° 굴곡부에 대한 이 공식을 이용하기 위해, 공식에서 다음과 같이 대체한다.

$$\text{Bend Allowance} = (0.01743 \times R + 0.0078 \times T) \times N$$
$$= (0.01743 \times 0.16 + 0.0078 \times 0.040) \times 90$$
$$= 0.27[\text{inch}]$$

① 90° 굽힘을 위한 굽힘허용오차 도표의 사용(Use of Bend Allowance Chart for a 90° Bend)

표 2-4와 같이, 곡률반경을 가장 윗줄에서 보여주고 금속두께는 왼쪽 세로칸에서 보여준다. 각각의 Cell에서 위쪽 숫자는 90° 각도에서의 굽힘허용오차이고, 각각의 Cell에서 아래쪽 숫자는 1°에 대한 굽힘허용오차다. 90° 굴곡부에 대한 굽힘허용오차를 구하기 위해 간단히 도표의 가장 윗줄 숫자를 이용한다.

Example 3

U-channel의 재료두께가 0.040inch이고 곡률반경은 0.16inch이다.

Solution 3

굽힘허용오차도표의 맨 위 칸을 가로로 읽는다. 0.156inch의 곡률반경에 대한 세로 칸을 찾는다. 바로 왼쪽에 세로 칸에서 0.040의 재료두께에 마주보고 있는 세로 칸에 블록을 찾는다. 칸에서 위쪽 숫자는 90° 굴곡부에 대한 정확한 굽힘허용오차인 0.273이다.

[표 2-4] 굽힘허용값

Metal Thickness	RADIUS OF BEND, IN INCHES													
	1/32 .031	1/16 .063	3/32 .094	1/8 .125	5/32 .156	3/16 .188	7/32 .219	1/4 .250	9/32 .281	5/16 .313	11/32 .344	3/8 .375	7/16 .438	1/2 .500
.020	.62 .000693	.113 .001251	.161 .001792	.210 .002333	.259 .002874	.309 .003433	.358 .003974	.406 .004515	.455 .005056	.505 .005614	.554 .006155	.603 .006695	.702 .007795	.799 .008877
.025	.066 .000736	.116 .001294	.165 .001835	.214 .002376	.263 .002917	.313 .003476	.362 .004017	.410 .004558	.459 .005098	.509 .005657	.558 .006198	.607 .006739	.705 .007838	.803 .008920
.028	.068 .000759	.119 .001318	.167 .001859	.216 .002400	.265 .002941	.315 .003499	.364 .004040	.412 .004581	.461 .005122	.511 .005680	.560 .006221	.609 .006762	.708 .007862	.805 .007862
.032	.071 .000787	.121 .001345	.170 .001886	.218 .002427	.267 .002968	.317 .003526	.366 .004067	.415 .004608	.463 .005149	.514 .005708	.562 .006249	.611 .006789	.710 .007889	.807 .008971
.038	.075 .00837	.126 .001396	.174 .001937	.223 .002478	.272 .003019	.322 .003577	.371 .004118	.419 .004659	.468 .005200	.518 .005758	.567 .006299	.616 .006840	.715 .007940	.812 .009021
.040	.077 .000853	.127 .001411	.176 .001952	.224 .002493	.273 .003034	.323 .003593	.372 .004134	.421 .004675	.469 .005215	.520 .005774	.568 .006315	.617 .006856	.716 .007955	.813 .009037
.051		.134 .001413	.183 .002034	.232 .002575	.280 .003116	.331 .003675	.379 .004215	.428 .004756	.477 .005297	.527 .005855	.576 .006397	.624 .006934	.723 .008037	.821 .009119
.064		.144 .001595	.192 .002136	.241 .002676	.290 .003218	.340 .003776	.389 .004317	.437 .004858	.486 .005399	.536 .005957	.585 .006498	.634 .007039	.732 .008138	.830 .009220
.072			.198 .002202	.247 .002743	.296 .003284	.346 .003842	.394 .004283	.443 .004924	.492 .005465	.542 .006023	.591 .006564	.639 .007105	.738 .008205	.836 .009287
.078			.202 .002249	.251 .002790	.300 .003331	.350 .003889	.399 .004430	.447 .004963	.496 .005512	.546 .006070	.595 .006611	.644 .007152	.745 .008252	.840 .009333
.081			.204 .002272	.253 .002813	.302 .003354	.352 .003912	.401 .004453	.449 .004969	.498 .005535	.548 .006094	.598 .006635	.646 .007176	.745 .008275	.842 .009357
.091			.212 .002350	.260 .002891	.209 .003432	.359 .003990	.408 .004531	.456 .005072	.505 .005613	.555 .006172	.604 .006713	.653 .007254	.752 .008353	.849 .009435
.094			.214 .002374	.262 .002914	.311 .003455	.361 .004014	.410 .004555	.459 .005096	.507 .005637	.558 .006195	.606 .006736	.655 .007277	.754 .008376	.851 .009458
.102				.268 .002977	.317 .003518	.367 .004076	.416 .004617	.464 .005158	.513 .005699	.563 .006257	.612 .006798	.661 .007339	.760 .008439	.857 .009521
.109				.273 .003031	.321 .003572	.372 .004131	.420 .004672	.469 .005213	.518 .005754	.568 .006312	.617 .006853	.665 .008394	.764 .008493	.862 .009575
.125				.284 .003156	.333 .003697	.383 .004256	.432 .004797	.480 .005338	.529 .005678	.579 .006437	.628 .006978	.677 .007519	.776 .008618	.873 .009700
.156					.355 .003939	.405 .004497	.453 .005038	.502 .005579	.551 .006120	.601 .006679	.650 .007220	.698 .007761	.797 .008860	.895 .009942
.188						.417 .004747	.476 .005288	.525 .005829	.573 .006370	.624 .006928	.672 .007469	.721 .008010	.820 .009109	.917 .010191
.250								.568 .006313	.617 .006853	.667 .007412	.716 .007953	.764 .008494	.863 .009593	.961 .010675

여러 가지의 굽힘허용오차 계산프로그램은 온라인으로도 이용할 수 있다. 재료두께, 반지름, 그리고 굴곡부의 각을 입력하면 컴퓨터 프로그램이 굽힘허용오차를 계산한다.

② 90° 이상을 위한 도표 사용(Use of Chart for other than a 90° Bend)

90°의 굴곡부가 아닐 경우에는 블록 안의 아래쪽 숫자, 즉 1°에 대한 굽힘허용오차를 이용하여 굽힘허용오차를 계산한다.

Example 4

그림 2-10에서 보여준 L-bracket은 2024-T3 알루미늄합금으로 제작되고 평면으로부터 60° 구

부러졌다. 그림에서 굽힘각이 120°로 나타나 있는 것에 주의한다. 이것은 2개의 플랜지 사이의 각도이고 평면에서의 굽힘각이 아니다. 정확한 굽힘각을 찾기 위해 다음의 공식을 이용한다.

$$Bend\ Angle = 180[°] - Angle\ between\ flanges$$

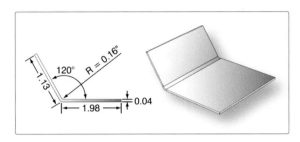

▲ 그림 2-10 90° 이상의 굽힘허용

Solution 4

실제 굴곡부는 60°이다. 재료 0.040inch Thick의 60° 굴곡부에 대한 정확한 곡률반경을 찾기 위해서 다음의 절차를 이용한다.

- 표(table)의 왼쪽으로 가서 0.040inch를 찾는다.
- 오른쪽으로 가서 0.16inch(0.156inch)의 곡률반경을 지정한다.
- 블록에서 아래쪽 숫자를 기록한다(0.003034).
- 굽힘각에 이 숫자를 곱한다(0.003034×60 = 0.18204).

Step 5 Find the Total Developed Width of the Material

전체 전개폭(TDW)은 Flat의 치수와 굽힘허용오차가 있을 때 계산할 수 있다. 다음의 공식은 전체 전개폭을 계산하기 위해 이용한다.

$$TDW = Flats + (Bend\ Allowance) \times Number\ of\ bands$$

U-channel 예에서

$$TDW = Flat\ 1 + Flat\ 2 + Flat\ 3 + (2 \times BA)$$
$$TDW = 0.8 + 1.6 + 0.8 + (2 \times 0.27)$$
$$TDW = 3.74[inch]$$

채널을 제작하기 위한 금속의 양은 채널표면의 치수보다 적다. 금형선 치수의 총합은 4inch이다. 이것은 금속이 금형선에서 금형선으로 이동하는 것이 아니라 곡률반경을 따르기 때문이다. 계산된 전체 전개폭이 전체 금형선 치수보다 더 적다는 것을 점검한다. 계산된 전체 전개폭이 금형선 치수보다 크다면 수학적 계산이 부정확한 것이다.

Step 6 **평면 재단 배치도(Flat Pattern Layout)**

그림 2-11과 같이, 모든 관련된 정보의 평면 재단 배치도가 만들어진 후 재료를 정확한 크기로 절단할 수 있다. 그리고 굴곡부 접선을 재료에 그릴 수 있다.

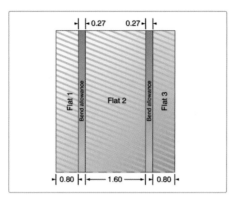

▲ 그림 2-11 평면 재단 배치도

Step 7 **평면재단에서 시선을 그림(Draw the Sight Lines on the Flat Pattern)**

그림 2-11에서의 재단은 굴곡부가 시작되어야 하는 지점에서 직접 굴곡부 접선을 배치시키는 것을 돕기 위해 그려야 하는 시선을 제외하고 완료되었다. 절곡기 돌출부 바 아래쪽에 놓인 굴곡부 접선으로부터 1개의 곡률반경거리만큼 떨어진 굽힘허용오차 지역 안쪽에 선을 그린다. 그림 2-12와 같이, 클램프 아래쪽 절곡기 안으로 금속을 놓고 시선이 반경막대(radius bar)의 가장자리 바로 아래에 올 때까지 금속의 위치를 조정한다. 금속에 절곡기를 물리고 굴곡부를 만들기 위해 자(Leaf)를 올린다. 굴곡부는 굴곡부 접선에서 정확하게 시작한다.

note 일반적인 실수는 절곡기 돌출부 바 아래쪽에 놓이는 굴곡부 접선으로부터 1개의 반지름 거리만큼 떨어진 곳이 아니라 굽힘허용오차 지역의 중간에 시선을 그리는 것이다.

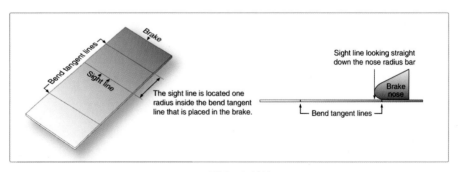

▲ 그림 2-12 시선

2) 전체 전개폭 계산을 위한 J-도표 이용(Using a J-chart to calculate Total Developed Width)

표 2-5와 같이, 구조수리 매뉴얼에서 찾아볼 수 있는 J-도표는 안쪽 곡률반경, 굽힘각 및 재료두께를 알고 있을 때, 굴곡부 공제 또는 Setback 그리고 평면재단 배치도의 전체 전개폭을 구하기 위해 사용할 수 있다. J-도표는 전통적인 배치기법만큼 정확하지 않지만 대부분 적용에 충분한 정보를 제공해 준다. J-도표는 필요한 정보를 수리도면에서 찾아볼 수 있거나 또는 간단한 측정공구로 측정할 수 있기 때문에 어려운 계산이 필요하지 않고 공식을 기억할 필요가 없다.

J-도표의 아래쪽 절반이 열림 각도(open angle)에 대한 것이고 위쪽 절반이 닫힘 각도(closed angle)임을 참조하여 찾아본다.

[표 2-5] J-도표

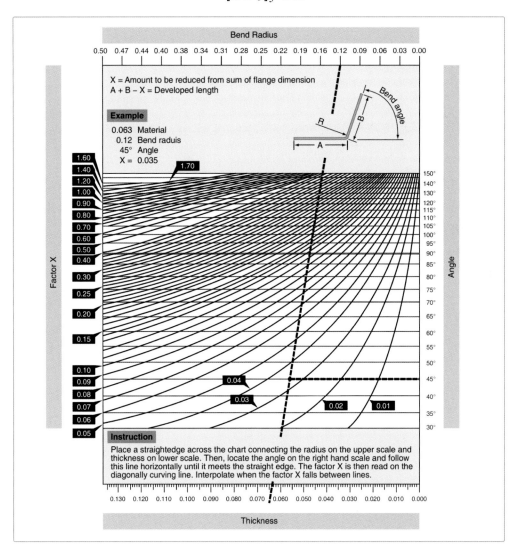

3) J-도표를 사용하여 전체 전개폭 찾기(How to find Total Developed Width using a J-chart)

① 표 2-5와 같이, 도표를 가로질러 직선 자를 놓는다. 그리고 하부눈금에 재료두께로 상부눈금에 곡률반경과 연결시킨다.

② 오른쪽 눈금에 각도를 정한다. 직선 자와 만날 때까지 수평으로 이 선을 따라간다.

③ Factor X, 즉 굴곡부 공제는 대각선으로 곡선에서 읽는다.

④ X Factor가 선 사이에서 떨어졌을 때 써 넣는다.

⑤ 전체 전개폭을 구하기 위해 금형선 치수를 더하고 X Factor를 빼준다.

Example 5

- 곡률반경 = 0.22inch
- 재료두께 = 0.063inch
- 굽힘각(bend angle) = 90°
- ML 1 = 2.00
- ML 2 = 2.00

Solution 6

그림 2-13과 같이, 밑바닥(0.063 inch)에서 재료두께로 그래프의 꼭대기에서 곡률반경 (0.22inch)을 연결하기 위해 직선 자를 사용한다. 오른쪽 눈금에 90° 각도를 정한다. 직선 자와 만날 때까지 수평으로 이 선을 따라간다. 왼쪽으로 곡선을 따라가서 0.17inch을 찾는다. 도면에서의 X Factor는 0.17inch다.

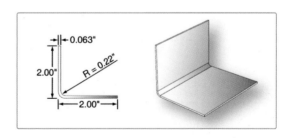

▲ 그림 2-13 J-도표 예 1

Total developed width = (Moldd line 1 + Mold line 2) − X factor

Total developed width = (2 + 2) − .17 = 3.83−inches

Example 6

- 곡률반경 = 0.25inch

- 재료두께 = 0.050inch
- 굽힘각 = 45°
- ML 1 = 2.00
- ML 2 = 2.00

Solution 6

그림 2-14는 135° 각도에서 그림이다. 이것은 2개의 변 사이에 각도다. 아래보기자세(flat position)로부터의 실제 굴곡부는 45°(180−135=45)다. 밑바닥(0.050inch)에 재료 두께로 그래프의 꼭대기에 곡률반경(0.25inch)을 연결하기 위해 직선 자를 사용한다. 오른쪽 눈금에 45° 각도를 정하고 직선 자와 만날 때까지 수평으로 이 선을 따라간다. 왼쪽으로 곡선을 따라가서 왼쪽에 0.035inch를 찾는다. 도면에서의 X Factor는 0.035inch다.

$$TDW = (\text{Model Line 1} + \text{Model Line 2}) - X\ \text{facter}$$
$$= (2 + 2) - 0.035$$
$$= 3.965[\text{inch}]$$

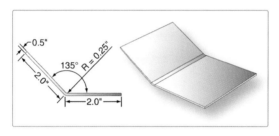

▲ 그림 2-14 J-도표 예 2

❹ 금속접기를 위한 판금 절곡기의 사용(Using a Sheet Metal Brake to Fold Metal)

▲ 그림 2-15 절곡기의 설치

그림 2-15와 같이, 핑거 절곡기와 코니스 절곡기 설치는 동일하다. 판금을 정확하게 굽히려면 재료의 두께와 합금첨가물과 부품의 필요 반지름에 따르기 때문에 판금 절곡기를 적절하게 설치해야 한다. 판금에서 다른 두께를 형성하는 것이 필요할 때나 부품을 성형하기 위해 다른 반지름이 필요할 때, 부품을 성형하기 위해 사용 전 판금 절곡기를 조정한다. 이 예에서는 0.032inch 두께 2024-T3 알루미늄합금으로 만든 L-channel을 구부린다.

Step 1 곡률반경의 조정(Adjustment of Bend Radius)

부품을 구부리기 위해 필요한 곡률반경은 부품 도면에서 찾아볼 수 있다. 그러나 도면에 언급이 없다면, 최소곡률반경 도표에 대한 구조수리 매뉴얼을 참고한다. 이 도표는 정상적으로 사용되는 금속 각각의 두께와 합금첨가물에 대한 가장 작은 반경허용량을 열거하였다. 이 반지름보다 더 급격하게 굽히면 부품의 온전성을 유지하기 어렵다. 굴곡부 지역에 남겨진 응력은 굽히는 동안 균열되지 않더라도 사용하는 동안 파손을 일으키는 원인이 된다.

그림 2-16과 같이, 판금 절곡기의 절곡기 요동막대(brake radius bar)는 다른 직경의 절곡기 요동막대로 교체할 수 있다. 예를 들어, 0.032inch 2024-T3 L-channel은 1/8inch의 반지름으로 구부려야 하고, 1/8inch 반지름을 가지고 있는 반경막대로 장착해야 한다. 그림 2-17과 같이, 서로 다른 절곡기 요동막대를 이용할 수 없고, 장착된 절곡기 요동막대가 부품에 필요한 것보다 적다면, 돌출부 반경 끼움쇠를 약간 굽히는 것이 필요하다.

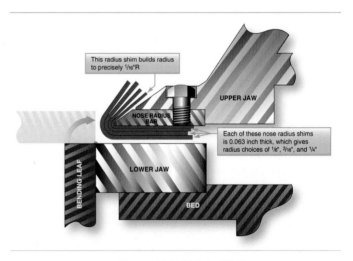

This radius shim builds radius to precisely 1/16"R

UPPER JAW

NOSE RADIUS BAR

Each of these nose radius shims is 0.063 inch thick, which gives radius choices of 1/8", 3/16", and 1/4"

BENDING LEAF

LOWER JAW

BED

▲ 그림 2-16 교체 가능한 절곡기 요동 막대

▲ 그림 2-17 돌출부 반경 끼움쇠

반지름이 너무 작아서 풀림 알루미늄을 균열시키는 경향이 있다면, 재료로 연강을 선택한다. 정밀하게 1/16inch 또는 1/8inch씩 반지름을 증가시키는 두께를 만들기 위해 폐기된 재료의 작은 조각으로 먼저 실험한다. 이 치수를 점검하기 위해서 반경과 필릿게이지를 사용한다. 그림 2-18과 같이, 이 지점부터 각각의 추가 끼움쇠를 이전의 반지름에 더한다.

　예를 들어, 원래의 돌출부가 1/16inch이고 0.063inch 재료(1/16inch)의 조각이 그 주위로 구부러졌다면, 새로운 외부반경은 1/8inch다. 또 다른 0.063inch 층(1/16inch)이 추가된다면, 새로운 외부반경은 3/16inch다. 0.063inch 재료(1/16inch) 대신 0.032inch(1/32inch)의 조각이 1/8inch 반지름으로 구부러졌다면 새 외부반경은 5/32inch다.

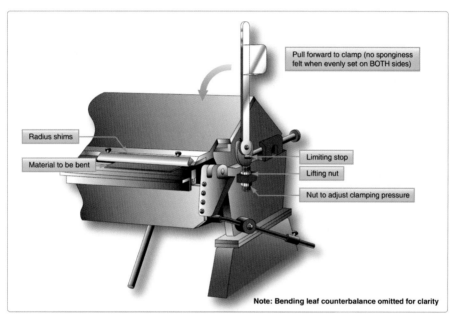

▲ 그림 2-18 반경 끼움쇠 장착 상태

Step 2 　**클램프 압력의 조정(Adjusting Clamping Pressure)**

　다음 단계는 고정압력 설정이다. 구부려지는 부품과 동일한 두께의 재료 조각을 절곡기 요동부분 아래로 밀어 넣는다. 압력을 시험하기 위해 작업자 방향으로 조임레버를 잡아당긴다. 이것은 오버센터 유형 클램프고 적절하게 설정되었을 때 완전히 조여진 위치로 당겼을 경우 튀어 오르게 되거나 또는 푹신푹신하지 않게 된다. 중심을 넘어 레버를 단단히 당겨야 하고 레버가 자체 제어스톱을 부딪칠 수 있게 해야 한다. 일부 절곡기에서는 절곡기의 양쪽에서 이와 같이 조정한다.

　그림 2-19와 같이, 테이블에 양쪽 끝에서 3inch 되는 곳과 바닥면과 클램프 사이 중심의 한 곳에 시험 조각을 놓는다. 굽힘 시에 가공물이 미끄러지는 것을 방지하기에 충분히 꽉 조일 때까지 클램프 압력을 조정한다. 고정압력은 고정압력 너트로 조정할 수 있다.

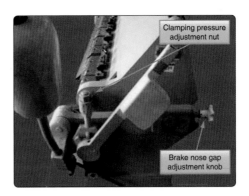

▲ 그림 2-19 클램프 압력 조절 너트의 압력 조절

Step 3 돌출부 틈새 조정(Adjusting the Nose Gap)

그림 2-19와 같이, 적절한 정렬을 이루도록 상부 jaw의 뒤쪽에서 커다란 절곡기 돌출부 틈새 조정 손잡이를 돌려 돌출부 틈새를 조정한다. 굽힘가늠자가 마무리된 굴곡부의 각도로 떠받쳐지고 굽힘가늠자와 돌출부반경 부분 사이에 하나의 재료두께가 있을 때 완벽하게 설정된다. 그림 2-20과 그림 2-21과 같이, 구부려지는 부품의 두께인 재료의 조각을 틈새게이지로 사용하면 정밀도를 높인다. 구부려지는 부품의 길이를 가로질러 균일하게 돌출부 틈새가 완벽한 것이 필수적이다. 그림 2-22와 같이, 절곡기의 양 끝단으로부터 3inch 위치의 바닥면과 절곡기 사이에 2개의 시험 조각을 조여서 점검한다. 그림 2-23과 같이 90°로 구부린다. 시험 조각을 제거하여 다른 쪽의 위쪽에 놓는다. 이때 서로 맞아야 한다. 그림 2-24와 같이 맞지 않을 경우 shaper bend back으로 끝단을 약간 조정한다.

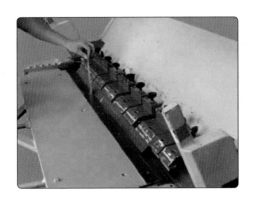

그림 2-20 돌출부 틈새 조정

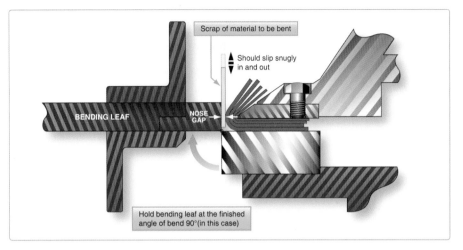

▲ 그림 2-21 돌출부 틈새 조정 도해

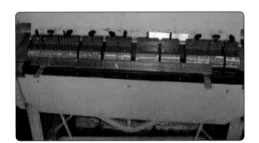

▲ 그림 2-22 3인치 바닥면과 절곡기 사이 2개의
　　시험 조각

▲ 그림 2-23 90° 굽힘과 절곡기 사이 2개의 시험
　　조각

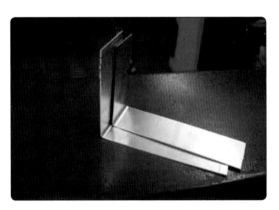

▲ 그림 2-24 시험 조각 비교

5 박스 접기(Folding a Box)

상자는 이전의 단락에서 설명한 U-channel과 같은 방법으로 성형할 수 있다. 판금부품이 교차하는 곡률반경을 갖고 있을 때 플랜지를 끼고 있는 재료에 여유를 주기 위해 재료를 제거할 필요가 있다. 이를 위해 굴곡부 접선 안쪽 교차지점에서 천공 또는 타인 홀을 만든다. 이것을 안전 홀이라 부르며 직경이 곡률반경에 약 2배이고 금속에서 응력을 줄이고 금속이 찢어지는 것을 방지한다. 안전 홀은 잉여 재료를 다듬을 수 있도록 잘 마무리된 모서리를 제공한다.

안전홀이 더욱 크고 더 매끄러울수록 균열이 모서리에서 더 적게 형성된다. 대개 안전홀의 반지름은 도면에서 지정된다. 핑거절곡기라고도 부르는 box and pan 절곡기는 상자를 구부리기 위해 사용한다. 박스의 서로 맞은편 양쪽이 먼저 구부려진다. 그 뒤 가늠자가 다른 2곳을 구부리기 위해 올려졌을 때 위로 접혀진 곳들이 핑거 사이에 균열에서 위로 올려지도록 절곡기의 핑거를 조정한다.

안전홀의 크기는 재료의 두께에 따라 달라진다. 알루미늄합금 판재의 원료 두께가 0.064inch까지는 안전홀의 직경이 적어도 1/8inch이도록 하고 두께가 0.072inch~0.128inch의 범위 내에서는 홀의 직경이 3/160inch이어야 한다. 안전홀의 직경을 결정하는 가장 보편적인 방법은 해당 치수에 대해 홀의 직경이 최소허용오차(1/8inch) 이상일 경우 곡률반경을 이용하는 것이다.

(1) 안전홀 위치(Relief Hole Location)

안전홀은 내측 굴곡부 접선의 교차점에서 접해야 한다. 굽힘 시 생길 수 있는 오차를 감안하여 내측 굴곡부 접선 뒤에 1/16inch에서 1/32inch를 뻗어 안전홀을 만든다. 안전홀을 위하여 선의 교차점을 중심으로 사용한다. 곡선의 안쪽에 있는 선은 내부 플랜지의 신장을 허용하는 안전홀을 향한 각도에서 잘린다.

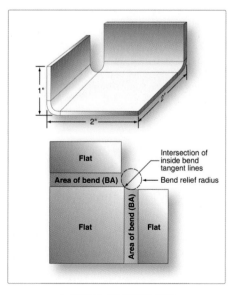

▲ 그림 2-25 안전홀 위치

그림 2-25와 같이, 안전홀의 위치 결정이 중요한다. 안전홀의 바깥둘레는 내측 굴곡부 접선의 교차점에서 만나도록 위치해야 한다. 이것은 어떠한 재료라도 다른 굴곡부의 굽힘허용오차 지역과 간섭하는 것을 방지한다. 만약 이와 같은 굽힘허용오차 부위가 서로 교차되면 굽힘이 진행되는 동안 모서리에 상당한 압축력이 있는 응력이 축적되어 부품에 균열을 유발한다.

(2) 배치도 방법(Layout Method)

전통적인 배치도 절차를 이용하여 기본적인 부품을 배열하여 평면의 폭과 굽힘허용오차를 결정한다. 배치도는 굽힘 경감 위치를 표시하는 내측 굴곡부 접선의 교차점이다. 교차된 선을 이등분하고 이 선에서 홀 반지름의 거리만큼 바깥쪽 방향으로 이동시킨 것이 홀의 중심이다. 이 지점에서 홀을 뚫고 모서리 재료의 나머지를 다듬는 것으로 마무리한다. 그림 2-26과 같이 트림아웃(Trim Out)은 종종 반지름에 접선이며 가장자리에 수직이다. 이것은 열린 모서리를 남긴다. 모서리가 닫혀야 하거나 약간 더 긴 플랜지가 필요할 경우 그에 맞게 다듬는다. 모서리에 용접해야 할 경우 모서리에서 플랜지가 접촉되도록 한다. 플랜지의 길이는 플랜지의 안쪽만이 접촉하도록 부품의 마무리된 길이보다 하나의 재료두께만큼 더 짧게 한다.

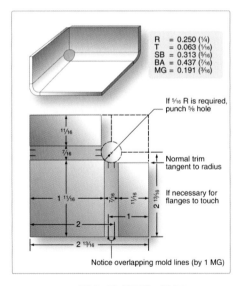

▲ 그림 2-26 안전홀 배치도

6 열림과 닫힘 굴곡부(Open and Closed Bends)

열림과 닫힘 굴곡부는 90° 이상 굴곡부보다 계산이 더 필요한 고유의 문제점이 존재한다. 다음의 45°와 135° 굴곡부의 예에서, 재료는 두께가 0.050inch이고 곡률반경은 3/16inch다.

1) Open End Bend(less than 90˚)

그림 2-27에서는 45˚ 굴곡부에 대한 예를 보여준다.

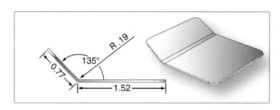

▲ 그림 2-27 열림 굴곡부

(1) K-chart에서 K-factor를 찾는다. 45˚에 대한 K-factor는 0.41421inch다.

(2) Setback을 계산한다.

$$SB = K(R + T)$$
$$= 0.41421(0.1875 + 0.050)$$
$$= 0.098[\text{inch}]$$

(3) 45˚에 대한 굽힘허용오차를 계산한다. 굽힘허용오차도표에서 1˚ 굴곡부에 대한 굽힘허용오차를 찾아서 이것에 45를 곱한다.

$$0.003675 \times 45 = 0.165[\text{inch}]$$

(4) Flat을 계산한다.

$$Flat = \text{Mold line dimention} - SB$$
$$Flat\ 1 = 0.77 - 0.098 = 0.672[\text{inch}]$$
$$Flat\ 2 = 1.52 - 0.098 = 1.422[\text{inch}]$$

(5) 전체 전개폭(TDW)을 계산한다.

$$TDW = \text{Flats} + \text{Bend allowance}$$
$$= 0.672 + 1.422 + 0.165$$
$$= 2.256[\text{inch}]$$

절곡기 기준선이 굴곡부 접선으로부터 1개의 반지름거리에 계속 위치하는지 관찰한다.

2) Closed End Bend(more than 90˚)

그림 2-28에서는 135˚ 굴곡부에 대한 예를 보여준다.

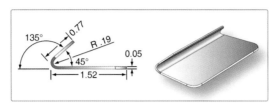

▲ 그림 2-28 닫힘 굴곡부

(1) K−chart에서 K−factor를 찾는다. 135°에 대한 K−factor는 2.4142inch이다.

(2) Setback을 계산한다.

$$SB = K(R + T)$$
$$= 2.4142(0.1875 + 0.050)$$
$$= 057[inch]$$

(3) 135°에 대한 굽힘허용오차를 계산한다. 굽힘허용오차 도표에서 1° 굴곡부에 대한 굽힘허용오차를 찾고 이것에 135를 곱한다.

$$0.003675 \times 135 = 0.496[inch]$$

(4) Flat을 계산한다.

$$Flat = Mold\ line\ dimention − SB$$
$$Flat\ 1 = 0.77 − 0.57 = 0.20[inch]$$
$$Flat\ 2 = 1.52 − 0.57 = 0.95[inch]$$

(5) 전체 전개폭(TDW)을 계산한다.

$$TDW = Flats + Bend\ allowance$$
$$= 0.20 + 0.95 + 0.496$$
$$= 1.65[inch]$$

닫힌(Closed) 굴곡부가 열린 끝(Open−end) 굴곡부보다 더 작은 전체 전개폭을 가지며 재료 길이도 따라서 조정하는 것이 필요하다.

7 수동성형(Hand Forming)

모든 수동성형은 금속의 신장과 수축공정에 초점을 둔다. 이전에 설명한 것과 같이, 수축이 면적을 감소시키기 위한 수단인 반면에 신장은 금속의 특정 지역을 늘이거나 또는 증가시키는 수단이다. 신장과 수축의 몇 가지 방법은 형성하는 부품의 크기, 모양, 그리고 외형에 따른다.

예를 들어, 만약 성형각재 또는 압출각재를 구부리려면, 부품이 맞도록 한쪽은 팽창하고 그 반대쪽은 수축한다. 찢기에서는 재료가 부풀게 하기 위해 벌지(bulge, 부푼 것)에서 늘어나고, 서로 맞물리기에서는 재료가 맞물림 사이에서 늘어난다. 무게줄임홀의 가장자리 재료는 홀 주위에 경사가 있고 보강되는 리지(ridge)를 형성하기 위해 늘어난다. 다음 설명은 이러한 기술의 일부다.

1) 직선굴곡부(Straight Line Bends)

코니스 절곡기와 바 절곡판은 일반적으로 직선 굴곡부를 만드는 데 사용한다. 그와 같은 기계를 사용할 수 없을 경우 상대적으로 짧은 섹션은 금속 굽힘블록 또는 목재 굽힘블록을 사용해서 손으로 구부릴 수 있다.

재료(blank)가 지면에 구획되고 크기에 맞추어 절단된 후, 바이스에 고정된 2개의 목재 성형블록 사이에 굽힘선을 따라 재료를 고정시킨다. 목재 성형블록은 굴곡부에 요구되는 반지름에 대해 필요한 만큼 둥글게 된 하나의 가장자리를 갖추어야 하고 스프링백을 고려하여 90°를 약간 넘어서까지 구부러져야 한다.

고무, 플라스틱, 또는 생가죽 나무망치로 굽힘블록 밖으로 돌출된 금속을 살살 때려서 필요 각도까지 구부린다. 한쪽 끝에서 두드리기 시작해서 완만하고 균일한 굴곡부를 만들기 위해 가장자리를 따라 앞뒤로 작업한다. 성형블록에서 튀어나온 금속이 필요 각도로 구부러질 때까지 이 과정을 지속한다. 위에서 설명한 바와 같이 물체의 탄력성 때문에 실제 필요 각도보다 좀 더 금속을 구동시켜야 한다. 만약 금속이 성형블록 밖으로 너무 많이 돌출되어 있으면 튀어 오르는 것을 방지하기 위해 튀어나온 판재에 손압력을 유지한다. 굴곡부에 대해 모서리를 따라 견목으로 된 직선블록을 고정시키고 그것을 나무망치나 해머로 세게 두드려 균일하게 만든다. 굽힘블록 밖으로 돌출된 금속의 양이 적으면 견목블록과 해머를 사용하여 전체를 구부릴 수 있다.

2) 성형 또는 압출 각재(Formed or Extruded Angles)

각재의 성형유형과 압출유형 모두 플랜지의 어느 쪽으로도 신장 또는 수축하여 급격하게 구부리지 않고 구부릴 수 있다. 공정은 V-블록과 나무망치만 필요하고 쉽게 작업되기 때문에 한쪽 플랜지를 신장하여 구부린다.

(1) V-블록으로 신장방법(Stretching with V-block Method)

그림 2-29와 같이, 신장방법에서, V-블록의 홈에 팽창시킬 플랜지를 놓는다. 플랜지를 수축시키려면 V-블록을 가로질러 플랜지를 놓는다. 둥근 연질보호막 나무망치를 사용하여 V 안쪽의 아래 방향으로 플랜지를 점차적으로 밀어 넣는 동안 가볍고 균일한 타격으로 V부분의 위에 직접적으로 두드린다.

해머로 쳤을 때 조각이 튀어 오르는 것을 방지하기 위해 단단히 잡는다. 지나친 타격은 금속을 휘게 하므로 V-블록을 가로질러 플랜지를 지속적으로 이동시킨다. 그러나 항상 V 바로 위에 지점을 가볍게 타격한다.

종이 또는 합판에 실물과 같은 크기로 정확한 모형을 만들어서 구부리는 모양의 정확성을 주기적으로 검사한다. 각재를 모형과 비교하여 곡률이 어떻게 진행되고 있는지와 어느 방향으로 구부리거나 덜 구부리는 것이 필요한지 결정한다. 어느 한 부분을 마무리하기 전에 의도하는 형태로 대략적으로 곡률의 형태를 만드는 것이 더 낫다. 각재를 마무리하거나 매끄럽게 하는 것이 각재의 다른 부분 중 어느 곳에서라도 형태를 변하게 할 수 있기 때문이다. 각재 조각의 어느 부분이라도 지나치게 구부려졌다면 V-블록에서 각재조각을 반대로 뒤집고 바닥의 플랜지를 위로 놓고, 나무망치로 가볍게 두드려 굽힘을 줄인다.

망치질이 지나칠 경우 금속을 가공경화하기 때문에 최소한의 망치질로 굽힘을 형성하도록 한다. 가공경화는 금속에서 휨반응의 결여 또는 탄력성으로 인지할 수 있다. 숙련된 작업자는 이를 쉽게 인지한다. 일부의 경우 곡선 작업 시 부품을 담금질할 수 있다. 이때 항공기에 장착하기 전에 부품을 다시 열처리한다.

▲ 그림 2-29 V-블록 성형

(2) V-블록의 신장과 신장블록방법(Shrinking with V-block and Shrinking Block Methods)

수축하여 압축각재 또는 성형각재 조각을 구부리는 것은 전에 논의된 V-블록 방법 또는 수축블록방법 중 어느 방법으로도 가능하다. 수축블록방법도 좋으나 일반적으로 V-블록이 더 빠르고 쉬우며 금속 재질에 영향을 덜 주는 반면 수축블록방법이 더 좋은 결과를 산출한다.

V-블록 방법에서, 각재 조각의 한쪽 플랜지를 V-블록 위에 편평하게 놓고 다른 플랜지를 위쪽 방향으로 한다. 해머로 칠 때 튀지 못하도록 각재 조각을 꼭 잡은 후, 상부플랜지의 가장자리를 돌려가면서 가볍게 친다. 각재조각을 앞쪽과 뒤쪽으로 움직이면서 한쪽 끝단에서 반대쪽 끝단까지 블록의 V-부분 바로 위쪽에서 골고루 해머로 쳐준다. 이와 같이 가볍게 쳐서 수직 플랜지가 옆쪽 방향으로 휘어지는 것을 방지한다.

원형으로 정밀도에 대한 만곡부를 검사한다. 급격하게 구부러졌다면, 성형각재의 단면이 서로 약간 가까워진다. 이와 같은 현상을 방지하기 위하여 작은 C-클램프를 사용하여 망치질된 플랜지로 위쪽을 향해 견목판자에 성형각재를 조인다. 클램프의 jaw는 마스킹테이프로 붙여 씌워야 한다. 각재가 서로 거의 닿을 정도라면 목재로 만든 망치로 가볍게 몇 번 치거나 작은 견목블록으로 도움을 받아 정확하게 맞는 각도로 플랜지를 다시 펴야 한다. 또 각재 조각의 어느 부분이 너무 구부러졌다면 앞선 단락의 신장 편의 설명과 같이 V-블록에서 각재를 되돌리고 알맞게 맞는 망치로 때려서 다시 펴야 한다. 적절히 구부린 후에 면이 부드러운 나무망치로 각재 전체를 잘 다듬어준다.

만약 성형각재에서 만곡부가 급격해야 하거나 각도의 플랜지가 폭이 상당히 넓은 것이면 대개 수축블록방법을 사용한다. 이 과정에서 만곡부의 안쪽을 성형하도록 플랜지를 주름잡는다.

주름을 만들 때, jaw가 서로 1/8inch 떨어지도록 압착플라이어(crimping plier)를 잡는다. 손목을 앞뒤로 회전시켜, 플라이어의 위쪽 jaw를 먼저 아래쪽 jaw의 한쪽에서 그다음에 다른 쪽에서 플랜지와 접촉하게 한다. 플라이어의 비틂운동(twisting motion)을 서서히 증가시켜, 플랜지 안으로 도드라진 부분을 작업하여 주름을 완성한다. 주름을 너무 크게 만들면 작업하기가 어렵다. 주름잡기의 크기는 주로 금속의 두께와 강도에 달려 있으나 일반적으로 1/4inch이면 충분하다. 수축블록의 jaw를 쉽게 부착할 수 있도록 필요로 하는 만곡부를 따라 각각의 주름 사이에 간격을 충분히 남겨 균등한 거리로 띄운 몇 개의 주름을 놓는다.

그림 2-30과 같이, 압착을 완료한 뒤 한 번에 한 개의 주름이 jaw 사이에 놓이도록 수축블록에 주름진 플랜지를 놓는다. 연질보호막 나무망치로 가벼운 타격을 가하는 동시에 주름잡기의 정점인 폐쇄끝단에서 시작하여 점차적으로 플랜지의 가장자리 쪽으로 작업하여 각각의 주름을 편평하게 한다.

성형공정 동안과 모든 주름잡기가 제거된 후에도 주기적으로 원형과 함께 각재의 만곡부를 점검한다. 만약 만곡부를 증가시키는 것이 필요하다면, 더 많은 주름을 추가하고 공정을 반복한다. 금속이 어느 하나의 지점에서 과도하게 가공경화되지 않도록 원래의 것 사이에 추가된 주름에 일정한 간격을 둔다. 만곡부를 어떤 지점에서 약간 증가시키거나 감소시킬 필요가 있으면 V-블록을 사용한다.

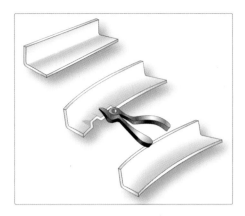

▲ 그림 2–30 각진 평면 주름 성형

만곡부가 완성되면 작은 쇠모루 또는 목재주형 위에 각재 조각을 편평하게 한다.

3) 테두리 각재(Flanged Angles)

다음에 설명하는 두 가지 테두리 각재에 대한 성형공정은 굴곡부가 더 짧기 때문에 서서히 구부러지지 않고 비좁은 지역 또는 집중지역에서 수축 또는 신장해야 하므로 이전에 설명된 각재보다 약간 더 복잡하다. 플랜지가 굴곡부의 안쪽을 향하고 있어야 할 경우 재료를 수축시킨다. 그것이 바깥쪽을 향하는 지점에 있다면 늘어나야 한다.

4) 수축(Shrinking)

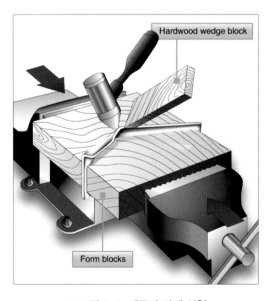

▲ 그림 2–31 테두리 각재 성형

수축시켜서 테두리 각재를 성형할 때, 그림 2-31과 유사한 목재성형블록을 사용하고 다음과 같이 진행한다.

(1) 성형 후 잘라낼 것을 고려하여 필요한 크기로 금속을 절삭한다. 90°로 구부리기 위하여 굽힘허용오차를 산정하고 성형블록의 가장자리를 둥글게 한다.

(2) 그림 2-31과 같이, 형상블록에 단계 (1)에서 준비한 금속을 죄고 블록 밖으로 나온 플랜지를 구부려준다. 굽힌 후 가볍게 블록을 두드린다. 이것은 굴곡부에서 설정공정을 유도한다.

(3) 그림 2-32와 같이, 연질보호막 수축나무망치를 사용하여 중심 부분 부근부터 때리기 시작하여 양쪽 끝단을 향하여 점차적으로 플랜지를 작업한다. 플랜지가 굴곡부에서 구부러지는 이유는 재료가 더 작은 공간을 차지하도록 만들어지기 때문이다. 재료를 1개의 큰 것으로 만드는 대신, 몇 개의 작은 굽음으로 나누어 작업한다. 가볍게 망치질하고 재료를 각각의 굽음에서 서서히 압착하면서 작업한다. 작은 견목 쐐기블록(wedge block)을 사용하면 굽음을 만드는 데 도움이 된다.

(4) 플랜지를 형상블록에 대하여 납작하게 만든 뒤 두드려서 편평하게 하고 작은 요철을 제거한다. 견목 형상블록이면 금속을 펴주는 해머(metal planishing hammer)를 사용한다. 금속 형상블록이면 연질보호막 나무망치를 사용한다. 여분의 재료를 잘라내고 줄질하고 윤을 낸다.

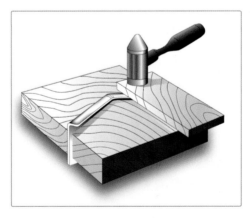

▲ 그림 2-32 수축 성형

5) 신장(Stretching)

신장하여 테두리 각재를 성형하기 위해 수축공정에서 사용했던 동일한 성형블록, 목재 쐐기블록과 나무망치를 사용하고 다음과 같이 진행한다.

(1) 잘라낼 것을 고려하여 필요한 크기로 재료를 절삭하고, 90° 굴곡부에서 굽힘허용오차를 결정하고 굴곡부의 필요 반지름과 같은 모양이 되도록 블록의 가장자리를 둥글게 한다.

(2) 그림 2-33과 같이 형상블록에 재료를 조인다.

(3) 연질보호막 신장 나무망치를 사용하여 끝단 근처에서 해머로 치기를 시작하고 균열과 쪼개지는 것을 방지하기 위해 평탄하게 서서히 플랜지를 가공한다. 이전의 절차에서 설명된 것과 같이 플랜지와 각재를 펴준다. 필요할 경우 가장자리를 다듬고 매끄럽게 한다.

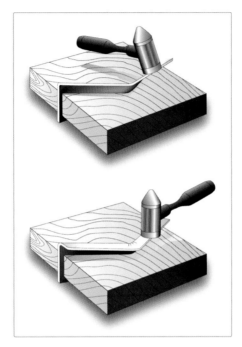

▲ 그림 2-33 테두리 각재 신장

6) 굴곡진 테두리 부품(Curved Flanged parts)

굴곡진 테두리 부품은 보통 오목플랜지인 내측 가장자리와 볼록플랜지인 외측 가장자리에서 수작업으로 성형된다.

오목플랜지는 수축시켜 성형하는 반면, 볼록플랜지는 신장시켜 성형한다. 그림 2-34와 같이, 볼록플랜지와 오목플랜지는 금속 성형블록 또는 견목블록의 도움으로 형체를 만든다. 블록은 한 쌍으로 만들고 성형되는 부위의 모양을 특정하여 설계된다. 또한 평각 굴곡부(straight angle bends)에 사용되는 것과 유사하게 한 쌍으로 만들고 같은 방식으로 확인한다. 블록은 성형하는 특정한 부품을 위해 구체적으로 만들어진 것으로 구별되고, 서로 정확하게 잘 맞으며 실제 치수와 마무리된 물품의 윤곽에 따른다.

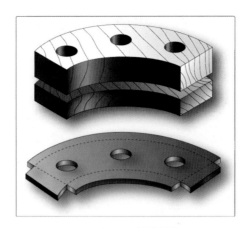

▲ 그림 2-34 성형 블록

　성형블록은 블록을 정렬하고 제자리에 금속을 고정하는 데 도움을 주는 소형 정렬핀을 갖추게 되거나 C-클램프 또는 바이스로 함께 잡아준다. 홀이 반제품의 강도에 영향을 주지 않는다면 형상블록과 금속을 관통하여 천공하여 볼트와 함께 잡아준다. 성형블록의 가장자리는 부품에서 굴곡부의 정확한 반지름을 주기 위해 둥글게 되고 금속의 스프링백을 고려하여 약 5° 정도 하부를 잘라버린다. 이와 같이 밑에서 쳐올리기는 금속이 단단하거나 굴곡부가 정확해야 할 경우 특히 중요하다.

　노스 리브(nose rib)는 압착에 의한 신장과 수축 모두를 포함하기 때문에 굴곡진 플랜지를 성형하는 좋은 예다. 일반적으로 오목플랜지, 내측 가장자리, 그리고 볼록플랜지, 외측가장자리를 갖고 있다. 다음 그림들은 대표적인 성형의 여러 가지 유형이다. 그림 2-35와 같이 플레인 노스 리브(Plain nose rib)에서는 큰 볼록플랜지가 1개만 사용한다. 부품 주위의 둘레가 길고 성형에서 굽음이 있을 가능성으로 인해 성형하는 것이 조금 어렵다. 플랜지와 리브의 비드모양(조각을 경화시키기 위해 사용된 판금에 융기된 ridge-용마루)으로 된 부분은 사용하기 좋은 유형으로 만들 수 있게 강도가 충분하다.

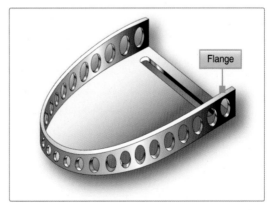

▲ 그림 2-35 플레인 노스 리브

그림 2-36에서 오목플랜지는 성형하는 것이 어렵지만, 외측플랜지는 안전홀에 의해서 작은 섹션으로 해체된다. 그림 2-37에서 강도를 부품에 제공하는 동안에, 주름은 재료를 받아들이고 굴곡을 만들기 위해 동일한 간격으로 놓인다.

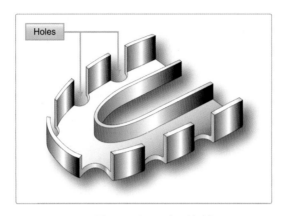

▲ 그림 2-36 노스 리브 안전홀

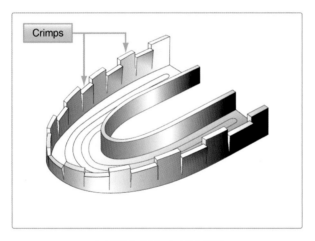

▲ 그림 2-37 노스 리브 주름

그림 2-38에서 노스 리브는 안전홀에 압착하는 것, 비드모양으로 되는 것, 덧붙이는 것과 각각의 끝단에 리벳을 박은 성형각재를 사용하는 것으로 성형한다. 비드와 성형각재는 부품에 강도를 준다. 그림 2-39와 그림 2-40에서 곡선플랜지를 성형하는 기본 단계는 다음과 같다.

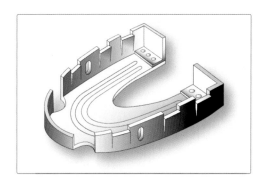

▲ 그림 2-38 노스 리브 조합 성형

① 깎아 다듬기에 대해 재료를 1/4inch 크게 고려해서 필요한 크기로 재료를 절단하고 맞춤핀이 들어갈 수 있도록 홀을 뚫는다.

② 모든 깔쭉깔쭉하게 깎은 자리, 즉 고르지 못한 가장자리를 제거한다. 이것은 성형공정 시에 가장자리에서 재료 균열의 가능성을 감소시킨다.

③ 맞춤핀에 대해 홀의 위치를 정하고 천공한다.

④ 성형블록 사이에 재료를 넣고 바이스로 클램프 블록을 꼭 조여 주어 재료가 움직이거나 흔들리지 못하도록 한다. 금속이 미끄러지거나 형상블록에 빠지는 것을 방지하기 위하여 해머로 때릴 특정 부위의 가장 가까운 곳을 바이스에 물린다.

(1) 오목표면(Concave Surfaces)

그림 2-39와 같이, 먼저 오목곡선으로 플랜지를 구부리면 플랜지가 팽창될 때 균열이나 갈라짐을 방지한다. 균열이나 갈라짐이 발생하면 새로운 플랜지를 만들어야 한다. 부드럽고 약간 둥그런 표면의 생가죽 나무망치 또는 목재쐐기블록을 사용하고 오목굴곡부가 시작되

▲ 그림 2-39 오목 플랜지 성형

는 곳으로부터 멀리 떨어진 양끝부터 해머로 때리기 시작해서 굴곡부의 중심부 쪽으로 나아가면서 때려준다. 이 과정은 부품 끝의 일부 금속이 필요한 곳에서 만곡부의 중심으로 작업하게 한다. 플랜지가 완전히 구부러질 때까지 계속하여 형상블록과 같이 평평하게 만들어 준다. 플랜지가 성형된 후 여분의 재료를 잘라내고 정밀도에 대해 부품을 점검한다.

(2) 볼록표면(Convex Surfaces)

그림 2-40과 같이 볼록표면은 형상블록 위에서 재료를 수축하여 성형된다. 목재 또는 플라스틱 수축나무망치와 뒷받침 또는 쐐기블록을 사용하여 만곡부의 중심에서 시작한 뒤 양끝단 방향으로 진행한다.

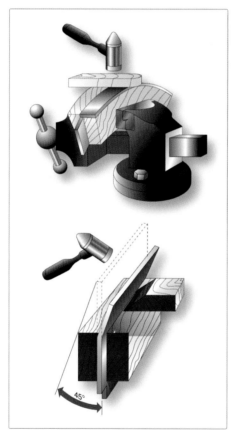

▲ 그림 2-40 볼록 플랜지 성형

45° 정도의 각도에서 빗나간 타격으로 형상블록의 반지름에서 멀리 부품을 끌어당기려 하는 동작으로 금속을 때리면서 형상 위에 내려놓은 플랜지를 해머로 친다. 반지름 굴곡부 주

위의 금속은 팽창시키고 쐐기블록 위쪽을 점차적으로 해머로 때려서 굽음을 제거한다. 형상 블록에 플랜지의 가장자리가 거의 수직을 유지하도록 뒷받침 블록을 사용한다. 뒷받침 블록 은 굽음, 파열 및 균열의 발생가능성을 경감시킨다. 최종적으로 여분의 플랜지를 깎아내고 깔쭉깔쭉하게 깎은 자리를 없애고 모서리를 둥글게 하고 부품이 정확하게 만들어졌는가를 검사한다.

7) 찍기 성형(Forming by Bumping)

이전에 설명한 것과 같이 찍기는 판금을 찍어서 모양을 만들고 부풀게 하여 신장한다. 그림 2–41 과 같이, 찍기는 형상블록 또는 암형틀에서, 혹은 모래주머니에서 할 수 있다.

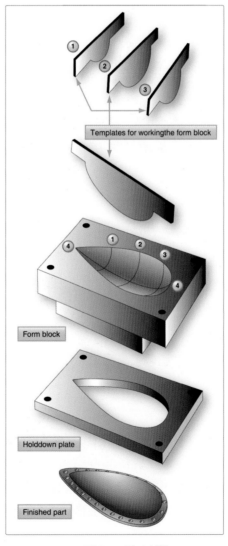

▲ 그림 2–41 찍기 성형

이 중에서 어느 방법이라도 단 한 가지 형상이 필요하다. 목재블록, 납형틀 또는 모래주머니이다. Blister 또는 유선형 덧판은 형상블록이나 찢기의 형틀방법으로 만들어진 부품의 예다. 날개 필릿은 모래주머니에서 찢기로서 성형되는 부품의 예다.

(1) 성형블록 또는 형틀(Form Block or Die)

형상블록 찢기를 위해 설계된 납형틀 또는 목재블록은 blister의 외형과 동일한 윤곽과 치수를 가져야 하며 금속을 묶을 수 있게 충분한 베어링 면과 찢는 무게를 제공하기 위하여 필요한 형상보다 모든 치수가 적어도 1inch는 커야 한다.

형상블록을 만들기 위하여 다음의 절차를 따른다.

① 톱, 정, 둥근 정, 줄, 그리고 강판과 같은 공구로 움푹하게 파낸다.

② 사포로 블록을 부드럽게 마무리 손질한다. 형상의 안쪽은 가능하면 매끄러워야 한다. 마무리 손질이 안 된 작은 결함이 마무리 과정에서 나타나기 때문이다.

③ 그림 2-41과 같이, 형상을 정밀하게 점검할 수 있도록 단면의 재단으로 된 형판을 준비한다.

④ 지점 1, 2, 그리고 3에서 형상의 윤곽을 만든다.

⑤ 나머지 윤곽을 형판으로 만들도록 형판 확인지점 사이에 있는 부위의 형태를 만들어 준다. 형상블록을 만들 때 정확도가 더 높을수록 매끄러운 마무리된 부품을 제작하는 데 시간을 덜 소모한다.

형상을 준비하고 점검한 후 다음과 같이 찢기를 한다.

① 도면을 그릴 수 있게 실사이즈보다 1/2inch 내지 1inch 정도 더 크게 금속을 절단한다.

② 블록과 알루미늄에 한 번 경유(light oil)를 엷게 칠하여 긁히거나 거친 얼룩과 같이 벗겨지는 것을 방지한다.

③ 블록과 강판 사이에 재료를 죄고 이전에 언급된 바와 같이 단단히 지지되도록 하되 형상 안쪽으로 조금 미끄러질 수 있게 한다.

④ 작업대 바이스에 찢기 블록을 조인다. 부드러운 표면으로 된 고무망치를 사용하거나 적절한 나무망치와 견목 구동블록(drive block)으로 형상의 가장자리 가까이에서 찢기를 시작한다.

⑤ 재료의 가장자리로부터 점차 아래쪽으로 내려가도록 나무망치로 가볍게 쳐준다. 찢는 목적은 재료를 강한 타격으로 밀어 넣는 것이 아니라 신장시켜 모양을 만드는 것이다. 항상 형상 가장자리 근처에서 찢기를 시작하고 blister의 중심부 주변에서는 시작하지 않는다.

⑥ 형상에서 가공물을 제거하기 전에 단풍나무 블록 또는 신장나무망치의 둥근 끝단으로 문질러서 가능한 매끄럽게 한다.

⑦ 찧기 블록으로부터 blister를 제거하고 필요한 크기로 깎아 다듬는다.

(2) 모래주머니 찧기(Sandbag Bumping)

그림 2-42와 같이, 모래주머니 찧기는 작업을 유도하는 정확한 형상블록이 없기 때문에 판금의 수동성형에서 가장 어려운 방법 중 한 가지다. 이런 유형은 성형 중에 금속의 망치질된 부분의 모양을 얻기 위하여 모래주머니 안으로 함몰이 만들어져야 한다. 함몰과 움푹한 곳은 해머로 때릴 때 이동(Shift-위치가 변경되는 상태)하기 때문에 찧기 과정 내내 주기적으로 재조정이 필요하다. 이동의 정도는 성형할 조각의 모양과 형태에 따라, 또 금속을 수축, 팽창, 또는 끌어당기도록 빗나가게 때려야 하는지 여부에 따라 다르다. 이러한 방법으로 성형 시에 작업 유도장치 역할을 할 수 있고 마무리된 부품의 정확도를 보장할 수 있는 밑본판(contour template)이나 패턴을 준비한다. 일반적인 크래프트지(Kraft)나 유사한 종이와 같은 것으로 복사할 수 있게 부품 위에 접어서 모형을 만든다. 잘 맞게 늘어나야 하는 지점에서 종이커버를 자르고 노출된 부분을 덮기 위해서 마스킹테이프로 추가 종이 조각을 붙인다. 부품을 완전히 싼 후 실제 크기와 같이 잘라내어 모형을 만든다.

▲ 그림 2-42 모래주머니 찧기

패턴을 열고 금속에서 부품을 형성하는 곳에 펼친다. 패턴이 편평하게 펼쳐지지 않아도 절삭할 금속의 대략적인 형태를 알 수 있다. 덧붙인 섹션(pieced-in section)은 금속을 신장시켜야 하는 곳을 나타낸다. 재료 위에 본을 놓고 부품과 신장시킬 부분의 외곽선을 펠트팁펜으로 그려준다. 재료를 절단할 때, 적어도 1inch 더 크게 잘라야 한다. 모형 속으로 금속을 찧고 난 뒤 여분을 잘라낸다.

형성하는 부품이 방사형으로 대칭이 되었다면 불균형하게 팽창되는 부분을 지시해 주는 간단한 밑본판을 작업 유도장치로 사용하여 쉽게 모형을 만들 수 있다. 모래주머니 위에서 판금 부품을 찧는 절차는 윤곽이나 형태에 관계없이 어느 부분에도 적용시킬 수 있는 기초적인 규칙을 따른다. 절차는 다음과 같다.

① 작업 진행을 유도하고 부품을 정밀하게 마무리하기 위해 밑본판을 배치하고 절단한다. 이것은 판금, 중간이나 두꺼운 판지 또는 얇은 합판으로 만들 수 있다.

② 필요한 금속의 양을 결정하고 설계한 후 적어도 1/2inch의 여유를 두고 잘라낸다.

③ 큰 힘을 지탱할 수 있는 견고한 지반 위에 모래주머니를 놓고 부드러운 나무망치로 주머니에 구덩이(pit)를 만든다. 성형 작업을 위해 구덩이가 가져야 하는 정확한 반경을 결정하기 위하여 부품을 분석한다. 망치질로 구덩이의 모양을 바꾸고 그에 맞추어 조정한다.

④ 판금부품에 요구되는 윤곽보다 약간 작은 윤곽을 갖고 부드럽고 둥근 면을 가진 나무망치 또는 종 모양의 나무망치를 선택하여 왼손으로 금속의 한끝을 잡고 모래주머니의 구덩이 가장자리에서 근처에 찧을 부분을 놓는다. 금속을 비스듬히 가볍게 쳐준다.

⑤ 원하는 형태가 만들어질 때까지 중앙 쪽을 향해서 찧고, 금속을 선회시키고 점차 안쪽방향으로 작업하는 것을 지속한다.

⑥ 찧기 공정 동안 형태의 정밀도를 위해 형판을 적용하여 부품을 점검한다. 만약 모양이 찌그러졌으면 더 이상 커지기 전에 수정한다.

⑦ 적당한 작은 쇠모루와 플래니싱 해머(planishing hammer, 금속을 편평하게 펴주는 해머) 또는 손받침판과 플래니싱 해머로 작은 움푹 팬 곳과 해머자국을 없애준다.

⑧ 최종적으로 찧기가 완료된 후, 목적물의 바깥쪽 주위를 분할기로 표시한다. 가장자리를 깎아내고 부드럽게 될 때까지 줄질한다. 부품을 닦고 윤기를 낸다.

8 맞물림(Joggling)

흔히 성형구와 스트링거의 교차점에서 볼 수 있는 맞물림은 판재 또는 다른 연결부품(mating part)의 여유 공간을 두기 위한 부분에 형성된 맞비김(offset)이다. 맞물림을 이용하면 접합부 또는 스플라이스의 매끄러운 표면을 유지한다. 맞비김의 양은 일반적으로 적다. 따라서 맞물림의 깊이는 일반적으로 0.001inch로 특정된다. 여유공간을 가져야 하는 재료의 두께가 맞물림의 깊이를 결정하는 요소가 되며 일반적으로 맞물림의 길이를 필요한 것보다 1/16inch 더 길게 잡아서 맞물리고 겹쳐진 부분의 사이가 잘 맞도록 추가적으로 여유를 준다. 맞물림의 2개의 굴곡부 사이에 거리를 허용오차(allowance)라고 부른다. 이 치수는 보통 도면에 있다. 그러나 허용오차를 찾는 실용적인 방법은 판재에서 변위의 두께에 4배이다. 90° 각도에 대해서, 맞물릴 때 반지름에 응력이 조성되기 때문에 약간 더 있어야 한다. 사출성형에서 허용오차는 재료 두께의 12배가 될 수 있기 때문에 도면을 따르는 것이 중요하다.

맞물림을 성형하는 여러 가지 방법이 있다. 예를 들어, 맞물림을 직선플랜지 또는 금속의 Flat Piece에 만든다면 코니스 절곡기에서 성형할 수 있다. 맞물림을 성형하기 위해서 다음 절차를 이용한다.

① 판재에서 굴곡부가 이루어지는 곳에 맞물림의 경계선을 배치한다.

② 절곡기에 금속을 삽입하고 약 20~30° 위쪽으로 금속을 구부린다.

③ 절곡기를 풀어주고 부품을 꺼낸다.

④ 부품을 뒤집고 절곡기 안의 두 번째 굽힘선에서 쥔다.

⑤ 맞물림의 정확한 높이를 구할 때까지 부품을 위로 구부린다.

⑥ 절곡기에서 부품을 제거하고 정확한 치수와 여유 공간에 대해 맞물림을 점검한다.

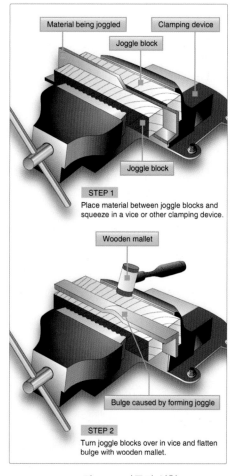

▲ 그림 2-43 맞물림 성형

그림 2-43과 같이, 굴곡진 부분 또는 곡선플랜지에서 맞물림이 요구될 때 견목, 강재, 또는 알루미늄합금으로 만들어진 성형블록이나 형틀을 사용할 수 있다. 성형절차는 2개의 맞물림 블록 사이에 맞물릴 부품을 놓고 바이스 또는 다른 적절한 체결장치 안에서 블록을 압착하는 것이다. 맞물림이 성형된 후 맞물림블록은 바이스에서 방향을 바꾼다. 그리고 반대쪽 플랜지의 튀어나온 곳은 목재 나무망치 또는 생가죽나무망치로 평평하게 고른다.

형틀을 몇 번 정도만 사용할 경우 작업하기 쉬운 견목으로 만든다. 비슷한 맞물림을 많이 만들려면 강재 또는 알루미늄합금 형틀을 사용한다. 알루미늄합금 형틀은 강재보다 제작하기가 쉽고 강재만큼 닳지 않고 오래가기 때문에 선호된다. 이 형틀은 긁힘 없이 알루미늄합금(부분)의 성형할 수 있게 충분히 부드럽고 탄력이 있으며, 새김눈(nicks)과 긁은 자국(scraches)이 표면에서 쉽게 제거된다.

그림 2-44와 같이 맞물림 형틀을 처음 사용할 때 이미 제작된 부품이 파손되지 않도록 못 쓰는 재료로 형틀의 정확도를 시험한다. 가공물이 훼손되지 않도록 먼지(dirt), 줄밥 및 유사한 것이 없게 블록 표면을 유지한다.

▲ 그림 2-44 맞물림 형틀 예

⑨ 무게줄임홀(Lightening Holes)

무게줄임홀은 무게를 감소시키기 위해 리브섹션, 동체 뼈대, 그리고 기타 구조 부분에서 만든다. 재료의 제거로 인한 부재의 약화를 방지하기 위하여 재료가 제거되는 곳에 부위를 강화시키는 홀 주위에서 플랜지를 압착시킨다.

인가되지 않는 한 어떠한 구조부분에서도 무게줄임홀을 절단해서는 안 된다. 홀 둘레에 형성된 플랜지의 폭과 무게줄임홀의 크기는 설계 규격서에 의해서 결정된다. 명세서에서 부품의 무게를 줄이되 필요한 강도는 유지하기 위해 안전 한계를 고려한다. 무게줄임홀은 원통톱, 펀치, 또는 플라이커터(fly cutter)로 절삭한다. 가장자리는 균열 또는 찢어짐을 방지하기 위해 매끄럽게 줄질을 해준다.

(1) 무게줄임홀 테두리가공(Flanging Lightening Holes)

테두리 가공형틀이나 견목 또는 금속 형상블록을 사용하여 플랜지를 성형한다. 플랜지 가공형틀은 2개의 정합부분인 암형틀과 수형틀로 구성된다. 연질금속의 플랜지가공에서 형틀은 단풍나무와 같은 견목으로도 만든다. 경금속이나 좀 더 영구적으로 사용할 경우 강재로 만든다. 파일럿 유도장치는 테두리를 붙이는 홀과 같은 크기여야 하고 숄더(Shoulder)는 필요한 플랜지와 같은 각도와 폭이어야 한다.

그림 2-45와 같이 무게줄임홀의 플랜지 가공 시에, 암형틀과 수형틀 사이에 재료를 놓고 바이스나 소형 수동식 압착기인 나무압착기에서 두 형틀을 함께 해머로 치거나 압착하여 성형한다. 형틀은 경기계유(light machine oil)를 바르면 부드럽게 작동한다.

▲ 그림 2-45 무게줄임홀 다이 세트

2-4 스테인리스강 작업(Working Stainless Steel)

내식강판(CRES)은 고강도가 요구될 때 항공기의 일부 부품에 사용한다. 내식강은 마그네슘, 알루미늄, 또는 카드뮴과 접촉되었을 때 금속에 부식을 일으키는 원인이 된다. 마그네슘과 알루미늄으로부터 내식강을 격리시키기 위해 결합되는 표면 사이에 보호막을 제공하는 마감도장을 도포한다. 굴곡지역에서 재료의 균열을 방지하기 위해 권고된 최소곡률반경보다 더 큰 곡률반경을 사용한다.

스테인리스강을 작업할 때 금속이 지나치게 긁히거나 홈이 생기지 않는지 확인하고 전단가공, 타인, 또는 천공할 때 특히 주의한다. 스테인리스강을 펀치 또는 전단하는 데는 연강보다 약 2배의 힘이 필요하다. 전단기나 펀치와 형틀을 아주 가깝게 조절한다. 간격이 지나치게 클 경우 형틀의 가장자리 위쪽으로 금속을 끌어당기도록 허용하게 되고 가공경화의 원인이 되어 기계에 과도한 부담을 준다. 스테인리스강의 천공 시에 135°의 각도를 가진 고속도강(HSS) 드릴을 사용한다. 드릴 속도는 연강을 천공하는 데 필요한 속도의 ½로 유지하되 750rpm을 초과하지 않는다. 뚫리는 것이 항상 일정하게 되도록 드릴에 균일한 압력을 유지한다. 드릴 비트가 드릴 끝에서 금속을 밀어내는 것

없이 원료를 통해서 완전히 절삭하기에 충분히 단단한 주철과 같은 뒷받침판에서 재료를 천공한다. 동력으로 드릴을 돌리기 전에 드릴을 일치점에 고정시키고 전원이 켜져서 드릴이 돌아가기 시작할 때 힘을 주어야 한다.

2-5 Inconel® Alloys 625 and 718작업(Working Inconel® Alloys 625 and 718)

Inconel®은 대표적으로 고온 적용에 사용되는 니켈-크롬-철 초내열 합금족(a family of nickel-chromium-rion super alloys)으로 언급된다. 내식성과 고온에서 강하게 견디는 성질이 있어 항공기 동력장치 구조에서 Inconel® 합금을 자주 사용한다. Inconel® 합금 625와 718은 강재와 스테인리스강용으로 사용되는 표준 절차에 따라 냉간성형을 할 수 있다.

Inconel® 합금에 일반적인 천공을 하면 드릴 비트가 부러질 수 있고 드릴 비트가 금속을 통해 들어갈 때 홀의 가장자리를 손상시키는 원인이 된다. 수동드릴이 Inconel® 합금 625와 718을 천공하기 위해 사용되면, 135° 코발트 드릴 비트를 선정한다. 수동드릴을 할 때 드릴에 강렬하게 누르되 깎아낸 칩들의 속도를 일정하게 유지시킨다. 예를 들어 No.30 홀로 드릴을 약 50pound의 힘으로 눌러준다. 표 2-6과 같이 최대 드릴 RPM을 사용한다. 수동 천공에는 절삭제가 필요하지 않다.

다음의 천공 절차를 따르는 것을 권고한다.

(1) 사전 조립하기 전에 분해된 수리 부속품에 전력공급장비로 파일럿홀(pilot hole)을 천공한다.

(2) 수리할 부속품을 사전조립하고 일치된 구조물에서 파일럿홀을 천공한다.

(3) 파일럿홀을 완전한 홀 치수로 넓힌다.

Inconel®을 천공할 때 자동공급-유형 천공장비를 선택한다.

[표 2-6] 인코넬 드릴작업 시 드릴 사이즈와 속도

Drill Size	Maximum RPM
80-30	500
29-U	300
3/8	150

2-6 마그네슘 작업(Working Magnesium)

Warning 마그네슘 입자는 발화원에서 멀리 떨어지도록 한다. 마그네슘의 작은 입자는 매우 쉽게 타버린다. 충분히 농축된 작은 입자는 폭발의 원인이 될 수 있다. 물이 용해된 마그네슘에 접촉되면 증기폭발이 발생할 수 있다. 건성 활석, 탄산칼슘, 모래, 또는 흑연으로 마그네슘 불을 끈다. 타고 있는 금속에 1/2inch 이상의 깊이로 분말을 덮어준다. 거품제재, 물, 사염화탄소, 또는 이산화탄소를 사용하지 않는다. 마그네슘합금은 메틸알코올에 접촉시켜선 안 된다.

마그네슘은 세상에서 가장 가벼운 구조상 금속이다. 다른 금속들이 그러하듯, 응력 적용을 위해서 순수한 상태로는 사용하지 않는다. 마그네슘은 구조상의 용도에 필요한 강인한 경량합금을 얻기 위해 알루미늄, 아연, 지르코늄, 망간, 토륨, 그리고 희토류금속과 같은 다른 금속과 함께 합금된다. 다른 금속과 함께 합금되었을 때 마그네슘은 우수한 성질과 높은 강도 대 무게 비율로 된 합금을 산출한다. 합금성분의 적절한 조합은 상온뿐만 아니라 상승된 온도에서도 좋은 특성으로 모래, 영구주형과 형틀주조, 단조품, 사출성형, 압연판재, 그리고 판에 적당한 합금을 제공한다.

경량은 항공기 설계에서 중요한 요소이고 가장 잘 알려진 마그네슘의 특성이다. 마그네슘 무게에 대해 알루미늄은 1⅓배이고, 강재는 4배이며 구리와 니켈합금은 5배다. 마그네슘합금은 강재 또는 황동에 사용되는 동일한 공구로 절삭하고, 천공하고 홀을 넓힐 수 있으나 공구의 칼날을 날카롭게 해야 한다. 마그네슘합금 부품을 리벳박기할 때 유형 B 리벳 5056-F 알루미늄합금을 사용한다. 마그네슘 부품을 종종 2024-T3 알루미늄합금 피복재로 수리한다.

마그네슘합금이 다른 금속을 제작하는 방법과 유사한 방법으로 제작되는 반면에, 공장의 여러 가지 상세한 관례를 적용할 수 없다. 마그네슘합금은 상온에서 제작하기가 어렵기 때문에 대부분 고온에서 작업한다. 이로 인해 금속이나 형틀 모두에 예열이 필요하다. 마그네슘 합금판은 날 전단, 뽑기 형틀, 라우터(Routers), 또는 톱으로 자를 수 있다. 수동톱 또는 원형톱은 통상적으로 사출성형을 길이로 자르기 위하여 사용된다. 일반적인 전단과 니블러(nibbler, 판에 모양을 파내는 공구)는 거칠고 균열된 가장자리를 만들기 때문에 마그네슘 합금판을 자르기 위해서 사용하지 않는다.

마그네슘합금의 전단가공과 찍어 뚫기(blanking)는 공구의 허용한계가 매우 적다. 최대간격은 판 두께의 3~5% 정도가 권장된다. 전단의 상단날은 45°부터 60°까지의 각도로 갈려야 한다. 펀치의 전단각은 형틀에 1° 여유공간의 각도로 2~3°까지여야 한다. 찍어뚫기를 위해서 형틀에 있는 전단각은 펀치에 1° 여유공간의 각도를 갖고 2~3°까지여야 한다. 억제압력은 가능할 때 사용한다. 0.064inch보다 더 두꺼운 경압연 판재 또는 1/8inch보다 더 두꺼운 풀림 판재에서 냉간 전단 작업을 수행해서는 안 된다. 전단된 마그네슘판의 거친 가장자리를 매끈하게 하도록 처리한다. 2번 정도 전단가공하여 대략 1/32inch 정도 갈아낼 수 있다.

개선된 전단 가장자리를 위해 고온 전단가공한다. 두꺼운 판재와 판 원료에 필요하다. 풀림판재는 600°F로 가열하고 경압연 판재는 사용된 합금에 따라 400°F 이하에서 가열된다. 열팽창하기 때문에 냉각 후의 수축을 고려해야 하므로 제작 전 재료의 범위에 소량의 재료를 더한다.

톱질은 1/2inch 두께보다 더 크게 판 원료를 자르는 데 사용되는 유일한 방법이며 판 원료 또는 두꺼운 사출성형을 자를 경우 4-teeth~6-tooth 피치(pitch)로 된 Band saw raker-set 날을 권장한다. 작은 크기와 중간 크기의 사출성형은 inch당 6-teeth를 가진 circular cutoff saw로 더 쉽게 자를 수 있다. 판재 원료는 8-teeth 피치(pitch)의 Raker-set 또는 straight-set 톱니를 가진 수동톱으로 자를 수 있다. 띠톱(Bandsaw)은 마그네슘합금을 자를 때 점화하는 불꽃의 위험을 배제하기 위해 불꽃이 튀지 않는(Non-sparking) 날 유도장치를 갖추어야 한다.

상온에서 대부분 마그네슘합금 냉간가공은 매우 제한적이다. 급속히 가공경화되고 냉간성형이 잘 되지 않기 때문이다. 간단한 굽힘 작업은 판금에서 이루어질 수도 있으나, 굴곡부의 반지름은 적어도 경금속에서는 판 두께의 12배, 그리고 연질금속에서는 판 두께의 7배는 되어야 한다. 판재의 성형을 위해 가열된다면 판 두께의 3배 또는 2배의 반지름으로 할 수도 있다.

제련된 마그네슘합금은 냉간가공 후 균열되는 경향이 있기 때문에 성형 전에 450°F로 가열할 경우 가장 좋은 결과물을 산출한다. 더 고온 범위에서 성형된 부품은 금속에 풀림(불에 달구었다가 천천히 식히는 것) 효과를 갖고 있기 때문에 더 저온 범위에서 성형된 부품이 더 강하다.

열간가공의 몇 가지 불리한 점은,

(1) 형틀과 재료를 가열하는 것은 비용이 많이 들고 작업상에 문제가 많다.

(2) 윤활과 고온에서 재료를 취급하는 것에 문제가 있다.

마그네슘 열간가공 시에 유리한 점은

(1) 가열 시 다른 금속보다 더 쉽게 성형된다.

(2) 스프링백이 감소되어 더 정확한 치수를 얻을 수 있다.

마그네슘과 마그네슘합금이 가열될 때 마그네슘이 타기 쉬우므로 온도에 주의한다. 과열되면 금속 내의 어느 한 부분이 작게 녹기 쉽다. 어느 경우이든지 마그네슘이 파손되고 타버리는 것을 방지하기 위하여 가열되는 동안 아황산가스로 공기를 차단하여 보호해야 한다.

짧은 반지름 주위에 적당한 굴곡부를 위해 예리한 모서리와 굽힘선 주위의 깔쭉깔쭉하게 깎은 자리, 즉 재료에 홀을 파거나 성형할 때 주위에 생기는 금속 칩들의 제거한다. 마그네슘에 배치도를 그릴 때는 표면에 홈 또는 피로 균열을 방지하기 위해 목수용 부드러운 연필로 그린다.

프레스 브레이크는 짧은 반지름으로 마그네슘을 구부리는 데 사용하며 형틀과 고무 방식은 절곡기 사용을 복잡하게 하는 직각 굴곡부를 만들 때 사용되는 방법이다. 롤성형은 알루미늄을 성형하기 위하여 설계된 장비에서 냉간으로 할 수 있다. 마그네슘 성형과 shallow drawing(얕은 도면)의 가장 일반적인 방법은 고무패드를 암형틀로 사용하는 것이다. 고무패드는 수압프레스 램에 의해 낮춰진 도치된 전도판에 고정된다. 이 프레스는 금속에 압력을 가하고 재료를 수형틀의 모양과 같게 구부린다.

마그네슘의 기계가공 특성은 매우 우수해서 높은 잠식률로 많이 자를 수 있게 전동공구를 최대속도로 사용하는 것이 가능하다. 마그네슘합금을 기계 가공하는 데 필요한 힘은 연강의 1/6 정도다.

마그네슘을 기계가공하면서 줄밥, 대팻밥과 깎아낸 칩들을 없앨 때는 마그네슘의 연소위험으로 인해 안전상 뚜껑이 덮인 금속용기에 보관하는 것이 좋다. 액체제빙시스템(Liquid Deicing System)과 물분사계통 또는 통합연료탱크지역에서 마그네슘합금을 사용하지 않는다.

2-7 티타늄 작업(Working Titanium)

티타늄 입자는 발화원으로부터 멀리 떨어지도록 한다. 티타늄의 작은 입자는 매우 쉽게 타버린다. 이러한 충분히 농축된 작은 입자는 폭발의 원인이 될 수 있다. 물이 용해된 티타늄에 접촉되면 증기폭발이 발생할 수 있다. 건성 활석, 탄산칼슘, 모래, 또는 흑연으로 티타늄불을 끌 수 있다. 타고 있는 금속에 1/2inch 이상의 깊이로 분말을 덮어준다. 거품제재, 물, 사염화탄소, 또는 이산화탄소를 사용하지 않는다.

1 티타늄의 특성(Description of Titanium)

광물 상태에서의 티타늄은 지구의 지각에서 네 번째로 풍부한 구조상의 금속이다. 경량, 비자성, 강한, 내부식성 그리고 연성의 성질을 갖는다. 티타늄은 중간 온도일 때 계수, 밀도 그리고 강도에 있어서 알루미늄합금과 스테인리스강 사이에 있다. 티타늄은 강재보다 30% 정도 강하지만 50% 정도 더 가볍다. 또한, 알루미늄보다 60% 더 무겁지만 2배 강하다.

티타늄과 티타늄합금은 좋은 내부식성, 600°F(315℃)까지의 온도에서 알맞은 강도와 경량이 요구되는 부분에 주로 사용된다. 상업적으로 순티타늄판은 수압프레스, 신장프레스, 절곡기 롤성형, 낙하해머, 또는 다른 유사한 작동으로 성형된다. 티타늄은 풀림 스테인리스강보다 성형하기가 더 어려우나 연삭, 천공, 톱질, 그리고 다른 금속에 사용되는 가공 유형으로 작업할 수 있다. 티타늄은 접촉이 이루어졌을 때에 이종금속접촉 부식 또는 다른 금속의 산화가 발생하기 때문에 마그네슘, 알루미늄, 또는 합금강으로부터 격리되어야 한다.

티타늄 부분을 장착할 때 Monel® 리벳 또는 표준 정밀 강재 훼스너를 사용해야 한다. 합금판은 상온일 때 제한된 한도에서 성형할 수 있다. 티타늄합금의 성형은 세 가지 부류로 구분된다.

(1) 응력제거 없이 냉간성형

(2) 응력제거와 함께 냉간성형

(3) 상승된 온도 성형(응력제거 내재)

미국에서 모든 티타늄의 5% 이상은 합금 Ti6AI-4V의 형태로 생산된다. 항공기 터빈 엔진 구성부품과 항공기 구조재에 사용되며, Ti6AI-4V는 순티타늄보다 약 3배 강하다. 가장 폭 넓게 사용된 티타늄합금이며 성형하기 힘들다.

다음은 응력제거, 즉 상온 성형으로 풀림된 티타늄 6AI-4V를 냉간성형하는 절차다.

(1) 지나치게 작은 반지름은 굴곡지역에 과도한 응력을 이끌기 때문에 티타늄을 성형할 때 최소반경을 사용하는 것이 중요하다.

(2) 응력은 다음과 같이 부품에 변화를 일으킨다. 1,250°F(677°C) 이상 1,450°F(788°C) 미만의 온도로 부품을 가열한다. 30분 이상 10시간 미만까지 이런 온도에서 부품을 유지시킨다.

(3) 강력한 프레스 절곡기가 티타늄 부분을 성형하기 위해 필요하다. 일반 수동작동식 핑거 절곡기는 티타늄판 재료를 성형할 수 없다.

(4) 동력 슬립롤러는 수리용 판재조각이 항공기의 윤곽에 맞도록 굴곡지게 할 필요가 있을 경우 사용한다.

티타늄은 천공하기가 어려울 수 있으나 비트가 날카롭고, 충분한 힘을 가하고 저속 드릴모터가 사용된다면 표준 고속 드릴을 사용할 수 있다. 드릴 비트가 무디거나 일부분만 천공된 홀을 타고 올라간다면 과열되어 추가적인 천공을 매우 어렵게 만들기 때문에 최대한 얇게 홀을 유지한다. 인가된 설계로 된 짧고 날카로운 드릴 비트를 사용하며, 천공 또는 홀을 넓히는 것을 쉽게 하기 위해 절삭유를 흐르게 한다.

티타늄을 작업할 때 탄화물 또는 8% 코발트드릴 비트, 리머 및 입구를 넓힌 홀을 사용하는 것을 권고한다. 홀에서 드릴이나 리머를 제거할 때 홀 옆쪽에 새김눈(scoring)을 방지하기 위해 드릴이나 리머가 돌아가고 있도록 한다. 포지티브-동력-이송(positive-power-feed) 드릴이 여의치 않을 때 핸드드릴(hand drill)만을 사용한다.

다음의 지침은 티타늄을 천공하는 데 이용한다.

(1) 한 번에 천공될 수 있는 가장 큰 직경 홀은 큰 힘이 요구되기 때문에 0.1563inch이다. 더 큰 직경의 드릴 비트는 많은 힘을 사용할 때 잘 절단되지 않는다. 드릴 비트가 잘 절단하지 않는 경우 홀이 손상된다.

(2) 0.1875inch와 더 큰 직경의 홀은 아래의 경우 핸드 드릴(hand drill)로 할 수 있다.

　① 0.1563inch 직경 홀로 시작한다.

　② 0.0313inch 또는 0.0625inch씩 증가하여 홀의 직경을 늘린다.

(3) 코발트 바나듐 드릴 비트는 고속도강 비트보다 내구수명이 더 길다.

(4) 표 2-7의 목록은 티타늄을 수동 천공할 경우 권장되는 드릴모터 rpm 설정이다.

(5) 드릴 비트의 수명은 강재를 천공할 때보다 티타늄을 천공할 때 더 짧다. 무딘 드릴 비트를 사용하지 않으며 드릴 비트가 절삭은 하지 않고 금속의 표면을 마찰시키게 만들지 않는다. 이런 상황이 발생하면 티타늄 표면은 경화된 가공물이 되어 드릴을 다시 시작하는 것이 매우 어렵다.

[표 2-7] 티타늄 드릴작업 시 홀 사이즈와 드릴속도

Hole Size (inches)	Drill Speed (rpm)
0.0625	920 to 1830 rpm
0.125	460 to 920 rpm
0.1875	230 to 460 rpm

(6) 동시에 2개 이상의 티타늄 부분을 천공할 때 함께 단단하게 죈다. 함께 죄기 위해서 임시 볼트, 클레코 클램프 또는 압형클램프를 사용한다. 천공하는 부위 주변과 최대한 가까이 클램프를 놓는다.

(7) 얇거나 유연한 부품을 수동 천공할 때 부품 뒤쪽에 목재블록과 같은 지지대로 지지한다.

(8) 티타늄은 열전도율이 낮다. 티타늄이 뜨거워지면 다른 금속이 티타늄에 쉽게 부착된다. 티타늄의 입자는 드릴속도가 매우 높을 경우 종종 드릴 비트의 날카로운 모서리에 용접된다. 커다란 판 또는 사출성형을 천공할 때 수용 냉각제 또는 유황을 섞은 오일을 사용한다.

`note` 금속작업 공정에서 밀접한 금속 대 금속 접촉으로 열과 마찰을 생성한다. 이를 감소시키지 않으면 공정에 사용되는 공구와 판금이 급격하게 손상되거나 파괴된다. 따라서 공구와 판금의 접점에서 공구와 판금으로부터 열을 이동시켜 마찰을 줄이도록 절삭제라고도 하는 냉각수를 사용한다. 절삭제를 사용하면 생산성을 증가시키고 공구수명을 연장하여 고품질의 결과물을 창출한다.

2-8 판금수리의 기본원칙(Basic Principles of Sheet Metal Repair)

항공기 구조부재는 특정 기능을 수행하거나 한정된 목적에 사용되도록 설계되어 있다. 항공기 수리의 주목적은 손상된 부분을 원상태로 회복시키는 것이다. 교체는 대부분 가장 효율적으로 수리하는 유일한 방법이다. 손상된 부품의 수리가 가능할 때는 먼저 그 부품의 목적이나 기능을 완전히 이해할 수 있도록 한다.

구조물의 수리에서는 강도가 가장 중요한 필요조건이 될 수 있고 또 수리에 따라 전혀 다른 성질을 필요로 할 수도 있다. 예를 들어, 연료탱크와 부유를 누설로부터 보호해야 한다. 카울링(항공기 엔진덮개), 페어링(Faring), 그리고 이와 유사한 부품들은 정연한 외형, 유선형, 그리고 접근성과 같은 특성을 갖추어야 한다. 또 수리가 필요조건에 부합되도록 손상된 부품의 기능을 규명해야 한다.

손상을 검사하고 필요한 수리 유형을 정확하게 추정하는 것은 구조손상을 수리하는 데 있어서 가장 중요한 단계다. 검사에서 가장 좋은 유형과 사용할 수리용 판재조각가장 좋은 유형과 형태를 추정한다. 즉, 유형, 크기, 그리고 필요한 리벳의 수와 수리된 부재가 원래 부분보다 무겁지 않거나 또는 약간만 무겁게 하면서 원래의 재료만큼 강할 수 있게 필요한 재료의 강도, 두께 및 재료의 종류 등에 대한 추정이 포함된다.

항공기의 손상을 조사할 때 구조물에 광범위한 검사를 하는 것이 필요하다. 어떤 구성부품 또는 구성부품 그룹이 손상되었을 때, 손상된 부재와 부착된 구조물 모두 조사해야 한다. 때로는 손상력이 큰 규모로 원래의 손상된 지점으로부터 상당히 떨어진 곳으로까지 전달되었을 수 있기 때문이다. 파형외판, 늘어나거나 또는 손상된 볼트 또는 리벳홀, 또는 부재의 비틀어짐은 통상적으로 그러한 손상의 근접 면적에 나타난다. 그리고 이와 같은 상황 중 어느 경우에 있어서도 인접 면적의 정밀검사가 필요하다. 어떤 균열 또는 마손에 대해 모든 외판, 움푹 들어간 곳, 그리고 주름진 곳을 점검한다.

비파괴검사법(NDI)은 손상을 검사할 때 필요에 따라 사용한다. 비파괴검사법은 결점이 중대하거나 위험한 결함으로 전개되기 전에 알아내는 예방 수단으로 사용한다. 훈련되고 경험 있는 정비사는 높은 정밀도와 신뢰도로 흠 또는 결점을 찾아낸다. NDI에 의해 발견되는 결점 중 일부는 부식, 점식(pitting), 열/응력 균열, 그리고 금속의 불연속을 포함한다.

손상을 조사할 때 과정은 다음과 같다.

(1) 각각의 리벳, 볼트와 용접의 정확한 상황을 판단하기 위해 손상 면적과 그 주위에서 모든 오염, 그리스 및 페인트를 제거한다.

(2) 넓은 규모에 걸쳐 외판 주름에 대해 검사한다.

(3) 검사 면적에서 모든 움직일 수 있는 부품의 작동을 점검한다.

(4) 수리가 최선의 절차인지 결정한다.

항공기 판금 수리에서 다음의 사항이 매우 중요하다.

(1) 원형강도를 유지한다.

(2) 원래윤곽을 유지한다.

(3) 무게를 최소화한다.

■ 원형강도의 유지(Maintaining Original Strength)

만약 구조물의 원형강도를 유지해야 하면 일정한 기초적인 규칙을 따라야 한다.

스플라이스 또는 판재조각의 단면적은 손상된 부분의 단면적과 같거나 또는 더 큰 단면적을 가져야 한다. 단면적에서 갑작스러운 변화를 피한다. 변단면 스플라이스(tapering splice)로 위험한 응력 집중을 배제시킨다. 잘라낸 부품의 모서리에서 균열이 시작되지 않도록 원형 또는 타원형으로 잘라내도록 한다. 장방형으로 잘라내야 할 경우 각각의 모서리 만곡부 반경이 1/2inch보다 작지 않도록 한다. 수리할 부분이 압축 또는 굽힘 하중을 받는 곳이면 그보다 더 큰 하중에 견딜 수 있도록 부재의 외부에 판재조각을 대어 수리한다. 이 부재의 외부에 판재조각을 대어 수리할 수 없으면 수리를 위해 원부재에 사용된 재료보다 하나 더 두꺼운 재료를 사용한다.

휘어지거나 또는 구부러진 부재는 교체하거나 영향을 미치는 면적의 위쪽에 스플라이스를 부착하여 보강한다. 구조물의 휘어진 부품은 부품이 얼마나 잘 강화되었는지에 관계없이 다시 하중을 감당해서는 안 된다.

모든 교체 또는 보강에 사용된 재료는 원형구조물에 사용된 재료와 유사해야 한다. 원래보다 더 약한 합금으로 대체할 필요가 있을 경우 동등한 단면 강도를 주기 위하여 한 단위 더 큰 두께를 사용해야 한다. 더 강하지만 더 얇은 재료는 원부품을 대체할 수 없다. 원재료에 대비하여 인장 강도는 더 크지만 압축강도가 더 적을 수 있고 그 반대로 압축강도가 크면 인장 강도가 적을 수 있기 때문이다. 판금과 관 모양 부품의 휨과 비틀림 강도는 허용 가능한 압축강도와 전단 강도보다 주로 재료의 두께에 따라 좌우된다. 제작사 구조수리 매뉴얼에서 대체재로 사용될 수 있는 재료와 재료의 필요 두께를 찾을 수 있다. 표 2–8에서는 구조수리 매뉴얼에서 찾아볼 수 있는 대치표를 보여준다.

[표 2–8] 재료 대치표

형태	원재료	대체 재료
판재 0.016 to 0.125	Clad 2024-T42 F	Clad 2024-T3 2024-T3 Clad 7075-T6 A 7075-T6 A
	Clad 2024-T3	2024-T3 Clad 7075-T6 A 7075-T6 A
	Clad 7075-T6	7075-T6
성형 또는 돌출된 부분	2024-T42 F	7075-T6 A B

교환될 판재	대체 재료 요소									
	7075-T6	Clad 7075-T6	2024-T3		Clad 2024-T3		F 2024-T4 / 2024-T42		F Clad 2024-T4 / Clad 2024-T42	
	C	C H	D	E	D	E	D	E	D	E
7075-T6	1.00	1.10	1.20	1.78	1.30	1.83	1.20	1.78	1.24	1.84
Clad 7075-T6	1.00	1.00	1.13	1.70	1.22	1.76	1.13	1.71	1.16	1.76
2024-T3	1.00 A	1.00 A	1.00	1.00	1.09	1.10	1.00	1.10	1.03	1.14
Clad 2024-T3	1.00 A	1.00 A	1.00	1.00	1.00	1.00	1.00	1.00	1.03	1.00
2024-T42	1.00 A	1.00 A	1.00	1.00	1.00	1.00	1.00	1.00	1.00	1.14
Clad 2024-T42	1.00 A	1.00 A	1.00	1.00	1.00	1.00	1.00	1.00	1.00	1.00
7178-T6	1.28	1.28	1.50	1.90	1.63	2.00	1.86	1.90	1.96	1.98
Clad 7178-T6	1.08	1.18	1.41	1.75	1.52	1.83	1.75	1.75	1.81	1.81
5052-H34 G H	1.00 A	1.00 A	1.00	1.00	1.00	1.00	1.00	1.00	1.00	1.00

		Note:				

Note:

• 별도 명시되지 않은 한 모든 치수는 인치단위로 표시되어 있다.

• 크래드 재질을 대체하기 위해 순수 광물질이 사용될 때 부식으로부터 추가적인 보호가 가능할 수 있다.

• 항공기의 특정 위치에서는 대체 재료 요소가 더 낮아질 수 있다. 해당 값을 구하기 위한 개별적인 분석을 위해 보잉사에 연락하라.

• 최소곡률반경 차트를 참조하라.

• 예시: 두께 0.040 7075-T6와 clad 7075-T6을 참조하면 대체 치수를 구하기 위해 해당값을 대체 재료 요소 값으로 곱하라.
0.040×1.10=0.045

A 압력이 가해지는 부분의 초기재료 교체용으로 사용할 수 없다.

B 날개 구조 중앙부분의 내부 날개보 구조에 사용할 수 없다.

C 압출성형을 위한 대체품으로 성형된 부분을 사용할 때 다음으로 두꺼운 표준 두께 게이지를 사용하라.

D 평판과 성형부분의 모든 치수를 위해

E 두께 0.071 미만의 평판을 위해

F 두께 0.071 이상의 평판과 성형부분을 위해

G 2024-T4와 2024-T42는 동등하다.

H 5052-H34를 대체하기 위해 사용되는 순수재료에 부식을 방지하기 위한 콤파운드가 반드시 적용되어야 한다.

성형할 때 특히 주의해야 한다. 열처리와 냉간가공 알루미늄합금은 균열 없이 약간만 굽힐 수 있다. 반대로 연한 합금은 쉽게 성형되나 1차구조물에 적합한 정도로 강하지 못하다. 강한 합금은 풀림(가열된 후 서서히 냉각되도록 하는)상태에서 성형되고 조립되기 전에 원형강도를 내기 위해 열처리한다.

[표 2-9] 리벳 계산표

"T" 두께 (inches)	"W" 너비의 인치당 요구되는 2117-T4(AD) 돌출 머리 리벳 숫자					볼트의 번호
	리벳 Size					
	3/32	1/8	5/32	3/16	1/4	AN-3
.016	6.5	4.9	--	--	--	--
.020	6.5	4.9	3.9	--	--	--
.025	6.9	4.9	3.9	--	--	--
.032	8.9	4.9	3.9	3.3	--	--
.036	10.0	5.6	3.9	3.3	2.4	--
.040	11.1	6.2	4.0	3.3	2.4	--
.051	--	7.9	5.1	3.6	2.4	3.3
.064	--	9.9	6.5	4.5	2.5	3.3
.081	--	12.5	8.1	5.7	3.1	3.3
.091	--	--	9.1	6.3	3.5	3.3
.102	--	--	10.3	7.1	3.9	3.3
.128	--	--	12.9	8.9	4.9	3.3

Note:
a. 날개의 윗면 또는 동체에 있는 stringer의 경우, 테이블에 표시된 리벳의 80%가 사용될 수 있습니다.
b. 중간 프레임의 경우, 표시된 리벳의 60%가 사용될 수 있습니다.
c. single lap sheet joints는 표시된 리벳의 75%가 사용될 수 있습니다.

공학기술 Notes:
a. 재료넓이의 인치당 하중은 스트립 1inch의 넓이 값으로 가정하여 계산된다.
b. 시트 허용 인장응력과 동일한 리벳 공칭 홀 직경을 사용한 리벳 허용 전단응력을 기준으로 하고 시트 허용 인장 응력의 160%와 동등한 시트 허용 베어링 스트레스를 기준으로 2117-T4(AD) 리벳들의 요구되는 개수가 계산된다.
c. 위의 밑줄 친 숫자인 조합된 시트들의 두께와 리벳 Size는 시트가 견디게 하는 데 있어 중요하다; 리벳의 전단에 관해서는 아래의 수치가 중요하다.
d. 아래의 밑줄 친 AN-3 볼트의 요구 값은 시트 허용 인장 스트레스인 55,000 psi와 볼트 단일 전단 하중인 2,126 pound로 계산되어진다.

수리에 사용하는 리벳의 크기는 날개에 안쪽 방향으로 또는 동체의 앞쪽 방향으로 바로 다음의 평행한 리벳 열에 있는 제작사가 사용한 리벳을 참조하여 결정한다. 리벳의 크기를 결정하는 또 한 가지 방법은 외판의 두께에 3을 곱하여 그 숫자에 상응하는 그다음으로 더 큰 크기의 리벳을 사용하는 것이다. 예를 들어 외판의 두께가 0.040inch이면 0.040에 3을 곱하여 0.120이 되므로, 그다음 더 큰 크기의 리벳 1/8inch(0.125inch)를 사용한다. 수리를 위해 사용하는 리벳 개수는 제작사의 SRM이나 AC(Advisory Circular) 43.13-1(개정된 대로), Acceptable Methods, Technique, and Practices-Aircraft Inspection and Repair에서 찾아볼 수 있다. 표 2-9에서는 수리에서 필요한 리벳 개수를 계산하기 위해 사용하는 AC 43.13-1의 표를 보여준다.

지나치게 강화하여 작업한 광범위한 수리는 원형구조보다 더 약한 수리만큼 바람직하지 않다. 모든 항공기 구조는 이륙, 비행과 착륙 시에 부과되는 힘을 견디기 위해 약간 휘어져야 한다. 수리된 지역이 너무 강하면, 수리가 완료된 가장자리에서 과도한 휨이 발생하여 금속 피로가 가속된다.

② 전단강도와 지압강도(Shear Strength and Bearing Strength)

항공기 구조상의 접합부 설계는 전단에서 중요한 곳과 지압(bearing)에서 중요한 곳 사이에 최적의 강도 관계를 찾는 시도이며 접합부에 영향을 주는 결함에 의해 결정된다. 접합부는 주어진 크기의 훼스너가 최적의 개수보다 더 적게 장착되었다면 전단에서 중요한 것이다. 이것은 접합부가 약해진다면 판재가 아니라 리벳이 떨어져 나감을 의미한다. 접합부는 훼스너가 최적의 개수보다 더 많이 장착되었다면 지압에서 중요하게 된다. 재료가 홀 사이에서 균열이 생기고 찢어지거나, 훼스너가 온전한 상태로 남아 있는 동안 훼스너 홀이 뒤틀리고 늘어날 수 있다.

③ 원래의 외형유지(Maintaining Original Contour)

모든 수리는 완벽하게 원형 윤곽에 맞는 방식으로 수리해야 한다. 고속항공기의 매끄러운 표피에 판재조각을 대어 수리할 때는 매끄러운 외형이 바람직하다.

④ 중량을 최소로 유지(Keeping Weight to a Minimum)

모든 수리의 무게를 최소로 유지하도록 한다. 판재조각을 실행 가능한 최소 크기로 만들고 필요 이상의 리벳을 사용하지 않는다. 수리 작업은 구조물의 원래 균형을 흐트러뜨린다. 각 수리 작업 시 지나친 무게를 부가하면 트림과 밸런스탭(trim-and-balance tap)의 조정이 필요할 정도로 항공기를 불균형하게 할 수 있다. 프로펠러의 스피너와 같은 곳을 수리할 때는 프로펠러의 완벽한 균형이 유지될 수 있도록 균형 판재조각을 사용해야 한다. 조종장치가 수리되고 무게가 추가될 때, 조종장치가 균형 한계 이내로 여전히 유지되는지를 결정하기 위해 균형점검을 한다. 이와 같이 하지 않으면 조종장치에 진동이 발생할 수 있다.

5 플러터와 진동 예방책(Flutter and Vibration Precautions)

비행 시에 비행조종익면의 진동을 방지하기 위해 정비 또는 수리를 수행할 때 설계 균형한계 이내로 유지하도록 예방책을 취해야 한다. 적절한 균형과 항공기 조종익면의 강직을 유지해야 한다. 수리나 균형에서 무게 변화 및 CG의 영향은 더 오래되고 무거운 설계보다 더 가벼운 표면일 때 비례적으로 더 크다. 일반적으로 비행 시에 조종익면의 진동 발생을 미리 배제시키기 위해 무게 분산이 어떤 식으로도 영향을 받지 않는 방법으로 조종익면을 수리한다. 특정 상황에서 균형을 맞추기 위해 평형추(counterbalance)를 힌지선의 앞쪽 방향에 추가한다. 제작사 매뉴얼에 따라 필요시에 평형추를 추가하거나 제거한다. 플러터가 문제가 아니라는 것을 확인하기 위해서 비행시험을 해야 한다. 원래 또는 최대허용오차값 이내로 조종익면 균형을 점검하고 유지하지 않으면 비행 위험이 발생할 수 있다.

항공기 제작사에 따라 다른 수리 기술을 사용하며 한 가지 유형의 항공기를 위해 설계되고 승인된 수리가 다른 유형의 항공기에 자동적으로 인가되지 않는다. 손상된 구성부품 또는 부품을 수리할 때 항공기에 대한 제작사 구조수리 매뉴얼의 적용 섹션을 참고한다. 일반적으로 구조수리 매뉴얼은 재료의 유형, 리벳과 리벳간격두기 및 적용하는 방법과 절차의 목록과 함께 유사한 수리에 대한 도해가 포함되어 있다. 자세한 수리를 위한 추가적인 지식도 포함한다. 필요한 정보를 구조수리 매뉴얼에서 찾을 수 없다면 유사한 수리나 항공기의 제작사에 의해 장착된 어셈블리를 찾도록 한다.

6 손상의 검사(Inspection of Damage)

육안으로 손상을 검사할 때에는 외부 물질에 의한 충격 또는 충돌에 의해서 생기는 손상 외에 다른 종류의 손상이 있을 수 있는 것을 주지한다. 경착륙(rough landing)은 착륙장치 중 하나에 지나친 부담을 주어 구부러지게 한다. 이것을 하중 손상으로 분류한다. 검사와 수리 범위를 결정할 때는 휘어진 완충버팀대에 의한 손상이 완충버팀대를 지지하는 구조부재의 어느 범위까지 미치는가를 고려한다.

부재의 한쪽 끝단에서 발생하는 충격은 전체 길이로 전달된다. 따라서 전체 부재를 따라 모든 리벳, 볼트, 그리고 부착되는 구조물에 대하여 어떠한 손상의 흔적도 세밀히 조사한다. 또한 부분적으로 부서진 리벳과 홀이 늘어난 리벳홀을 조사한다.

특정한 손상 여부와 관계없이 항공기 구조물은 구조상의 온전함을 위해 검사해야 한다. 다음의 단락은 이 검사에 대한 일반적인 지침을 제공해 준다.

항공기의 구조물을 검사할 때 안쪽에서 부식의 흔적을 찾는다. 부식은 습기 또는 염수분무가 축적되는 주머니 또는 모서리에서 가장 발생하기 쉽기 때문에 배수구를 항상 깨끗하게 유지한다.

물체에서 오는 충격에 의해 유발되는 외판 피복의 손상은 분명히 눈에 띄는 반면에 하부구조의 뒤틀림 또는 파손과 같은 결점은 기울어지고, 휘어지고, 또는 주름진 피복과 느슨한 리벳이나 working 리벳 같은 어떠한 증거가 표면에서 전개될 때까지는 분명하지 않을 수 있다. Working 리벳은 구조상의 응력하에서 움직이지만 그것을 관찰할 수 있는 한도까지 풀려지지는(loosened) 않을 것이다. 어둡고, 기름투성이 찌꺼기, 또는 리벳 머리 주위에 페인트와 프라이머의 변질 등으로 이런 상황을 인지할 수 있다. 내부 피해의 외부 지표를 조사하고 정확하게 이해야 한다. 발견되면 부근에서 하부구조의 조사를 수행하고 정확히 행동을 취한다.

뒤틀린 날개는 일반적으로 날개를 대각선으로 가로질러 이어지고 주요지역을 넘어 연장되는 평행 외판 주름의 존재로 알 수 있다. 이 상태는 격렬한 방향조종, 거친 대기, 또는 특별한 경착륙에서 발생한다. 구조물 중 특정 부위에 실제 파열이 없어도 비틀어지고 약화될 수 있다. 유사한 파손이 동체에서도 발생할 수 있다. 외판 피복에서 작은 균열은 진동에 의해 유발될 수 있고 리벳으로부터 멀리 떨어진 곳에서도 발견된다.

금속의 표면을 노출시키는 떨어져 나간 보호도장, 긁힌 자국, 또는 닳은 지점이 있는 알루미늄합금 표면은 부식이 신속하게 전개될 수도 있기 때문에 지체하지 않고 다시 칠해야 한다. 동일한 원리가 알루미늄 피복(Alclad™) 표면에 적용된다. 순 알루미늄 표층을 침입하는 긁힌 자국은 부식이 아래의 합금에서 발생하게 한다.

간단한 육안검사는 주요 구조부재에서 의심되는 균열이 실질적으로 존재하는지 여부와 눈에 보이는 균열의 전체 범위를 정확하게 결정할 수 없다. 와전류탐상과 초음파탐상 기술이 감추어진 손상을 찾는 데 이용된다.

❼ 손상과 결함의 유형(Types of Damage and Defects)

항공기 부분에서 관찰될 수 있는 손상과 결함의 유형은 다음과 같이 분류한다.

(1) 브리넬링(Brinelling)

표면에 얕고 둥근 원주형 함몰의 발생으로 통상 큰 하중 밑 표면과 접촉하는 작은 반경을 갖는 부분에 의해 발생한다.

(2) Burnishing

모나거나 거칠지 않은 단단한 표면과의 미끄럼 접촉에 의해 광택이 나는 것으로 그 부분의 금속 교환 또는 제거 작업은 필요하지 않다.

(3) Burr

매끄러운 표면 밖으로 튀어나온 금속의 얇은 부분이다. 일반적으로 홀의 가장자리나 모서리에 위치한다.

(4) 부식(Corrosion)

화학적 또는 전기화학적 작용에 의한 표면의 금속 손실이며, 부식 생성물은 일반적으로 기계적 방법에 의해 쉽게 제거된다. 철의 녹이 부식의 일종이다.

(5) 균열(Crack)

금속의 2개의 인접한 부분이 물리적으로 분리된 것이다. 과도한 응력에 의한 표면을 가로지르는 가늘거나 얇은 선에 의해 입증된다. 표면의 안쪽으로 수천분의 1인치에서부터 완전한 두께의 깊이까지 균열된 것이 있다.

(6) 절단(Cut)

기계적인 방법에 의한 상대적으로 길고 좁은 지역 위로 상당한 깊이에서의 금속의 결함이며 톱날, 끌을 사용하거나 날카로운 가장자리로 된 돌이 비스듬하게 타격하여 발생한다.

(7) 움푹 들어간 것(Dent)

외부 힘으로 타격(striking)을 받아 금속 표면이 움푹 들어간 것으로 움푹 들어간 표면 주위는 보통 약간 부풀어 있다.

(8) 침식(Erosion)

고운 모래나 작은 돌 같은 외부 물체에 의해 기계적으로 금속 표면이 손실된 것으로 침식된 표면은 거칠고 표면에 상대적으로 외부 물체가 움직인 방향으로 선이 나 있게 된다.

(9) 흔들림(Chattering)

진동 또는 흔들림에 의한 금속 표면의 파손 또는 변형으로 표면의 손실이나 균열 등의 외형을 보여줄 수 있으나 통상적으로 어느 것도 발생하지 않는다.

(10) Galling

2개 부분의 심한 마찰에 의해 표면이 파손된 것으로 더 부드러운 금속의 입자가 느슨하게 찢어지고 더 강한 금속에 용접된다.

(11) Gouge

외부의 강한 압력하에 외부 물체와 접촉되었을 때 금속 표면에 홈이 파이거나 파손된 것으로 보통 금속 손실을 나타내나, 크게는 재료의 이탈일 수 있다.

(12) Inclusion

금속의 부분 안에 외부나 관련 없는 불순물 등이 포함된 것을 말하며, 봉 또는 바(bar) 그리고 관(tube) 등을 압출 또는 단조 등으로 제조할 때 불순물 등이 포함되기 쉽다.

(13) Nick

부분적으로 가장자리가 파손 또는 패여 들어간 결함으로 보통 금속의 상실(loss)이라기보다 이탈(displacement)이다.

(14) 점식(Pitting)

작고 깊게 뾰족한 홀로 파여 들어간 부분적인 파손으로 보통 뚜렷한 가장자리를 갖는다.

(15) 긁힌 자국(Scratch)

금속 표면이 가볍고 순간적인 외부의 물체와의 접촉에 의해 미세하게 긁혀진 것을 말한다.

(16) Score

외부 압력하에 접촉으로 긁힌 자국보다 깊게 홈이 가거나 손상된 것으로 마찰열로 표면의 변색이 일어날 수 있다.

(17) 얼룩(Stain)

부분적으로 주위와 인지할 수 있게 다른 색깔의 변화를 말한다.

(18) 단압(Upsetting)

정상 윤곽이나 표면을 넘어서는 재료의 이탈로 국지적인 부풀어 오름이나 튀어나옴이며 일반적으로 금속의 상실은 없다.

8 손상의 분류(Classification of Damage)

손상은 보통 네 가지 Class로 묶을 수 있으며, 대부분 수리재료와 소요시간 등의 허용성이 부분 수리되거나 교체되어야 하는지 여부를 결정하는 데 있어서 가장 중요한 요소이다.

1) 사소한 손상(Negligible Damage)

사소한 손상은 관련 구성 부품의 구조상 온전성에 영향을 끼치지 않는 시각적으로 뚜렷한 표면 손상으로 구성된다. 사소한 손상은 비행을 제한하지 않고 그대로 남겨두거나 간단한 절차로서 수정할 수 있다. 양쪽 모두의 경우에서 손상이 전개되는 것을 막도록 일부 수정 작업을 취해야 한다. 사소하거나 경미한 손상 지역은 손상이 전개되지 않는지 확인하기 위해 자주 검사해야 한다. 사소한 손상에 대한 허용 한도는 구성부품에 따라 다르고 항공기에 따라 다르며 각각의 경우에 근거하여 조사해야 한다. 사소한 손상이 지정된 한도 이내임을 확인하지 못할 경우, 손상의 영향을 받은 지지 부재에 임계비행조건에 불충분한 구조적 강도를 초래할 수 있다.

그림 2-46과 같이, 평활하게 하고, 사포질, 스톱드릴, 또는 망치질로 수리할 수 있는 작은 패임, 긁힘, 균열, 그리고 홀이나 추가로 재료를 사용하지 않고 수리할 수 있는 것이 이 분류에 속한다.

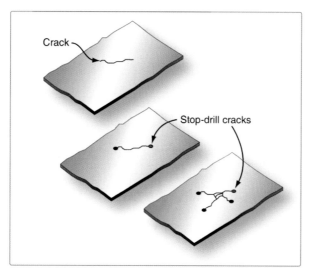

▲ 그림 2-46 균열부분 스톱 드릴 수리

2) 부분보수에 의해 수리 가능한 손상(Damage Repairable by Patching)

부분보수에 의해서 수리 가능한 손상은 사소한 손상 한도를 초과하는 손상이다. 이러한 손상은 구조 부품의 손상된 부분을 연결시키기 위해 스플라이스 부재를 장착하여 수리한다. 스플라이스 부재는 손상된 지역을 포함하고 기존의 손상되지 않은 주위 구조물을 덮기 위해 설계된다. 겹쳐잇기 부재 내부에 리벳과 볼트로 수리하는 데 사용된 스플라이스 또는 판재 조각 재료는 일반적으로 손상된 부품과 동일한 유형의 재료이되 무게는 한 눈금 높은 것이어야 한다. 패치수리에서 손상된 구성부품과 같은 게이지와 유형의 충전판(filler plate)이 베어링 목적 또는 손상된 부품을 원형으로 되돌리기 위하여 사용된다. 구조상의 훼스너는 손상 면적의 원래 내하중 특성을 복원시키기 위해 부재와 구조물 주위에 적용된다. 부분 보수는 손상의 범위와 수리하는 구성부품의 접근성에 따른다.

3) 삽입으로 수리 가능한 손상(Damage Repairable by Insertion)

손상은 면적이 판재조각을 대어 수리하기에 크거나 수리 부재가 예를 들어 힌지 또는 격벽 등에서 구조상의 일치를 방해하는 배열인 구조물일 때 삽입으로 수리해야 한다. 이 유형의 수리에서 손상된 부분은 구조물에서 제거하고 재료와 모양이 동일한 부재로 교체한다. 삽입물 부재를 양쪽 끝에서 스플라이스 연결하는 것이 원형 구조물로 하중을 전달한다.

4) 부품 교체가 필요한 손상(Damage Necessitating Replacement of Parts)

손상의 위치와 범위가 수리를 비실용적으로 만들어서 교체가 수리보다 더 경제적이거나 손상 부품이 상대적으로 교체하기 쉬운 경우 구성부품을 교체한다. 예를 들어 손상된 주조(castings), 단조(forgins), 힌지(hinges)와 작은 구조부재를 교체하는 것이 가능하면 수리하는 것보다 더 실용적이다. 일부 높게 응력을 받는 부재는 수리가 적당한 안전한계를 복원하지 않으므로 교체해야 한다.

2-9 판금구조의 수리성(Repairability of Sheet Metal Structure)

정비사를 위해 사용할 수 있는 다음의 기준은 판금 구조물의 수리성을 결정한다.

(1) 손상의 유형

(2) 원래 재료의 유형

(3) 손상의 장소

(4) 필요한 수리의 유형

(5) 수리를 수행하기 위해 사용할 수 있는 공구와 장비

다음의 방법, 절차 및 재료는 대표적인 것이고 수리에 대한 인가로 사용되어서는 안 된다.

1 수리중의 구조지지(Structural Support during Repair)

수리 시에 항공기는 더 이상의 뒤틀림과 손상을 방지하기 위해 적당하게 지지되어야 한다. 수리

하는 근처의 구조물이 정하중을 받을 때 지지하는 것이 필요하다. 항공기 구조는 작업이 조종익면, 날개패널, 또는 안정판 장탈과 같은 수리를 하는 곳에서 착륙장치나 잭(Jack)에 의해 적절하게 지지될 수 있다. 받침대(Cradle)는 항공기에서 장탈되어 있는 동안 구성부품을 고정하도록 준비해야 한다.

동체, 착륙장치, 또는 날개 중앙섹션에서 광범위하게 수리해야 할 때 형태를 유지하기 위해 부품을 제자리에 잡아주는 장치인 지그(Jig)는 수리를 완료하는 동안 하중을 분산하도록 조립된다. 그림 2-47에서는 대표적인 항공기 지그를 보여준다. 특정 지지요건에 대해 해당 항공기 정비 매뉴얼을 점검한다.

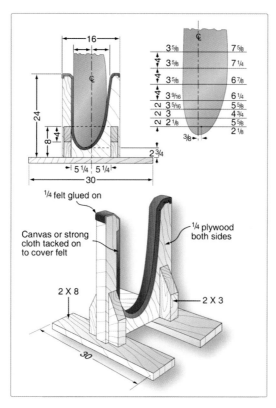

▲ 그림 2-47 대표적인 항공기 지그

❷ 손상의 평가(Assessment of Damage)

수리를 시작하기 전에 수리가 인가되었거나 실용적인지 여부에 대해 결정하기 위해 손상의 범위를 충분히 검토해야 한다. 검토할 때 사용된 원재료와 필요한 수리의 유형을 확인해야 한다. 리벳되어 있는 접합부의 검사 그리고 부식에 대한 검사로 손상 평가를 시작한다.

❸ 수리중의 구조물지지 검사(Inspection Structural Support during Repair)

검사는 샵헤드와 제작헤드의 두 가지로 이루어져 있으며, 주위의 외판과 구조물 부품이 변형되지 않았는가를 점검한다.

항공기 구조 부품의 수리 시 그 근처에 있는 리벳의 상태를 판단하기 위해 인접한 리벳을 검사한다. 리벳 머리 주위에 균열된 페인트 또는 깨진 자국이 있는 페인트의 흔적은 리벳이 헐거워졌거나 제자리에서 리벳이 빙빙 돌아간 상태를 나타낸다. 헐거워진 리벳 머리 또는 기울어진 리벳 머리가 있는가를 확인한다. 머리가 헐거워졌거나 기울어졌다면 여러 개의 연속적인 리벳에도 그와 같은 현상이 있고 같은 방향으로 머리가 기울어졌을 것이다. 기울어진 머리가 그룹으로 발견되지 않았고 같은 방향으로 기울어지지 않았으면, 기울어짐이 일부 예전의 장착 중에 발생한 것이다.

임계 하중을 받은 적이 있음을 인지했으나 가시적인 뒤틀림이 나타나지 않는 리벳은 리벳 머리를 빼내고 몸대에 조심스럽게 홀을 뚫어 검사한다. 상기의 검사에서 리벳몸대가 맞물리거나 판재에 뚫려 있는 홀이 판재에서 일직선이 맞지 않았다면, 리벳은 전단에서 약화된 것이다. 이 경우 응력의 원인이 무엇인가를 찾아서 이에 상응하여 교정하는 조치를 취해야 한다. 입구를 넓힌 홀 또는 움푹 들어간 곳 내에서 리벳 머리의 미끄러진 접시형 머리 리벳은 점검 시에 교체해야 한다. 이러한 미끄러짐은 판재 베어링파괴 또는 리벳 전단파괴를 나타낸다.

제거한 리벳몸대에 맞물림 현상이 보이면 이것은 부분적인 전단파괴가 나타난 증거다. 이때는 제거된 리벳보다 한 단계 더 큰 리벳으로 바꾼다. 또 리벳홀이 더 커졌을 때도 한 단계 더 큰 리벳으로 바꾼다. 찢어짐, 리벳 사이의 균열 등의 판재파손은 리벳이 제구실을 할 수 없는 손상된 것임을 표시하며 이러한 접합부의 완전한 수리를 위해 그 리벳보다 한 단계 더 큰 리벳으로 교체하는 것이 필요하다.

리벳 주위에 검은 찌꺼기는 풀어짐의 징조는 아니며 움직임, 즉 프레팅(fretting)의 징조다. 산화알루미늄인 찌꺼기는 리벳과 근처 표면 사이에 적은 크기의 상대적인 활동에 의해 형성된다. 이것을 마손 부식(Fretting corrosion)이나 그을음이라고 부른다. 알루미늄 먼지가 빠르게 어둡고 더러운 외형의 그을음 자국 같은 자취를 형성하기 때문이다. 움직이는 단편이 얇아지는 것이 균열을 퍼지게 할 수 있다. 리벳에 결점이 있는 것으로 의심된다면, 이 찌꺼기는 Scotch Brite™에서 생산한

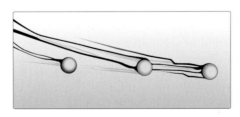

▲ 그림 2-48 스모킹 리벳

것과 같은 일반 용도의 연마수동패드(Abrasive Hand Pad)로 제거하고 점식 또는 균열의 징조에 대해 표면을 검사한다. 그림 2-48과 같이 이러한 상태가 상당한 응력하에 있는 구성부품을 나타낸다 하더라도, 반드시 균열이 발생하지는 않는다.

기체 균열은 반드시 결점이 있는 리벳으로 발생하는 것은 아니다. 1개나 그 이상의 리벳이 효과적이지 않은 것으로 예상하여 리벳 패턴을 잘라 만드는 것이 업계의 일반적인 관례다. 풀어진 리벳이 인접한 리벳을 균열 지점까지 과부하가 걸리게 하는 것은 아니다.

리벳 머리 균열은 다음의 상황에서 허용된다.

(1) 균열의 깊이는 몸대 직경의 1/8 미만일 때

(2) 균열의 폭이 몸대 직경의 1/16 미만일 때

(3) 균열의 길이가 몸대 직경에 1¼배의 최대 직경을 갖는 원 이내에서 머리 부분의 면적으로 제한될 때

(4) 균열이 머리 부분의 손실을 발생시킬 가능성과 교차되어서는 안 된다.

❹ 부식검사(Inspection of Corrosion)

부식은 환경과 화학약품과의 반응 또는 전기화학반응으로 인한 점진적인 금속의 변질이다. 대기, 습기 또는 다른 화학적 변화가 이와 같은 반응을 유발한다. 항공기의 구조물을 검사할 때 외부와 내부 모두에서 부식의 흔적을 살펴봐야 한다. 내부 부식은 습기 또는 염수 분무가 축적되는 주머니 또는 모서리에서 대부분 발생하기 때문에 배수구를 항상 깨끗하게 유지해야 한다. 부식의 흔적에 대해 주위의 부재를 검사한다.

❺ 손상 제거(Damaged Removal)

수리를 위해 다음과 같이, 손상영역을 준비한다.

(1) 손상 영역에서 비틀린 외판과 구조물을 모두 떼어놓는다.

(2) 수리가 완료된 가장자리는 기존의 구조물과 항공기 선에 맞도록 손상된 재료를 장탈한다.

(3) 모든 정방형 모서리를 둥글게 해준다.

(4) 어떠한 마손 또는 움푹 들어간 곳을 매끄럽게 해준다.

(5) 새로운 수리 범위를 접합시키는 이전의 수리를 제거하고 새로운 수리에 합체시킨다.

1) 수리재료 선정(Repair Material Selection)

수리 부재는 원형 구조물의 강도와 동일하게 만들어야 한다. 원재료보다 약한 합금을 사용한다면

단면강도가 동일하도록 더 큰 게이지를 사용해야 한다. 낮은 게이지 재료는 더 강한 합금으로도 사용해선 안 된다.

2) 수리부품 배치(Repair parts Layout)

해당 항공기에서 손상된 부품을 수리하거나 교체하기 위해 제조되는 모든 새로운 섹션은 구조물에 부품을 고정시키기 전에 해당 항공기 매뉴얼에서 제시한 치수로 신중히 배치시켜야 한다.

3) 리벳 선정(Rivet Selection)

일반적으로 리벳 크기와 재료는 수리하는 부품에 있는 원래 리벳과 동일해야 한다. 리벳홀이 커졌거나 변형되었다면 홀을 재작업한 후 한 단계 더 큰 크기의 리벳을 사용해야 한다. 이 작업을 마쳤을 때 더 큰 리벳을 위해 적절한 연거리를 유지해야 한다. 구조물의 안쪽으로 접근이 불가능한 곳과 블라인드 리벳으로 수리해야 하는 곳에는 항상 권장 크기, 간격두기 그리고 원래 장착된 리벳 또는 수행하고자 하는 수리 유형의 교체에 필요한 리벳의 수에 대해 해당 항공기 정비 매뉴얼을 참고한다.

4) 리벳 간격두기와 연거리(Rivet Spacing and Edge Distance)

수리에 대한 리벳 패턴은 적용할 수 있는 항공기 매뉴얼의 설명을 확인해야 한다. 되도록 기존의 리벳 패턴을 사용한다.

5) 부식 처리(Corrosion Treatment)

수리 또는 교체 부품을 조립하기 전에 존재하는 부식을 범위에서 모두 제거하고 부품이 다른 것으로부터 적절하게 격리되도록 한다.

6 수리 인가(Approval of Repair)

항공기 수리에 대한 필요성이 확립될 때 Title 14 of the Code of Federal Regulation(14 CFR)은 인허가 절차를 정의한다. 14 CFR 부분 43, Section 43.13(a)은 항공기, 엔진, 프로펠러에서 정비, Alteration, 또는 예방 정비를 수행하는 개개인이 현재의 제작사 정비 매뉴얼(manufacturer's maintenance manual)에서 규정된 방법, 기술 그리고 실행을 이용하거나 제작사에 의해 준비된 지속적인 감항성을 위한 매뉴얼 또는, 관리자가 허용할 수 있는 다른 방법, 기술 및 실행을 사용해야 한다고 명시한다. AC 43.13-1은 제작사 수리 또는 정비 매뉴얼이 없을 경우에 한정하여, 민간 항공기의 비여압 지역에서의 검사와 수리에 대해 관리자가 허용할 수 있는 방법, 기술 및 실행을 포함한다. 이 자료는 일반적으로 소수리에 속한다. 이 AC에서 인정되는 수리는 대수리에 대한 FAA

인가를 위한 근거로서만 사용될 수 있다. 수리 자료는 아래와 같은 경우 인가된 자료와 FAA Form 337의 block 8에 열거된 AC chapter, page 그리고 paragraph로 사용된다.

(a) 사용자는 수리하는 생산품에 적합한지 판단한다.

(b) 수리에 직접적으로 적용할 수 있다.

(c) 제작사 자료에 반대되지 않는다.

항공기 정비 매뉴얼 또는 구조수리 매뉴얼에 설명되어 있지 않은 수리 기법과 방법일 경우 항공기 제작사로부터 엔지니어링 지원이 필요하다.

그림 2-49와 같이 FAA Form 337, Major Repair and Alternation은 다음과 같은 경우에 반드시 기재되어야 한다.

1. 기체의 다음 부분에 대한 수리를 위해

2. 1차구조 부재의 강화, 보강하기, 스플라이스 및 제작을 관련하는 다음 유형의 수리를 위해, 또는

3. 리벳박기나 용접과 같은 조립부품으로 교체할 때, 다음은 관련 부분들이다.

① 상자형보

② 모노코크(monocoque) 또는 세미모노코크(semi-monocoque) 날개 또는 조종익면

③ 날개 스트링거 또는 시위부재

④ 날개보 플랜지

⑤ 트러스형 가로들보의 부재

⑥ 가로들보의 얇은 판재웨브

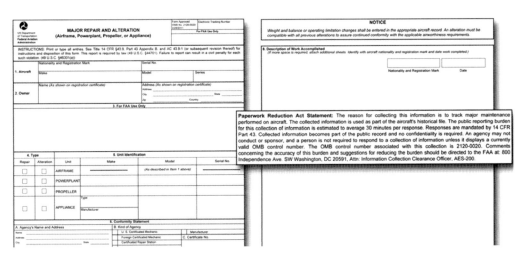

▲ 그림 2-49 FAA form 337

⑦ 배 선체(Boat Hulls) 또는 부유의 킬(Keel) 부재와 등뼈(Chine) 부재

⑧ 날개의 플랜지 재료 또는 꼬리표면으로써 작용하는 주름진/물결모양판 압축부재

⑨ 날개 주리브와 압축부재

⑩ 날개 또는 Tail Surface Brace Struts, 동체 세로뼈대

⑪ 측면 트러스, 수평 트러스, 또는 격벽의 부재

⑫ 주요 시트지지 브레이스와 브래킷

⑬ 착륙장치 브레이스 스트럿(Brace Struts)

⑭ 재료의 대체 관련 수리

⑮ 어떤 방향으로든지 6inch를 초과하는 금속 또는 합판의 응력을 받는 피복의 손상면적에 수리

⑯ 이음매를 추가하여 만들어 줌으로써 외판의 부분적인 수리

⑰ 얇은 판재의 스플라이스

⑱ 3개 이상의 인접한 날개나 조종익면 리브 또는 날개의 리딩에지와 인접 리브 사이의 조종익면 수리

인가된 수리소는 관리자가 허용할 수 있는 매뉴얼이나 명세서를 따르는 대수리에 대해 FAA Form 337을 대신하여 수리를 기록하는 고객작업주문서를 사용할 수 있다.

🔟 응력외판 구조 수리(Repair of Stressed Skin Structure)

항공기 구조에서 응력외판은 항공기의 외부의 피복, 즉 외판이 주하중의 일부 또는 전부를 운반하는 구조의 형태이다. 응력외판은 고강도의 압연된 알루미늄판으로 만든다. 응력외판은 항공기 구조에 부과된 하중의 큰 부분을 운반한다. 여러 가지의 특정한 외판 지역은 고임계, 중임계, 그리고 비임계로 구분된다. 이와 같은 면적에 대한 특정 수리요건을 결정하기 위해 해당 항공기 정비 매뉴얼을 참고한다.

항공기 외측외판의 미미한 손상은 손상된 판재의 안쪽에 판재조각을 부착시키는 방법으로 수리할 수 있다. 손상된 외판 지역을 제거하면서 생긴 홀에는 필러 플러그(filler plug)가 장착되어야 한다. 이것은 홀을 막고 현재 항공기에서 공기역학상 필요한 매끄러운 외표면을 형성한다. 판재조각의 크기와 모양은 일반적으로 수리에 필요한 리벳 개수로 결정된다. 다른 규정이 없다면 리벳 공식을 이용해서 필요한 리벳 개수를 산정한다. 원래 외판과 같은 재료와 같은 두께이거나 더 큰 두께의 판재조각을 사용한다.

1) 판재조각(Patches)

외판은 두 가지 유형으로 구분된다.

① Lap 또는 Scab Patch

② Flush Patch

(1) 겹침 또는 딱지 판재조각(Lap or Scab Patch)

겹침 또는 딱지 유형의 판재조각은 판재조각의 가장자리와 외판이 서로 중복되는 곳에 있는 외부 판재조각이다. 판재조각의 중복 부분은 외판에 리벳으로 박힌다. 겹침 패치는 공기 역학적인 매끄러움이 중요하지 않은 대부분 지역에서 사용된다. 그림 2-50에서는 균열과 홀에 대한 대표적인 판재조각을 보여준다.

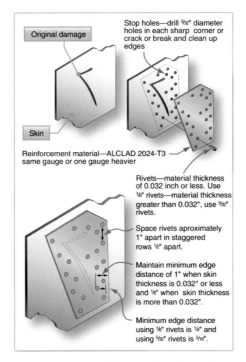

▲ 그림 2-50 겹침 또는 딱지 판재조각

겹침 판재조각 또는 딱지 판재조각으로 균열이나 작은 홀을 수리할 때 손상을 깨끗하게 하고 매끄럽게 만들어야 한다. 균열수리에서 판재조각을 붙이기 전에 균열의 양쪽 끝단과 심한 굴곡부에 작은 홀을 뚫어야 한다. 홀은 이 지점에서 응력을 경감시키고 균열이 퍼져나가는 것을 방지한다. 판재조각은 필요한 수의 리벳을 장착하기에 충분히 커야 하고 운형이나 정사각형 또는 직사각형으로 절단되도록 한다. 정사각형이나 직사각형으로 되었다면, 모서리는 1/4inch보다 작지 않은 반지름으로 둥글게 한다. 가장자리는 재료의 두께에 1/2로서 45°의 각도에서 모서리를 약간 둥글려야 한다. 그리고 가장자리의 밀폐를 위해 연거리상에서 5° 아래쪽으로 구부린다. 이것은 수리가 그것 위쪽으로 공기흐름에 의해 영향을 받는 기회를 경감시킨다. 그림 2-51에서는 이들의 치수를 보여준다.

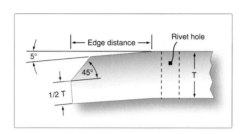

▲ 그림 2-51 겹침 판재조각 준비

(2) 동일 평면 판재조각(Flush Patch)

동일평면 판재조각은 외판과 동일평면인 충전판재 조각이다. 이것은 사용할 때 보강판으로 지지하고 리벳된다. 즉, 외판의 안쪽에 교대로 리벳된다. 그림 2-52에서는 대표적인 동일평면 판재조각 수리를 보여준다. 보강재는 뚫려있는 곳으로 삽입되고 그것이 외판 아래 제자리로 미끄러질 때까지 돌려준다. 충전재는 원래 외판과 동일한 게이지와 재료로 한다. 보강재는 외판보다 한 게이지 더 두꺼운 재료가 된다.

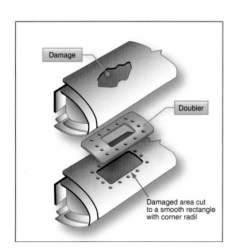 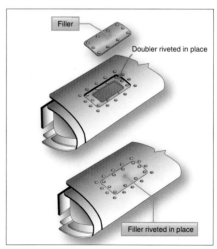

▲ 그림 2-52 동일 평면 판재조각 수리

(3) 개방외판과 폐쇄외판 지역 수리(Open and Closed Skin Area Repair)

외판수리에 적용되는 방법을 결정하는 요소는 손상 영역에 접근성과 항공기 정비 매뉴얼에 있는 사용법 설명서다. 항공기의 대부분 범위 외판은 안쪽에서 수리를 위해 접근하기가 어려워 폐쇄외판이라고 부른다. 내외부 양쪽에서 접근 가능한 외판은 개방외판이라고 부른다. 보통 개방외판에서 수리는 표준 리벳을 사용하여 전통적인 방법으로 수리한다. 그러나 폐쇄외판에서는 특별한 훼스너의 일부 유형이 사용되어야 한다. 사용하는 정확한 유형은 수리의 유형과 항공기 제작사의 권고에 따른다.

(4) 비여압지역의 판재조각설계(Design of a Patch for a Non-pressurized Area)

그림 2-53과 같이, 비여압지역에서 항공기 외판의 손상은 매끄러운 외판표면이 필요한 곳에서 동일평면 판재조각으로, 비임계영역에서는 외부판재조각으로 수리할 수 있다. 첫 번째 단계는 손상을 제거하는 것이다. 원형, 타원형, 또는 직사각형으로 손상을 절단한다. 0.5inch의 최소반경으로 직사각형 판재조각의 모든 모서리를 둥글게 한다. 적용되는 최소 연거리는 직경의 2배다. 그리고 리벳간격두기는 대표적으로 직경의 4~6배다. 재료는 손상된 외판과 동일한 재료로 하되, 손상된 외판보다 하나 더 큰 두께로 한다. 보강재의 크기는 연거리와 리벳간격두기에 따른다. 삽입물은 손상된 외판과 동일한 재료와 두께로 만든다. 리벳의 크기와 유형은 항공기에서 유사한 접합에 사용된 리벳과 동일해야 한다. 구조수리 매뉴얼은 사용하는 리벳의 크기와 유형이 어떤 것인지 명시한다.

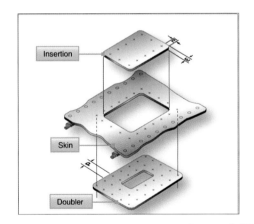
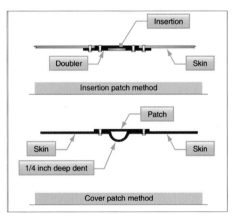

▲ 그림 2-53 비여압지역 판재조각 수리

8 항공기 구조물을 위한 대표적 수리(Typical Repairs for Aircraft Structures)

이 섹션은 비행기의 주요 구조부분의 대표적인 수리를 설명한다. 손상된 구성부품 또는 부품을 수리할 때는 항공기의 해당 제작사 구조수리 매뉴얼의 관련 부문을 참고한다. 일반적으로 유사한 수리가 도해로 제공되고 사용할 재료, 리벳, 리벳 간격두기, 방법과 절차 등이 목록으로 명시된다. 수리하기 위해 필요한 추가 정보도 자세하게 지시된다. 필요한 정보를 구조수리 매뉴얼에서 찾을 수 없을 경우 항공기 제작사에 의해 장착된 유사한 수리나 어셈블리를 찾는다.

1) 부유(Floats)

감항 상태에서 부유를 유지하기 위해 주기적이고 빈번한 검사가 필요하다. 항공기가 소금물에서 운용될 때 금속부에서 부식이 급속하게 진행되기 때문이다. 부유와 선체의 검사는 부식, 다른 물체와 충돌, 경착륙, 그리고 파손을 유도하는 다른 상황으로 인한 손상에 대한 조사를 포함한다.

note 블라인드 리벳은 수면 아래쪽 부유나 수륙양용의 선체에 사용하지 않는다.

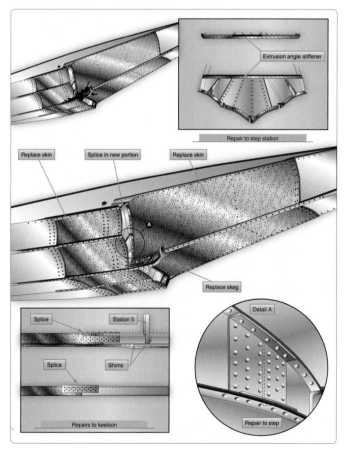

▲ 그림 2–54 부유수리

그림 2-54와 같이 판금 부유는 인가된 관례를 사용하여 수리해야 한다. 그러나 판금의 섹션 사이에 이음매는 적당한 우포와 실링제(sealing compound)로 방수시킨다. 선체 수리를 겪은 부유는 어떤 누설이 전개되는지 점검하기 위해 물로 채우고 적어도 24시간 동안 세워놓고 시험해야 한다.

2) 주름진/물결무늬 외판수리(Corrugated Skin Repair)

그림 2-55와 같이, 소형 일반 항공용 항공기의 조종장치 중 일부는 외판에 비드선을 갖고 있다. 비드는 얇은 외판에 약간의 강직을 준다. 수리 판재조각용 비드는 회전 성형구 또는 프레스 절곡기로 성형할 수 있다.

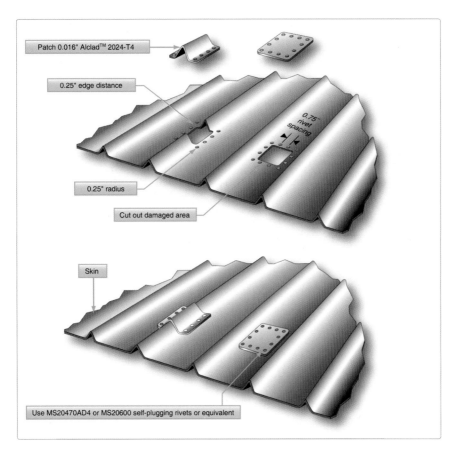

▲ 그림 2-55 물결무늬 외판수리

3) 패널 교체(Replacement of a Panel)

그림 2-56과 같이, 수리할 수 있는 한도를 초과하여 금속 항공기 외판이 손상되면 전체 패널을 교체한다. 패널은 특정 섹션 또는 면적에서 이전에 너무 많은 수리를 하였을 때에도 교체한다.

항공기 구조에 있어서 패널은 단순한 금속 피복의 단 하나의 판재다. 패널 섹션은 인접한 스트링거와 격벽 사이의 패널 부분이다. 외판부문이 표준 외판수리로는 할 수 없는 규모로 손상된 곳에서는 특수한 수리 유형이 필요하다. 필요한 수리의 특정 유형은 손상이 부재 외부에서 수리할 수 있는 것인지, 부재를 내부에서 수리할 수 있는 것인지, 또는 패널의 가장자리로 수리할 수 있는 것인지에 따라서 다르다.

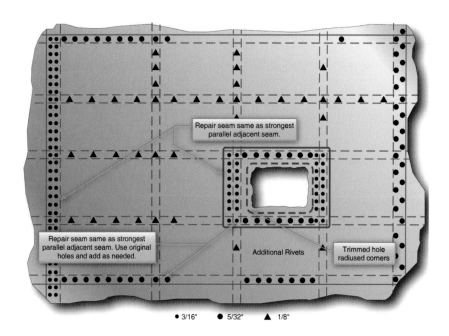

Repair seam same as strongest parallel adjacent seam.

Repair seam same as strongest parallel adjacent seam. Use original holes and add as needed.

Additional Rivets

Trimmed hole radiused corners

● 3/16" ● 5/32" ▲ 1/8"

▲ 그림 2-56 패널 전체 교체

4) 부재 외부(Outside the Member)

다듬질 후에 8½ 리벳 직경 또는 그 이상의 손상에 대해서는 리벳 제작사의 열을 포함해서 판재조각을 확장시키고 부재 내부에 열을 추가한다.

5) 부재 내부(Inside the Member)

부재 내부에서 다듬질한 후 재료의 제작사 리벳 직경보다 8½이 작은 손상은 부재위로 확장시킨 판재조각과 외부를 따라 추가된 리벳의 열을 사용한다.

6) 패널 가장자리(Edges of the Panel)

패널의 가장자리로 확장된 손상은 제작사가 1열 이상을 사용하지 않았다면 패널 가장자리를 따라 1열의 리벳만 사용한다. 손상의 다른 가장자리에 대한 수리절차는 이전에 설명한 방법을 따른다.

세 가지 패널 모두를 수리하는 절차는 유사하다. 이전 단락에서 설명한 허용오차를 주어 손상된 부분을 다듬질한다. 응력 완화를 위하여 다듬질한 부분의 모서리를 1/2inch 최소반경으로 둥글게 한다. 대략 5개 리벳 직경의 가로피치(transverse pitch)로 새로운 리벳 열을 배치하고 제작사가 작업한대로 리벳을 엇갈리게 한다. 원래 두께나 그다음 두꺼운 두께와 같은 재료로 판재조각판을 절단하고 2½ 리벳 직경의 연거리 여유를 준다. 모서리에 연거리와 같게 아크를 두들겨서 만든다.

판재조각판의 가장자리를 45° 각도로 약간 둥글게 깎고 판을 원형구조물의 모양에 맞게 성형한다. 가장자리가 잘 맞도록 가장자리를 약간 아래쪽으로 향하게 한다. 판재조각판을 올바른 위치에 놓고 리벳홀 1개를 천공한 다음 훼스너로 판을 제 위치에 임시로 고정시킨다. 홀 찾기를 사용해서 두 번째 홀의 위치를 정하고, 홀을 내고, 두 번째 훼스너를 삽입한다. 그다음 뒤쪽으로부터 원래의 홀을 통하여 위치를 정하고 나머지 홀을 뚫는다. 리벳홀에서 깔쭉깔쭉한 것을 제거하고 판재조각을 제 위치에 리벳박기 전에 접촉되는 표면에 부식방지물질을 도포한다.

7) 무게줄임홀 수리(Repair of Lightening Holes)

이전에 설명한 바와 같이, 무게줄임홀이란 무게를 감소시키기 위하여 리브섹션, 동체, 뼈대, 그리고 기타 구조부품에서 잘라낸 홀을 말한다. 홀은 더 단단한 웨브를 만들기 위해 플랜지를 붙인다. 균열이 플랜지를 붙인 무게줄임홀 주위로 전개될 수 있으며 이러한 균열은 수리 판으로 수리한다.

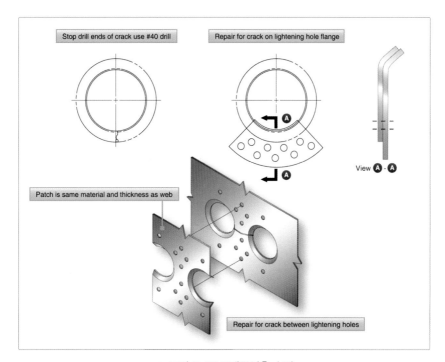

▲ 그림 2-57 무게줄임홀 수리

균열의 손상지역은 스톱드릴하거나 손상을 제거해야 한다. 수리 판은 손상된 부품과 동일한 재료와 두께로 제작한다. 리벳은 구조물을 둘러싸고 있는 것과 동일하고 최소 연거리는 직경에 2배이며, 간격두기는 직경에 4~6배다. 그림 2-57에서는 대표적인 무게줄임홀 수리를 보여준다.

8) 여압지역의 수리(Repairs to a Pressurized Area)

그림 2-58과 같이, 항공기의 외판은 비행 시에 압력이 가해져서 높은 응력을 받는다. 여압 주기는 외판에 하중을 가하고 이 유형의 구조물에서 수리할 경우 비여압외판에서 하는 수리보다 더 많은 리벳이 필요하다.

① 손상된 외판 섹션을 떼어놓는다.

② 모든 모서리 반지름이 0.5inch로 한다.

③ 동일한 유형의 재료로 그러나 외판보다 한 크기 더 큰 두께로 보강재를 조립한다. 보강재의 크기는 열의 수, 연거리, 리벳간격두기에 따른다.

④ 손상된 외판과 동일한 재료와 동일한 두께의 장착물을 조립한다. 장착물과 외판 사이의 여유 공간은 대표적으로 0.015~0.035inch이다.

⑤ 보강재, 삽입물 그리고 원래 외판을 통과하는 홀을 천공한다.

⑥ 보강재에 밀폐제를 얇은 층으로 바르고 클레코로 외판에 보강재를 고정한다.

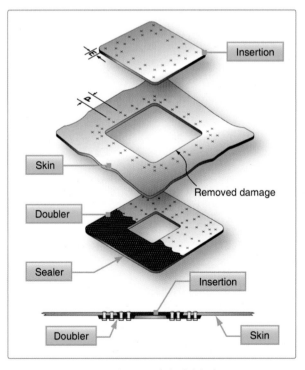

▲ 그림 2-58 여압 외판수리

⑦ 면적 주위와 동일한 유형의 훼스너를 사용하고 외판에 보강재를 장착하고 보강재에 삽입물을 장착한다. 장착하기 전에 밀폐제에 모든 훼스너를 잠깐 담근다.

9) 스트링거 수리(Stringer Repair)

동체 스트링거는 항공기 앞머리에서 꼬리까지 분포되고 날개 스트링거는 동체에서 날개끝(wing tip)까지 분포된다. 조종면제어 스트링거는 보통 조종익면의 길이를 연장한다. 동체, 날개 또는 조종익면 외판은 스트링거에 리벳된다.

스트링거는 진동, 부식 또는 충돌에 의해 손상된다. 스트링거는 여러 가지 다른 형태로 만들어졌기 때문에 수리절차도 각기 다르다. 수리할 때 미리 성형되거나 압출된 수리 재료나 기체 정비사가 성형한 재료를 필요하다. 일부 수리는 이 두 가지 종류의 수리 재료 모두가 필요하다. 그림 2-59과 같이, 스트링거를 수리할 때, 첫 번째로 손상의 규모를 판단하고 둘러싸인 규모의 리벳을 제거한다. 그다음 쇠톱, 둥근 톱(keyhole saw), 드릴, 그리고 줄을 사용해서 손상지역을 제거한다. 대부분 스트링거 수리는 장착물과 스플라이스 각재 사용이 필요하다. 수리 시 스트링거에 스플라이스 앵글을 위치시킬 때 수리 부분의 위치에 대해서는 해당 구조수리 매뉴얼을 참조하도록 한다. 어떤 스트링거는 스플라이스 앵글을 바깥쪽에 두는 반면에 어떤 스트링거는 안쪽에 두어 수리한다.

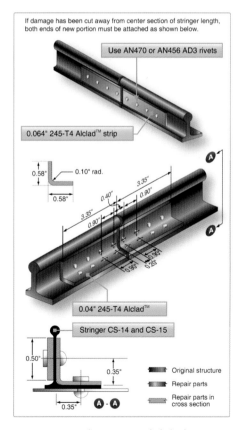

▲ 그림 2-59 **스트링거 수리**

각재와 삽입물 또는 충전재(filler)를 수리하기 위해 일반적으로 사출성형과 미리 성형된 재료를 사용한다. 수리각재와 충전재를 평판 원료로부터 성형해야 하면 절곡기를 사용한다. 이와 같이 성형된 부품을 위해 배치도와 굽힘을 만들 때는, 굽힘허용오차와 시선을 사용하는 것이 필요하다. 굴곡진 스트링거를 수리하기 위해서는 원래의 윤곽에 맞도록 수리부속품을 만든다.

그림 2-60에서는 부분 보수에 의한 스트링거 수리를 보여준다. 이 수리는 손상이 한쪽 변의 폭에 2/3를 초과하지 않고 12inch 길이를 넘지 않을 때 허용될 수 있다. 이 한도를 초과하는 손상은 다음의 방법 중 한 가지로 수리할 수 있다.

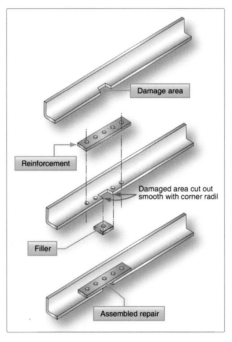

▲ 그림 2-60 판재조각을 이용한 스트링거 수리

그림 2-61에서는 손상이 하나의 변에 2/3의 폭을 초과하는 곳에서 스트링거 중 일부분을 장탈한 뒤 삽입물로 수리하는 것을 보여준다. 그림 2-62에서는 손상이 오직 하나의 스트링거에 영향을 주고 길이가 12inch를 초과할 때 삽입물로 수리하는 것을 보여준다. 그림 2-63에서는 손상이 1개 이상의 스트링거에 영향을 줄 때 삽입물로 수리하는 것을 보여준다.

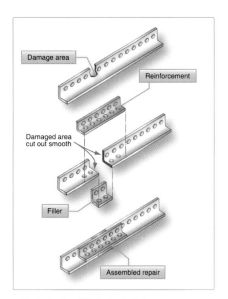

▲ 그림 2–61 스트링거 수리 예 1

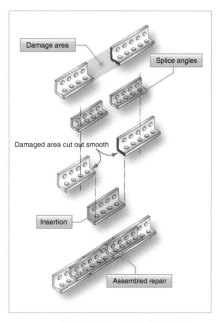

▲ 그림 2–62 스트링거 수리 예 2

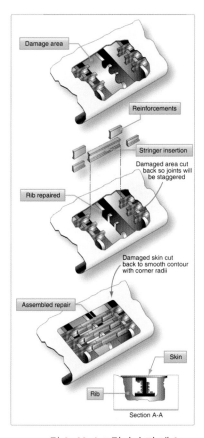

▲ 그림 2–63 스트링거 수리 예 3

10) 성형구 혹은 격벽 수리(Former or Bulkhead Repair)

격벽은 구조물을 형성하고 모양을 유지하는 동체의 타원형 부재다. 격벽 또는 성형구는 성형 링, 본체뼈대, 원주형 링, 벨트뼈대, 그리고 다른 비슷한 이름으로도 부르며 집중된 응력 하중을 견디도록 설계되어 있다.

격벽에는 여러 가지 유형이 있다. 가장 보편적인 유형은 보강재(stiffener)가 부착된 판재 원료로 만들어진 굽은 채널이다. 다른 유형은 보강재 및 플랜지와 같은 장소에 리벳 된 압출각재가 있는 판재 원료로 만든 웨브가 있다. 대부분 이들 부재는 알루미늄합금으로 되어 있다. 내식강 성형구는 고온에 노출되는 면적에서 사용된다.

격벽의 손상은 다른 부분의 손상과 마찬가지로 분류된다. 각 유형 손상의 명세서는 제작사에 의해 수립되고 항공기를 위한 특정 정보는 항공기 정비 매뉴얼 또는 구조수리 매뉴얼에서 제공된다. 격벽은 수리정보를 찾는 데 매우 도움이 되는 위치 숫자로 구분된다. 그림 2-64에서는 성형구, 뼈대부문, 또는 격벽의 대표적인 수리를 보여준다.

① No.40 크기 드릴로 균열의 끝에 스톱드릴을 한다.

② 동일한 재료나 수리하는 부분보다 한 크기 더 두꺼운 보강재를 조립한다. 보강재는 0.30inch

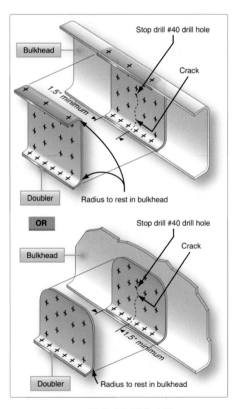

▲ 그림 2-64 격벽 수리

의 최소연거리와 서로 엇갈린 열 사이에 0.50inch 간격두기로 1inch 거리를 둔 공간에 1/8inch 리벳홀을 수용하기에 충분히 큰 크기여야 한다.

③ 클램프로 부분에 보강재를 부착시키고 홀을 천공한다.

④ 리벳을 장착한다.

예비부품을 사용할 수 없으면 대부분 격벽수리는 평판 원료로 만든다. 평판으로 수리할 때는 대체 재료가 원래 재료와 동등한 단면인장, 압축, 전단, 그리고 지압강도를 받는 것을 주지한다. 대체 재료는 원래 재료보다 단면적이 작거나 얇은 것을 절대로 사용하지 않는다. 평판으로 만들어진 굴곡진 수리부속품은 성형하기 전에 "O" 상태에 있어야 하고 장착하기 전에 열처리해야 한다.

11) 세로뼈대 수리(Longeron Repair)

일반적으로 세로뼈대는 스트링거와 대략 같은 기능을 갖는 비교적 무거운 부재다. 결과적으로 세로뼈대 수리는 스트링거 수리와 유사하다. 세로뼈대가 무겁고 스트링거보다 많은 힘이 필요하기 때문에 수리에는 무거운 리벳이 사용된다. 더 큰 정밀도가 필요하기 때문에 세로뼈대의 수리 장착에 볼트를 사용하지만 리벳만큼 적합하지 않고 장착하는 데 더 많은 시간이 요구된다.

세로뼈대가 성형된 섹션과 압출각재 섹션으로 되어 있으면 각 섹션을 분리해서 고려한다. 세로뼈대 수리도 스트링거 수리 때와 유사하나 리벳피치(pitch)를 4~6배의 리벳 직경으로 유지한다. 볼트가 사용되면 부드럽게 부착되도록 볼트 홀을 뚫는다.

12) 날개보 수리(Spar Repair)

날개보는 날개의 주요 지지부재다. 다른 구성부품에도 날개에서 날개보가 하는 기능과 동일한 기능을 하는 날개보라고 부르는 지지 부재를 가질 수 있다. 날개보가 중앙에 있지 않더라도 그것이 위치한 곳의 섹션에서 중추(hub) 또는 기반으로 사용되는 것으로 간주한다. 날개보는 섹션의 구성에 있어서 첫 번째 부재이고 다른 구성부품은 그것에 직접 또는 간접으로 부착되어 있다. 날개보가 견디는 하중 때문에 이 부재를 수리할 때 구조물 원형강도를 손상시키지 않게 특별한 주의한다. 날개보는 매우 구조적이기 때문에 일반적으로 웨브수리와 마개(cap) 수리와 같은 두 가지 일반적인 수리의 구분이 필요하다.

그림 2-56과 그림 2-66에서는 대표적인 날개보 수리의 예를 보여준다. 날개보 웨브에서 손상은 원형 또는 직사각형 보강재로서 수리할 수 있다. 1inch보다 작은 손상은 대표적으로 원형 보강재로 수리하는 것이고 더 큰 손상은 직사각형 보강재로 수리한다.

① 손상을 제거하고 모든 모서리를 0.5inch로 둥글린다.

② 동일한 재료와 동일한 두께로 보강재를 조립한다. 보강재 크기는 연거리(최소 2D)와 리벳간격

두기, 즉 4~6D에 따른다.

③ 보강재와 원래 외판을 관통하여 천공하고 클레코로 보강재를 고정시킨다.

④ 리벳을 장착한다.

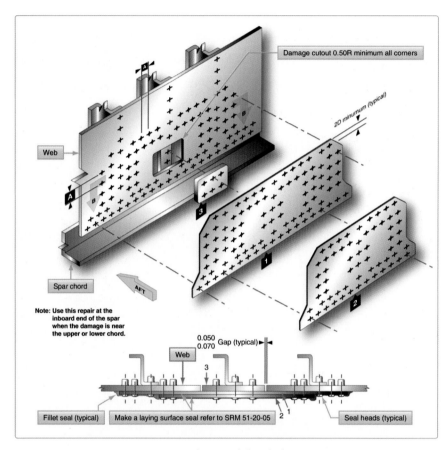

▲ 그림 2–65 날개보 수리

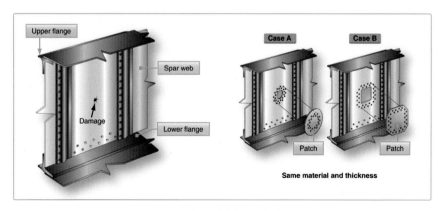

▲ 그림 2–66 날개보 수리

13) 리브와 웨브 수리(Rib and Web Repair)

웨브 수리는 두 가지 유형으로 분류한다.

① 날개리브에 있어서와 같이 매우 중요하다고 간주되는 웨브−섹션에 만드는 것

② 승강타(elevator), 방향타(rudder), 플랩(flap) 등과 같은 덜 중요한 것으로 간주되는 것

웨브 섹션은 부재의 원형강도가 복원되는 방법으로 수리되어야 한다. 웨브를 사용하는 부재의 구조에 있어서 복재(web member)는 통상적으로 부재의 주요 깊이를 형성하는 경량게이지 알루미늄합금이다. 웨브는 덮개띠로 부르는 무거운 알루미늄합금 사출성형으로 결속되어 있다. 이 사출성형은 굽힘에 의하여 발생하는 하중을 받으며 외판을 접합하는 기초가 된다. 웨브는 표준 비드, 성형각재, 또는 웨브를 따라 일정 간격으로 리벳 되어 있는 압출된 섹션으로 보강된다.

틀로 찍는 비드는 웨브 자체의 일부분이고 웨브는 만들어질 때 찍힌다. 보강재(stiffners)는 임계응력이 작용하는 복재에서 발생하는 압축 하중을 이겨내도록 돕는다. 리브는 판재 원료에서 전체를 틀로 찍어내는 것으로 성형한다. 즉, 리브는 덮개띠가 없지만 전체 부분의 주위에 플랜지가 있고, 더하여 리브의 웨브에 무게줄임홀을 갖고 있다. 리브는 보강재를 위해 찍어낸 비드와 함께 성형될 수 있고 또는 보강재를 위해 웨브에 리벳된 압출각재를 가질 수도 있다.

대부분 2개 또는 그 이상의 부재가 손상에 관련되지만 단 1개의 부재만이 손상되어 수리를 필요로 할 경우가 있다. 일반적으로 웨브가 손상되었을 때 손상된 부분을 세척하고 판재조각판을 장착하는 것이 필요한 전부다.

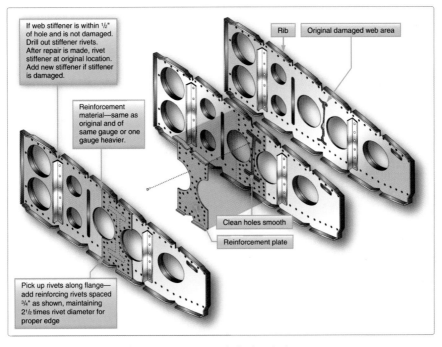

▲ 그림 2−67 날개 리브 수리

판재조각판은 손상된 주위에서 적어도 2열의 리벳을 위한 여유를 주기에 충분한 크기여야 한다. 이것은 리벳에 대한 적당한 연거리, 피치(pitch) 그리고 가로피치(transverse pitch)를 포함한다. 판재조각판은 원부재와 같은 두께와 구성요소를 갖는 재료여야 한다. 판재조각판을 만들 때 무게줄임홀의 윤곽 부품과 같이 어떠한 성형이 필요하다면, "0" 상태의 재료를 사용하고 성형 후에는 열처리한다.

그림 2-67과 같이 단일 판보다 더 큰 수리가 필요한 리브 또는 웨브에 대한 손상은 판재 조각판, 스플라이스 판 또는 각재와 삽입물을 필요로 한다.

14) 리딩에지 수리(Leading Edge Repair)

리딩에지는 날개, 안정판, 또는 다른 날개골(airfoil)의 전면섹션이다. 리딩에지의 목적은 효율적인 공기흐름을 보장하도록 날개 또는 조종익면의 전면부 섹션을 유선형으로 하는 것이다. 리딩에지 내의 공간은 연료를 저장하는 용도로도 사용한다. 이 공간에는 착륙유도등, 배관선 또는 열방빙장치(Thermal Anti-icing System)와 같은 추가장비가 들어 있다.

리딩에지섹션의 구조는 항공기의 유형에 따라 다양하다. 일반적으로 덮개띠, 앞머리 리브, 스트링거 및 외판 등으로 구성되어 있다. 덮개띠는 주된 세로로 길게 뻗은 사출성형이고, 리딩에지를 강하게 하고 동시에 앞머리 리브와 외판의 기초를 제공하며 리딩에지를 전방날개보에 연결한다.

앞머리 리브는 알루미늄합금판을 찍어서 만들거나 기계로 만든다. 이 리브는 U자형이고 웨브를 강화하였을 수 있다. 이 리브의 목적은 설계에 관계없이 리딩에지에 윤곽을 구성하는 것이다. 보강재는 리딩에지를 보강하기 위하여 사용되며 앞머리 외피를 당겨 펴기 위한 대들보로도 쓰인다. 앞머리 외피를 당겨 펼 때는 다른 리벳을 사용하지 않고 접시머리 리벳을 사용한다.

열방빙장치로 구성된 리딩에지는 얇은 공기층으로 분리된 2겹 외판으로 되어 있다. 강도를 증가

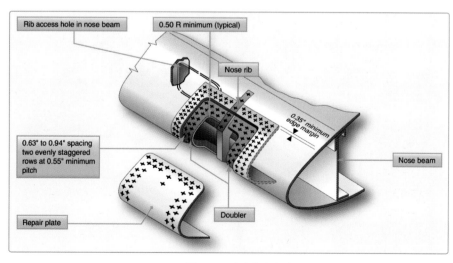

▲ 그림 2-68 리딩에지 수리

시키기 위해 주름잡아놓은 내피는 얼음막이 목적으로 앞머리 외피 쪽으로 뜨거운 공기를 전달하기 위해 홀이 뚫려 있다. 손상은 다른 물체, 즉 돌 조각, 날아가는 새 그리고 우박 등과 접촉해서 발생하지만 주로 비행기가 지상에 있는 동안 부주의하여 일어난다.

리딩에지에서 일반적으로 몇몇의 구조 부품이 손상된다. 외부이물손상(FOD)은 앞머리 외피, 앞머리 리브, 스트링거, 그리고 덮개띠를 연관한다. 이와 같은 모든 부재의 손상 시에 수리가 가능하려면 점검구(access door)를 만들어야 한다. 첫 번째, 손상 부위를 떼내어 수리 절차를 밟아야 한다. 수리에는 삽입물과 스플라이스 부분이 필요하다. 손상이 심각하다면 덮개띠와 스트링거, 새로운 앞머리 리브 그리고 외판을 수리해야 한다. 리딩에지를 수리할 때는 이런 유형의 수리에 맞는 수리 설명서에 언급된 절차를 따라야 한다. 그림 2-68과 같이, 리딩에지의 수리는 수리부속품을 기존 구조물에 끼워 맞도록 성형해야 하기 때문에 평면형 구조물과 직선형 구조물에서 수리하는 것보다 더 어렵다.

15) 트레일링에지 수리(Trailing Edge Repair)

트레일링에지는 날개골의 가장 뒷부분이며 날개, 보조익, 방향타, 승강타 그리고 안정판에 있다. 이것은 보통 리브 섹션의 끝을 서로 묶어 매고 상하 외판을 결합시켜서 가장자리의 모양을 형성하는 금속 조각이다. 트레일링에지는 구조부재가 아니지만 모든 경우에 있어서 항상 높은 응력을 받는 것으로 간주된다.

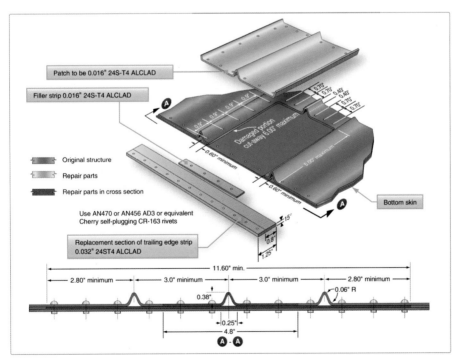

▲ 그림 2-69 트레일링에지 수리

트레일링에지의 손상은 1개의 지점에 국한하거나 2개나 그 이상의 리브 섹션 사이의 전체 길이에 걸쳐 확장되기도 한다. 충돌과 부주의한 취급으로 인한 손상을 제외하고도 부식에 의한 손상이 종종 있다. 트레일링에지는 습기가 모이거나 고이는 곳이기 때문에 부식되기 쉽다.

수리하기 전에 손상된 부분을 검사하고 손상의 정도에 따라 수리의 유형과 수리작업을 할 방법을 결정한다. 트레일링에지를 수리할 때는 수리한 지역이 원래의 섹션과 같은 형태, 같은 성분의 재료 및 같은 강도여야 한다. 그림 2-69와 같이, 수리는 날개골의 설계 특성을 유지하도록 만들어야 한다.

16) 특화 수리(Specialized Repair)

그림 2-70에서 그림 2-74까지는 구조부재에 대한 여러 가지 수리의 예를 보여준다. 특정 치수는 포함되지 않았다. 그림이 실제 구조물에 대한 수리 지침으로 사용되기보다는 일반적인 수리의 기본 설계 철학(philosophy)을 제공하도록 의도되었기 때문이다. 수리할 수 있는 최대허용오차 손상과 수리하기 위해 권장되는 방법을 구하기 위해서는 특정 항공기에 대한 구조수리 매뉴얼을 참고한다.

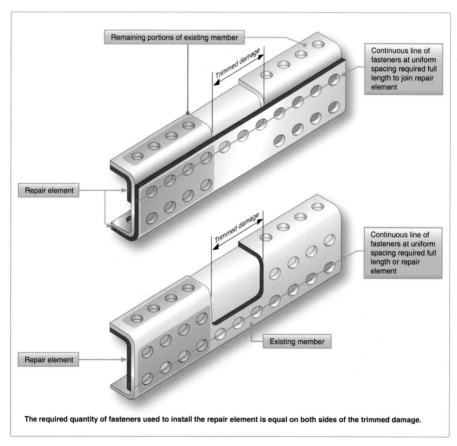

▲ 그림 2-70 C-채널 수리

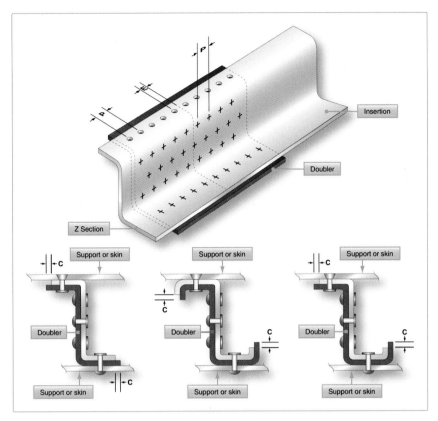

▲ 그림 2-71 Z-섹션 수리

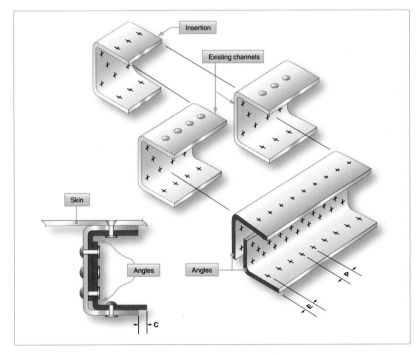

▲ 그림 2-72 U-채널 수리

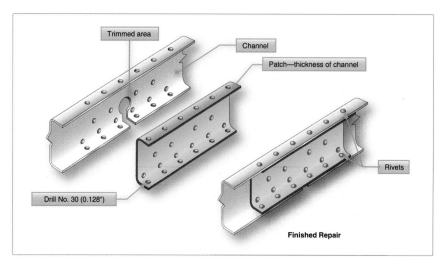

▲ 그림 2-73 판재조각을 이용한 채널 수리

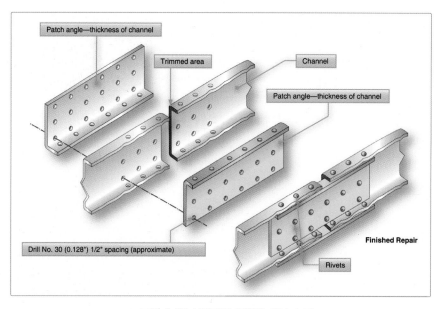

▲ 그림 2-74 삽입재를 이용한 채널 수리

17) Inspection Openings

해당 항공기 정비 매뉴얼에 의해 허용된다면 검사 목적을 위한 동일 평면 점검구(Flush Access Door)를 장착할 경우 내부 구조물뿐만 아니라 해당 면적에서 외판의 손상까지도 수리하기 쉽다. 그림 2-75와 같이 보강재와 응력을 받는 덮개판(Cover plate)으로 장착한다. 너트플레이트의 단일 열은 보강재에 리벳되고 보강재는 서로 엇갈리는 리벳의 2열로 외판에 리벳된다. 그다음 덮개판을 기계스크루로 보강재에 부착시킨다.

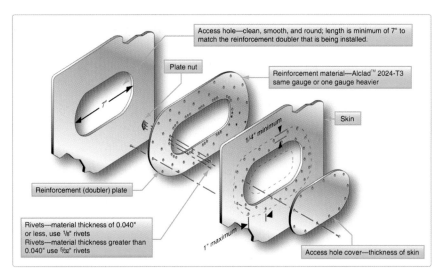

▲ 그림 2-75 **점검홀**

CHAPTER 3 항공기 표면처리 부식처리 및 세척, 도장
Aircraft Surface Treatment

3-1 부식관리(corrosion control)

항공기 구조물(structure)은 주로 금속(metal)으로 만들어져 있으며 이들 구조물에 발생하는 부식(corrosion)은 심각한 손상을 줄 수 있다. 따라서 유해한 영향으로부터 보호되어야 한다. 보호하는 방법으로는 내식성합금을 만들거나 금속 또는 화성피막을 입히는 방법 등이 적용된다. 항공기를 사용하는 동안에, 점성의 윤활제와 방습제 등 예방하기 위한 보호제사용 방법을 적용하기도 한다.

1차 구조부재에 복합재료가 사용된 항공기 기체라 하더라도 부식 방지에 소홀히 해서는 안 되며 복합재료 부분은 부식 발생가능성이 없지만 함께 장착된 구성품들을 주의 깊게 살펴보아야 한다.

금속의 성질을 악화시키는 금속부식은 화학침식 또는 전기화학침식으로 구분할 수 있으며, 손상의 형태는 표면에서뿐만 아니라 내부 깊숙한 곳까지 손상을 일으킬 수 있다. 마치 나무가 썩음으로 인해 매끄러운 표면을 변화시키고, 내부를 약하게 하거나, 구조적인 느슨함을 초래한다.

물 또는 염분을 함유한 수증기, 바다를 포함하거나 공장지대의 매연에 노출된 비행 환경 등은 항공기에 발생하는 부식의 주요 원인 중 하나이다.

만약 부식방지절차를 수행하지 않고 방치해 둔다면, 부식은 항공기의 구조 파괴의 원인으로 작용할 수 있다. 부식의 양상은 금속의 종류에 따라 차이가 있다.

알루미늄합금과 마그네슘의 표면에서는 움푹팸(pitting), 표면의 긁힘(etching) 형태로 나타나고 회색 또는 흰색 가루모양의 파우더 형태로 나타난다. 구리와 구리의 합금은 녹색을 띤 피막 형태로 나타나며 철금속은 불그스레한 부식의 형태로 나타난다.

1 부식의 형태(Types of Corrosion)

부식의 일반적인 분류의 형태는 두 가지로서 직접화학침식과 전기화학침식으로 구분할 수 있다. 이들 두 가지 형태의 부식에 있어서 금속은 산화물, 수산화물 또는 황산염과 같은 금속화합물로 화학적 성질의 변화를 가져오며 부식 과정은 항상 두 가지 변화를 수반한다.

1) 직접화학침식(Direct Chemical Attack)

직접화학침식 또는 순수한 화학적 부식은 가성의 액체 또는 가스의 성분에 가공되지 않은 금속의 직접 노출로부터 초래되는 형태이다. 전기화학침식과는 달리, 직접화학침식에서의 변화는 동일한 지점에서 동시에 일어나는 것이다. 항공기에서 직접화학침식의 원인이 되는 대부분의 일반적인 부식원인 물질은 엎질러진 배터리용액, 부적당한 세척, 용접, 땜질 또는 납땜 접합부에 존재하는 잔여 용제 그리고 고여 있는 가성의 세척용액 등이다.

용접, 땜질 또는 납땜에 사용되는 수많은 종류의 용제는 부식성이고, 그리고 그들은 사용되는 금속 또는 합금을 화학적으로 침식시킨다. 그러므로 이러한 접합 작업 후 곧바로 표면으로부터 잔여의 점착물을 제거하는 것은 대단히 중요하다. 잔여 점착물들은 성질상 흡습성을 가지고 있으며 이러한 흡수성은 습기를 흡수하고, 주의 깊게 관리되지 않으면 침식 등 부식의 원인이 되기 쉽다. 농축된 형태의 부식성 세척용액은 반드시 마개를 하고 가능한 항공기로부터 멀리 보관하여야 한다.

부식 제거에 사용되는 일부 세척용액은 그들 자체가 잠재적으로 부식성의 물질이기 때문에 항공기에 사용된 후 완전하게 제거될 수 있도록 주의 깊은 관리가 필요하며 세척제의 선택 시 부식의 위험성이 낮은 용제를 선택하여 사용하도록 한다.

2) 전기화학침식(Electrochemical Attack)

전기화학침식은 전기도금, 양극산화처리 또는 드라이셀 배터리(Dry-cell Battery)에서 일어나는 전해반응에 의한 화학적 변화로 설명된다. 화학적 변화는 전기의 작은 전류를 전도하는 능력이 있는 매개물질, 즉 보통 물을 필요로 한다. 금속이 부식성의 용제와 접촉될 때 전자(Electron)가 흐르게 되며 액체 또는 가스 형태로 연결될 때, 금속 산화의 침식 형태로 부식이 나타나며 소금물과 같은 형태로 전도성이 강한 물질과 연결되면 부식이 빠른 형태로 진행된다. 모든 금속과 합금은 전기적으로 활동적이며 주어진 화학적인 환경에서 특정한 전기적 전도성을 갖고 있다.

항공기 구조물에 사용을 위해 선택한 금속은 강도, 무게, 내식성, 가동성 등을 구조적인 특성과 비용 측면에서 균형점을 찾아 선택하게 된다.

또한 합금에서 성분은 일반적으로 서로 다른 특정한 전기의 전도성을 갖는다. 전도성의 물질이 합금표면에 노출될 경우 표면접촉에 의한 부식 가능 조건을 성립하는 양극과 음극이 구성되고, 적절한 조건이 지속되고 이종금속 간 전기전도성의 차이가 크면 클수록, 전기화학적 침식에 의한 부식의 위험성은 더 커질 것이다.

이들의 부식 반응에 대한 조건은 서로 다른 전위를 갖는 전도성의 액체와 금속의 존재이다. 만약 정기적인 세척, 표면 재가공에 의해, 전도성 매질을 제거하여 전기회로 구성을 제거한다면 전기화학적 부식은 일어날 수 없으며 항공기 구조물과 부품의 연결부위에 발생하는 부식 형태의 효과적인 방지 원칙이 될 것이다.

3-2 부식의 유형(Forms of Corrosion)

부식은 그 금속의 종류, 크기, 모양, 대기조건과 부식을 유발하는 원인물질의 존재 여부에 따라서 다양한 형태로 나타나며, 이 장에서는 기체구조에서 찾아볼 수 있는 가장 일반적인 형태의 부식을 살펴보도록 한다.

❶ 표면부식(Surface Corrosion)

표면부식은 직접화학침식 또는 전기화학침식에 의해서 형성되며 가루모양의 부식 생성물로 확인 가능하고, 표면의 거칠어짐(Roughening), 긁힘, 패임 등의 형태로 나타난다. 하지만 때로는 표면의 코팅 부분 아래쪽에서 발생하기도 하며 거칠어짐이나 가루모양의 형태로 확인하기 어렵기도 하다.

필리폼 부식(Filiform corrosion)은 페인트 작업 전 화학적 처리가 부적절하게 행하여졌을 때 발생하며 페인트 아래에 연속된 작은 벌레의 형태로 나타난다.

❷ 이질금속 간 부식(Dissimilar Metal Corrosion)

광범위하게 표면이 떨어져나가는 손상은 전도체가 이종금속들 사이에 접촉하여 부식을 진행시킨다. 전식작용(Galvanic action)은 서로 다른 성질의 금속 표면 사이에 절연이 파괴되었거나 빠뜨려진 곳에 접촉이 일어나 발생한다. 전기화학침식은 경험에서 알 수 있듯이 보이지 않는 곳에서 발생하는 경우가 많아 상당한 위험을 초래한다. 이러한 위험을 찾아내는 방법은 정기적인 분해 검사 방법이 효과적이다. 또한 기계적인 접촉에 의한 금속의 표면 손상이나 오염 또한 이질금속 부식을 유발하는 원인이 되기도 한다. 알루미늄 또는 마그네슘 구조부재는 철재 브러시 또는 세척 용품의 부적절한 사용으로 인해 작업자들에 의해 만들어지기도 한다. 이러한 오류를 예방하기 위해서는 금속 가공에 한 번 사용한 소모자재의 사용은 재사용을 주의 깊게 선택하여야 한다.

❸ 입자 간 부식(Intergranular Corrosion)

입자 간 부식은 합금의 결정경계(Grain boundary)로 침식이 발생되며, 보통은 합금구조물 성분의 불균일성이 그 원인이다. 알루미늄합금과 일부 스테인리스강의 조합은 이런 형태의 전기화학침식으로 인한 부식에 특히 민감하다. 균일성의 결여는 재료의 제조과정 동안에 가열, 냉각 작업 시에 합금에서 일어나는 변화에 기인하는 것이다. 입자간 부식은 보통 다른 부식처럼 눈에 띄는 표면의 흔적 없이 존재하게 된다.

심각한 입자 간 부식은 때때로 금속의 표면을 들뜨게 하는데 이것은 부식 부산물이 형성될 때 발생하는 압력에 의해 일어나는데 결정경계가 얇은 조각으로 갈라짐으로 인하여 표면에서 금속 조각들이 들뜨거나 떨어져 나간다. 입자 간 부식은 부식 발생 초기 단계에서 검출해 내기가 어렵다. 스파(Spar)와 같은 압출 성형된 부재들은 이러한 입자 간 부식에 취약하다. 초음파검사와 와전류탐상법은 입자 간 부식을 검출해 내는 데 효과적이다.

④ 응력부식(Stress Corrosion)

응력부식은 지속적인 인장응력이 집중되고 부식발생이 높은 환경이 공존하면서 발생한다. 응력부식 균열은 대부분 금속 재료의 구성품에서 찾아볼 수 있지만, 특히 알루미늄, 구리, 스테인리스강 그리고 240,000psi 이상의 고강도 합금강에서 많이 발생한다. 응력부식은 보통 냉간가공 과정을 따라 일어나며 입자 내부 또는 입자 간에 발생한다. 힘으로 끼워 넣는 부싱(Bushing), 벨 크랭크(Bell-crank), 구리스 피팅(Grease Fitting), 쇼크 스트러트(shock strut), 클레비스 핀(clevis pin), 접합부분(joint)과 비 너트(Tubing B-nut)는 응력부식 균열에 쉽게 노출된다.

⑤ 마찰부식(Fretting Corrosion)

마찰부식(fretting corrosion)은 두 금속 간의 접합면에서 미세한 부딪힘이 지속되는 상대운동에 의하여 발생하며 부식성의 침식에 의해 손상되는 형태로 나타난다.

마찰부식은 표면의 점식(pitting)과 가늘게 쪼개진 파편이 발생되는 특징을 가지고 있다. 2개 표면의 상대운동은 제한된 영역에서 마멸이 발생하며 수분의 침투는 마찰부식의 진행을 빠르게 한다. 베어링의 접촉면과 같이 접촉면이 작고 날카로운 형태인 경우 깊은 홈 또는 압축력에 의해 움푹 들어간 형태로 닳아 해지게 되며 마찰부식의 형태가 나타난다.

3-3 부식 발생 요인(Factors Affecting Corrosion)

다양한 요인들이 금속부식의 종류, 속도, 원인 그리고 심각성에 영향을 준다. 이 요인의 일부는 제어가 가능하고 일부는 제어가 불가능하다.

① 기후조건(Climate)

항공기 정비가 이루어지는 환경 조건은 부식 특성과 깊은 관련이 있으며 부식 형성에 크게 영향을 준다. 바닷물과 염기에 노출된 해양환경의 다습한 공기는 건조한 지역의 기후 조건보다 거의 모든 부분에서 부식위험에 노출되어 있으며 항공기에 유해하다. 그뿐만 아니라 온도 조건도 전기화학침식의 속도와 직접적인 관련이 있기 때문에 중요하다.

② 오염물질(Foreign Material)

부식이 시작되는 침식과 부식의 확대에 영향을 미치는 요소의 대표적인 것은 오염물질로서 정비 절차에 의해 충분히 제어할 수 있는 요인이다. 외부 오염물질은 다음과 같은 물질들이 포함된다.

(1) 흙과 대기 먼지

(2) 오일, 구리스 그리고 동력장치 부산물

(3) 소금물 그리고 염분 습기의 응축

(4) 엎질러진 배터리 용액 그리고 세척액

(5) 용접, 땜질 용재 찌꺼기

항공기가 깨끗하게 유지되는 것은 매우 중요하며 얼마나 자주 또 얼마만한 범위로 항공기를 세척 할지는 항공기의 운항조건, 환경과 깊은 관계가 있다.

3-4 부식의 예방관리(Preventive Maintenance)

항공기의 내식성을 개선하기 위해 재료의 개선, 표면처리, 절연, 그리고 마감처리 등이 있다. 이러한 방법들을 통해 구조부재의 신뢰성을 높이는 것뿐만 아니라 항공기 정비비의 경감을 목표로 한다.

부식방지는 다음의 기능들을 포함한다.

(1) 적합한 세척

(2) 철저한 주기적인 윤활

(3) 부식과 파손에 대한 정밀한 검사

(4) 부식의 신속한 처리와 손상된 페인트(Paint) 부분의 터치업(touchup)

(5) 항공기 하부에 장착된 드레인 홀(Drain Hole)의 유지

(6) 연료 탱크의 Sump Drain

(7) 오염원에 노출된 취약 부분의 클리닝(wipe)

(8) 수분 침투 예방을 위한 항공기 Sealing 상태유지와 적절한 환기 유지

(9) 주기된(parked) 항공기에 보호용 Cover의 최대한의 사용

3-5 부식 제거(Corrosion Removal)

일반적으로 완벽한 부식방지 처리는 다음 사항을 포함한다.

(1) 부식이 발생된 부분의 세척과 긁어내는 작업

(2) 최대한 부식 생성물을 제거하는 작업

(3) 패인 곳, 갈라진 틈에 숨어 있는 생성물의 제거와 중화 작업

(4) 부식 생성물이 제거된 부분의 보호막 작업

(5) 부식 방지 코팅 또는 페인트 작업

1 세척과 페인트 제거(Surface Cleaning and Paint Removal)

부식 제거 작업 시에는 침식이 발생된 부분뿐만 아니라 부식이 의심되는 부분까지 보호막을 제거하여야 한다. 부식 생성물의 완전한 제거를 위해서는 부식 발생 부분에 존재하는 그리스, 오일, 오염물과 방부제를 깨끗하게 제거하여야 한다.

이러한 세척 작업은 부식 손상부위 전체가 드러날 수 있도록 하며 정확한 판정 작업을 할 수 있도록 한다. 세척 작업에 사용하고자 하는 세척제의 종류는 제거하고자 하는 부식 물질의 종류에 따라서 선택되는데, 최근 환경오염에 대한 걱정으로 인하여 수용성물질과 중독성이 없는 세척 화합물의 사용이 선호되고 있다. 폭넓게 사용되는 수용성 세척제는 대부분 세척 작업에 사용할 수 있다. 항공기 구조에 최소한의 영향을 주면서 페인트를 벗겨 낼 수 있는 친환경제거제가 사용된다.

넓은 지역에 화학적 페인트 제거 작업을 수행할 경우 가능하면 그늘진 옥외에서 적절한 환기를 확보하고 실시하여야 한다. 이때 항공기의 Tire, Fabric 또는 Acrylic을 포함한 합성고무 표면에 페인트 제거 용액이 접촉하지 않도록 최대한 주의해야 한다. 그리고 제거제는 항공기에 적용된 밀폐제의 기능을 약화시킬 수 있고 방수 및 가스 누출을 막기 위한 이음매의 손상을 유발할 수 있기 때문에 숙달된 작업 능력이 요구된다. 이때 제거된 부산물들이 중간 중간에 위치한 드레인 홀을 막지 않도록 주의 깊게 살펴봐야 한다. 페인트 제거제는 독성을 포함하고 있으며 피부와 눈 모두에 위험한 성분을 함유하고 있으므로 고무장갑을 사용하고, 보안경을 착용하는 작업자를 보호하기 위한 보호구를 상시착용하도록 한다.

3-6 철금속의 부식(Corrosion of Ferrous Metals)

부식의 가장 일반적인 종류는 철금속의 표면에 공기와의 접촉에 의해서 발생되는 산화철, 즉 녹이다. 일부 금속산화물은 산화 막 하부의 모재를 보호하기도 하지만 일반적인 녹은 보호막이 아니다. 녹의 존재는 공기로부터 수분을 끌어당겨 추가적인 부식의 촉매제 역할을 한다. 만약 부식성의 침식을 완전히 제거하기 원한다면 모든 강제 표면으로부터 녹을 제거하여야 한다.

녹은 제일 먼저 볼트나 너트의 나사산 등 보호되지 않는 하드웨어에 주로 나타나며 이러한 녹의 발생이 위험한 것은 아니고 또한 주요부품의 구조 강도에 즉각적인 악영향을 주지는 않는다. 녹 찌꺼기들은 주변의 다른 금속 부품들의 부식의 원인이 되고 부식을 촉진시키는 역할을 한다. 이렇듯 녹은 심각한 부식의 가능성을 나타내고 정비의 필요성을 강하게 대변하는 것이고 장비의 일반적인 상태를 말해주는 지표로서 작용하기도 한다.

페인트가 벗겨지거나 부품의 기계적인 손상이 발생한 상태에서 공기 중에 노출되면 아주 작은 녹이라 할지라도 잠재적인 위험 요소이며 적극적인 정비 작업으로 제거되어야 한다.

1 철금속의 기계적 부식 제거(Mechanical Removal of Iron Rust)

철금속의 부식을 제어하는 가장 좋은 방법은 기계적으로 부식 생성물을 완전하게 제거하고 부식 방지제를 활용한 표면의 보호막을 복원시키는 방법이다.

심하게 부식된 철금속의 표면을 제외하고는 연마지와 연마제, 와이어 브러시 등을 활용하여 제거할 수 있다. 그러나 연마제를 사용하여 제거한 뒤, 홈과 가느다란 틈에 남겨진 녹 부산물들을 전부 제거할 수 없으며 연마제와 기계적인 연마 작업만으로 모든 부식 생성물을 제거하는 것은 불가능하다. 일반적인 연마의 방법으로 부품의 녹을 제거하고 세척한 상태라면 더욱 쉽게 부식이 재발생할 것이다.

2 녹의 화학적 제거(Chemical Removal of Rust)

최근 환경에 대한 관심이 고조되고 있으며 녹 제거 방법도 영향을 받아 비가성의 화학적 녹 제거 방법의 중요성이 증가하고 있다. 모재를 화학적인 변화 없이 산화철을 적극적으로 제거시키는 다양한 상업용 제거제들의 선택을 고려하게 되었다. 통상적으로 모든 녹을 제거하는 것은 불가능하므로 철 금속제품에 발생한 녹을 제거하기 위해서는 제품을 장탈하여 완벽하게 녹을 제거하는 방법을 활용하여야 한다. 부식성의 녹 제거제를 사용할 때 비철금속으로부터 분리시키는 것이 필요할 것이고 아마도 정확한 치수에 대한 검사를 필요로 하게 될 것이다.

❸ 강철의 화학적 표면 처리(Chemical Surface Treatment of Steel)

인산염을 활용하여 녹의 발생을 보호막으로 변환시키는 방법이 입증되었고, 상용화된 화학물질 중 사용으로 인한 공차가 심각하지 않고 잔여물질의 세척과 중화가 가능한 녹 제거 제품이 있다. 이러한 녹 제거 제품은 철금속 부품이 장착된 상태에서 사용하는 것은 아니며 장착된 상태로 화학적인 억제제의 사용은 상당한 위험을 초래한다. 이러한 제품을 일상적인 환경에서 사용하는 것은 부식성물질의 잔류와 조절되지 못한 침식의 위험성이 크기 때문에 사용하지 않는 것보다 못한 결과를 가져올 수 있다.

3-7 알루미늄과 그 합금의 부식(Corrosion of Aluminum and Aluminum Alloy)

알루미늄 표면에 발생하는 부식은 흰색의 생성물이 발생하고 일반적으로 원래의 모재보다 부피가 늘어나는 형상으로 나타나기 때문에 쉽게 발견할 수 있으며 부식 발생 초기에도 에칭(Etching), 떨어져나간 부분, 거칠어진 표면 등으로 나타난다.

두께의 매끄러운 표면 산화 현상이 나타나는데 이러한 현상은 심각하게 다루는 부식들과는 다른 성질의 것이며, 표면의 코팅 처리는 부식 발생원인 물질의 침투를 막아주는 방어벽을 만들어 준다.

알루미늄의 일반적인 표면 부식은 비교적 속도가 느리지만, 침투한 염분 성분의 존재는 그 발생 속도를 빠르게 조장한다. 좀 더 심각한 부식은 보통 구조강도의 극심한 손실이 전개되기 전에 발생한다. 알루미늄합금의 부식 중에서 심각하게 다루어져야 할 세 가지 형태는 알루미늄 튜브의 벽에 발생하는 핏 타입(Pit-Type) 부식, 지속적인 응력 발생으로 인한 재료의 응력부식균열(Stress-Corrosion Cracking) 그리고 알루미늄합금의 특성을 벗어난 부적절한 열처리로 인한 입자 간 부식(Inter-Granular Attack)이다.

알루미늄의 부식은 항공기에서 발생하는 다양한 구조재료의 부식과 비교할 때 효과적으로 발생된 부식을 관리할 수 있다. 일반적으로 부식방지 처리는 부식 생성물의 최대한의 기계적 방법의 제거, 화학적 용제를 활용한 잔류 부식 생성물의 제거 그리고 부식 방지제의 도포 등의 순서로 복원이 진행된다.

3-8 마그네슘합금의 부식(Corrosion of Magnesium Alloy)

마그네슘합금은 항공기 구조물에 사용되는 금속재료 중에서 화학적으로 가장 활동적인 재질이며 보호하기에도 어려운 물질이다. 보호막의 훼손은 구조손상을 피하기 위해 신속하고 완벽한 복구 작업이 필요하다. 마그네슘 부식은 부식 생성물이 원래의 마그네슘 금속보다 부피가 몇 배 크게 나타나는 특징으로 인해 초기 단계에 쉽게 부식 발생현상을 찾아낼 수 있는 타입니다. 마그네슘 부식의 시작은 페인트의 들어 올림과 마그네슘 표면의 흰색 반점으로 나타나며 눈(Snow)과 같은 결정과 흰색 콧수염 모양의 부식 진행으로 빠르게 진전된다. 이러한 마그네슘합금의 부식 처리는 부식 생성물의 제거, 약품 처리를 통한 표면 코팅의 부분적인 복원과 보호막의 재적용을 포함한다.

3-9 티타늄과 그 합금의 부식처리(Treatment of Titanium and Titanium Alloy)

티타늄합금의 부식은 일반적으로 발견해내기 어렵다. 본래 티타늄합금은 내식성이 강하지만 고온에서 염분 부착물에 노출될 경우, 금속물의 불순물이 있을 경우 부식이 발생하게 된다. 세척 작업에서 티타늄합금의 부식 제거를 위해 강모(Steel Wire), 스크레퍼(Iron Scraper) 또는 철 브러시는 사용이 금지된다.

티타늄합금의 세척이 필요할 경우 알루미늄 광택제, 부드러운 연마제를 활용해서 손으로 연마작업을 할 수 있으며, 섬유 브러시를 사용할 경우 중크롬산나트륨의 적용 후에 허용할 수 있다. 여분의 용액의 제거를 위해서 마른 천을 활용하여 표면을 닦아내야 하고 이때 물 사용은 피해야 한다.

3-10 화학적 처리(Chemical Treatments)

◼ 양극산화 처리(Anodizing)

양극산화 처리는 도금하지 않은 알루미늄 표면의 가장 일반적인 표면 처리 방법으로 알루미늄 산화막을 형성하기 위해서 알루미늄합금 판재 또는 주조물은 전해조(Electrolytic Bath) 안에 (+)극을 형성한다.

알루미늄의 산화는 자연적으로 표면 보호 기능을 가지고 있으며, 아노다이징은 그 피막의 두께와 밀도를 증가시키는 역할을 한다. 사용 중에 산화 보호막이 손상되면 부분적인 표면 처리를 통해 복원할 수 있다. 항공정비사는 부식 제거를 위해 세척을 수행할 경우 산화 피막이 함께 제거되지 않도록 주의해야 한다.

양극산화 처리된 피막의 코팅은 훌륭한 부식 방지기능을 제공한다. 피막 코팅은 부드럽고 쉽게 긁힐 수 있기 때문에 프라이머를 도포하기 전에 조심스럽게 다루어야 한다.

아노다이징 처리가 마무리되면 프라이머와 페인트 작업이 바로 진행되어야 한다. 양극산화 처리된 표면은 낮은 전도성 특징을 갖고 있으며, 본딩(Bonding)의 연결이 필요할 경우 양극산화 피막을 제거하고 장착하여야 한다. 알크레드 표면에 페인트 도포가 필요할 경우 알크레드 표면에 양극산화 처리를 하고 페인트 도포 작업을 함으로써 도료가 잘 달라붙도록 한다.

② 알로다이징(Alodizing)

알로다이징은 내부식성과 페인트 접착성을 향상시키기 위한 간단한 화학처리 방법이며 이러한 편리성으로 인해 항공기 정비현장에서 빠르게 아노다이징을 대체하고 있다.

절차는 산성 또는 알칼리성 클리너로 세척하는 전처리 작업이 필요하다. 전처리 작업에 사용된 클리너는 10~15초 동안 깨끗한 물로 헹굼 처리한다. 완전히 행구고 난 후 Alodine®은 담그거나 뿌리거나 브러시하여 바른다. 얇고 두꺼운 코팅의 정도는 구리 성분이 포함되지 않은 합금의 약한 무지개 빛깔에서부터 구리 성분이 포함된 합금에서 올리브 그린 색까지의 범위로 나타난다. 알로다인 용액은 처음 15~30초 동안 냉수 또는 온수에 행구고 추가10~15초 동안 Deoxylyte® Bath에서 헹군다. 이 Bath는 알칼리성을 중화시키고 얇은 알로다인 표면을 만들고 건조하기 위한 목적으로 사용된다.

③ 화학적 표면 처리와 억제제(Chemical Surface Treatment and Inhibitors)

알루미늄합금과 마그네슘합금은 다양한 방법의 표면처리를 통해 기본적으로 보호된다. 철금속은 제작 작업 동안 표면 처리가 된다. 대부분 표면 코팅처리는 현장에서 실용적이지 않은 절차에 따라서만 복구할 수 있다. 그러나 보호막이 손상되어 부식이 발생된 부분은 다시 마무리 작업을 하기 전에 몇 가지 처리 절차를 필요로 한다.

표면처리용 화학제품의 용기에 붙여진 표식에는 그 성분이 가지고 있는 독성과 가연성에 대한 주의를 뜻한다. 예를 들어 표면처리에 사용되는 일부 화학제품은 만약 부주의로 페인트 희석제와 섞였다면 격렬하게 반응할 것이다. 화학적인 표면처리제는 매우 주의 깊게 취급되어야 하고 정확한 혼합 방법이 적용되어야 한다.

④ 크롬산 억제제(Chromic Acid Inhibitor)

소량의 황산으로 활성화 시킨 크롬산의 10%의 용액은 노출되었거나 부식된 알루미늄 표면 처리에 효과적이다. 크롬산 용액은 또한 마그네슘의 부식을 처리할 때에도 사용된다.

이러한 부식방지 처리는 포호피막을 복원시키는 데 도움이 된다. 부식처리는 가능한 곧바로 페인트 마무리 절차가 수행되어야 하고, 크롬산 처리가 수행된 당일을 넘기지 말아야 한다. 3산화크롬의 조각들은 강력한 산화성을 갖고 있는 산(Acid)이다. 이것은 유기용제와 다른 인화물로부터 멀리 보관되어야 한다. 크롬산을 정리하는 데 사용된 걸레도 완전한 세탁을 하거나 폐기한다.

5 중크롬산나트륨(Sodium Dichromate Solution)

알루미늄의 표면 처리를 위해 보다 작은 활동성의약품은 중크롬산나트륨과 크롬산의 혼합물이다. 이 혼합물의 크롬산 억제제보다 금속표면을 덜 부식시킬 것이다.

6 화학물질의 표면 처리(Chemical Surface Treatment)

다양한 공업용 활성화된 크롬산 화합물은 손상되었거나 부식된 알루미늄 표면의 현장에서의 처리를 위해 Specification Mil-C-5541하에서 이용할 수 있다. 사용된 스펀지 또는 헝겊은 건조시킨 후 가능한 화재의 위험을 피하기 위해 완전히 헹구어졌다는 사실을 확인하여야 한다.

3-11 항공기 페인트 및 마무리(Aircraft Painting and Finishing)

1 개요(General Description)

페인트 또는 페인트의 전체 색상 및 상태는 항공기를 처음 보았을 때 우리에게 전달되는 첫 번째 강한 인상이다. 페인트는 그 항공기의 소유주가 누구인지 또는 누가 운용하는지 표현한다. 페인트 정책은 소유자의 생각을 반영하고 아마추어 제작 항공기의 선호 색상을 나타내며 항공기 운영 주체에 대한 색상 및 식별성을 제공한다.

페인트는 미학적인 의미를 넘어 항공기의 무게에 영향을 주며 전체적으로 기체를 보호하는 역할을 수행한다. 최종 마무리 작업은 부식과 그 이외의 손상 발생 가능 요소에 대한 보호 기능을 수행한다. 따라서 적절하게 페인트를 칠하면 항공기 세척 및 정비를 용이하게 하고, 부식 및 기타 오염으로부터 저항 능력을 유지한다.

요구되는 항공기 외관을 보호하고 유지하기 위해 다양한 종류의 페인트 및 마무리 자료가 사용된다. 페인트라는 용어는 보통 프라이머(primer), 에나멜(enamel), 래커(lacquer), 그리고 여러 가지 성분을 조합한 것을 의미한다. 페인트는 세 가지 성분으로 구성되는데 이는 도료(coating material)로서 수지(resin), 색상을 위한 안료(pigment), 그리고 도포 작업을 가능하게 하는 용제(solvent)로 구성된다.

내부 구조물과 노출되지 않은 부분은 부식과 변질되는 현상을 막기 위해 마무리 처리가 필요하다. 또한 노출되는 표면이나 구성품은 상기에서 언급된 보호 역할, 아름다운 외양 및 여러 가지 표기 등을 갖추기 위해 마무리 처리가 필요하다.

② 페인트 재료(Finishing Materials)

항공기용 마무리 재료는 매우 다양한 종류의 재료가 사용되는데 그 대표적인 것들은 다음과 같다.

1) 아세톤(Acetone)

아세톤은 휘발성이 매우 강한 무색 용제이며, 페인트, 매니큐어, 그리고 바니시 제거제의 원료로 사용된다. 이는 대부분 플라스틱에 대해서는 강한 용제이며, 유리섬유 수지, 폴리에스테르 수지, 비닐, 그리고 접착제를 묽게 하는 데에는 이상적이다. 아세톤은 금속 재질에서 심한 그리스(grease)를 제거하거나 도핑(doping) 전에 천 종류로부터 그리스를 제거하는 데 적절하다. 아세톤은 너무 빨리 마르는 현상으로 온도를 낮추고 물기를 응집하는 특성이 있어 도포 작업 시 시너로 사용해서는 안된다.

2) 알코올(Alcohol)

습도가 높은 날 도포 필름의 건조를 지연시키기 위해 부타놀 또는 부틸알코올을 천천히 건조되는 용제로 사용할 수 있다. 이때 사용하는 양은 도포 솔벤트에 부틸알코올을 5~10% 정도 섞어주면 된다. 부틸알코올이 증발 비율을 지연시키기 때문에 부타놀과 에틸알코올은 1:1~1:3의 범위 비율로 함께 혼합하여 분무 형태로 사용되는 워시 코팅 프라이머(wash coat primer)를 희석시키는 데 사용할 수 있다.

에탄올 또는 변성 알코올은 분무를 위해 묽은 도료로 사용되며, 페인트와 바니시 제거제 구성 성분으로 사용된다. 또한 페인트하기 전에 세제와 탈지제로서도 사용된다.

이소프로필 알코올(isopropyl alcohol) 또는 소독용 알코올(rubbing alcohol)은 소독제로 사용할 수 있으며, 산소 계통 세척제의 구성성분으로도 사용된다. 그것은 매끄러운 표면에서 유성 연필과 영구 표식을 제거하는 데 또는 손으로 닦은 것 또는 페인트하기 전에 표면에서 지문 오일 성분을 제거하는 데 사용할 수 있다.

3) 벤젠(Benzene)

벤젠은 달콤한 향내가 나는 인화성이 높고, 무색의 액체로 부분적으로 페인트와 바니시 제거제로 사용하기도 한다. 벤젠은 흡입하거나 또는 피부를 통해 흡수될 때 극히 유독한 화합물이기 때문에 환경보호국(EPA, environmental protection agency)에 의해 관리되는 공업용 용제이다. 이것은 여러 가지 형태의 암을 유발시킬 수 있는 발암 물질이다. 따라서 페인트 장비나 스프레이 건을 세척하는 일반 세척용 솔벤트로 사용해서는 안 된다.

4) 메틸에틸케톤(Methyl Ethyl Ketone: MEK)

2-부타놀(butanone)라고도 불리는 메틸에틸케톤(MEK: methyl ethyl ketone)은 인화성이 높고, 페인트와 바니시 제거용 그리고 페인트와 프라이머 희석용 액체 솔벤트이다. 메틸에틸케톤은 빠르게 증발하는 효과로 인하여 도장 작업에서 발산을 감소시키는 데 도움이 되는 높은 고형의 도장 재료로 사용한다. 메틸에틸케톤 사용 시에는 피부 접촉 및 증기 흡입 가능성을 배제하기 위해 보호 장갑 등 보호 장구를 착용해야 하고 적절한 환기 장치를 설치해야 한다.

5) 염화메틸렌(Methylene Chloride)

염화메틸렌은 무색이며 다양한 다른 용제에 완전히 녹아드는 휘발성 액체이다. 이는 금속 부품에서 페인트 제거제 및 세척제/탈지제로 폭넓게 사용된다. 정상적으로 사용되는 상태에서 발화점이 없어 다른 물질의 인화 능력을 감소시키는 데 사용할 수 있다.

6) 톨루엔(Toluene)

톨루올(toluol) 또는 메틸벤젠(methylbenzene)으로 불리는 톨루엔은 벤젠과 같은 독특한 냄새가 나며 무색의 불수용성 액체이다. 이는 페인트, 페인트 희석제, 락커 및 접착제에 사용되는 일반적인 용제이다. 이 톨루엔은 형광 페인트, 투명 페인트 밀폐제를 연약하게 만드는 페인트 제거제로 사용된다. 또한 아연크롬산염 프라이머의 희석제로서도 적합하다. 그것은 가솔린에 첨가되는 노킹 방지제(antiknocking)로도 사용된다. 톨루엔 증기에 장시간 노출은 두뇌 손상을 초래할 가능성이 있으므로 적절한 보호 장구를 착용하거나 장시간 노출을 피해야 한다.

7) 송진(Turpentine)

송진은 소나무 종류에서 목재를 증류하여 얻는다. 인화성이며, 불수용성 액체 용제인 송진은 바니시, 에나멜, 그리고 다른 유성 페인트의 희석제와 건조 가속제로 사용된다. 송진은 유성 페인트에 사용되는 페인트 장비와 페인트용 솔을 세척하는 데 사용한다.

8) 광물성 스피릿(Mineral Spirits)

석유(petroleum)를 증류시킨 광물성 스피릿(mineral spirit)은 페인트 희석제와 유연한 솔벤트 재료로 사용된다. 이는 페인트 산업에서의 용제로 그리고 에어졸(aerosol), 페인트, 목재 방부제, 락커 및 바니시에 가장 폭넓게 사용된다. 또한 일반적으로 페인트 브러시와 장비들을 세척하는 데 사용된다. 광물성 스피릿은 금속 재질에서 오일과 그리스를 제거하는 데 매우 효율적이기 때문에 각종 장비 공구 및 부품 세척 및 탈지제로 산업계에서 널리 사용된다. 냄새가 약한 광물성 스피릿은 인화성이 낮고 유독성이 덜하다.

9) 나프타(Naphtha)

나프타는 석유로부터 추출되기도 하지만 때때로 석탄에서 처리되고 나오는 여러 가지 휘발성의 탄화수소 혼합물 중의 한 가지이다. 나프타는 인화점이 낮으며, 이동용 열원이나 랜턴 등의 연료로도 사용된다.

10) 아마인유(Linseed Oil)

아마인유는 유성 페인트에서 매개체로서 가장 일반적으로 사용되며, 페인트의 유동성, 투명성 및 광택 성능을 향상시켜 준다. 이는 건조될 때 열을 발생시키기 때문에 자연 발화 현상 등을 제거시키기 위해 사용 후 적절한 후속조치를 취해야 한다.

11) 시너(Thinners)

시너는 프라이머, 페인트 등 다양한 재료들의 점성을 낮추는 솔벤트 성분를 함유하고 있다.

12) 바니시(Varnish)

바니시는 목재 등의 마무리 작업에서 투명한 보호 마무리제로 사용된다.

❸ 프라이머(Primers)

마무리(finishing)와 보호(protection) 기능을 제공하는 프라이머는 최종 페인트가 칠해져 육안으로 보이지 않기 때문에 그 중요성은 느끼지 못하고 있다. 프라이머는 마무리의 기초이다. 프라이머는 표면 접착력을 증대시켜 주고 금속 재질에 발생하는 부식을 예방하며 최종 페인트의 안착 기능을 높여 준다. 이는 또한 금속 표면을 양극화하거나 습기가 있는 표면에 보호막을 형성시켜 준다. 비금속 표면에는 프라이머의 기능이 요구되지 않는다.

1) 워시 프라이머(Wash Primers)

워시 프라이머는 비닐부티랄 수지(vinyl butyral resin), 알코올, 그리고 다른 원료의 용제에 인산(phosphoric acid)이 얇게 놓은 코팅제이다. 그 기능은 표면에 보호막을 형성하여 일시적으로 내식성을 제공하며, 우레탄 또는 에폭시 프라이머와 같은 도장을 위해 우수한 접착 조건을 제공한다.

2) 붉은 철 산화물(Red Iron Oxide)

붉은 철 산화물 프라이머는 온화한 환경 상태에서 철강재 위에 사용하도록 개발된 알키드 수지 접착 코팅제(Alkyd resin-base coating)이다. 이는 녹슨 부분, 오일 및 그리스 위에 사용할 수 있다. 그러나 항공 산업에서는 매우 제한적으로 사용되고 있다.

3) 회색 에나멜 전처리제(Gray Enamel Undercoat)

이것은 여러 가지의 페인트에 적합한 비연마형 프라이머(Non-sanding primer)로서 단일 성분이다. 미세한 결점 부위를 채워주고 수축하지 않고 빠르게 건조되며 높은 내부식성 기능을 갖고 있다.

4) 우레탄(Urethane)

폴리우레탄(polyurethane)은 일반적으로 우레탄으로 간주되나 아크릴우레탄(acrylic urethane)은 그러하지 않다.

우레탄 페인트와 같이 우레탄 프라이머도 양생을 도와주는 물질로 사용된다. 이는 갈아내기가 쉽고 잘 메워지기 때문에 적당한 필름 두께를 유지해야 하는데 만약 너무 많이 가해지면 수축할 수가 있다. 우레탄은 일반적으로 워시 프라이머 위에 바른다. 이 제품을 분무 방식으로 사용 시에는 유해 성분이 나오기 때문에 적절한 보호 장비를 착용해야 한다.

5) 에폭시(Epoxy)

에폭시는 견고하고 단단하며 화학적 작용에 대한 저항력이 강한 제품이고 접착제 성능을 갖고 있는 합성 물질이며 열경화성 수지이다. 따라서 화학적으로 제품을 활성화시키기 위해 촉매제(catalyst)를 사용한다. 그러나 이소시안산염(isocyanate)을 함유하고 있지 않기 때문에 위험한 것으로 분류되지는 않는다. 에폭시는 금속 모재 위에 연마 없이 프라이머/밀폐제로 사용할 수 있으며, 우레탄보다 더 부드럽고 잘게 쪼개지는 현상에 대한 저항력이 양호하다. 따라서 천 종류를 장착하기 전에 강재 튜브 프레임으로 제작된 항공기에 널리 사용되고 있다.

6) 아연 크롬산염(Zinc Chromate)

아연 크롬산염은 에폭시, 폴리우레탄, 그리고 알키드 수지와 같은 서로 다른 형태의 수지로 만든 프라이머에 첨가할 수 있는 내부식성 안료이다. 이전의 아연 크롬산염은 현재 사용되고 있는 상표의 프라이머 색상인 엷은 녹색과 비교할 때 밝은 노란색으로 구별할 수 있다. 공기 중의 습기는 아연 크롬산염이 금속 표면과 반응하게 하는 원인이 되고 부식을 방지하는 비활성층을 형성한다. 과거에는 아연 크롬산염 프라이머는 항공기 페인트에서 표준 프라이머로 사용되었다. 최근에는 환경을 고려하고 새로운 형태의 프라이머가 만들어지고 있으며 기존의 것을 대체하고 있다.

3-12 페인트 식별 기준(Identification of Paints)

1 도프(Dope)

과거 천 외피 형태의 항공기가 널리 운용되었을 때는 기본적인 마무리 처리 방법으로 보호 수단 및 천에 색상을 넣기 위해 도프 방법이 사용되었다. 도프 작업은 천 외피에 인장 강도, 공기 기밀, 기상 변화에 대한 대처 능력, 자외선 보호 역할 및 팽팽함을 유지시켜 주는 부수적 기능을 제공한다.

도프는 외피를 위한 재료로 천 외피를 사용 중인 항공기에 아직도 사용된다. 그러나 항공기 외피용 천의 형태는 변화되었다. 등급 A 면직물(Grade A cotton) 또는 아마포가 오랜 기간에 걸쳐 표준 외피로 사용되어 왔으며, FAA TSO C-15d/AMS 3806c의 성능 요구 조건을 충족시킨다면 향후에도 계속 사용할 수 있다.

현재의 항공 산업에서는 폴리에스테르 재질의 천 외피가 널리 사용되고 있다. 새로운 천 재료가 항공기용으로 특별하게 개발되어 왔으며, 면직물과 아마포가 단연 우수하다. 세손나이트(Ceconite®) 폴리에스테르 천 외피 재료와 함께 사용되는 보호 도장과 보호막 마무리는 형식 증명(STC: supplemental type certificate)의 한 요소이며, 표준 감항성 증명(standard airworthiness certificate)을 갖춘 항공기 외피를 사용할 때에는 지정된 것을 사용해야 한다. 폴리-파이버(Poly-Fiber®) 계통도 형식 증명의 요건으로 특별한 폴리에스테르 천을 사용하나 도프는 사용하지 않는다. 폴리-파이버(Poly-Fiber®) 계통으로 생산된 모든 액체는 셀룰로오스 도프(cellulose dope)가 아니라 비닐로부터 만든다. 비닐 도장은 도프에 비해 여러 가지의 실질적인 이점을 갖고 있다. 그들은 유연성을 주고 수축되지 않으며, 연소를 억제하고 간단한 수리 작업에서는 MEK를 사용하여 천에서 쉽게 제거시킬 수 있다.

2 합성 에나멜(Synthetic Enamel)

합성 에나멜은 내구성과 보호막을 제공하는(Clear Coat가 아님) 유성 단단계(oil-based single-stage) 페인트이다. 이는 내구성을 증가시키기 위해 그리고 건조되는 동안 잃어가는 광택을 증가시키기 위해 경화제와 혼합시킬 수 있다. 이 방법은 마무리 방법 중에서 더 경제적인 형태이다.

3 래커(Lacquers)

래커는 빠르게 건조되고 얇은 피막을 형성할 수 있기 때문에 분무기 방법으로 사용하기에 가장 쉬운 페인트 중 하나이다.

항공기에 외부 도장을 위해 현재 사용되는 래커는 내구성과 환경 문제로 인하여 거의 사용되지 않는다. 페인트 분무기에서 휘발성 유기화합물(VOC: volatile organic compound)의 85% 이상이 대기가 되기 때문에 사용을 금지하는 곳도 있다.

4 폴리우레탄(Polyurethane)

폴리우레탄은 내마모성, 내얼룩짐, 내화학성에 대해서는 다른 코팅 재료에 비해 월등히 우수하다. 폴리우레탄은 광택 처리하는 코팅이었다. 그것은 태양으로부터의 자외선(UV ray) 영향에 의한 손상에 높은 저항력을 갖고 있다. 폴리우레탄은 오늘날의 상업용 항공기에서 코팅과 마무리 재료로 가장 널리 사용되고 있다.

5 우레탄 코팅(Urethane Coating)

우레탄은 페인트나 투명 코팅에 대한 고착제로 사용된다. 이 고착제는 안료를 단단하게 고착시키고 지속적으로 층을 만든다. 전형적으로 우레탄은 베이스(base)와 촉진제(catalyst)로 구성된다. 이 두 가지의 재료를 혼합할 때 내구성 및 광택을 내는 기능을 제공한다.

6 아크릴 우레탄(Acrylic Urethane)

아크릴은 간단하게 플라스틱을 의미한다. 이는 보다 더 딱딱한 표면 형태로 건조된다. 그러나 폴리우레탄과 같이 화학 약품에 대한 저항력은 갖지 못한다. 대부분 아크릴 우레탄은 태양의 자외선(UV ray)에 노출될 때 사용되는 자외선 억제제(UV inhibitor)를 추가하여야 한다.

3-13 페인트 작업 방법(Methods of Applying Finish)

항공기에서 페인트 작업을 수행하는 방법에는 일반적으로 담그기, 브러시 및 분무 방법이 널리 사용된다.

1 담그기(Dipping)

담그기에 의한 마무리 작업은 보통 제작 공장 또는 커다란 정비 공장에서 수행되는 방법으로 마무리할 부품을 마감재가 들어 있는 탱크에 담가서 프라이머 코팅 작업을 수행한다.

❷ 브러싱(Brushing)

브러싱은 일반적으로 표면 마무리 작업에 널리 사용되는 방법으로 분무 방법을 사용하기에는 그 면적이 작은 수리 부위에 이용된다. 사용할 재료를 적절한 농도로 희석시킨 후 브러싱 작업을 수행한다.

❸ 분무 방식(Spraying)

분무 방식은 마무리 작업 상태를 양호하게 하고 넓은 면적을 균일하게 도포시키며 비용적인 측면에서도 매우 효과적인 방법이다. 이 방법을 사용하기 위해서는 압축 공기를 공급하는 장치, 도포할 재료를 담아주는 저장 용기 및 공기와 재료의 희석 비율을 조절하는 장치가 구비된 장비를 갖추고 있어야 한다.

압력이 들어 있는 페인트 분무용 캔 타입은 작은 부위나 부분 도장 작업에 사용할 수는 있으나 항공기 작업용으로는 적합하지 않다.

분무기 장치로는 두 가지 주요 장비가 있다. 좁은 지역을 페인트할 경우에는 일체형 페인트 용기가 붙은 페인트 분무기가 효과적이다. 넓은 지역을 페인트할 경우에는 압력 장치와 페인트 용기가 겸비된 것을 사용하는 것이 바람직한데 이는 작업 중단 또는 재료를 다시 채우는 데서 발생하는 변화 요인을 제거시킨다. 또한 가벼운 분무기 및 부드러운 장치를 사용하면 모든 방향에 대해 일정한 압력으로 분무를 할 수 있어 페인트 상태를 양호하게 만든다.

페인트 분무기에 공급되는 공기는 양질의 페인트 상태를 만들기 위해 물이나 오일 성분이 들어가서는 안 되며, 이를 위해 공기 공급 라인에 적절한 필터 및 방출구를 부착하여 사용해야 한다.

3-14 페인트 작업용 장비(Finishing Equipments)

❶ 페인트 부스(Paint Booth)

페인트 부스는 항공기용 부품을 넣고 페인트하는 작은 공간에서부터 항공기 전체를 위치시키고 전체 페인트 작업을 수행하는 도장용 격납고 등 여러 가지 형태가 있다. 어느 종류를 사용하던지 페인트 상태를 양호하게 하기 위해서는 흙, 물, 불, 바람 등으로부터 부품이나 항공기를 보호할 수 있는 장소이어야 한다. 이상적인 조건으로는 온도와 습도 조절장치, 양호한 조명장치 및 적절한 환기장치를 갖추고 먼지가 없어야 한다.

❷ 압축공기 공급장치(Air Supply)

페인트 분무기를 효율적으로 사용하려면 $10feet^3/min$(CFM)의 공기를 공급하여야 하며, 이때 압력은 적어도 90psi를 연속적으로 공급하기에 적합한 용량을 갖춘 공기 압축기를 사용해야 한다. 압축기에서 공급되는 공기는 깨끗하고 건조해야 하고, 오일 성분이 없어야 한다. 또한 공급 압력을 일정하게 유지시켜 주는 압력 조절기와 습기 제거 장치, 호스 및 적절한 필터를 갖추어야 한다.

❸ 스프레이 장비(Spray Equipment)

1) 공기 압축기(Air Compressors)

피스톤형 압축기는 1단 압축기와 다단계 압축기, 다양한 크기의 모터, 그리고 여러 가지 크기의 저장 탱크를 갖추고 있어야 한다. 페인트 작업에서 중요한 조건인 일정한 체적을 지속적으로 페인트 분무기에 공급해야 한다(그림 3-1 참조).

▲ 그림 3-1 표준 공기 압축기

2) 대형 저장장치(Large Coating Containers)

항공기 전체를 분무하는 것과 같은 대형 페인트 작업에서는 이 저장장치를 사용할 경우 혼합된 많은 양의 페인트를 압력 탱크에 담아 사용할 수 있어 여러 가지 면에서 이점이 있다(그림 3-2 참조).

▲ 그림 3-2 압력 페인트 탱크

3) 시스템 공기 필터(System Air Filters)

피스톤형 공기 압축기를 사용하여 페인트 작업을 수행할 경우에는 공기 공급 호스 내에 물이나 오일을 제거하기 위해 필터를 사용해야 한다(그림 3-3 참조).

▲ 그림 3-3 공기 필터

4 기타 장비 및 공구(Miscellaneous Painting Tools and Equipment)

페인트 작업 시 작업자가 이용하는 기타 장비 및 공구에는 다음과 같은 것들이 있다.

① 여러 가지 폭으로 구성된 마스킹 페이퍼 및 마스킹 테이프

② 건조된 페인트 두께를 측정하기 위한 전자마그네틱 페인트 두께 측정기

③ 새롭게 칠해진 젖은 페인트 측정용 장비

④ 페인트를 분무하기 전에 권고 온도 범위를 유지하기 위한 적외선 표면 온도 측정기

1) 페인트 분무기(Spray Guns)

페인트의 품질을 높이기 위해서는 성능이 우수한 페인트 분무기를 사용하는 것이 중요하다. 특히 항공기 외부 페인트 작업에서와 같이 넓은 지역, 그리고 다양한 표면에 페인트 작업을 수행할 경우 특히 더 중요하다.

(1) 시펀 피드 분무기(Siphon Feed Gun)

시펀 피드 분무기는 널리 사용되고 있는 것으로 건 아래쪽에 위치한 1쿼터 용량의 페인트 컵이 부착되어 있는 전통적인 페인트 분무기이다. 조절된 공기가 분무기를 통해 지나가고 공급용 컵에서 페인트가 공급되도록 구성되어 있다. 이것은 공기와 액체가 공기 컵 외부에서 혼합되는 외부 혼합 분무기 타입이다. 이 건은 대부분 도장 작업에 사용되며 고품질의 마무리 상태를 제공한다(그림 3-4 참조).

▲ 그림 3-4 시펀 피드 분무기

(2) 자중 피드 분무기(Gravity-feed Gun)

자중 피드 분무기는 시펀 피드 분무기와 동일한 고품질의 마무리 상태를 제공한다. 그러나 페인트 공급은 건의 상부에 있는 컵에 위치하며 자중에 의해 공급된다. 작업자는 분무되는 압력과 페인트 흐름을 정밀하게 조정할 수 있다. 그리고 컵에 있는 모든 재료를 이용할 수 있는 외부 혼합 분무기 타입이다(그림 3-5 참조).

▲ 그림 3-5 **자중 피드 분무기**

HVLP 제품 페인트 분무기는 내부 혼합 분무기는 타입이다. 공기와 페인트는 공기 컵 내에서 혼합되고, 페인트 작업 시 저압이 사용된다(그림 3-6 참조).

▲ 그림 3-6 **고용량 저압(HVLP) 분무기**

2) 신선한 공기 공급 시스템(Fresh Air Breathing Systems)

분무 방식으로 코팅 작업을 수행할 경우에는 이소시안나이드(isocyanides)가 함유되어 있으므로 반드시 신선한 공기를 공급하는 장치를 사용해야 한다. 이는 모든 폴리우레탄 도장도 포함된다. 이 시스템은 마스크에 신선한 공기를 일정하게 제공하는 고용량 전기 공급 터빈 시스템을 갖추어야 한다. 이 시스템은 또한 크롬 프라이머 분무 작업이나 항공기 도장을 화학적으로 벗겨내는 작업 수행 시에도 반드시 사용해야 한다(그림 3-7 참조).

▲ 그림 3-7 페인트작업 안전 장비

목탄 필터 방독면는 작업자의 폐와 기도을 보호하기 위해 모든 다른 분무 작업이나 밀폐 작업에서 사용해야 한다. 방독면은 코와 입 주위에 밀착 후 밀봉할 수 있어야 한다(그림 3-8 참조).

▲ 그림 3-8 목탄 필터 방독면

3) 비중 측정용 컵(Viscosity Measuring Cup)

이것은 작은 컵에 긴 핸들 및 액체가 정해진 비율로 흘러나오도록 조절용 구멍이 부착된 것이다. 도료 제조사에서 정해진 압력과 비중을 유지하여 분무하도록 규정하고 있다.

비중 측정기는 여러 가지가 있으며, 페인트를 도포하는 데 일반적으로 많이 사용되는 것 중의 하나가 잔 컵(Zahn cup)이다(그림 3-9 참조).

정밀한 비중 측정을 수행하기 위해서는 시료 재료의 온도를 권고된 $73.5\pm3.5°F(23\pm2\ °C)$의 범위로 유지해야 한다. 그리고 이후 절차는 다음과 같다.

① 최대한 거품이 생기지 않도록 하여 시료를 완전히 섞어준다.

② 표면 아래로 컵이 완전히 가라앉도록 시험하고자 하는 시료 안에 수직으로 잔 컵을 담근다.

③ 한 손에 타이머를 쥐고 시료 밖으로 한 번에 컵을 들어 올린다. 컵의 꼭대기 가장자리가 표면에서 떨어질 때 타이머를 작동시킨다.

④ 페인트의 흐름에서 첫 번째 방물이 구멍 출구를 통과할 때 타이머를 멈춘다. 이때 측정된 초 단위의 값을 유출 시간(efflux time)이라고 부른다.

⑤ 타이머로 측정된 시간과 제조사의 권고 시간을 비교하여 필요하다면 비중을 조정한다.

▲ 그림 3-9 비중 측정용 컵

4) 혼합 장비(Mixing Equipment)

페인트 작업 전에 재료가 완전히 섞이도록 하기 위해 페인트 혼합기를 사용하는데, 많은 양의 재료를 혼합하기 위해서 기계식 페인트 혼합기를 사용하기도 한다. 기계식 페인트 혼합기를 사용할 경우 구동원은 화재나 폭발 발생 가능성을 제거하기 위해 전기 대신 공압장치를 사용해야 한다.

3-15 준비 작업(Preparation)

1 표면 처리(Surfaces)

페인트 작업에서 가장 중요한 요소는 작업이 수행될 표면의 준비 상태이다. 따라서 공정 시간 중에서도 표면 준비에 소요되는 시간이 가장 길다. 갈라진 틈에 있는 페인트는 완전 제거시켜야 한다. 보통 기존 페인트를 제거하기 위해서는 보호복을 착용하고 고무장갑 및 보안경을 착용한 후 환기가 잘되며 68~100°F 정도의 온도를 유지하는 장소에서 수행해야 한다. 항공기에서 적용되는 페인트 작업 공정 절차는 다음과 같다.

① 항공기 표면 구조 재질은 보통 알루미늄이므로 알칼리 성분의 세척제를 사용하는 스카치-브라이트 패드(Scotch-Brite® Pad)로 문질러야 한다. 페인트가 제거되면 물을 사용하여 깨끗이 세척한다.

② 표면에 산성 에칭 용제(acid etch solution)를 바른 후 1~2분 정도 지나서 표면이 축축해지면 스펀지 등을 사용하여 씻어 낸다. 그다음 물로 다시 헹구어 준다. 용제가 침투할 수 있는 모든

부위를 완전히 헹구어야 하는데 이는 추후 부식 발생 가능성을 제거하는 것이다. 필요하다면 이 공정을 반복하여 수행한다.

③ 표면이 완전히 건조되었으면 알로다인(Alodine®) 등의 알루미늄 피막을 발라준다. 이때 재료가 완전히 건조되지 않도록 하여 2~5분 정도 축축하게 유지한다.

④ 표면에서 모든 화학적 염분을 제거하기 위해 물로 완전히 헹구어야 한다. 제품 종류에 따라서 피막은 알루미늄 재질 표면을 엷은 갈색 또는 녹색으로 물들게 한다. 그러나 일부 제품은 무색인 경우도 있다.

⑤ 표면이 충분히 건조되었으면 가능하면 항공기 제작사에서 권고하는 프라이머를 칠한다. 프라이머는 적합한 마무리 도포 재료 중의 하나이다. 2개 부품으로 구성된 에폭시 프라이머는 대부분 에폭시, 우레탄 표면 그리고 폴리우레탄 보호막에 대해 우수한 내식성과 고착성을 제공한다. 아연 크롬산염은 폴리우레탄 페인트와 함께 사용하지 말아야 한다.

⑥ 초벌칠이 필요한 복합 소재 표면은 항공기 전체 구조물에 포함되어 작업이 이루어지거나 페어링, 레이돔, 안테나 그리고 조종면 끝단 부분과 같이 개별 부품으로도 작업이 이루어질 수 있다.

⑦ 에폭시 연마 프라이머는 복합 소재 위에 우수한 표면을 제공하도록 개발되었으며 320 Grit 연마기를 사용하여 최종 연마 작업을 할 수 있다. 적합한 재료로는 2개 부품으로 구성된 에폭시와 폴리우레탄 재료가 있다.

⑧ 마무리 작업은 프라이머 위에 주어진 시간 이내에 칠해야 하며, 최종 페인트 작업 전에 프라이머의 스커프 연마(scuff sanding) 작업이 필요한 경우도 있다. 이러한 모든 절차는 페인트 재료 제작사에서 권고하는 방법 및 절차를 따라 수행되어야 한다.

2 프라이머 & 페인트(Primer and Paint)

일반적으로 항공기용 페인트는 자동차용 페인트에 비해 유연성 및 화학적 저항성이 우수한 특징을 갖는다. 또한 동일한 상표의 페인트가 작업 부위 전체에 사용되어야 한다. 페인트 재료 구입 시에는 제작사로부터 제품의 기술적 또는 재료 구성 데이터 및 사용 시 필요한 안전 관련 데이터를 확인하여 작업 절차에 사용하거나 안전 보호 조치를 취해야 한다.

3-16 분무기 사용 방법(Spray gun Operation)

❶ 분무기 패턴 조절(Adjusting the Spray Pattern)

정확한 분무 형태를 얻기 위해 일반적으로 분무기에 공급되는 공기압은 40~50psi 정도이다. 벽에 테이프로 붙인 마스킹 페이퍼의 조각에 분무하여 분무기 패턴을 시험한다. 벽면에서 약 8~10inch 떨어져 벽에 직각으로 분무기를 잡아준다. 상부 조절 노브(upper control knob)는 분무기의 분무 형태를 조정하는 공기 흐름을 담당한다. 하부 노브(lower knob)는 분무기를 통과하여 분출되는 페인트의 양 또는 볼륨을 제어하여 니들(needle)을 통과하는 유체를 조정한다(그림 3-10 참조).

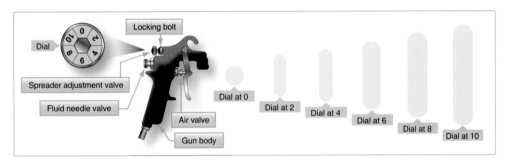

▲ 그림 3-10 분무기 조절

① 방아쇠 레버를 완전히 뒤쪽으로 당긴다.

② 종이쪽으로 분무기를 이동시킨다.

③ 하부 또는 유체 노브에서 오른쪽으로 돌려주면 분무기를 통해 지나가는 페인트의 양이 감소되고 왼쪽으로 돌려주면 페인트의 양이 증가된다.

④ 상부 또는 패턴 조절 노브를 왼쪽으로 돌려주면 분무 형태를 퍼지게 한다. 다이얼을 0에 설정하면 원뿔 모양으로 줄여준다.

⑤ 분무기에서 패턴을 설정했다면 그다음 단계는 표면에 페인트 작업을 수행하면 되는데 이때 양호한 품질을 유지하기 위한 중요한 사항은 분무기를 정확하게 작동시키는 기술 능력에 달려 있다.

❷ 페인트 칠하기(Applying the Finish)

만약 페인트 작업자가 페인트 분무기를 사용해 본 경험이 없다면 관련 기술적 지식을 익히고 충분한 실습을 거친 후 작업을 수행해야 한다.

프라이머와 마무리 작업 사이의 차이점은 프라이머는 광택이 없으나 마무리 작업은 광택이 있는 표면을 형성한다. 프라이머를 바르는 작업은 기본적인 방아쇠 당기는 방법으로 표면으로부터 일정한 거리를 유지하여 일정한 속도로 분무기를 이동시키면서 수행하면 된다.

프라이머는 전형적으로 십자형으로 분무 형태를 이룬다. 십자형은 왼쪽에서 오른쪽으로 분무기가 한쪽 방향으로 지나가고 이어서 위쪽과 아래쪽 움직이면서 이루어진다. 수직 방향으로 교차되어 이루어지면 분무를 처음 시작하는 방향은 문제가 되지 않는다.

편평하고 수평을 이루는 패널에 마무리 재료를 사용하여 분무 작업에 대한 연습을 시작한다. 분무 형태는 이미 벽에 붙인 마스킹 페이퍼를 이용하여 테스트하고 조정해 놓았다. 표면에서 대략 8~10inch 떨어져 수직으로 분무기를 잡아준다. 캡(cap)을 통해서 공기가 지나가기에 충분할 정도로 방아쇠를 당겨주면서 패널을 가로질러 분무기를 이동시킨다. 분무기가 페인트를 시작하려는 지점에 도달하였을 때 방아쇠를 완전히 뒤쪽으로 꽉 쥐어준다. 그리고 끝단에 도달할 때까지 Panel을 가로질러 약 1feet/sec의 속도로 분무기를 계속해서 이동시킨다. 그런 다음 페인트 흐름을 정지시키기에 충분할 정도로 방아쇠를 풀어준다(그림 3-11 참조).

평편한 수평판에서 분무 연습이 숙달되었으면, 다음으로 수직으로 위치한 패널에서 연습을 실시한다.

다음으로 페인트를 십자형을 유지하면서 칠하는 연습을 실시하여 분무 기술을 모두 습득한다.

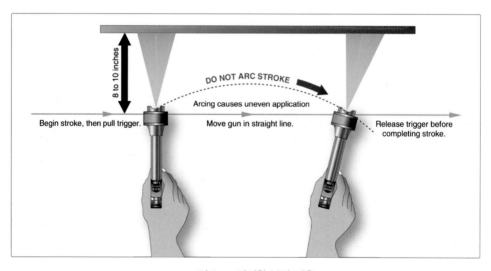

▲ 그림 3-11 적절한 분사 적용

❸ 스프레이 건의 공통적인 문제점(Common Spray Gun Problems)

분무 형태에 대한 빠른 확인 방법으로 희석제나 감속제를 분무기로 사용해 본다. 이때 페인트와 동일한 점도는 아니지만 분무기의 정상 작동 여부를 확인할 수 있다. 만약 분무기가 정상적으로 작동하지 못하면 다음과 사항을 참고하여 문제점을 해결한다.

① 여러 개의 점 형태 또는 부채꼴로 분출되는 형태를 나타내면 노즐이 느슨해졌거나 공급 컵의 공기 배출 구멍이 막혔거나 니들 주위의 패킹에서 누수 현상이 존재하여 나타난다.

② 만약 분무 형태가 한쪽 또는 다른 쪽으로 빗겨서 나온다면, 공기 덮개에 있는 공기 구멍 또는 호른(horn)에 있는 구멍이 막힌 것이다.

③ 분무 형태가 꼭대기 또는 밑바닥에서 두껍다면 공기 덮개를 180˚ 돌려준다. 만약 분무 형태가 반대로 된다면 공기 덮개의 문제이다. 또한 상태가 동일하게 나타난다면 유체 끝 부분 또는 니들이 손상된 것이다.

④ 분무 형태의 또 다른 문제점은 부적절한 공기 압력 또는 분무기 노즐의 부적절한 크기로 인해 재료의 양을 축소시킬 수 있다.

3-17 페인트 결함(Common Paint Troubles)

페인트 작업을 수행하는 과정에서 표면에 발생하는 일반적인 문제점은 특별히 시각적으로 문제가 되는 것뿐만 아니라 부적절한 접착 현상, 바램, 기포 현상, 페인트의 처짐이나 흘러내림, 오렌지 껍질 형태, 표면 반점 현상, 연마 시 긁힘 현상, 주름 및 분무기에 의한 먼지 등이 모두 해당된다.

■ 부적절한 접착 현상(Poor Adhesion)

다음과 같은 원인으로 페인트 결함이 발생되었을 경우에는 해당 부위를 완전히 제거한 후 재작업을 수행해야 한다.

① 표면에 대한 불충분한 세척

② 잘못된 프라이머 사용

③ 프라이머와 페인 간의 불친화성(그림 3-12 참조)

④ 페인트 재료의 부적절한 희석 또는 잘못된 등급의 감속제 사용

⑤ 페인트 재료의 부적절한 혼합

⑥ 분무장비 또는 공급 공기의 오염

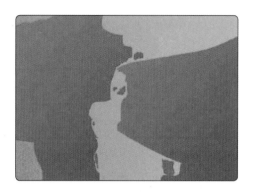

▲ 그림 3-12 부적절한 접촉 현상의 예

2 바램(Blushing)

이 결함은 페인트 마무리에서 나타나는 흐릿하고 유백색으로 탁해 보이는 현상이다(그림 3-13 참조). 이는 습기가 페인트에 침투되었을 때 발생한다. 공기 중에 있는 습기 성분이 페인트 용제가 빠르게 증발할 때 온도가 내려가면서 응축되어 생성되는데 보통 습도가 80% 이상일 때 형성된다. 그 이외의 원인으로는 다음과 같은 것들이 있다.

① 부정확한 온도(60℉ 이하이거나 또는 95℉ 이상)

② 너무 빠르게 건조되는 부정확한 Reducer 사용

③ 페인트 분무기에서 과도하게 높은 공기압 분출 시

만약 페인트 작업 중 이 결함 발생 가능성이 있으면 감속제를 페인트 혼합물에 첨가할 수 있으나 완전히 건조 후에 발견된 경우에는 해당 부위를 완전히 제거하고 새롭게 페인트를 실시해야 한다.

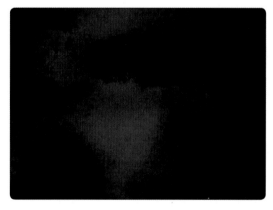

▲ 그림 3-13 바램의 예

3 핀홀(Pinholes)

이 결함은 용제, 공기 또는 습기가 침투되어 표면에 나타나는 작은 구멍 또는 작은 구멍들이 모여 있는 형태로 그 원인으로는 다음과 같다(그림 3-14 참조).

① 페인트 자체 또는 공기 공급관의 오염

② 분무 기술 부족으로 페인트 아래에 습기나 용제가 들어가 무거운 페인트 또는 젖은 페인트 현상을 유발시킴

③ 적절치 못한 희석제나 감속제 사용으로 너무 빠르게 표면이 건조되어 용제가 침투되거나 너무 느리게 건조되어 용제가 침투되는 현상으로 발생

만약 페인트 작업 중 이 결함 발생 가능성이 있으면 장비와 작업 능력을 재확인해야 한다. 건조 시 이 현상이 나타나면 부드럽게 표면을 갈아준 후 다시 페인트 작업을 수행한다.

▲ 그림 3-14 핀홀의 예

4 처짐 및 흘러내림(Sags and Runs)

이 결함은 작업 부위에 너무 많은 페인트로 인한 것으로 분무기를 너무 가깝게 위치시키거나 분무기를 너무 느리게 이동시킬 경우 발생한다(그림 3-15 참조).

그 이외의 또 다른 이유로는 다음과 같은 것들이 있다.

① 너무 엷은 페인트에 감속제가 과도하게 첨가된 경우

② 공기와 페인트의 혼합을 부적절하게 형성시켜 주는 분무기 조정

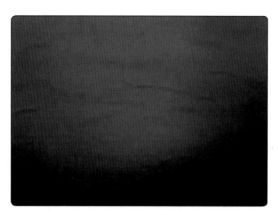

▲ 그림 3-15 처짐 및 흘러내림의 예

이 현상은 권고된 희석 방법 및 적절한 분무 기술 준수 시 방지할 수 있으며, 특히 수직면 페인트 시 이를 적용해야 한다. 만약 이 결함이 발생하면 해당 부위를 완전히 제거하고 재페인트 작업을 실시해야 한다.

5 오렌지 필 현상(Orange Peel)

이 결함은 표면이 울퉁불퉁한 상태를 의미한다. 이 현상은 페인트 분무기의 부적절한 조정으로 인해 발생하며 그 이외의 다양한 요인으로는 다음과 같다(그림 3-16 참조).

① 외기 온도 대비 불충분한 감속제 사용 또는 적절하지 못한 종류의 감속제 사용

② 재료가 균일하게 혼합되지 않았을 경우

③ 통풍 장치나 가열기를 사용하여 너무 빠르게 건조시켰을 경우

④ 페인트 작업 간의 너무 짧은 증발 시간 유지

▲ 그림 3-16 오렌지 필의 예

⑤ 외기 온도 또는 작업 부위의 온도가 너무 높거나 낮은 상태에서 분무기로 페인트를 실시한 경우 경미한 오렌지 필 현상인 경우는 젖은 상태로 연마용 콤파운드로 연마질을 할 수 있으나, 상태가 불량한 경우에는 매끄럽게 갈아낸 후 재페인트 작업을 수행해야 한다.

⑥ 표면 반점(Fisheyes)

이 결함은 밑에 있는 표면이 보이는 것처럼 페인트에 작은 구멍이 나타난다(그림 3-17 참조). 이는 일반적으로 실리콘 왁스를 깨끗이 제거하지 않은 경우 그 흔적이 표면에 나타나는 것이다. 페인트 작업 중에 이 현상이 나타나면 모든 페인트를 제거하고 실리콘 왁스 제거제로 실리콘의 모든 흔적이 제거되도록 표면을 깨끗이 닦아낸다.

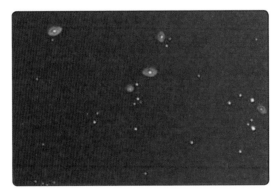

▲ 그림 3-17 **표면 반점의 예**

이 결함 발생 시 수리 방법으로 밀폐용 페인트 종류가 약간의 도움이 되지만 유일한 해결 방법은 페인트를 완전히 제거하는 것이다. 밀폐제를 사용하여 페인트하는 것이 도움이 되지만 궁극적으로는 해당 부위 페인트를 완전히 제거하는 것이 유일한 해결책이 된다.

페인트를 분무하기 전에 마지막 점검으로는 공기압축기에서 물을 제거하고 조절기를 깨끗이 청소하고 시스템 필터를 청소 또는 교환하여 공급되는 공기가 오염되는 것을 방지해야 한다.

⑦ 긁힘 연마 작업(Sanding Scratches)

이 결함은 최종 페인트를 분무하기 전에 표면이 적절하게 연마 또는 밀폐되지 않았을 때 발생하며, 보통 비철 금속면에서 많이 나타난다(그림 3-18 참조). 따라서 복합 소재로 제작된 카울, 목재 표면 및 플라스틱 페어링은 페인트 작업 전에 적절하게 연마 또는 밀폐 작업을 실시해야 한다. 긁힘 현상은 과도하게 빠른 희석제 건조 시 발생할 수도 있다.

페인트가 건조된 후 수정 작업은 해당 부위만 매우 고운 사포로 갈아낸 후 권고된 밀폐제를 바른 다음 다시 페인트 작업을 실시한다.

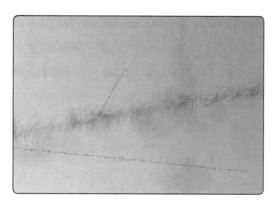

▲ 그림 3-18 긁힘 연마의 예

🎱 주름 현상(Wrinkling)

이 결함은 보통 용제가 갇히거나 과도하게 두꺼운 경우 또는 다량의 용제로 인해 페인트 마무리 과정에서 불균일한 건조로 인해 발생한다(그림 3-19 참조). 또한 너무 빠른 감속제를 사용할 경우 분무된 페인트가 완전히 마르지 못하면 주름 현상이 나타날 수 있다.

▲ 그림 3-19 **주름 현상의 예**

만약 분무 작업 중 갑작스럽게 외기 온도가 변하게 되면 용제가 균일하게 배출되지 못하고 이로 인해 표면이 건조되고 응축 축소되는 현상이 발생한다. 또한 페인트 재료를 섞을 때 부적절한 시너 또는 감속제를 사용할 경우 주름 또는 다른 형태의 결함을 유발시킬 수 있다. 주름 현상이 존재하는 페인트는 완전히 제거 후 표면 처리 작업을 재수행해야 한다.

🎱 분무 먼지(Spray Dust)

이 결함은 분리된 입자들이 페인트하고자 하는 표면에 도달하기 이전에 말라서 연속적으로 그리고 매끄럽게 침투되지 못해 발생한다(그림 3-20 참조). 이 현상의 원인은 다음과 같다.

① 공기압, 페인트 흐름, 또는 분무 형태에 대한 분무기의 부적절한 조정

② 표면에서 너무 멀리 떨어져서 분무기 작동

③ 부적절하게 희석된 재료 또는 적당하지 못한 감속제를 사용한 페인트 재료 사용

이런 현상이 존재하는 부위는 완전히 갈아낸 후 다시 페인트 작업을 실시해야 한다.

▲ 그림 3-20 분무 먼지의 예

3-18 페인트 트림 및 식별 표시(Painting Trim and Identification Marks)

1 마스킹 및 트림(Masking and Applying the Trim)

항공기 전체가 기본 색상으로 페인트가 완료되면 모든 마스킹 페이퍼(masking paper)와 마스킹 테이프(masking tape)는 제거한다. 적당한 온도에서 "Dry and Recoat" 시간과 새로운 페인트가 들뜨지 않게 테이프를 제거하기 전에 경과해야 하는 "Dry to Tape" 시간에 대해서는 페인트 제조사의 기술적 자료를 참고해야 한다.

1) 마스킹 자재(Masking Materials)

트림 라인(trim line)을 마스킹할 때에는 적절한 테이프를 사용한다. 그것은 용제가 통과수 없는 접착력을 갖고 있으며, 1/8~1inch 폭의 테이프를 적절하게 사용했을 때 예리한 페인트 선을

생성시켜 준다. 해당 부위를 모두 덮을 만큼의 크기로 마스킹 페이퍼와 페이퍼가 들뜨지 않도록 접착력이 우수한 마스킹 테이프를 사용한다. 이때 마스킹 페이퍼로 신문지를 사용해서는 안 된다.

2) 트림을 위한 마스킹 작업(Masking for the Trim)

기본 색상의 페인트가 제조사 지침에 따른 건조, 양생 시간이 경과된 후 디자인된 문양 및 색상으로 동체를 따라 한 개 또는 두 개 색상의 띠를 페인트하는 경우가 많다. 이 경우 항공기 제작사 또는 디자인 회사에서 제공하는 도면에 따라 도장 작업을 수행한다. 이때 도면에 명시된 치수에 따라 실제 항공기에 트림 라인을 표시하고 마스킹 페이퍼와 마스킹 테이프를 이용하여 새로운 페인트가 이루어지지 않는 부위를 완전히 덮어 주어야 한다. 시작점은 도면을 따르되 구조물의 이음새, 리벳 위치 등을 참조하여 결정한다. 작업은 한쪽 면을 완성한 후 대칭적으로 반대쪽 면에 작업을 실시한다. 마스킹 작업이 완료되면 사진 촬영 등을 이용하여 양쪽 면이 대칭을 이루는지 확인해야 한다.

3-19 부분 페인트 작업(Paint Touchup)

이 작업은 페인트 작업이 완료된 이후 표면에 손상이 발생했을 경우에 필요하다. 이 작업은 또한 긁힘, 마멸, 영구 변형 흔적 및 트림 부위 색상의 퇴색 등과 같이 경미한 페인트 손상 부위를 덮어주기 위해 사용한다. 첫 번째 단계는 부분 페인트 작업에 필요한 페인트를 선정하는 것이다.

■ 마무리용 페인트 식별(Identification of Paint Finishes)

현재 항공기에 적용되고 있는 페인트 마무리는 여러 가지 종류 중 한 개이거나 두 개 또는 그 이상이 조합된 형태이거나 또는 일반적인 종류에 특별한 성능이 조합된 형태가 사용된다. 그러나 어느 한 경우에 대해서 여러 가지 상이한 종류의 재료를 사용하여 수리할 수 있다. 각 경우에 있어서 페인트 성능이 유지되도록 전처리제에 역작용을 하는 종류를 사용해서는 안 된다. 현재 칠해져 있는 페인트의 성질을 확인하기 위해 간단한 테스트를 실시할 수 있다.

다음 절차는 페인트 결과물을 식별하는 데 도움이 된다. 엔진 오일(MIL SPEC Mil-L-7808, Turbine Oil 또는 동등품)을 검사하고자 하는 표면의 일부에 칠해 본다. 낡은 니트로셀룰로오스(nitrocellulose)는 몇 분 후에 부드러워지나 아크릴이나 에폭시 페인트 재질에서는 반응이 없다. 만약 식별이 되지 않을 때에는 걸레에 MEK를 적셔서 알아보고 싶은 표면을 닦아 본다. 아크릴 페인트는 걸레에 안료가 묻어나올 것이다. 그러나 에폭시 페인트 표면은 아무런 반응이 없다. 그러나 심하게 문지르면 에폭시 페인트라 할지라도 안료가 묻어 나오는 경우가 있으니 살짝 닦아낸다. 니트로셀룰로오스를 칠한 곳에는 MEK를 사용하지 않는다. 표 3-1은 항공기에 칠해져 있는 페인트 종류를 식별하기 위한 솔벤트 검사 현황을 보여준다.

[표 3–1] 솔벤트 검사표

3–5분간 솔벤트에 적신 테스트 뭉치 솜에 접촉

Hitrate	Nitrate dope	Butyrate dope	니트로 셀룰로스 래커	Poly-tone Poly-brush Poly-spray	합성 에나멜	아크릴 라카	아크릴 에나멜	우레탄 에나멜	에폭시 페인트
메탄올	S	IS	IS	IS	PS	IS	PS	IS	IS
Toluol (Toluene)	IS	IS	IS	S	IS	S	ISW	IS	IS
MEK(Methyl ethyl ketone)	S	S	S	S	ISW	S	ISW	IS	IS
이소프로필렌	IS	IS	IS	IS	IS	S	IS	IS	IS
메틸렌 클로라이드	SS	VS	S	VS	ISW	S	ISW	ISW	ISW

IS–불용성
ISW–불용성, 필름 주름
PS–침투 필름, 주름 없이 약간 부드럽게

S–용해성
SS–약용해성
VS–강용해성

② 부분적인 페인트 작업을 위한 표면 준비(Surface Preparation Touchup)

페인트 수리 및 부분 작업에서 항공기 페인트 도장의 종류가 확인되었으면 표면 준비 작업을 철저히 수행해야 한다. 우선 해당 부위를 갈아내거나 벗겨내기 작업을 시작하기 전에 탈지제와 실리콘 왁스 제거제로 깨끗이 씻어내고 구석까지 닦아낸다. 부분 페인트 시 만약 이음매선(seam line) 내에 전체 판넬 또는 부분이 다시 페인트되어야 한다면 새로운 페인트를 기존 페인트에 맞추거나 제거할 필요가 없다. 수리는 이음매선까지 실시하고 워시 프라이머 단계에서부터 페인트 단계의 작업을 재수행한다. 페인트의 얼룩 형태 수리 시에는 실제 수리 면적의 약 3배 정도의 면적을 갈아내야 한다. 만약 손상이 프라이머까지 침투하지 않았다면 단지 페인트 작업만 수행하면 된다. 부분적인 페인트 절차는 일반적으로 거의 모든 수리에도 동일하게 적용된다.

부분 페인트 작업 결과는 여러 가지 요소에 따라 영향을 받지만 마무리 재료, 색상 일치, 감속제의 선정 및 작업자 경험 및 숙련도에 따라 좌우된다.

3-20 페인트 벗겨내기(Stripping the Finish)

아무리 경험이 많은 작업자가 최상의 장비 그리고 가장 우수한 신제품 페인트를 사용해서 작업을 수행한다고 하더라도 작업 전에 작업 부위의 표면 상태가 적절하지 못하면 원하는 페인트 품질을 만들어 내지 못한다. 항공기 전체를 페인트하기 위해서는 기존의 페인트를 제거하는 것부터 시작한다. 이는 상당한 무게에 해당되는 페인트 자체 및 프라이머를 제거하여 항공기 자중 감소 효과를 얻을 뿐만 아니라 페인트에 덮여 평소에는 드러나지 않는 기체 구조 부위의 부식 또는 다른 형태의 손상 여부를 검사할 수 있는 기회를 제공한다.

화학적 벗기기(chemical stripping)를 수행하기 전에 벗겨지지 않는 모든 부위를 보호시키는 작업을 수행해야 하며, 해당 제품 제조사는 이러한 목적을 위해 보호용 자재를 권고하고 있으며 화학 약품에 의해 영향을 받는 중요 부품들로는 창문(window), 벤트-스태틱 포트(vent and static port), 고무 재질 밀폐재(rubber seal), 타이어(tire) 및 복합 소재 부품 등이 해당된다.

또한 작업 시 사용되는 박리제(stripper) 재료 및 배출되는 물과 페인트 재료가 작업자와 환경에 유해한 영향을 미치게 되므로 이에 관련된 유해 물질 취급 및 처리에 대한 각종 법규 사항을 사전에 파악하고 필요한 조치를 취해야 한다.

1 화학 약품 사용(Chemical Stripping)

염화메틸렌(methylene chloride)을 함유하고 있는 대부분 화학적 박리제는 1990년도까지 환경적으로 허용되는 화학 약품이었다. 이는 다층 구조의 페인트를 제거하는 데 아주 효과적이었다. 그러나 1990년도에 암과 다른 의학적인 문제점을 유발시키는 유독 가스 배출물로 시정되었다.

그 이후 여러 가지 형태의 화학적 박리제 물질들이 시험되었으나, 효율성 및 환경적인 조건에 대한 문제로 채택되지 못했다.

화학적 박리 기능 개발 분야에서 모재와 프라이머 사이의 접착력을 단절시키며 환경 친화적인 제품으로 최근에 개발된 제품이 EFS-2500이다. 이것은 단층 형태로서 페인트가 프라이머와 페인트 모두를 표면에서 들어올리는 2차 반응을 유도한다. 페인트를 들어 올리면 문지르거나 고압의 물을 쏘아 쉽게 제거된다.

이 제품은 페인트를 녹이지 않기 때문에 기존의 전통적인 화학적 박리제와는 차이점이 있다. 또한 세척이 쉬우며, 각종 유해 물질 배출에 대한 규정에도 부합한다. 이 제품은 추가적으로 보잉사의 각종 테스트 규정을 통과하였다.

EFS-2500 제품은 비염화(Non-chlorinated), 비산성(Non-acidic), 비인화(Nonflammable), 비유해적(Nonhazardous), 미생물에 의한 분해(Biodegradable), 무공해(Non-air pollution)적인 특성을 가지고 있다.

이 박리제는 기존의 일반적인 방법인 탱크에서 스프레이, 브러시, 롤러 또는 담금 방법을 그대로 적용할 수 있다. 이 방법은 알루미늄, 마그네슘, 카드뮴 판, 티타늄, 목재, 유리섬유, 세라믹, 콘크리트, 석고, 석재 등을 포함하여 모든 종류의 금속 재질에서 작업이 가능하다.

❷ 플라스틱 입자를 이용한 블라스팅 방법(Plastic Media Blasting: PMB)

이 방법은 화학적 방법으로 페인트 벗기는 작업 수행 시 발생하는 여러 가지 환경오염과 관련된 문제점을 해소시키기 위한 벗기기 방법 중의 하나이다. 이는 건조한 연마용 블라스팅(dry abrasive blasting) 작업 방식으로 화학적 페인트 벗기기 작업을 대신한다. PMB는 부드럽고 모가 난 플라스틱 입자를 블라스팅 입자로 사용하는 것을 제외하고는 기존의 전통적인 샌드 블라스팅 작업 방식과 유사하다. 본 작업 시 페인트 아래 부위의 표면에 영향을 적게 미치게 하기 위해 연질 플라스틱과 낮은 공기 압력을 사용한다. 메디아 입자는 페인트 제거 효과가 미미해질 때까지 약 10번 정도까지 재생하여 사용할 수 있다.

PMB는 금속 표면에 가장 효과적이다. 그러나 연마에 의해 페인트를 제거하는 것보다 덜 시각적인 손상을 발생시킨다는 것이 발견된 이후로 복합 소재 표면에도 성공적으로 사용되고 있다.

❸ 새로 개발된 방법(New Stripping Methods)

페인트나 다른 코팅을 벗기기 위한 다양한 방법과 재료들이 다음과 같은 사항들을 포함하여 지속적으로 연구, 개발되고 있다.

① 레이저 벗기기(laser stripping) 공정을 이용한 복합 소재 표면 코팅 제거 방법

② 탄소 이산화물(carbon dioxide) 알갱이(Dry Ice)로 얇은 페인트 층을 급작스럽게 가열하여 제거하는 방법

3-21 작업장 안전(Safety in the Paint Shop)

모든 페인트 부스(booth)와 작업장은 적절한 환기 시스템을 갖추어야 한다. 이는 독성 공기를 제거할 뿐만 아니라 페인트 작업 시 발생하는 잉여분 입자와 먼지 등을 제거한다. 각종 배기시스템에 사용되는 모든 전동 모터는 반드시 접지시켜 불꽃이 발생하지 않도록 해야 한다. 조명 시스템과 모든 전구들도 파손되지 않도록 보호망을 씌워야 한다.

페인트 작업이나 페인트 제거 작업 시에는 모든 작업자는 방독면과 신선한 공기를 호흡할 수 있는 보호 장구를 착용해야 하고 이를 위한 시설을 갖추어야 한다.

작업장에는 적절한 등급의 이동용 소화기를 비치하고 작업장 및 격납고에도 소화 설비 시설을 갖추어야 한다.

1 페인트 자재 보관(Storage of Finishing Materials)

페인트 작업에 사용되는 모든 화학 재료는 화재 발생 예방을 위해 환기가 잘되는 곳에 방염함에 위치시키고 그 안에 넣어 보관해야 한다.

또한 관련 재료는 제조사 기술적 자료 문서에서 규정한 보관 기한(shelf limit)을 준수해야 하며, 용기 겉면에 이에 대한 표식용 데칼을 부착해야 한다.

3-22 작업자 보호 장비(Protective Equipment for Personnel)

항공기에 대한 페인트 작업, 페인트 벗기기, 또는 페인트 수리 작업 시에는 인체에 해로운 여러 가지 위험 요소를 내포하고 있기 때문에 입과 코를 완전히 덮을 수 있는 크기의 방독면을 사용해야 한다. 또한 신선한 공기로 숨을 쉴 수 있도록 공기 공급 호흡 시스템을 갖추어야 한다.

보호 작업복을 착용하여 페인트로부터 인체를 보호하는 것뿐만 아니라, 페인트 표면에 먼지가 없도록 유지시켜야 하며, 각종 화학 물질을 취급할 경우에는 고무장갑을 착용해야 한다.

솔벤트를 이용하여 페인트 장비 및 페인트 분무기 등을 세척할 경우에는 개방된 지역에서 그리고 열원이 없는 장소에서 실시해야 한다.

참고문헌

1. 항공정비사 표준교재, 항공기 기체, 국토교통부 자격관리과, 2016.

2. 항공정비사 표준교재, 항공정비 일반, 국토교통부 자격관리과, 2016.

3. 한국항공대학교 외, 항공기 기체, 교육인적자원부, 1997.

4. 권진회 외 5인, 항공기 구조설계, 경문사, 2001.

5. 항공기 설계교육위원회, 항공기 개념설계, 경문사, 2010.

6. 대한항공 정비훈련원, B737 정비훈련교재, ㈜ 대한항공, 2008.

7. Maintenance Manual Cessna 150 series, 1972.

8. J. Roskam, Aircraft Design Pt. 3, RAEC., 1986.

9. M. C. Niu, Airframe Structural Design, Conmilit Press Ltd., 1988.

10. D. Howe, Aircraft Loading & Structural Layout, AIAA, 2004.

11. www.airforce.mil.kr(공군자료실)